■ 绿色建筑系列

绿色生态建筑评估与实例

刘仲秋　孙　勇　主　编

张圣勇　黄传国　副主编

化学工业出版社

·北京·

本书总结了近年来国内外绿色生态建筑评估体系的发展动态、基本原理、评价的方法和模型、评估实例，阐述了绿色生态建筑的生态体系设计和生态策略设计的相关内容，探讨了建筑生态化改造的相关内容。全书共分9章，主要介绍了绿色生态建筑的基本概念和研究背景、绿色生态建筑的科学体系、国内外绿色生态建筑评估体系的解读与总结、《绿色建筑评价标准》解读、绿色生态建筑的应用实例、绿色生态建筑的生态体系设计和生态策略设计及建筑的生态化改造等内容。

本书主要特色如下：对绿色建筑评估体系所涉及的总结和解读，与具体实例相结合。本书内容详细，参考实例较多，可操作性强。

本书可给广大建筑行业设计、城市规划与管理人员提供帮助，也可作为大专院校建筑设计、城市规划和其他专业教学参考书或培训用书。

图书在版编目（CIP）数据

绿色生态建筑评估与实例/刘仲秋，孙勇主编. —北京：化学工业出版社，2012.10
（绿色建筑系列）
ISBN 978-7-122-15318-0

Ⅰ.①绿… Ⅱ.①刘…②孙… Ⅲ.①生态建筑-评估-研究 Ⅳ.①TU18

中国版本图书馆CIP数据核字（2012）第213787号

责任编辑：朱 彤　　文字编辑：王 琪
责任校对：陶燕华　　装帧设计：刘丽华

出版发行：化学工业出版社（北京市东城区青年湖南街13号 邮政编码100011）
印　　装：大厂聚鑫印刷有限责任公司
787mm×1092mm 1/16 印张17¼ 字数480千字 2013年1月北京第1版第1次印刷

购书咨询：010-64518888（传真：010-64519686） 售后服务：010-64518899
网　　址：http：//www.cip.com.cn
凡购买本书，如有缺损质量问题，本社销售中心负责调换。

定　　价：58.00元

前言

我国目前是世界上最大的建筑市场之一。建筑能耗占全社会总能耗的比重达28%，连同建筑材料生产和建筑施工过程的能耗所占比重接近50%。现在我国每年新建建筑和既有建筑中只有少量采取了提高能源效率措施，节能潜力巨大。从近几年建筑能耗的情况看，我国建筑用能呈现出逐年上升的趋势。面对这种形势，我国政府对发展绿色建筑给予了高度的重视，近年来陆续制定并提出了若干发展绿色建筑的重大决策。因此，树立全面、协调、可持续的科学发展观，在建筑领域里将传统高消耗型发展模式转向高效生态型发展模式，即走建筑绿色化之路，是我国乃至世界建筑的必然发展趋势。

绿色建筑是21世纪建筑发展的主流，是适应生态发展，改善人类居住条件的必然选择，绿色建筑理论研究也逐渐成为建筑学科的热点问题。正是在这样的背景下，化学工业出版社组织编写了这套《绿色建筑系列》丛书，与其他同类著作相比有以下几个特点。

(1) 集概念、设计、施工、实例于一体，整体思路清晰，逻辑性强，适合不同层次和水平的读者阅读。

(2) 将绿色建筑技术与具体实例相结合，从专业角度分析，极具针对性，将理论与实践相结合，深入浅出地提供给各位读者。

(3) 丛书涵盖了从建筑整体至各细部结构的技术与实例，范围广泛，内容详细，可操作性强。

(4) 丛书注重推陈出新，紧跟时代步伐，力求将各国前沿绿色建筑技术和最新应用实例及时呈现给广大读者。

本丛书作为国家“十一五”科技支撑计划（2006BAJ05A07）研究成果之一，得到了课题主持人徐学东教授的大力支持和帮助，本套丛书由孙勇教授担任主编。

《绿色生态建筑评估与实例》是《绿色建筑系列》丛书中的一本。本书总结了近年来国内外绿色生态建筑评估体系的发展动态、基本原理、评价的方法和模型、评估实例，阐述了绿色生态建筑的生态体系设计和生态策略设计的相关内容，探讨了建筑的生态化改造的相关内容。全书分9章，主要介绍了绿色生态建筑的基本概念和研究背景、绿色生态建筑的科学体系、国内外绿色生态建筑的评估体系的总结和解读、《绿色建筑评价标准》解读、绿色生态建筑的应用实例、绿色生态建筑的生态体系设计和生态策略设计及建筑的生态化改造等内容。书中对于评估体系的总结和解读系统性强，应用实例侧重于评估指标的详细解读，对于研究绿色生态建筑评估的人员具有一定的参考价值。

本书由刘仲秋、孙勇担任主编，张圣勇、黄传国担任副主编。具体编写人员及分工为：刘仲秋编写第1、2章，青岛海晶化工集团有限公司工程设计院刘佳编写第3章，北京发研工程技术有限公司全先成编写第4章，山东临沂水利工程总公司黄传国编写第5、7章，曲阜市教育局孔佑强编写第6章，肥城市仪兴房地产开发有限公司张圣勇编写第8章，泰安瑞兴工程咨询有限公司杨华文编写第9章，全书由孙勇负责统稿。王志强、丁亚婕、刘泉汝参与了本书的部分章节资料的收集和编写工作。

在本书编撰、出版过程中，化学工业出版社给予了大力支持，在此一并表示衷心感谢。

鉴于编者学识水平有限，加之时间仓促，书中难免有疏漏之处，敬请广大读者批评指正。

编　者

2012年10月

目录

第1章

绿色生态建筑概论

1.1 绿色生态建筑的基本概念

1.1.1 绿色生态建筑的基本类型

目前社会上和学术界很多关于新型建筑的研究会涉及绿色建筑，为什么要用“绿色”而不用别的颜色来描述新型的建筑体系呢？住房和城乡建设部科技发展促进中心认为这是出于以下三个方面的考虑：其一，从“绿色”的内涵来看，“绿色”并不只是一种颜色，其包含着丰富的环境文化内涵，所以人们喜欢用“绿色”来比喻、象征“可持续发展建筑”、“生态建筑”等；其二，从生态学上看，绿色植物是生态系统中的主要生产者，是地球生态系统最基本的构成因子，因此将新型建筑体系称为“绿色建筑”，意味着人类的建筑活动要效法绿色植物，既要最大限度地减少资源消耗和环境破坏，又要为地球生态系统的完整、稳定和美丽做出积极的贡献；其三，从人类文明与文化的演化来看，“绿色文化”即生态文化是唯一能够与生态文明时代相适应的文化。

因此，“绿色”是一种象征和比喻，而且“绿色建筑”一词生动直观，已经约定俗成，不仅为建筑界广泛采用，也容易为非建筑专业的群众所接受。在绿色建筑的发展过程中，各个国家及其各个研究领域对绿色建筑的称谓很多，如“生态建筑”、“可持续建筑”、“共生建筑”、“自维持建筑”、“有机建筑”、“仿生建筑”、“自然建筑”、“新乡土建筑”、“环境友好型建筑”、“低碳建筑”、“智能建筑”等。现在就这些概念做一些分析和阐述。

1.1.1.1 少费多用建筑

“少费多用”（more with less，ephemeralization）是指在建筑的施工过程中借助有效的手段，尽可能少用材料，用较低的资源消耗来取得尽可能大的发展效益。这个原则是由美国建筑师富勒于1922年提出的。这一概念表达的意思是使用较少的物质和能量追求更加出色的表现。“少费多用”思想在当时曾引起世界各国学者、专家的热烈讨论，并且在未来的半个多世纪里推动了建筑学、设计学等学科的发展。

富勒认为，人类最大的生存问题是饥饿和无家可归，而科学研究、社会的发展和工业化生产能让人们的财富更快地增长，能让全人类过上和平与繁荣的生活。这也成了富勒创作思想和行动的支柱，可细分为以下几条原则：①全面地思考；②预见可能的最好未来；③以少得多；④试图改变环境，而不是改变人类；⑤用行动解决问题。

富勒通过“行动”来解决人类的生存问题，通过“全面地思考”（全面的和人性化的思考）

和“以少得多”的设计方式来“改变环境”，实现“预见可能的最好未来”，从而改善人们的生存环境。“空间灵活性”是富勒 Dymaxion 住宅的主要特点之一。在 Dymaxion 住宅内，空间被软隔断分成了若干大小不一的扇形房间，而当家中有聚会活动时，软隔断可以绕中心做指针式的旋转，改变各个房间的大小，如缩小卧室、增大起居室等。这种空间设计手法可以使同一空间具有提供多种使用的可能性，使空间具有了弹性，如图 1-1(a) 所示。

生态建筑学之父保罗曾在 1960 年号召将“少费多用”思想应用到建筑领域。建筑师福斯特与富勒有长达 15 年的合作经历，因此他的生态建筑观与富勒的“少费多用”思想也具有了高度的一致性，而其作品也延续了“少费多用”生态设计手法，在其设计巴塞罗那长途通信塔[图 1-1(b)] 时就采用了富勒 4D 生态塔的结构原型，并且将 4D 生态塔的六边形平面简化为弧形等边三角形平面。如此一来，全部荷载将由唯一的中心柱来承担，内部空间可灵活布置，等边三角形弧形界面将弱化风荷载对结构的侵袭，减轻结构负担。

(a) Dymaxion住宅

(b) 巴塞罗那长途通信塔

图 1-1 少费多用建筑

富勒和福斯特都热衷于对人居环境舒适度的追求和研究，因此，他们都曾在各自的作品中采用一系列自然通风措施，使建筑在节约能耗的同时满足人类对舒适度的追求。之后，在 1971 年，他们开始借助一定的技术手段展开对人工微气候室的研究。研究之初是针对办公室，目的是为了营造一种介于自然与办公室之间的舒适环境。他们在以透明性材料为表皮的泡沫状网格空间内用室内植物和空气控制设备等方式来调节和营造一个舒适的办公微气候环境，后来也发散地应用于植物园等功能类型的建筑中。

“少费多用”思想，意在通过应用协同学、系统论等科学方法和先进技术，强调整体性原则，目标是使每单元的物能投入经整合后得到最高效的利用，使人们在改善自己生存环境的过程中所需的资源、能源最小化，从而缓和人类生存改善与环境、资源之间的矛盾。这一思想被广泛地应用到设计学、机械学等诸多领域，而在建筑领域，可解读为对最轻质高强的建筑结构体系的研究和集约空间的灵活利用等。“少费多用”思想有助于实现用最小的物能消耗实现人类生存条件的最大化改善的美好设想，它具有不可否认的远瞻性和生态意义，对缓解当前的能源危机和实现可持续发展意义深远。在人类发展与资源危机的矛盾日渐突出的今天，“少费多用”这一原则是一条很重要的经济性设计原则。

“少费多用”思想与全球可持续发展目标是高度统一的，设计手法中蕴含的原理是具有启迪性的：①借助结构力学、仿生学、空气动力学等学科的方法理性地寻找最优的生态建筑设计方案，达到物料的最少消耗；②将被动式生态策略与适宜的技术结合应用到建筑设计中，实现能耗上“少费多用”；③全面思考人们的舒适性需求，注意生态化的细节，实现建筑的高舒适性与全面的生态性；④设计须适应未来的变化，预留空间的灵活性，提高建筑的使用率，延长建筑的功能寿命；⑤设计须考虑建筑的再利用性和可拆解组装性，并且选用可回收性建材以降低拆后污染，最终实现"少费多用"。

1.1.1.2　可持续建筑

"可持续建筑"的概念在1994年第一届国际可持续建筑会议中被定义为：在有效利用资源和遵守生态原则的基础上，创造一个健康的建成环境并对其保持负责的维护。可持续建筑是指在可持续发展观的指导下建造的建筑，内容包括建筑材料、建筑物、城市区域规模大小等，以及与它们有关的功能性、经济性、社会文化和生态因素。可持续建筑的理念就是追求降低环境负荷，与环境相融合，并且有利于居住者的健康。其目的在于减少能耗、节约用水、减少污染、保护环境、保持健康、提高生产力等，并且有益于子孙后代。可持续建筑的概念意味着从建筑材料的生产、规划、设计、施工到建成后使用与管理的每个环节，都将发生一场以保护环境、节约资源、促进生态平衡为内容的深刻变革。关于可持续建筑，世界经济合作与发展组织给出了四个原则：一是资源的应用效率原则；二是能源的使用效率原则；三是污染的防止原则（室内空气质量，二氧化碳的排放量）；四是环境的和谐原则。因此，通过以上概念分析可以发现，节能建筑是按节能设计标准进行设计和建造，使其在使用过程中降低能耗的建筑，是实现绿色建筑的必然途径和关键因素，而绿色建筑将建筑及其周围的环境看成一个有机的系统，在更高的层次上，实现了建筑业的可持续发展。

1.1.1.3　生态建筑

生态建筑是基于生态学原理，规划、建设与管理的群体和单体建筑及其周边的环境体系。其设计、建造、维护与管理必须以强化内外生态服务功能为宗旨，达到经济、自然和人文三大生态目标，实现生态环境的净化、绿化、美化、活化、文化"五化"需求。

生态建筑将建筑看成一个生态系统，通过组织（设计）建筑内外空间中的各种物态因素，使物质、能源在建筑生态系统内部有秩序地循环转换，获得一种高效、低耗、无废、无污、生态平衡的建筑环境，实现人、建筑（环境）、自然之间的和谐统一。

意大利建筑师保罗·索勒提出的"arcology"其实并不是"architecture"和"ecology"的简单相加，而是设计师本人及其弟子们通过长期的探索和研究，用他们对生态学和建筑学的理解，表达出的对城市规划和建筑设计的理解。

生态学在很广的尺度上讨论问题，从个体的分子到整个全球生态系统。其中对于4个明显可辨别、不同尺度的部分有特殊的兴趣，而且每个尺度上感兴趣的对象是有变化的。

① 个体，在此水平上，个体对环境的反应是关键项目。

② 种群，在单种种群水平上，多度和种群波动的决定因素是主要的。

③ 群落，是给定领域内不同种群的混合体，兴趣在于决定其组成和结构的过程。

④ 生态系统，包括生态群落和与之关联的描述物理环境的各种因子联合的复合体，在此水平上有兴趣的项目包括能流、食物网和营养物循环。

周曦等认为，即使是专门考虑了地球环境和全球生态系统的设计原则，也并非是人类对地球及地球生物，包括人类自身及其后代的一种贡献，这不是一种值得炫耀的功绩，而是人类对自身错误的一种认识和纠正，是人类对其自身长期破坏地球生态环境的一种补救，而且往往是不全面的，有时甚至还掺杂着某些功利性的行为或想法。这些设计和原则是不能代替常规有用的设计原则和方法的，称为"生态补偿设计"，因此有意识地考虑使建筑对自然环境的破坏和影响尽可能减少的建筑物可以称为"生态补偿建筑"。而一些传统、具有某些生态特征的建筑等，是人类适应当时的条件和生产力水平，改变自身的生存状况和生存条件的产物，可以称为"生态适应建筑"。美国的"生物圈2号（Biosphere 2）"试验，日本的"生物圈J号"试验，以及俄罗斯和英国等国家和地区的有关试验，虽然其目标和结果会各不相同，但科学试验的性质是一致的，可以称为试验性的设计与实践建筑，草砖房（strawbale house）和自维持住宅（autonomous house）具有类似的意义，如图1-2和图1-3所示。此类建筑的高科技技术和材料

(a)

(b)

图 1-2 草砖房

(a)

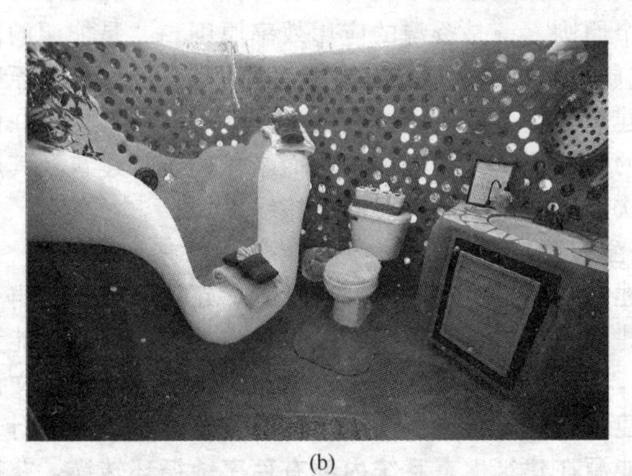
(b)

图 1-3 自维持住宅

研究与应用，虽然从当前来看其费用和成本较高，但从人类利用自然能源的长远目的和利益的角度来讲，其实践和试验的意义是明显的，并且目前看成是试验性和高成本的材料和技术，在不久的将来就有可能会成为常规的材料和设计手段。

1.1.1.4 绿色建筑

广义的绿色建筑发展到今天，已经不单单是“建筑”概念本身的含义所能表述的了，而是发展成为一个集合自然生态环境、人类建筑活动和社会经济系统等多方面因子相互作用、相互影响、相互制约而形成的一个庞大的综合体系。其不仅涵盖对土地、空气、水等自然资源和气候、地貌、水体、植被等地域环境的关注，而且还包括对社会经济、历史文化、生活方式等社会经济系统的重视，在此基础上，来研究基于营建程序与法则（决策、设计、施工、使用以及技术、材料、设备、美学等）和人工环境（建筑物、基础设施、景观等）基础上的人类建筑活动。从系统论的角度上看，绿色建筑是一个开放、全面、复杂和多层次的建筑系统。以下主要讨论狭义的绿色建筑，及将生态学的观点融入建筑活动中，要求在发展与环境相互协调的基础上，以生态系统的良性循环为基本原则，使建筑的环境影响保持在自然环境允许的负荷范围内，并且综合考虑决策、设计、评价、施工、使用、管理的全过程，在一定的区域范围内结合环境、资源、经济和社会发展状况，进行建造的可持续建筑。

李百战认为，低能耗、零能耗建筑属于可持续建筑发展的第一个阶段，能效建筑、环境友好建筑属于第二个阶段，而绿色建筑、生态建筑可认为是可持续建筑发展的第三个阶段。生态建筑侧重于生态平衡和生态系统的研究，主要考虑建筑中的生态因素，而绿色建筑与居住者的健康和居住环境紧密相连，主要考虑建筑所产生的环境因素，而且综合了能源问题和与健康舒适相关的一些生态问题。绿色建筑也可以理解为是一种以生态学的方式和资源有效利用的方式进行设计、建造、维修、操作或再使用的构筑物，而且有狭义和广义之分。就广义而言，绿色建筑是人类与自然环境协同发展、和谐共进并能使人类可持续发展的文化，而智能建筑、节能建筑则可视为应用绿色建筑的一项综合工程。

随着人们对环境问题认识的深化、科学发展观的确立以及绿色建筑自身内涵的扩展，绿色建筑吸收、融汇了其他学科和思潮的合理内核，使得今日的绿色建筑概念具有很强的包容性和开放性。在这众多称谓中，通常也把“生态建筑”或“可持续建筑”统称为绿色建筑。

国外学者 Charles 提出绿色建筑可以被定义为“健康、新颖设计和使用资源高效利用的方法，使用以生态学为基础原则的建筑。”同样，生态设计、生态学上的可持续设计以及绿色设计都是描述可持续发展原则在建筑设计上的应用。驱动绿色建筑发展的动力是多元的，不但靠道德的力量，还需要经济利益作为诱因，外部成本实现内化，使绿色建筑成为一种内在驱动的行为。

英国布莱恩·爱德华兹把生态建筑定义为：“有效地把节能设计和（在生产、使用和处置的过程中）对环境影响最小的材料结合在一起，并保持了生态多样性的建筑。”这个定义强调了绿色建筑的三种形态，即“节能”、“对环境影响最小”和“保持生态多样性”。英国研究建筑生态的 BSRIA 中心把绿色建筑界定为：“对建立在资源效益和生态原基础上的、健康建筑环境的硬件和管理。”此定义是从绿色建筑的营建和管理过程的角度所做的界定，强调了“资源效益和生态原则”和“健康”性能要求。

马来西亚著名绿色建筑师杨经文指出：“绿色建筑作为可持续性建筑，它是以对自然负责的、积极贡献的方法在进行设计。”黄献明等认为，绿色建筑是微观建筑层面的生态设计，绿色建筑就是指在建筑的生命周期内消耗最少地球资源、使用最少能源、产生最少废弃物的舒适健康的建筑物。其切入点是绿色环保，包括以下几个特点：环境响应的设计，即强调通过人类的开发与建设活动，修复或维护自然栖息地与资源，实现人类与自然的和谐共处；资源利用充分有效的建筑；营造具有地方文化与社区感的建筑环境；建筑空间的健康、适用和高效。生态建筑是天地人和谐共生的建筑，其切入点是生态平衡，重点是处理好人与自然、发展与保护、建筑与环境的关系，节能减排，舒适健康。可持续建筑是指自然资源减量循环再生、能源高效清洁、人居环境舒适健康安全、环境和谐共生的建筑，其切入点是资源、能源循环再生。

根据国家标准《绿色建筑评价标准》（GB/T 50738—2006）对绿色建筑（green building）的定义为：在建筑的全寿命周期内，最大限度地节约资源（节能、节地、节水、节材）、保护环境和减少污染，为人们提供健康、适用和高效的使用空间，与自然和谐共生的建筑。这是对绿色建筑所下的一个比较完整的定义，也是具有中国特色的生态建筑理念。

绿色建筑的概念，是指在建筑的全寿命周期内，首先要注意，是全寿命周期，就是从建筑设计、建设、使用，到最后的拆除的整个过程中，最大限度地节约资源，包括节能、节地、节水、节材等，保护环境和减少污染，为人们提供健康、适用和高效的使用空间。这些在我们国家的标准里都有比较明确的说法。大家注意，并不是说我们一味地只去节约资源。另外，我们还要为人们提供健康、适用、高效的使用空间，与自然和谐共生的建筑。

早期的绿色建筑仅仅是以降低能耗为出发点的节能建筑，重点关注通过增强建筑物在节能方面的性能以降低建筑物的能耗，随着人们对绿色建筑的认识逐步深入，对绿色建筑的理解也更加深入，因此，绿色建筑所关注的问题已不再局限于能源的范畴，而是包括节能、节水、节地、节材、减少温室气体的排放和对环境的负面影响、促进生物多样性，以及增加环境舒适度等多方面的考虑。这就是我们常说的绿色建筑。

而建筑作品能否成为绿色设计，一般要通过整合性的生态评估方法，从材料、结构、功能、建筑存续的时间、对周围环境的影响等各个方面来通盘考虑，主要包括以下五个方面：节约能源和资源；减少浪费和污染；高灵活性以适应长远的有效运用；运作和保养简便，以减少运行费用；确保生活环境健康和保障工作生产力。

一方面，由于地域、观念、经济、技术和文化等方面的差异，目前国内外尚没有对绿色建筑的准确定义达成普遍共识。另一方面，由于绿色建筑所践行的是生态文明和科学发展观，其内涵和外延是极其丰富的，而且是随着人类文明进程不断发展、没有穷尽的，因而追寻一个所谓世界公认的绿色建筑概念是没有什么实际意义的。事实上，人们可以从不同的时空和不同的角度来理解绿色建筑的本质特征。但无论是哪个定义或称谓，其最终的目标都落在了低碳生态上。“低碳”是指建筑的生产过程、营建过程、运行过程、更新过程等全生命周期内减少石化能源的使用，提高能效，降低温室气体的排放量；“生态”是指在营建和运行过程中，要采用对环境友好的技术和材料，减少对环境的污染，节约自然资源，为人类提供一个健康、舒适和安全的生存空间。其全寿命周期的碳减排目标，应该设定为低碳—超低碳上。

1.1.1.5 健康住宅

如今，在绿色经济的大背景下，很多地产商面临经营模式的转变，健康住宅逐渐成为地产行业的新趋势。所谓健康住宅，是对在满足住宅建设基本要素的基础上，提升健康要素，以可持续发展的理念，保障居住者生理、心理和社会等多层次的健康需求，进一步完善和提高住宅质量与生活质量，营造出舒适、安全、卫生、健康的一种居住环境的统称。

绿色住宅、生态住宅、健康住宅这些概念之间有相似之处但又有一些不同。

(1) 绿色住宅　绿色住宅是运用生态学、建筑学的基本原理以及现代的高新科技手段和方法，结合当地的自然环境，充分利用自然环境资源，并且基本上不触动生态环境平衡而建造的一种住宅，在日本被称为环境共生建筑。

(2) 生态住宅　生态住宅是通过综合运用当代建筑学、生态学及其他科学技术的成果，以可持续发展的思想为指导，意在寻求自然、建筑和人三者之间的和谐统一，即在“以人为本”的基础上，利用自然条件和人工手段来创造一个有利于人们舒适、健康的生活环境，同时又要控制自然资源的使用，实现向自然索取与回报之间平衡的一种新型住宅建筑模式。这种住宅最显著的特征就是亲自然性，即在住宅建筑的规划设计、施工建造、使用运行、维护管理、拆除改建等一切建筑活动中都自始至终地将对自然环境的负面影响控制在最小范围内，实现住宅区与环境的和谐共存。清华大学建筑学院院长秦佑留认为，“生态住宅”内涵各式各样，但基本上围绕三个主题：一是减少对地球资源与环境的负荷和影响；二是创造“健康舒适”的居住环境；三是与自然环境融合。

(3) 健康住宅　根据世界卫生组织的定义，“所谓健康就是在身体上、精神上、社会上完全处于良好的状态，而不是单纯的指疾病或体弱”。据此定义，“健康住宅就是指使居住者在身体上、精神上、社会上完全处于良好状态的住宅”。

健康住宅有别于绿色生态住宅和可持续发展住宅的概念。绿色生态住宅强调的是资源和能源的利用，注重人与自然的和谐共生，关注环境保护和材料资源的回收和复用，减少废弃物，贯彻环境保护原则；绿色生态住宅贯彻“节能、节水、节地、治理污染”的方针，强调可持续发展原则，是宏观、长期的国策。

健康住宅围绕人居环境“健康”二字展开，是具体化和实用化的体现。健康住宅的核心是人、环境和建筑。健康住宅的目标是全面提高人居环境品质，满足居住环境的健康性、自然性、环保性、亲和性，保障人民健康，实现人文、社会和环境效益的统一。

健康住宅在满足住宅建设基本要素的基础上，对居住环境和居住者身心提出了更为全面和多层次的要求，并且必须凸显出可持续发展的理念，进而将居住质量提升到一个新高度。

对健康住宅的评估主要包含以下四个因素：一是人居环境的健康性，主要是指室内、室外影响健康、安全和舒适的因素；二是自然环境的亲和性，让人们接近并亲和自然是健康住宅的重要任务；三是住宅区的环境保护，是指住宅区内视觉环境的保护、污水和中水处理、垃圾收集与处理和环境卫生等方面；四是健康环境的保障，主要是针对居住者本身健康保障，包括医疗保健体系、家政服务系统、公共健身设施、社区儿童和老人活动场所等硬件建设。随着社会发展和技术进步，健康住宅的内涵也逐步由低层次需求向高层次需求发展，从过去倡导改善住宅的声、光、热、水、室内空气质量和环境质量，到完善住宅区的医疗、健康和社区邻里交往等，使居住环境从“无损健康”向“有益健康”的方向发展。

就其建造的基本要素而言，主要应体现以下六个方面：①规划设计合理，建筑物与周围环境相协调，房间光照充足，通风良好；②房屋围护结构（包括外墙和屋面）要有较好的保温、隔热功能，门窗气密性能及隔声效果符合规范要求；③供暖、制冷及炊烧等要尽量利用清洁能源、自然能源及可再生能源，全年日照在2500h以上的地区普遍安装太阳能设备；④饮用水符合国家标准，给排水系统普遍安装节水器具，10万平方米以上新建小区，应当设置中水系统，排水实现深度净化，达到二级环保规定指标；⑤室内装修简洁适用，化学污染和辐射要低于环保规定指标；⑥营造健康舒适的居住空间。

综上所述，绿色住宅的概念比较广泛，包括住宅环境上的绿色和整个住宅建筑生命周期内的“绿化”，它是指在涵盖建材生产、建筑物规划设计、施工、使用、管理及拆除等系列过程中，消耗最少地球资源、使用最少能源及制造最少废弃物的建筑物，同时有效利用现有资源、进一步改善环境，极大地减少对环境的影响。它所考虑的不仅涉及住宅单体的生态平衡、节能与环保，而且将整个居住区作为一个整体来考虑。与生态住宅相比，绿色住宅将人、建筑、环境三者之间的相互关系更为具体化、细致化和标准化。

生态住宅是从生态学角度考虑的，侧重于尽可能利用建筑物所在场所的环境特色与相关的自然因素，包括地形、气候、阳光、空气、河湖等，使之符合人类居住标准，并且降低各种不利于人类身心的环境因素作用，同时，尽可能不破坏当地环境因素循环，确保生态体系健全运行。

而健康住宅则着重围绕人居环境“健康”二字展开，强调住宅建筑对于人们身体健康状况的影响以及居住在内的安全措施。相对于绿色住宅和生态住宅重视对自然环境的影响而言，健康住宅注重的是住宅与人类本身的关系，侧重于住宅建设对居住者身体健康的影响、居住者居住的安全及便利程度等，对于住宅建设对周边环境造成的影响、自然资源等是否有效利用等方面则不是很关心。对于人类居住环境而言，它是直接影响人类可持续生存的必备条件。

在21世纪，走“可持续发展”之路，维护生态平衡，营造绿色生态住宅将是人类的必然选择。在住宅建设和使用过程中，有效利用自然资源和高效节能材料，使建筑物的资源消耗和对环境的污染降到最低限度，使人类的居住环境能体现出空间环境、生态环境、文化环境、景观环境、社交环境、健身环境等多重环境的整合效应，从而让人居环境品质更加舒适、优美、洁净。

1.1.1.6　新陈代谢建筑

第二次世界大战后，在日本存在三个主要建筑流派，其中最主要的一个是由大高正人、菊竹清训和黑川纪章等当时的“少壮派”所展开的“新陈代谢派”运动。

在日本著名建筑师丹下健三的影响下，以青年建筑师大高正人、稹文彦、菊竹清训、黑川纪章以及评论家川添登为核心，于1960年前后形成了一个建筑创作组织——新陈代谢派。他们认为城市和建筑不是静止的，它像生物新陈代谢那样是一个动态过程，应该在城市和建筑中引进时间的因素，强调持续、一步一步地对已过时的部分加以改造，明确各个要素的周期(cycle)，在周期长的因素上，装置可动、周期短的因素。他们强调事物的生长、变化与衰亡，极力主张采用新的技术来解决问题，反对过去那种把城市和建筑看成固定、自然的进化观点。同时，新陈代谢派试图超越现代主义建筑静止、功能主义的机器观，强调应借助于生物学或通过模拟生物的生长、变化来解释建筑，创造性地将建筑与生物机能有机的变换联系到了一起，

黑川纪章将“改变”与“成长”包含在新陈代谢的意义里，他将有机的意义分成两类：一类是材料的新陈代谢；另一类是能源的新陈代谢。材料的新陈代谢是一种生命体的实质转换与交替，而能源的新陈代谢是此过程的理论表现，必须根据新陈代谢的组织阶层来分类，而这个循环与不断改变的机能消长的比率有关，这种主要的阶层空间用于建立主要的空间组织阶层与

使用者的关系，并且组构服务性的生活以及社会之间的关系等。从方法论上可分为四个阶段：①将空间细分成基本单元；②将这些基本单元细分为设备单元及活动单元；③在单元空间里划分新陈代谢韵律间的区别；④用不同代谢韵律来澄清空间中的连接物与连接点。他其实是从代谢论的观点试图说明空间与空间，或空间与建筑，或建筑与建筑的关系。

新陈代谢运动被认为是一场面向未来的高技术建筑运动，它的基本理念是：重视被称作成长、变化的生命、生态系统的原理；不仅强调整体性，而且重视部分、子系统和亚文化的存在与自主；将建筑和城市看成在时间和空间上都是开放的系统，就像有生命的组织一样；强调历时性，过去、现在和将来的共生，同时重视共时性，即不同文化的共生；隐形的信息技术、生命科学和生物工程学提供了建筑的表现方式；重视关系胜过重视实体本身。

新陈代谢运动所倡导的要点有以下几个方面。

① 对机器时代的挑战，重视被称作成长、变化的生命、生态系统的原理。

② 复苏现代建筑中被丢失或忽略的要素。

③ 不仅强调整体性，而且强调部分、子系统和亚文化的存在与自主。

④ 新陈代谢建筑的暂时性。

⑤ 文化的地域性和识别性未必是可见的。

⑥ 将建筑和城市视为在时间和空间上的开放系统。

⑦ 强调历时性，过去、现在和将来的共生，同时重视共时性，即不同文化的共生。

⑧ 神圣领域、中间领域、模糊性和不定性都是生命的特点。

⑨ 隐形的信息技术、生命科学技术、生命科学和生物工程学提供了建筑的表现形式。

⑩ 重视关系胜过重视现实。

中银舱体大楼坐落在东京繁华的银座附近，建成于1972年，如图1-4所示。大楼像由很多方形的集装箱垒起来的，具有强烈的视觉冲击。在注重外表特征的同时，必须注重功能性的体现。这幢建筑物实际上由两幢分别为11层和13层的混凝土大楼组成。中心为两个钢筋混凝土结构的“核心筒”，包括电梯间和楼梯间以及各种管道。其外部附着140个正六面体的居住舱体，采用在工厂预制建筑部件并在现场组建的方法。所有的家具和设备都单元化，收纳在3m×3m×2.1m的居住舱体内。每个舱体用高强度螺栓固定在“核心筒”上。几个舱体连接起来可以满足家庭生活需要。黑川纪章与运输集装箱生产厂家合作，作为服务中核的双塔内藏有电梯、机械设备的楼梯等。设计的灵感来自黑川纪章在前苏联时看到的宇宙飞船，充满幻想色彩的建筑实践为他带来国际声誉。后来，他的“共生哲学”继承了“新陈代谢”的要点，并

(a)

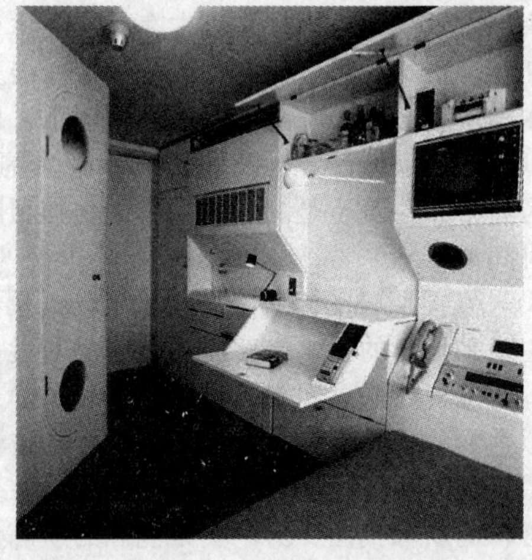

(b)

图1-4 中银舱体大楼

且在更深的层次上审视这个新时代的变化。他认为这一思想是即将到来的“生命时代”的基本理想，将成为21世纪的新秩序。

其主张主要表现为异质文化的共生、人与技术的共生、内部与外部的共生、部分与整体的共生、地域性与普遍性的共生、历史与未来的共生、理性与感性的共生、宗教与科学的共生、人与建筑的共生、人与自然的共生等，甚至还包括经济与文化的共生、年轻人与老年人的共生、正常人与残疾人的共生等。而崇尚生命、赞美生机则构成了共生的生命哲学的审美基础。共生哲学涵盖了社会与生活的各个领域，将城市、建筑与生命原理联系起来，它不仅是贯穿黑川纪章城市设计思想和建筑设计理念的核心，也是黑川纪章创作实践中遵循的准则，这在黑川纪章的城市设计和建筑作品中均得到体现。他的思想逐渐为世人所接受，并且成为城市可持续发展的指导思想之一。这也就是共生建筑的由来。

1.1.1.7 结合气候建筑

生物学家指出，除了人类之外，没有其他生物能在几乎所有的地球气候生活，这就向建筑师提出了如何设计使用适于各种气候带的建筑要求。英国建筑师 Ralph Erskine 说道：“没有气候问题，人类就不需要建筑了。”这一辩证关系在传统建筑适应当地气候和合理利用资源环境的历史发展过程中清楚地得到了印证。到了20世纪40～50年代，气候与地域成为影响设计的重要因素。在建筑设计中对气候的关注开始于现代建筑的早期时代。建筑气候设计系统分析方法最早由 Olgyay 于1953年提出，它是在建筑方案设计阶段就开始从简单定性到复杂定量化分析建筑设计各要素，如朝向、体形、遮阳等与建筑热环境和热舒适之间的关系。Olgyay 提出的“生物气候设计方法”比较全面而综合地考虑了所有气候要素对建筑设计的影响，以及相应的室内热环境和热舒适的问题。在60年代，麦克哈格写了《设计结合自然》一书，通过阐述生态原理进行规划操作和分析的方法，从而使理论与实践紧密结合，这标志着生态建筑学的诞生。1963年，V. 奥戈亚在《设计结合气候：建筑地方主义的生物气候研究》中，提出建筑设计与地域、气候相协调的设计理论及建筑生物系统的方法。生物气候地方主义理论对后来的建筑设计影响非常之大。70年代，德国在适应气候的节能建筑方面的研究有很多值得借鉴。

印度的C. 柯里亚非常重视建筑形式对气候地理的适应性，他通过紧密结合当地的湿热气候，在20世纪80年代发表了《形式追随气候》一文，从空间形态的转变和转换入手，围绕“开放向天”的空间概念，针对不同气候提出不同的控制气候的空间形式的设计策略，其设计建筑的外观特点都体现为与当地气候紧密结合。他不仅有自己的理论，还用于实践，如巴哈汉艺术中心。巴哈汉艺术中心采用控制气候的五个概念：回廊，管式住宅，中庭，跃层阳台，分离的建筑单元。马来西亚的杨经文根据热带气候的特点提出了“生物气候摩天大楼”的设计理论，并且结合热带气候的特点，进行了非常成功的设计实践。就连高技派也开始对地域气候进行关注。欧洲高技派是以技术型节能设计为方向，但他们都是通过结合生物气候设计来达到节能的目的。要想减少由于气候因素对建筑的影响，就必须要采用建筑设计和构造设计这两个方面。功能型节能设计是人们经常选择的方式，而技术型节能设计的途径，主要是采用高科技手段达到建筑与环境的结合，来降低建筑的能源消耗，减少建筑对自然环境的破坏。1993年，在美国建筑师学会、美国景观建筑师学会、绿色和平组织等众多机构的研究基础上，美国国家公园出版社出版了《可持续发展设计导则》，提出可持续发展建筑设计原则，即把建筑气候设计作为其主要组成部分之一，具体阐述为“结合功能需要，采用简单的实用技术，针对当地气候采用被动式能源策略，尽量应用可再生能源。”

在国内，近年来，关于建筑设计和气候的关系研究也已取得了很多成果。越来越多的国内业界人士对地域特点、利用自然气候资源的设计方法非常关注，在建筑的气候适应性相关研究方面，以周若祁教授为主的课题小组对窑洞民居建筑的气候特征进行研究，探索传统建筑的气候适应性经验及与现代生活方式存在的矛盾；西安科技大学的夏云教授研究了生土建筑的气候适应性优势及生活需求的改进措施。华南理工大学亚热带建筑研究室，以热带、亚热带建筑热环境与建筑物理学各方面的研究为重点，为国家标准与规范的制定提供了很有价值的数据。西安建筑科技大学刘加平教授的绿色建筑研究中心致力于对适宜黄土高原地区气候特点的建筑进行研究，提出适宜该地区气候的可持续发展的基本聚居建筑形态——新型阳光间式窑洞。华中科技大学建筑与城市规划学院生态设计研究室从可操作的角度研究夏热冬冷地区建筑设计的生态策略。

针对气候条件，通过建筑设计，采用被动式（passive）措施和技术：围护结构保温和利用太阳辐射、围护结构防热和遮阳、自然通风和天然采光等，既保证居住的环境健康和舒适，又节约建筑能耗（主动式的供暖、空调、通风和照明系统的能耗），这是建筑师的工作范畴，也是当今世界建筑发展的潮流。在建筑气候学中，最令人感兴趣同时也是最复杂的因素即气候的分类与范围问题。巴里（Barry）提出的一种实用且被广泛接受的气候系统分类法，为建筑设计提供了较为统一的标准，从表 1-1 中可以看出，建筑师最关心的应是第四类气候——微气候。事实上，建筑师所关心的气候范围往往更小，例如同一幢建筑物的不同朝向上气候的差异，底层与楼层气候的变化，相邻建筑物墙面热反射情况，墙和树对风型的影响等。我们可以将建筑师所关心的气候范围称为建筑微气候。

表 1-1　气候系统分类

系　统	气候特征的大致尺度		时间范围
	水平范围/km	竖向范围/km	
全球性风带气候	2000	3～10	1～6 个月
地区性大气候	500～1000	1～10	1～6 个月
局地(地形)气候	1～10	0.01～1	1～24h
微气候	0.1～1	0.1	24h

例如科威特的城市肌理表现为很多独立的单一家庭住宅，它们形成一种典型清晰的城市蔓延图景。科威特的结合气候建筑及其局部设计如图 1-5 所示。为了适应沙漠气候，建筑之间的距离都比较近，从而形成之间的遮阴空间，这种空间对于调节温度有帮助。

图 1-5　科威特结合气候建筑及其局部设计

1.1.1.8 生物建筑

生物建筑从整体的角度看待人与建筑的关系，进而研究建筑学的问题，将建筑视为活的有机体，建筑的外围护结构就像人类的皮肤一样，提供各种生存所需的功能；保护生命、隔绝外界环境、呼吸、排泄、挥发、调节以及交流。倡导生物建筑的目的在于强调设计应该以适宜人类的物质生活和精神需要为目的，同时建筑的构造、色彩、气味以及辅助功能必须同居住者和环境相和谐。

生物建筑运动的特点和作用表现为以下几点：①重新审视和评价了许多传统、自然的建筑材料和营造方法，自然而不是借助机械设备的采暖和通风技术得到了广泛的应用；②建筑的总体布局和室内设计多体现了人类与自然的关系，通过平衡、和谐的设计，倡导和宣扬一种温和的简单主义，人类健康和生态效益是交织在一起的关注点；③生物建筑使用科学的方法来确定材料的使用，认为建筑的环境影响及健康主要取决于人类的生活态度和方式，而不是单纯从技术上考虑。

上海世界博览会日本馆又称“紫蚕岛”，是上海世界博览会各国家馆之中面积最大的展馆之一，展馆高约24m，外部呈银白色，采用含太阳能发电装置的超轻“膜结构”包裹，形成一个半圆形的大穹顶，远远望去，日本馆犹如一个巨大的紫蚕宝宝趴在黄浦江边，极富个性的外观宛如拥有生命的生命体。展馆外观的基调色为红藤色，红藤色由象征太阳的红色与象征水的蓝色交融而成，可以说是自然的颜色。展馆的外壁会随着日光的变化及夜晚的灯光变换各种“表情”，让参观者感受到一种动感。该馆分为过去、现在、未来三大展区，形态融合了日本传统特色与现代风格，参观者可以通过视觉、触觉、听觉等感受到日本馆所传递的信息和魅力。“过去”展区展示保护文化遗产的“精密复制”技术，参观者可近距离鉴赏日本名作。“现在”展区通过照片透视画及实物展示、影像装置呈现2020年的未来城市。“未来”展区展示具有超高清及望远功能的“万能相机”、会演奏小提琴的“伙伴机器人”和实现客厅墙壁与电视机一体化的“生活墙”。日本馆的建筑理念是“像生命体一样会呼吸的环保建筑”，在设计上采用了环境控制技术，使得光、水、空气等自然资源被最大限度利用。展馆外部透光性高的双层外膜配以内部的太阳能电池，可以充分利用太阳能资源，实现高效导光、发电；展馆内使用循环式呼吸孔道等最新技术。日本馆的“呼吸孔”和“触角”则是日本馆制冷系统和换气系统的中枢结构（图1-6）。向内凹陷的“呼吸孔”通过呼吸柱将雨水引入场馆地下储水空间，再经处理后生成“中水”，为场馆外衣上的水喷洒系统提供用水，实现为展馆降温。“触角”则是在“呼吸孔”上加了一个“烟囱”，成了展馆的排气塔。在结构方面，由于日本馆采用了屋顶、外墙等结成一体的半圆形的轻型结构，使得施工时对周边环境影响较小。除此之外，它还能在炎炎夏日为自己降温，连接小气枕之间的金属扣件上设置了许多小喷头，天气炎热时可对气枕持续喷洒，形成流动的水膜，在带走热量的同时还能保持外衣表面一尘不染。整个日本馆没有向地下打入一根桩，而是采用了混凝土和自然土壤混合搅拌，形成坚固的地基，既提高了土地承载力，又没有破坏地表，场馆拆卸后，若将地基土挖掉，就又可以种上绿树、小草。

(a)

(b)

图1-6 上海世界博览会日本馆馆外部覆盖的紫色高透光性膜

1.1.1.9 自维持住宅

自维持住宅理论最早由英国剑桥大学学者 Alex Pike 在1971年提出，其研究初衷是设计出一套应用于住宅的自我服务系统，以减少其对有限的地域性消耗源的依赖。1975年，Vale夫妇所著《The New Autonomous House：design and planning for self-sufficiency》一书的首句给了“自维持住宅”一个更加具体的定义：它是一种完全独立运转的住宅，不依靠外界的摄入，除了和它紧密相连的自然界（如阳光、雨水等）。这种住宅不需要市政管网的供气、供水、供电、排污等系统支持，而是利用太阳和风产生的能源代替供电、供气；收集雨水代替供水；

排污自行处理。Vale夫妇在2000年出版的另一本书《The New Autonomous House: design and planning for sustainability》中记录了他们1993年在索斯韦尔小城中部建造“自维持住宅”的全过程。图1-7为新西兰奥克兰市西部汉德森大地之歌（Earthsong）自维持住宅小区。

图1-7 新西兰奥克兰市西部汉德森大地之歌（Earthsong）自维持住宅小区

自维持住宅的设计思想是：①认识到地球资源是有限度的，要寻求一种满足人类生活基本需求的标准和方式；②认识到技术本身存在一种矫枉过正的倾向，人类追求的新技术开发和利用导致地球资源大量耗费，而所获得结果的精密程度已经超出了人们所能感知的范围，因此应该以足够满足人体舒适为目标，而不是追求更多的舒适要求。

自维持住宅的设计目标为：①利用自然生态系统中直接源自太阳的可再生初级能源和一些二次能源以及住宅本身产生的废弃物的再利用，来维护建筑的运作阶段所需要的能量和物质材料；②利用适当的技术，包括主动式和被动式太阳能系统的利用、废物处理、能量储藏技术等，将住宅构成一种类似封闭的自然生态系统，维持自身的能量和物质材料的循环，但由于其采用技术的非高层次性，难以达到自维持住宅所需求的完全维持的设计目标。

1.1.1.10 零能耗建筑

建筑能耗一般是指建筑在正常使用条件下的采暖、通风、空调和照明所消耗的总能量，不包括生产和经营性的能量消耗。在研究与实践生态社区、低能耗建筑方面的过程中，逐渐发展出了一种零能耗建筑（zero energy consumption buildings）的全新建筑节能理念。该设计理念即不用任何常规煤、电、油、燃气等商品能源的建筑，希望建造只利用如太阳能、风能、地热能、生物质能，以及室内人体、家电、炊事产生的热量，排出的热空气和废热水回收的热量等可再生资源就满足居民生活所需的全部能源的建筑社区。这种“零能耗”社区不向大气释放二氧化碳，因此，也可以称为“零碳排放”社区。

部分学者对零能耗建筑的认识还是存在一定的误区和偏见，主要有以下几点：①多层建筑接收到的太阳能在目前技术水平下所能转换的能量不足以满足整个建筑空间所需的运行能量；②零能耗建筑所需的并网双向输电在一些国家可能会遇到一系列的问题；③零能耗建筑只适用于远离城市电网的边远农村地区；④一些开发商利用这一概念进行炒作。

零能耗建筑即建筑一体化的可再生能源系统产生的能量与建筑运行所消耗的能量相抵为零，通常可以以一年为结算周期。但由于可再生能源的发电状态通常是间歇性的，建筑运行所需的能量既可来源于建筑上安装的可再生能源系统，也可来源于并网的电力系统。当可再生能源产生的能量高于建筑运行所需能量时，多余的能量输送回电网，此时的建筑用电量为负。如果一年的正负电量抵消，该建筑就是零能耗建筑，所以零能耗建筑也可称为净零能耗建筑（net zero energy consumption buildings）。零能耗还有几个派生概念，如果以降低温室气体排放为设计标准，可称为零碳排放建筑；如果以能耗费用为设计标准，可称为零能耗费用建筑。零能耗建筑应该强调能源产生地的能量平衡为零，也就是将生产能源时额外消耗的能源与能源输送过程中的损耗也计算在内。如果建筑自身的可再生能源可以抵消所有这些能源之和，可称为零产地能耗建筑。如果建筑自身的可再生能源系统所产生的能源高于所消耗的能源，可称为建筑发电站。德国低能耗建筑分类标准中，将零能耗定义为建筑在达到相关规范要求的使用舒适度和健康标准的前提下，采暖和空调能耗在 0～15kW/(m^2 · a) 的建筑。其中计算建筑能耗指标是以建筑使用面积每平方米能耗量为准，不是建筑面积。

目前，许多国家已经开始试验非常超前的零能耗住宅，要达到这一技术指标，在建筑材料构造、技术体系和投资上都有较高的要求。英国诺丁汉大学有一座“零能源住宅”，它主要采用屋顶的纸纤维保温、低辐射玻璃、外墙围护保温和太阳房的设计。德国斯图加特索贝克住宅虽然是全玻璃钢结构，但基于其完善的能量平衡系统，以相应的建筑材料和科技体系为支撑，出色地达到了高舒适度的节能要求，其一次性能源消耗为零。我国财政部、建设部可再生能源建筑应用示范项目，华中科技大学建筑与城市规划学院教室扩建和既有建筑改造工程，称为“000PK 建筑”（零能耗、零排放、舒适度 PMV 为 0、Popular 大众化、Key 共性关键技术）。此建筑主要目标为：夏热冬冷地区全年使用可再生能源进行温度和舒适性调节的教学、办公建筑；使全年屋顶太阳能电池板的发电量等于或略小于室内舒适度调节系统和照明总耗电量，所有发电都送入电网，用电从电网输入。美国能源部下属的劳伦斯伯克利实验室也对住宅节能技术进行了重点研究，还和一些州政府合作建设“节能样板房”予以示范。比如能源部和佛罗里达州合作建设的“零能耗住宅”、“太阳能住宅”等，通过利用佛罗里达地区充足的太阳能和采取建筑节能措施，让住宅不再需要使用外来能源。图 1-8 为中国第一座零能耗功能型生态建筑——尚德研发中心。整个研发中心大楼使用光伏玻璃幕墙等太阳能光伏建筑一体化材料，直接为大楼提供绿色环保的太阳能电力，此外还将集成应用地热利用技术、空气热泵技术、水源收集与循环利用技术等先进技术，建成后将成为我国第一座零能耗功能型生态建筑。

图 1-8 中国第一座零能耗功能型生态建筑——尚德研发中心

1.1.1.11 风土建筑和生土建筑

风土一词可以理解为两层意思。“风”指的是时代性及风俗、风气、风尚等；“土”指的是气候及水土条件、出生地等。二者综合起来是指一个地方特有的诸如土地、山川、气候等自然条件和风俗、习惯、信仰等社会意识之总称，是一定区域内的人们赖以生存的自然环境和社会环境的综合。风土在固守自己传统的同时，只有吸收容纳外来文化才能使自己得以生存和发展，才能使自己得以固守和繁衍。

风土建筑（vernacular or pastoral architecture）与乡土建筑有哪些不同呢？如果从研究的目的和结果上来看，所谓“乡土”强调的是一种乡村意识，从家庭到宗族、从宗族到生我养我的土地，是一种乡土之情和乡村制度的集中体现。乡土建筑的研究是以一个血缘聚落为研究对象，考察民间建筑的系统性以及它和生活的对应关系，从而揭示某种建筑的形制和形式的地理分布范围，侧重的是民间建筑的社会层面。而风土建筑主要指的是一个地域文化圈内以农耕经济为基础、地域文化为土壤、以天然作为自己的全部内容、与当地风土环境相适应的各类建筑。风土建筑以历史地理、农业区划和语言片系为依据进行划分，其建筑形态的选择与定型并非出于偶然。

阿摩斯·拉普卜特的代表作《宅形与文化》是建筑人类学的奠基作品之一，它探讨了宅形与其所属的各种不同文化之间的关系。他把风土建筑的设计和建造过程描述为一种模式调试或变异的过程，这种独立的风土建筑设计和建造过程与心理学家让·皮亚杰描述的同化和调节过程非常相近。正是在无数次独立的类似过程中，风土建筑的形式、技术、材料等要素逐渐发展变化。

例如北方的窑洞、南方的竹制吊脚楼，还有新疆的秸秆房（墙壁由当地的石膏和透气性好的秸秆组合而成的房子），美观、实用、能耗极低，对环境几乎不造成污染，这些都是典型的风土建筑。

土家建筑的吊脚楼有挑廊式和干栏式，如图 1-9 所示。其通常背倚山坡，面临溪流或坪坝以形成群落，往后层层高起，现出纵深。土家吊脚楼大多置于悬崖峭壁之上，因基地窄小，往往向外悬挑来扩大空间，下面用木柱支撑，不住人，同时为了行走方便，在悬挑处设栏杆檐廊(土家称为丝檐)。大部分吊脚横屋与平房正屋相互连接形成“吊脚楼”建筑。湘西土家吊脚楼随着时代的发展变化，建筑形制也逐步得到改进，出现了不同形式美感的艺术风格。挑廊式吊脚楼因在二层向外挑出一廊而得名，是土家吊脚楼的最早形式和主要建造方式。干栏式吊脚楼，即底层架空、上层居住的一种建筑形式，这种建筑形式一般多在溪水河流两岸。土家吊脚楼完全顺应地形地物，绝少开山辟地，损坏原始地形地貌。这就使得建筑外部造型融入自然环境之中。建筑的体量与尺度依附在自然山水之中，反映出了对大自然的遵从和协调。其就地取材，量材而用；质感既丰富多变，又协调统一。讲究通透空灵，在彰显结构竖向材料的同时也注重横向材料的体量变化，体现了湘西风土建筑的特点。

(a)

(b)

图 1-9 挑廊式吊脚楼和干栏式吊脚楼

赵树德对“生土建筑”的界定为：狭义地从日常生活“土”字意义上讲，生土建筑就是指用原状土或天然土经过简单加工修造起来的建筑物和构筑物，实质上是用土来造型；若从广义讲，就是以地壳表层的天然物质作为建筑材料，经过采掘、成型、砌筑等几个与烧制无关的基本工序而修造的建筑物和构筑物。按广义理解，这样就要把岩石和土都包括在生料之内。把岩石和土合在一起并统一到“土”的概念之下。从大土作的概念出发，那么广义的生土建筑及其营造过程就是“大土作的基本概念”了。除此之外的对生土建筑的定义多数是狭义上生土建筑的概念，是指利用生土或未经烧制的土坯为材料建造的建筑。

生土建筑是我国传统建筑中的一个重要组成部分。生土建筑按结构特点大致可分为以下几种形式：①生土墙承重房屋，包括土坯墙承重房屋、夯土墙承重房屋、夯土土坯墙混合承重房屋和土窑洞；②砖土混合承重房屋，包括下砖上土坯、砖柱土山墙和木构架承重房屋等。现在的大多数研究者对生土建筑的类型模式一般有三种看法：①集中以建筑类型区分的——穴居或窑洞、夯土版筑建筑和土坯建筑；②集中在对建筑结构进行区分；③集中在以生土建筑的施工工艺及特点区分。

生土建筑有如下优点：①结构安全，结构布局合理、有加固措施的生土房屋可以满足8度地震设防要求；②经济能耗低，生土建筑不仅造价低廉，而且在使用过程中维护费用低，在全寿命周期内能耗低；③优越的热学、声学性能，生土材料可调节温湿度，冬暖夏凉，湿度宜人，隔声效果好；④施工便利，生土材料分布广，技术简单灵活，施工周期短；⑤环境友好，无污染，可完全回收再利用。

生土建筑的不足如下：①强度低，自重大，材料与构件强度低，整体性能差，导致建筑空间拓展受限（包括建筑高度、开间进深、洞口尺寸等）；②耐久性差，生土建筑尤其怕水，不耐风雨侵蚀。

美国新墨西哥州，关于生土墙的建造规则已制定了具有法律权威的规范，其中对承重生土墙选用何种质量的土、生土构件的制作要求、生土材料应达到的技术指标等都做了详细规定，在生土建筑设计构造方面提出了若干条定量化的指标。秘鲁利马天主教大学的玛西亚·布隆德特博士等起草的《土坯房屋抗震指南》，详细介绍了土坯建筑的震害，还从土料成分、裂缝控制、添加材料、施工质量等方面分析了抗震性能的主要影响因素，并且建议了一些改善土坯力学性能的方法和构件构造尺寸。澳大利亚是广泛使用生土建筑的国家之一，长期以来非常重视生土建筑结构的研究与规范制定工作，目前正在起草“生土建筑指南”。法国是在生土建筑技术上最先推行革新的国家之一。法国的一位工程师大卫·伊斯顿，首先在法国境内使用PISE（空气压缩稳定泥土）技术，使土与钢筋共同形成建筑整体，既具有良好的抗震性，又保持了土原有的舒适环保节能的本色，是生土建筑技术的一大进步。

地域特征明显的黄土文化中的“窑洞建筑”，到明清时期，已成为黄土高原和黄土盆地农村民居中的风土文化建筑的主要形式，是中国传统民居一支独特的生土建筑体系。在晋西和陕北人们之所以选择窑洞作为居室，是由当地的自然资源条件以及窑洞的优点所决定的。即便是用砖石砌筑的窑洞也是用生土填充屋顶，所以有人称之为“覆土建筑，生土建筑”。生土建筑就地取材，造价低廉，技术简单。生土热导率小，热惰性好，保温与隔热性能优越，房屋拆除后的建筑垃圾可作为肥料回归土地，这种生态优势是其他任何材料无法取代的。在甘肃陇东地区出现的独特的传统民居建筑——窑房，是一种典型的绿色原生态的建筑类型，如图1-10所示。窑房从环保、材料、结构、施工、外观、实用等各个方面均优于目前普遍兴起的砖瓦房。是利用地方材料建造房屋的典型代表，较原有的黄土窑洞通风、采光、抗震、稳定性均有所改进，对于黄河流域的寒冬，也能起到良好的御寒作用，冬暖夏凉，这与当地的气候相适应，特别适宜贫困地区农民建房。窑房的技术更新，重点放在研制高强度土坯加工器具与抗震构造措施上，使传统土坯窑房获得新生。生土民居的回归有赖于多种绿色技术的支撑，如新型高强度土坯技术，抗震构造柱的使用技术，土钢、土混结构体系，生土墙体防水涂料技术，被动式太阳能建筑技术，雨水收集设施，节水设备与节水农业技术，利用太阳能采暖、热水技术，秸秆煤气的综合利用技术，垃圾处理新技术等。

1.1.1.12　智能建筑

智能建筑可以定义为：以建筑物为平台，兼备信息设施系统、信息化应用系统、建筑设备管理系统、公共安全系统等，集结构、系统、服务、管理及其优化组合为一体，向人们提供安全、高效、便捷、节能、环保、健康的建筑环境。智能建筑是社会信息化与经济国际化的必然产物；是集现代科学技术之大成的产物，也是综合经济实力的象征。智能建筑其技术基础主要

(a)

(b)

图 1-10 陇东窑房

由现代建筑技术、现代计算机技术、现代通信技术和现代控制技术所组成。

智能建筑追求的目标如下。

① 为人们的生活和工作提供一个方便、舒适、安全、卫生的环境，从而有益于人们的身心健康，提高人们的工作效率和生活情趣。

② 满足不同用户对不同建筑环境的要求。智能建筑具有高度的开放性和灵活性，能迅速、方便地改变其使用功能，必要时也能重新布置建筑物的平面、立面、剖面，充分显示其可塑性和机动性强的特点。

③ 能满足今后的发展变革对建筑环境的要求。人类社会总的发展趋势是越往后发展变革越快，现代科学技术日新月异，而智能建筑必须能够适应科技进步和社会发展的需要，以及由于科技进步而引起的社会变革的要求，为未来的发展提供改造的可能性。

绿色建筑与智能建筑是两个高度相关的概念。绿色建筑与智能建筑的最终目的是一致的，都是创造一个健康、适用、高效、环保、节能的空间。绿色建筑强调的是建筑物的每一个环节的整体节约资源和与自然和谐共生，智能建筑强调的是利用信息化的技术手段来实现节能、环保与健康。绿色建筑是一个更为基础、更为纯粹的概念，而智能建筑是绿色建筑在信息技术方面的具体应用，智能建筑是服务于绿色建筑的。建筑智能化是实现绿色建筑的技术手段，而建造绿色建筑才是智能援助的目标，智能建筑是功能性的，建筑智能化技术是保证建筑节能得以实现的关键。要完成绿色建筑的总目标，必须要辅之以智能建筑相关的功能，特别是有关的计算机技术、自动控制、建筑设备等楼宇控制相关的信息技术。没有相关的信息技术，绿色建筑的许多功能就无法完成。其总体规划设计应从智能建筑的整体功能出发，通过合理地规划设计、基础架构、位置选择、系统布局、设备选型、软件搭配和节能环保措施等大幅度降低智能建筑的资源消耗。两者也存在制约关系，智能建筑所依赖的信息系统本身就是建筑的一个组成部分，它在服务于建筑的其他部分、其他系统时也存在消耗能源、产生污染等问题，包括信息系统设备在损坏报废或使用寿命期满之后产生废弃物等。

自 20 世纪 80 年代智能建筑出现，其为实现“办公、生活的高效、舒适、安全之环境，且具有经济型的目标”，将通信自动化（CA）、办公自动化（OA）、楼宇设备管理自动化（BA）及安全、防灾等技术领域纳入运行管理，并且提供新颖与优质的服务理念。1994 年来自 15 个国家的科学家在美国讨论时提出了“生命建筑”的概念，生命建筑具有“大脑”，它能以生物的方式感知建筑内部的状态和外部环境并及时做出判断和反应，一旦灾害发生，它能进行自我保护。比如日本开发成功的智能化主动质量阻尼技术，当地震发生时，生命建筑中的驱动器和控制系统会迅速改变建筑物内的阻尼物的质量，以此来抵消建筑物的震动。在我国智能建筑发展过程中，一个重要的标志是在 1997 年 10 月，国家建设部颁布了［1997］290 号文件，即

“建筑智能化系统工程设计管理暂行规定”，这是我国政府颁布的有关智能建筑管理的第一个文件。2010年5月1日，上海世界博览会成功开幕，这一盛事正式把智能建筑推向一个全盛的时期。“世博园”内世界各国的建筑精品，向全世界展示了顶级的智能建筑项目案例，介绍了国内外智能建筑行业中的知名品牌，并且展示了我国智能建筑行业发展历程和未来走向。

随着人们生活水平的提高，新需求的增长及信息化对人们传统生活的改变，人们对智能化住宅小区的需求日益强烈。其市场的潜力也日益增长。我国智能家居的发展正在进入迅速发展的阶段。在20世纪90年代，中国的住宅智能化和小区智能化建设，首先始于东南沿海的广州和深圳等地，后逐渐向上海、北京等地发展。在住宅建设行业逐步引入综合布线概念结合小区的闭路电视监控、对讲、停车场管理等一系列智能化系统，建筑智能化技术也开始从公共建筑向住宅和居住小区发展，建筑智能化技术迅速向小区智能化延伸，已成为智能建筑发展的重要市场。2001年，建设部住宅产业办公室提出一个关于智能化小区的基本概念：“住宅小区智能化是利用4C（即计算机、通信与网络、自控和IC卡），通过有效的传输网络，将多元的信息服务与管理、物业管理与安防、住宅智能化集成，为住宅小区的服务与管理提供高技术的智能化手段，以期实现快捷高效的超值服务与管理，提供安全舒适的家居环境。”智能建筑系统集成结构如图1-11所示。智能建筑一体化系统集成示意图如图1-12所示。

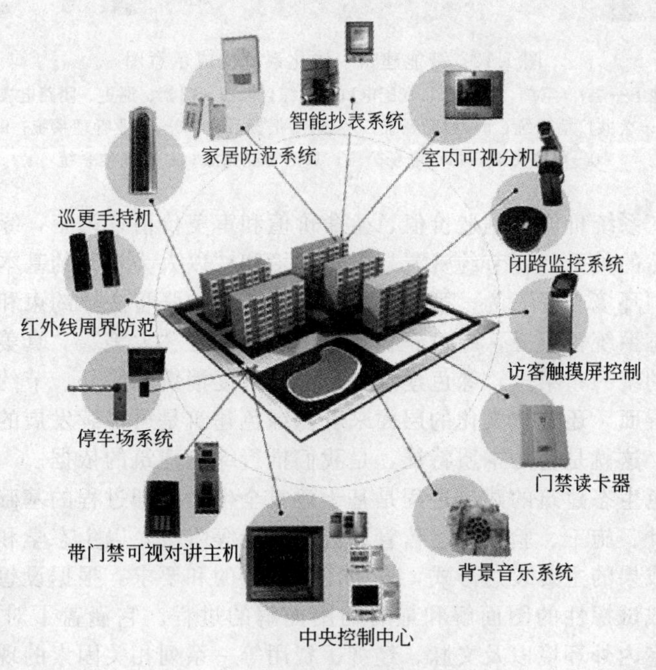

图1-11　智能建筑系统集成结构

仇保兴将绿色建筑与一般建筑的区别概括为六个方面：第一，绿色建筑的内部与外部采取有效连通的方式，同时也使室内环境品质大大提高；第二，绿色建筑推行本地材料，能够使建筑随着气候、资源和地区文化的差异而重新呈现不同的风貌；第三，绿色建筑最大限度地减少不可再生能源、土地、水和材料的消耗，产生最小的直接环境负荷；第四，绿色建筑的建筑形式是从与大自然和谐相处中获得灵感；第五，绿色建筑因广泛利用可再生能源而极大地减少了能耗，甚至自身产生和利用可再生能源，有可能达到零耗能和零排放；第六，绿色建筑以循环经济的思路，实现从被动地减少对自然的干扰到主动创造环境丰富性、减少对资源需求上来。

在文化层面上，绿色建筑与现代一般建筑也有区别：第一，绿色建筑文化从唯物辩证的自然观出发，强调人与自然的有机统一，坚持人是地球生态大家庭中的普通成员的立场，主张尊重自然，人与自然和谐共生；第二，绿色建筑文化认为自然界是一切价值的源泉，强调地球生

图 1-12 智能建筑一体化系统集成示意图

1—楼宇控制管理系统（地下一层）（空调、给排水、变配电）；2—综合保安（门禁、巡更、闭路电视）；3—停车场管理系统；4—电梯控制系统；5—公共广播系统；6—照明系统；7—消防报警系统；8—物业管理系统；9—办公自动化系统；10—信息资源；11—电子公告；12—智能家居；13—其他系统

态系统的内在价值、系统价值、创造价值、生命价值和审美价值；第三，绿色建筑技术观重新审视人、建筑和自然的关系，将节约资源、保护环境和“以人为本”的基本原则有机地结合在一起，在本质上是“环境友好”的；第四，绿色建筑文化主张将法律约束和道德关怀扩大到动植物和整个地球生态系统；第五，绿色建筑文化追求自然之“大美”、“真美”，追求简朴之美、生态之美和人工美的统一；第六，绿色建筑文化倡导适度消费和简朴、节约的居住方式。

无论从建筑的层面，还是从文化的层面来看，绿色建筑是可持续发展的建筑体系，是环境友好型的建筑体系，这就是它的本质特征，是我们推行绿色建筑的依据。

综上所述，绿色生态建筑的建造过程是基于建筑全生命周期过程的基础上，针对绿色建筑目标考虑决策、设计、施工、验收与运营管理甚至改造等阶段，以生态学和系统学等方法为指导，以设计图纸为成果的主要表达形式，按照任务的目的和要求，根据设想预先制定出工作方案和计划，从而形成试探性的图面解和最终的图面解的过程。它涵盖了对绿色建筑中有关能源、资源、材料、室内外环境以及文脉、经济、费用等一系列相关因素的现象状况与预期状况之间的矛盾问题的解决过程，并且将生态影响因素着重加以考虑的一种称谓，本书将在前六章中着重论述与绿色生态建筑评估的相关内容，在最后的三章中单独对绿色建筑的生态体系、生态策略及其生态化改造等内容加以阐述。

1.1.2 基本内涵

这个定义包括四个方面的内涵。

第一个方面就是“全生命周期”的概念。建筑的全生命周期包括原材料开采、运输与加工、建造、使用、维修、改造和拆除及建筑垃圾的自然降解或资源的回收再利用等各个环节，是指包括建筑的物料产生、规划、设计、施工、运营维护、拆除、回用和处理的全过程。它主要强调在时间上全面审视人类的建筑行为对生态、环境和资源的影响。

第二个方面就是强调“最大限度地节约资源、保护环境和减少污染”。建设部提出的“四节一环保”的要求，即着重要求人们在构建和使用建筑物的过程中，最大限度地节约资源（节能、节地、节水、节材）、保护环境、呵护生态和减少污染，将人类对建筑物的构建和使用活动所造成的对地球资源与环境的负荷和影响降到最低限度，使之置于生态恢复和再造的能力范围之内。通常把按节能设计标准进行设计和建造，使其在使用过程中降低能耗的建筑称为节能建筑。但节能建筑不能简单地等同于绿色建筑。这是对绿色建筑的基本要求和基本评价标准。

第三个方面就是“提供健康、适用和高效的使用空间”。这是绿色建筑根本的功能要求。创造健康和舒适的生活与工作环境是人们构建和使用建筑的基本要求之一，绿色建筑就是要能够为人们提供一个健康、舒适和高效的活动空间。健康的要求是最基本的，节约不能以牺牲人的健康为代价。强调适用、适度消费的概念，绝对不能提倡奢侈与浪费。高效使用资源是在节约资源和保护环境的前提下实现绿色建筑基本功能的根本途径和原则。这就要求必须大力开展绿色建筑技术创新，提高绿色建筑的技术含量。

最后一个方面就是绿色建筑要“与自然和谐共生”，这是绿色建筑的价值理念。自然和谐就是要求人们在构建和使用建筑物的全过程中，亲近、关爱和呵护人与建筑所处的自然生态环境，将认识世界、适应世界、关爱世界和改造世界，自然和谐与相安无事地统一起来。发展绿色建筑的最终目的是要实现人、建筑与自然的协调统一。只有这样，才能兼顾与协调经济效益、社会效益和环境效益，才能实现国民经济、人类社会和生态环境又快又好地可持续发展。

1.1.3　基本要素及其绿色化设计要素

绿色建筑基本要素大致有以下几个方面。

（1）耐久适用性　这是对绿色建筑的最基本要求之一，耐久性是指绿色建筑的使用寿命满足一定的设计使用年限要求，适用性是指绿色建筑的功能和工作性能满足于建造时的设计年限的使用要求，同时，也能适合一定条件下的改造使用要求，即使是临时性建筑物也有绿色化适用性的问题。其绿色化设计要素包括以下几个方面。

① 建筑材料的可循环使用设计，即应对传统材料进行生态环境化的替代和改造，如加强二次资源综合利用，提高材料的再生循环利用率等。未来建筑材料的发展原则应该是具有健康、安全、环保的投入性，具有轻质、高强、耐用、多功能的技术性，还应符合节能、节水、节地的条件。2002年，化学家迈克尔·布朗嘉和著名建筑师威廉·麦克唐纳合著《从摇篮到摇篮：循环经济设计之探索》，布朗嘉认为，人类要从产品的设计阶段开始，就研究产品的最终结局是否可以成为另一个循环的开始。它的目标不是减少废弃物，而是将工业产品的废弃物变为有用的养料，服务在其他产品中。目前，布朗嘉已经将“从摇篮到摇篮”理论演化成了一种包括材料绿色认证、新材料创新和商业运作的新工业模式。“从摇篮到摇篮”的目标，不是为了减少废弃物，而是将废弃工业产品变为有用的养料，循环再利用。例如，轻钢结构住宅（图1-13）是一种节能环保型建筑，钢结构是一种质量轻、强度高、抗震性能好，而且能循环使用的建筑材料。所以，钢结构住宅物作为绿色建筑、绿色低碳建筑，目前在世界上已经普遍得到应用。

② 充分利用旧建筑，就可以节约用地，还可以防止大拆乱建，可根据规划要求保留或改变其原有使用性质并纳入建设项目规划。在绿色建筑理念中重点突出对产业类、住宅类历史建筑保护和再利用的理论框架，提出有技术针对性的改造设计方法具有很重要的理论意义和极富现实价值的应用前景。中国香港瑞安集团承建的上海太平桥旧区改造项目，本着不同的城市要留下不同的历史印迹的观念，将上海石库门用原来的材质整旧如旧，而在内部进行了现代化的设施装修。因此走入上海新天地，依旧是青砖步道、清水砖墙、乌漆大门、窄窄弄堂，但石库门里已换上优雅的音乐，舒适的中央空调，如图1-14所示。不同肤色、不同语言、不同国度的人们可以在休闲中感受和触摸这座城市的文化和历史。

③ 建筑的适应性设计，是一种顺应自然和面向未来的超越精神，可以合理地协调人、建

图 1-13　轻钢结构住宅

(a)

(b)

图 1-14　旧建筑改造案例——上海新天地

筑、社会、生物与自然环境之间的相互关系。要不断地运用新技术、新能源设计、改造建筑，使之不断满足人们生活的新需求。如沈阳万科头道住宅项目设计（图 1-15），设计参照了山地度假村为主题的独特性和适应性，墙面多采用石材；抹灰外墙和木质材料；为了配合北方冬季寒冷多雪的气候特征设计了斜坡屋顶；阳台提供夏天和冬天舒适的享受和功能，因此阳台形式的设计融合了自然地形的特点。

(2) 节约环保性　其绿色化设计要素包括以下几个方面。

① 用地节约设计。应该在建设的过程中尽可能维持原有场地的地形地貌，要避免因土地过度开发而造成对城市整体环境的破坏。

② 节能建筑设计。应利用自然规律和周围环境条件，改善区域环境微气候，节约建筑能耗。主要包括两个方面的内容，一是节约，即提高供暖系统效率和减少建筑本身所散失的能源，主要包括外窗、遮阳系统、外围护墙及节能新风系统四个方面；二是开发利用新能源。要充分考虑在建筑采暖、空调及热水供应中利用工业余热，采用太阳能、地热能、风能等绿色

(a)

(b)

图 1-15　沈阳万科头道住宅屋顶和阳台

能源。

③ 用水节约设计。应结合区域的给水排水、水资源、气候特点等客观环境状况对水环境进行系统规划，制定水系统规划方案，合理提高水资源循环利用率，减少市政供水量和污水排放量。在多雨地区应加强雨水利用，沿海缺水地区加强海水利用，内陆缺水地区加强再生水利用，所有地区考虑采用节水器具。

④ 建筑材料节约设计。应控制造型要素中没有功能作用的装饰构件的应用，在施工过程中应最大限度利用建设用地内拆除的或其他渠道收集得到的旧建筑材料，以及建筑施工和场地清理时所产生的废弃物等。

理想的节约环保型房屋示意图如图 1-16 所示。在环保建筑设计中，迪拜的太阳能垂直村与集雨摩天楼是一个典范，如图 1-17 所示。

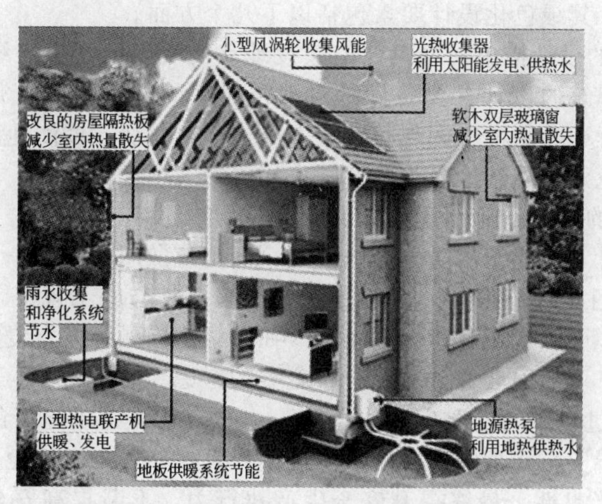

图 1-16　理想的节约环保型房屋示意图

(3) 健康舒适性　其绿色化设计要素包括以下几个方面。

① 建筑设计及规划注重利用大资源环境。在建设过程中应尽可能维持原有场地的地形、地貌，当因建设开发确需改造场地内地形、地貌、水系、植被等环境状况时，在工程结束后，鼓励建设方采取相应的场地环境恢复措施，减少对原有场地环境的改变，避免因土地过度开发而造成对城市整体环境的破坏。

② 完善的生活配套设施体系。居住区配套公共服务设施（也称配套公建）应包括教育、医疗卫生、文化、体育、商业服务、金融邮电、社区服务、市政公用和行政管理九类设施。

(a) 迪拜太阳能垂直村　　(b) 集雨摩天楼

图 1-17　迪拜太阳能垂直村与集雨摩天楼

③ 多样化的住宅户型。住宅针对不同经济收入、结构类型、生活模式、职业、不同文化层次、社会地位的家庭提供相应的住宅套型。

④ 建筑功能的多样化和适应性。住宅的功能分区要合理，小区的规划设计应合理。

⑤ 室内空间的可改性和灵活性的要求。可改性首先应该提供一个大的空间，这样就需要合理的结构体系来保证，对于公共空间可以采取灵活的隔断，使大空间具有丰富宜人的可塑性。

(4) 安全可靠性　其绿色化设计要素包括以下几个方面。

① 确保选址安全的设计措施。绿色建筑建设地点的确定，是决定绿色建筑外部大环境是否安全的重要前提。建筑的设计首要条件是对绿色建筑的选址和危险源的避让提出要求。为此，建筑在选址的过程中必须考虑到现状基地上的情况，其次，勘测地质条件适合多大高度的建筑，总而言之，绿色建筑的选址必须符合国家相关的安全规定。

② 确保建筑安全的设计措施。建筑设计必须与结构设计相结合，合理确定设计安全度，进行防火防震防爆设计，即建筑的防火分区问题、安全疏散问题等。

③ 建筑结构耐久性的保障措施。绿色建筑结构的设计与施工规范，重点放在各种荷载作用下的结构强度要求，同时也对环境因素作用（如干湿、冻融等大气侵蚀以及工程周围水、土中有害化学介质侵蚀）下的耐久性要求进行了充分的考虑。

④ 增加建筑施工过程中的安全生产执行能力。结合具体建筑施工的特点，提高绿色建筑施工水平，应通过完善安全管理制度，落实安全生产责任制，加大安全生产投入，形成激励机制，强化安全问题的严肃性，最终提升安全生产执行力，不断提高安全管理水平，形成“绿色”施工的良好氛围。

⑤ 建筑运营过程中的可靠性保障措施。物业管理公司应制定节能、节水、节材与绿化管理制度并严格按其实施。建筑运营过程中会产生大量的废水和废气，为此需要通过选用先进的设备和材料或其他方式，通过合理的技术措施和排放管理手段，杜绝建筑运营过程中废水和废气的不达标排放。各种设备、管道的布置应方便将来的维修、改造和更换。

(5) 自然和谐性　建筑与自然的关系实质上也是人与自然关系的体现。建筑作为人类的活动，要满足人们物质和精神需求，寓含着人们活动的各种意义。自然和谐性是建筑的一个重要的属性，正因为自然和谐性，建筑及其人们的活动才能与自然息息相关，才能融入自然，是可

持续性精神的体现。自然建筑化赋予了建筑真实的自然品质，使建筑实现了完美的自然和谐性，自然建筑化设计手法对当代的建筑设计有良好的指导和借鉴意义。

(6) 低耗高效性　其绿色化设计要素包括：合理的建筑朝向；设计有利于节能的建筑体形和平面设计；重视日照调节和照明节能，合理利用太阳能；重视建筑用能系统和设备的优化选择；采用资源消耗和环境消耗影响小的建筑结构体系和材质；充分利用可再生资源；采取严格的管理运营措施。

(7) 绿色文明性　绿色建筑外部要强调与周边环境相融合，和谐一致、动静互补，做到保护自然生态环境。绿色建筑内部要强调舒适和健康的生活环境：建筑内部不使用对人体有害的建筑材料和装修材料；室内空气清新，温、湿度适当，使居住者感觉良好，身心健康。

其绿色化设计要素包括：①保护生态环境，在确定评估指标体系的时候要注重对应用生态原理和规律的把握；②利用绿色能源。

(8) 科技先导性　绿色建筑不是所谓的高科技简单的概念炒作，而是要以人类的科技实用成果为先导，综合利用高科技成果，尽量保证各种科学技术成果能最大限度地发挥自身的优势，同时又能使得绿色建筑系统作为一个综合整体的运行效率和效果最优化。首先要在绿色建筑实践和人文理念建构过程中，坚信建筑科学发展的进步性和日臻完善性；其次要坚持实事求是的科学精神，在对评估指标体系进行客观评估的基础上，从我国国情出发，从我国建筑业的实际情况出发，结合实际情况在实践中检验指标的合理性。

(9) 综合整体创新设计　基于环境的综合整体创新设计、评估指标体系既要反映世界绿色建筑评估指标体系的特点，更要具有我们民族的特点。基于我国国情的创新设计，即构建绿色建筑的理念应该坚持大众化的原则，也就是我们所提倡的坚持绿色建筑的“平民化”、“大众化”。

绿色建筑的综合整体创新设计在于将建筑科技创新、建筑概念创新、建筑材料创新与周边环境结合在一起设计。重点在于建筑科技的创新，同时与环境和谐共处，利用一切手法和技术使建筑满足健康舒适、安全可靠、耐久适用、节约环保、自然和谐及低耗高效等特点。

① 基于环境的整体设计创新。将景观元素渗透到建筑形体和建筑空间当中，以动态的建筑空间和形式实现空间的持续变化和形态交集。

② 基于文化的设计创新。由于地域文化的不同而对自然地貌的理解显示出极大的不同，从而造就了如此众多风格各异的建筑形态和空间，展示其独特文化底蕴的景观建筑。

③ 基于科技的设计创新。科技进步使建筑和城市空间的功能性变得越来越模糊，空间和功能的模糊性和复杂性使得建筑更强调建筑与城市公共空间的相互交融，自然转换，在这种意义上，绿色建筑，尤其是绿色公共建筑，真正成为城市的“文化客厅”。

1.2　绿色生态建筑的研究背景

建筑业作为国民经济的支柱产业，在推动经济发展中具有重要的作用。同时建筑业也是大量消耗能源和资源的行业，其承担的可持续发展的社会责任问题也日益迫切。首先，建筑业是耗能大户，全球能量中约50%消耗在建筑的建造和使用上；其次，建筑物在建造和运行过程中需消耗大量的自然资源；最后，环境总体污染中与建筑有关的污染所占比例约为34%，包括空气污染、水污染、固体垃圾污染、光污染、电磁污染等。因此，如不采取有效的措施，资源、能源和环境的限制将会制约我国建筑业以及整个国民经济的可持续发展。世界环境的污染分布如图1-18所示。图1-19为全球的光污染。

从20世纪70年代末开始至今，随着环境污染、能源危机、土地退化、生态失衡等问题的不断恶化，建筑与环境的关系越来越受到世界各国的关注和重视。近10多年来，绿色建筑的设计和建造已经成为国际建筑界普遍关心的课题。

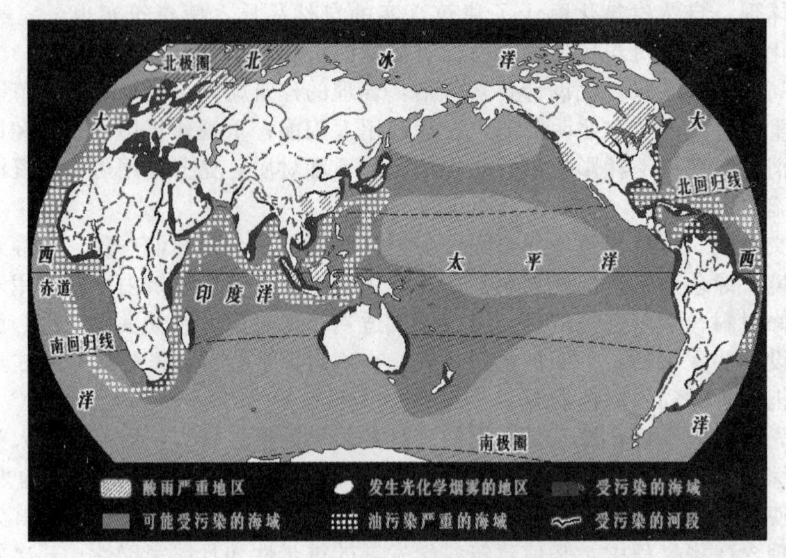

图 1-18　世界环境污染分布

图 1-19　全球光污染

1.2.1 绿色生态建筑与环境

在整个已知历史中，人类一方面学会了利用大自然赋予的一切，创造出今天灿烂的建筑文明。但另一方面，也潜移默化地留下了许多问题，如温室效应加剧、臭氧层的破坏、酸雨污染、土地沙漠化、森林滥砍滥伐、生态系统的破坏、资源的滥用、废弃物的积累，给各种生命赖以生存的地球环境带来了威胁，而且事实表明，这些都与建筑活动有密切的关系。

作为人类未来生产和生活的一部分，绿色环境建设的目的就在于为人类创造适宜的居住环境，其中既包括人工环境，也应包括自然环境；要自觉地把人类与自然和谐共处的关系体现在人工环境与自然环境的有机结合上，尊重并充分体现环境资源的价值（这种价值一方面体现在环境对社会经济发展的支撑和服务作用上，另一方面也体现在自身的存在价值上）。

（1）绿色建筑与土地　土地是陆生生物赖以生存的家园，更是人类的家园，节约土地是实现绿色建筑的重要条件之一。

（2）绿色建筑与大气保护　国内居民的炊事和采暖所用燃料以煤为主，工业用燃料也以煤为主。因此，我国的空气污染仍以煤烟型为主，主要污染物是二氧化硫和烟尘。

煤炭、石油等矿物能源的利用不仅造成环境污染，同时由于排放大量的温室气体而产生温室效应，引起全球气候变化。

绿色建筑不应产生大气污染，应向人们提供拥有清新空气的建筑空间。因此，环境空气的保护也是绿色建筑追求的重要目标之一。

(3) 绿色建筑与水资源的保护　没有水，农田不能耕种，工厂不能开工，经济不能发展，人类无法生活。因此，有充足清洁的水源，是绿色建筑追求的重要目标之一。

长江干流污染较轻，水质基本良好；珠江干流水质尚可；海滦河水系和大辽河水系总体水质较差，受到严重污染，总体来看，我国河流主要受到有机物污染。

我国大淡水湖泊和城市湖泊均为中度污染，水库污染相对较轻。

民用建筑也向环境中排放生活污水、工农业废水及其他废水，威胁水环境。

(4) 绿色建筑与固体废弃物的处置　在人类居住区和人们的生活、生产、科研过程中，排放的固体废弃物有生活垃圾（其中有害物较少）、工业垃圾和各种废渣、农业废弃物、科研垃圾及废弃物。作为与人类生存息息相关的建筑行业所排放的建筑垃圾，主要是砖、瓦、混凝土碎块。

固体废弃物是未被利用的资源，或现有技术无法利用及利用不经济的资源。节约资源和减少固体废弃物排放是一个问题的两个方面：提高资源利用率，节约资源，降低成本，增加经济效益，同时减少固体废弃物的排放量，节省土地。

环境包括自然环境和人工环境两大类。

所谓自然环境是忽略人类存在和干扰的整个环境，是人类赖以生存、生活和生产所必需的自然条件和自然资源的总称，是阳光、温度、气候、地磁、空气、水、岩石、土壤、动植物、微生物以及地壳的稳定性等自然因素的总和。

从狭义上讲，人工环境是指人类根据生产、生活、科研、文化、医疗、娱乐等需要而创建的环境空间，也称建筑环境。从广义上说，人工环境是指由于人类活动而形成的环境要素，它包括由人工形成的物质、能量和精神产品以及人类活动过程中所形成的人与人之间的关系（或称上层建筑）。

在讨论建筑环境性能时环境有两重内涵，即广义的环境和狭义的环境。广义的环境是指“自然环境”，从空间范围上来说，是指建筑物界定的三维空间以外的空间。狭义的环境就是建筑物所界定的内部环境和外部环境。

一个建筑项目对环境的影响可分为：其界定的内部环境和外部环境对使用者带来的影响（包括生活和工作的健康、舒适、便利等），即环境质量；以及由此建筑项目引起的外部环境的改变（包括对各种资源的消耗、对生态多样性的影响、对周边环境基础设施的冲击等），即环境负荷。

1.2.1.1　温室气体及其危害

20世纪，由于温室效应，已造成全球平均气温比工业革命前增加了0.6℃，气候变暖对全球的环境已造成很大的影响：南极洲上空的臭氧空洞日益扩大；喜马拉雅山主峰上的冰川和北极、南极冰盖产生消融；气候带北移；全球海平面不断上升；海水酸化；洪水、风暴、酷暑、干旱等极端恶劣的天气不断增多；物种灭绝。温室气体对人体健康的影响表现为免疫力下降、皮肤癌、呼吸系统疾病、眼疾等的发病率增加，某些传染病的流行，影响生殖繁衍等。

这种温室效应不但对人类居住环境产生严重影响，对人类的住所本身所造成的影响和破坏同样也是不能忽视的。干燥纯净的二氧化碳气体对金属的腐蚀作用是非常轻微的，但是，二氧化碳一旦与水接触后，所产生的腐蚀效果就不可同日而语。一般来说，二氧化碳与水接触后会形成碳酸（H_2CO_3）。碳酸中的氢离子得到电子被还原成氢原子。根据电化学反应原理，氢离子得到的电子供体就是金属材料，金属材料失去电子被氧化，从而使金属失去原有的理化性质而被腐蚀。金属材料的腐蚀速率随着温度的升高而增加。但是这种腐蚀速率并不是无休止地增加，它会存在一个最大值，之后腐蚀速率会随着温度的升高而降低。大气中大量存在的氧气与二氧化碳共存会加剧金属的腐蚀。

由此可见，温室效应对建筑的影响主要是温室气体对建筑材料，尤其是金属材料的腐蚀作用。它给人类的居住和生活安全带来了极大危害，同时也给国家和社会造成了巨大的经济损失。

由于二氧化碳在大气中约停留100年，即使二氧化碳的排放维持在现有水平上，它的浓度在22世纪仍将翻一番。若想使大气中二氧化碳浓度保持在目前水平，则需全球二氧化碳排放量削减60%，由于现代生产及生活对能源的强烈依赖，使得这一目标很难在近期内实现，于是一场广泛而深刻的变革在科学、技术、管理与工程等领域悄然展开。由建筑业房屋隔热和节能性能的研究与应用，到制造业提高燃烧效率和节能技术的开发，可再生能源的应用，燃料电池的研究，二氧化碳的收集、处理、处置技术以及征收碳税的管理手段和减少能源消费的生活模式，二氧化碳的控制不仅是大气污染治理的目标，而且已经渗透到各行各业的生产与人们的生活之中。

“低碳经济”的概念是2008年6月5日在世界环境日提出的。其核心是各国共同采取措施，减少碳排放，促进建立低碳经济体系和生活方式。所谓低碳经济，就是以低能耗和低污染为基础的绿色经济。创新低碳能源是低碳经济的基本保证，清洁生产是低碳经济的关键环节，循环经济是持续发展低碳经济的根本方式。抢占具有低碳经济特征的前沿技术制高点，是节能减排、科技创新的长远价值所在。它是各国政府联合应对气候变化、促进人类共同发展的发展战略。具体而言，“低碳经济”是：从高能耗、高污染的传统制造业转向低能耗、低污染的先进制造业和现代服务业；节能和提高化石能源利用效率（建筑节能是其重要组成）；植树造林、保护湿地，积极扩大碳汇；碳捕集和碳封存；清洁能源应用和传统能源的清洁利用（如天然气和煤的清洁燃烧技术）；发展无碳能源和可再生能源、改变能源结构（如充分发展太阳能光伏发电、风力发电、氢能以及生物质能技术，核电的安全应用、水电的生态开发）；改变便利消费、一次性消费、面子消费和奢侈消费的传统消费模式，改变依赖汽车、追求大户型豪宅和破坏生态的生活方式，改变浪费能源和增加污染的不良嗜好等。

全球住宅建筑和商业建筑是所有能耗单位中温室气体排放的大户，其中，住户的行为、文化和消费选择是产生温室气体的主要因素。2004年全球温室气体排放量为490亿吨。1999～2004年，来自建筑能源使用所排放的CO_2以每年3%的速度增长。根据IPCC第四次评估报告，目前世界公认的减少建筑业温室气体的三种办法为：①减少能源使用和内含能；②加大转向低碳燃料和增加可再生能源的比例；③控制非CO_2温室气体的排放。同时一项针对80项研究的调查结果表明，就成本效益和潜在的节能而言，高能效照明技术是几乎所有国家建筑物GHG减排措施中最有前景的措施之一。在节能潜力方面排位较靠前的其他措施包括太阳能热水装置、节能型家用电器和能源管理体系。就成本效益而言，高能效的炊事炉灶在发展中国家仅次于照明，位列第二。

我国的二氧化碳排放量在2003年已经占到全世界总排放量的15%，仅次于美国，而且由于我国人口众多，随着人民生活水平的不断提高，消耗的能量也将持续增多。在我国作为二氧化碳排放大国的形象日益突出的同时，我国在国际上面临的温室气体减排压力将会越来越大。

就建筑本身来说，现阶段的能源结构决定了我国在今后很长一段时间内煤都将作为主要的燃料，所以建筑产生温室气体最多的时候要数冬季取暖期。因此，作为可持续发展的绿色建筑，更多的是将对能源的需求定位在那些可再生的清洁能源上，这方面的努力主要包括以下内容：通过使用可再生的清洁能源，减少对矿物燃料的使用量，达到二氧化碳等温室气体的减排，缓解温室效应对建筑的影响和破坏。此外，在建筑本身的设计上，尽量利用建筑周围的地形和环境，通过绿化和恰当的设计，减少建筑的得热量或散热量，减少对人工空调设备的使用，从而达到温室气体减排的目的。

1.2.1.2 酸雨

酸雨，最早出现在19世纪的欧洲各国，是指pH<5.6的降水，是大气中的酸性物质（气态或悬浮态）在降水过程中引起的一种酸性水，包括酸性雨、酸性雾、酸性雪、酸性露和酸性霜等。其中对酸雨形成起主要作用的SO_x和NO_x均来自天然源和人工源。

酸雨对水生生态系统的影响主要体现在水体酸化、对水生植物及其他水生生物的影响几个方面。随着水体的酸化，水生生态系统的结构和功能也随之发生变化，从而对其中水生植物和其他水生生物产生影响和危害。酸雨对森林的影响在很大程度上是通过对土壤的物理化学性质的恶化作用造成的。

酸雨给地球生态环境和人类社会都带来了严重的影响和破坏。研究表明，酸雨对农业、水生生态系统、森林、建筑物和材料、名胜古迹等以及人体健康均带来严重危害，不仅造成重大经济损失，更危及人类生存和发展。酸雨对农业的影响主要体现在使土壤酸化，肥力降低。

而酸雨对人体的影响主要表现在以下三个方面：一是使铅等重金属离子通过食物链进入人体，从而诱发癌症、老年痴呆等疾病；二是酸雾的微粒可以侵入肺部组织，引起肺水肿甚至导致死亡；三是在含酸沉降的环境中长期生活的人，患动脉硬化和心肌梗死等疾病的概率将会大大提高。

1.2.1.3　臭氧层被破坏

臭氧是具有三个氧原子的氧，它是当气态氧在大气上层被紫外线照射而分裂时形成的。平流层中的臭氧形成了对地球上所有生物起保护作用的圈层——臭氧层。臭氧在大气层中只占1%，但臭氧层却能有效地阻止大部分有害紫外线通过，而让可见光通过并到达地球表面，为各种生物的生存提供必要的太阳能。同时，臭氧层也是一个最脆弱的保护层。当今世界人类的活动正在使臭氧层这一地球的天然保护层遭到毁灭性的破坏。

1930年以来，人类发明了氟氯烷化合物的空调制冷剂、喷雾剂、计算机芯片清洁剂、医疗杀菌剂等方便人类生活的物质，使大气臭氧层严重破坏，引发人类罹患白内障、皮肤癌的恐惧。根据卫星观测资料，自20世纪70年代以来，全球的臭氧总量在不断地减少，1985年第一次发现的南极臭氧层破洞不断扩大，截止到1990年，全球臭氧总量下降了约3%，其中尤以南极附近的情况最为严重，其臭氧量约低于全球臭氧平均值的30%～40%，形成了“臭氧层空洞”。到了2000年9月，NASA更观测到史上最大的南极臭氧层破洞，其范围更广达2800万平方公里，相当于美国的3倍大小。近年来，美国、日本、英国、俄罗斯等国家联合观测发现，北极上空的臭氧层也减少了20%。在全球臭氧层遭到破坏的大趋势下，我国的情况也不容乐观。素有“世界屋脊”之称的青藏高原上空的臭氧正在以每10年2.7%的速度减少。由此可见，人类自身的所作所为已经对臭氧层造成了不可修复性的破坏。图1-20为2004年的南极臭氧层图。

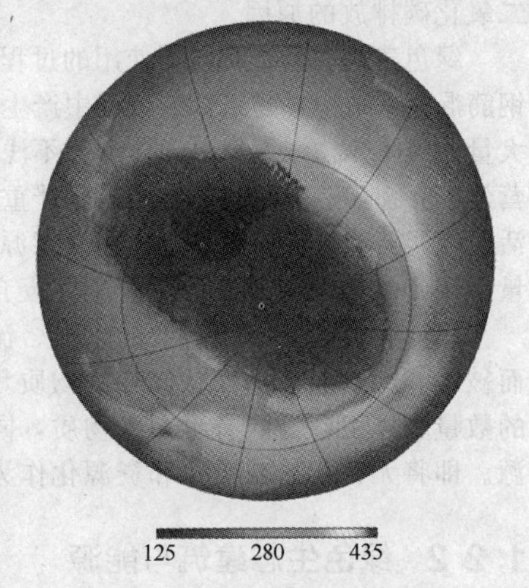

图1-20　2004年的南极臭氧层图

1.2.1.4　化学污染

1930～1980年，人类所制造的化学合成物质已累计到3亿吨，现在每年还有1000种以上的新化学物质被送到市场上，造成严重的环境变异。这种环境变异在近50年来，更被证实可能是诱发环境激素错乱的主因，其影响使得男性精子的数量减半，使鸟类不会孵蛋，使鼠类容易虐待幼鼠。在过去半个世纪中，地球已丧失1/4的表土层、1/3的森林面积。世界卫生组织WHO和联合国粮食及农业组织FAO甚至警告说，全世界重要度较高的药用植物，到21世纪均将面临全面消失的危机，地球75%的原生种谷物在20世纪内已经消失，未来30年内地球上的生物将有1/4灭绝，我们的下一代甚至将面临严重的粮食危机。

1.2.1.5　全球化的影响

这些年来，“全球化”这个名词已变成一个流行语，似乎代表着人类大和解，并且将全世界变成一个地球村的正面象征。透过发达的运输系统、计算机普及化的网络传输及高度经济化的全球贸易网络等可以看出，的确在各个方面，均走向全球化的道路。

以生态的观点，全球化意味着组织的巨型化、复杂化，以及食物链层级的冗长化，隐含着全球生态系统的弱化。先进国家在环保规范低的国家生产廉价产品，并且将之倾销到先进国家，帮助先进国家人民更奢侈地生活，更快速地剥夺地球资源。全球化自由贸易的机制，在先天上就是产业文化与生物多样性的克星，它使跨国企业将无数的地方产业连根拔起，让标准化市场把无数的蔬菜、水果排除。

全球化同时加速了地球环境风险的全球化，配合全球网络化，造成全球生态环境的累积性破坏。例如 1997 年印度尼西亚盗砍森林引发大火，造成广大区域性霾害，甚至造成东南亚各国与印度严重空气污染与老人和儿童死亡，并且迫使新加坡硅晶圆厂停止生产。2002 年亚洲的 SARS 风暴，也因为全球化旅游的频繁，而引起跨国传染与恐慌。

1.2.1.6 建筑对环境的破坏

建筑是高污染、高耗能的产业，许多建筑企业竞相采用天然的石材，造成了严重的石林破坏、土石流失。石材的污染比水泥的污染还是小巫见大巫，因为当今的水泥用量远超出石材的千倍，其污染范围更是超出想象。水泥从石灰石开采，经窑烧制成熟料，再加入石膏研磨成水泥，生产过程耗用大量煤与电能并排放大量二氧化碳。中国生产 1t 水泥，排放 1t 二氧化碳、0.74kg 二氧化硫、130kg 粉尘，每生产 1t 石灰要排放 1.18t 二氧化碳，两项产品合计每年排放二氧化碳达 6 亿吨；钢、水泥、平板玻璃、建筑陶瓷、砖、砂石等建材，每年生产耗能达 1.6 亿多吨标准煤，占中国能源总生产量的 13%。这些都是构成建筑产业高耗能、高污染、高二氧化碳排放的原因。

绿色建筑在营造和投入使用的过程中都会产生大量的固体废弃物，包括以水泥为主要原料的钢筋混凝土结构在建筑营造过程中产生大量的粉尘、土方与固体废弃物，在日后拆除阶段则产生大量的固体弃物，不但对人体危害不浅，也造成大量的废弃物处理负担。许多厂商甚至随意倾倒营建废弃物，造成河川公有地受到严重污染，还有就是在使用过程中由住户产生的数量不小的生活垃圾。随着经济的发展，特别是能源工业和原材料工业的发展，工业固体废弃物每年的产生量将逐年增加，对排放的工业固体废弃物如果储存、处理不符合要求，则会直接污染环境。

固体废弃物是指在社会的生产、流通、消费等一系列活动中产生的一般不再具有使用价值而被丢弃的以固态和泥状储存的物质。绿色建筑在对待固体废弃物时，应着力减少固体废弃物的数量和体积，清除有毒有害物质，同时通过回收和循环利用，从中提取或转化为可利用的资源。即将无害化、减量化和资源化作为其奋斗的目标之一。

1.2.2 绿色生态建筑与能源

能源是人类赖以生存和推动社会进步的重要物质基础，而科学技术的发展和经济发展对能源需要量也相应增加。石油和天然气资源在地球上的分布不均匀，主要分布于中东。

(1) 能源的类型　按照不同的分类标准，自然资源有不同的类型。

① 按形成条件分类　按照形成条件的不同，自然资源可分为两大类：天然能源，也称为一次能源；人工能源，是指由一次能源直接或间接转换而成的其他种类和形式的能源，也称为二次能源。

一次能源还可以根据它们是否能够“再生”（根据产生周期的长短）分为可再生能源和非再生能源两类。可再生能源是指能够重复产生的自然资源，它们可以供给人类使用很长时期也不会枯竭。而非再生能源是指不能在短时期内重复产生的天然能源，如原煤、原油、天然气、油页岩和核燃料等。这些能源的产生周期极长，因此产生的速度远远跟不上人类对它们的开发速度，总有一天会被人类耗尽。

② 按使用性能分类　按照使用性能的不同，能源又可分为燃料能源和非燃料能源。除核燃料包含原子核能外，其他燃料都包含有化学能，其中有些还同时包含有机械能。在非燃料能

源中，多数包含有机械能，由此可见，不同的能源转换所提供的能源形式是不同的。

③ 按技术利用状况分类　按照利用技术状况，可将能源分为常规能源和新能源两大类。常规能源（也称为传统能源）是指在现阶段的科学技术条件下，人们已经能够广泛使用，而且技术已经比较成熟的能源，而太阳能、风能和地热等，直到近年来才开始引起人们的重视，而在利用技术等方面还有待于进一步改善与提高，所以统称为新能源。

所谓新能源，实际上是与常规能源相对而言的。另外，所谓新能源，还存在一个探索和创新的含义，在常规能源供应日益紧缺的情况下，必须从其他方面寻找出路，以解决能源短缺问题。

（2）国内外能源利用情况　20世纪以来，世界范围的能源消费量大幅度增长。许多国家高速度地实现了现代化，这些都有赖于能源的大力开采和有效利用。20世纪以来，在实际经济发展的几个阶段中能源消费增长状况见表1-2。

表1-2　能源消费增长状况

年份	能源消费总量/$\times 10^{11}$ kg标准煤	人均占有量/[kg标准煤/(人·a)]
1900	7.755	493
1925	15.65	796
1950	26.64	1080
1975	85.70	2140
2000	>200.00	>4000

（3）能源危机　由于常规能源的有限性和分布的不均匀性，造成世界上大部分国家能源供应不足，不能满足其经济发展的需要。从长远来看，如不尽早设法解决矿物能源的替代问题，人类迟早将面临矿物燃料枯竭的危机局面。

（4）建筑节能的必要性　建筑能耗包括材料生产能耗、建筑施工能耗以及使用能耗几部分。

在材料生产方面，如黏土砖、瓦都是耗能大户。限制黏土砖的使用不但有利于保护耕地，同时也有利于节约能源。

减轻建筑自重，可以减少材料的运输量，这也有利于建筑施工能耗的减少。

使用能耗包括供热、空调、照明、供水及其他能耗，使用能耗又大大超过建造能耗。由于各地气候条件不同，使用能耗一般为建造能耗的4～9倍。

在我国严寒、寒冷的北部地区，建筑总能耗超过全国平均数，约占地区总能耗的30%～40%，建筑使用能耗中又以供热、空调能耗占主要部分。

（5）可再生能源及其利用的意义　非可再生能源储存量有限，终会导致枯竭；同时，矿物燃料是产生温室气体的主要来源，是导致环境污染和自然灾害的祸害之一。因此，开发利用可再生能源，寻找替代能源势在必行。

我国具有丰富的可再生能源资源，随着技术的进步和生产规模的扩大以及政策机制的不断完善，在今后15年左右的时间内，太阳能热水器、风力发电和太阳能光伏发电、地热采暖和地热发电、生物质能等可再生能源的利用技术可以逐步具备与常规能源竞争的能力，有望成为替代能源。

人类对物质无止境的要求，造成对自然资源的掠夺性消耗和对常规能源的过度开采。因此，面对能源危机、环境恶化，走可持续发展道路已经成为全球共同面临的紧迫任务。绿色建筑正是在这种环境下应运而生。在提倡绿色经济的今天，全球建筑能耗十分巨大，可达世界总能耗的30%以上，可持续发展成了世界各国的共识，节能减排建筑也逐渐受到各国的追捧。绿色建筑源于建筑对环境问题的响应，最早从20世纪60～70年代的太阳能建筑、节能建筑开始。20世纪60年代西方国家就开始提出了建设“生态建筑”的设想，开始探索如何设计和建造环境友好、节约资源和能源的绿色建筑。随着人们对全球生态环境的普遍关注和可持续发展思想的广泛深入，建筑的响应从能源方面扩展到全面审视建筑活动对全球生态环境、周边生态环境和居住者所生活的环境所造成的影响；同时开始审视建筑的“全寿命周期”内的影响，包括原材料开采、运输与加工、建造、建筑运行、维修、改造和拆除等各个环节。

全世界有30%的能源消耗在建筑上，无论在发达国家还是发展中国家，建筑能耗在各国的总能耗中都占有相当大的比重。建筑的能耗包括建筑材料生产、建筑工程施工、各类建筑的日常运转及拆除等项目的能耗，其中建筑日常运转能耗（主要为采暖、制冷、电器等能源消耗）比重最大（约占80%）。据统计，民用建筑能耗中住宅占60%。随着各国人民生活水平和工业化水平的提高，建筑能耗的比重也会变得越来越大。

中国现有建筑的总面积约400亿平方米，是目前世界上每年新建建筑量最大的国家，平均每年要新建20亿平方米左右的建筑，相当于全世界每年新建建筑的40%，水泥和钢材消耗量占全世界的40%。建筑需用大量的土地，在建造和使用过程中，直接消耗的能源占全国总能耗接近30%，加上建材的生产能耗16.7%，约占全国总能耗的46.7%，在可以饮用的水资源中，建筑用水占80%左右，使用钢材占全国用钢量的30%，水泥占25%。在环境总体污染中，与建筑有关的空气污染、光污染、电磁污染等就占了34%，建筑垃圾占垃圾总量的40%。

这是因为我国正处在快速城市化的过程中，需要建造大量的建筑，预计这一过程还要持续25～30年。在环境恶化、资源日见匮乏的背景下，我国建筑节能面临的形势相当严峻。建筑节能不是单纯的节省，而是尊重自然，融合自然，以人为本，最大限度地减少资源消耗，减少污染。在不降低居室舒适度标准的条件下，合理、有效地利用能源，创造更多、更健康的居住建筑，以满足人们不断提高的各种需求。正因如此，我国所有的新建建筑都必须严格按照节能50%或65%的标准进行设计建造。新建建筑节能标准执行率在设计阶段从2005年的53%增长到2009年的99%，在施工阶段从21%上升到90%。随着这项工作的逐年推进，目前在建筑设计和施工阶段基本上已经全部严格执行节能50%以上的标准。但是这项工作还存在一些薄弱环节：施工环节现在还有10%左右的建筑没有严格执行节能标准；中小城市和村镇还没有启动这项改革，这意味着还有40%左右的建筑没有纳入国家的强制性节能标准管理范围。据统计，2009年全年新增节能建筑面积近10亿平方米，可形成900万吨标准煤的节能能力以及减排1800万吨的二氧化碳气体，由此可见，这是一个潜力巨大的节能领域。

我国单位建筑面积能耗相当于气候相近的发达国家的3～5倍，而资源实际占有量却不到世界平均水平的1/5。据2006年底提交的数据显示，按目前节能形势的发展趋势，到2020年底我国建筑能耗将达到10.9亿吨标准煤，按照中国发电成本折合每吨标准煤约等于2700度电，到2020年我国建筑能耗将达到29430亿度电，超过三峡电站34年的发电量总和。

中国的建筑节能工作从20世纪80年代开始。北方城镇采暖人口虽然只占全国人口总数的13.6%左右，但北方地区集中采暖的房屋建筑面积约占全国采暖房屋面积的一半，而且每年采暖期长达3～6个月。在有些严寒地区，城镇建筑能耗占当地社会总能耗的50%以上，由此看出，我国建筑节能的中心工作首先应该围绕着降低北方采暖能耗进行开展。但是南方地区的建筑节能工作也是十分迫切的，目前夏季空调制冷的能耗将超过北方采暖的能耗总量。图1-21

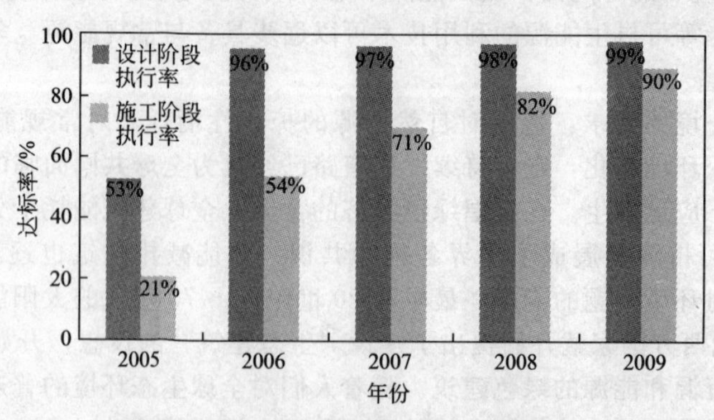

图1-21 我国新建建筑节能达标率历年变化

为我国新建建筑节能达标率历年变化。

近阶段，我国节能分三个阶段实施。第一阶段是1986年以前，新设计的采暖居住建筑在1980～1981年的基础上普遍降低30%；第二阶段是从1996年起，新设计的采暖居住建筑应在1980～1981年的基础上节能50%；第三阶段是从2005年起，新设计的采暖居住建筑应在1980～1981年的基础上节能65%。到2010年全国新建建筑全部严格执行节能50%的设计标准，其中各特大城市和部分大城市将率先实施节能65%的标准。

1.2.3　绿色生态建筑与可持续性

(1)“可持续发展理论”的提出及其内涵　1992年6月，在巴西里约热内卢召开了联合国环境与发展会议，这次会议通过了《里约环境与发展宣言》和《21世纪议程》两个纲领性文件以及《关于森林问题的原则声明》，签署了《气候变化框架公约》和《生物多样性公约》。这次大会的召开及其所通过的纲领性文件，标志着可持续发展已经从少数学者的理论探讨开始转变为人类的共同行动纲领。

在众多的定义中，布伦特兰夫人主持的《我们共同的未来》报告所下的定义，被学术界看成是对可持续发展的一个经典性界定。

当代人类和未来人类基本需要的满足是可持续发展的主要目标，离开了这个目标“持续性”是没有意义的。因此，“从广义上说，持续发展战略旨在促进人类之间以及人类与自然之间的和谐。”

(2)“可持续发展”思想的实质　其思想实质是：尽快发展经济满足人类的基本需要，但经济发展不应超过环境的容许极限，经济与环境必须协调发展，保证经济、社会能够持续发展。可待续发展包括经济持续、生态持续和社会持续三个相联的部分。可持续发展在建筑上体现的是绿色建筑体系的建立。

1993年，国际建筑师协会第18次大会是“绿色建筑”发展史上带有里程碑意义的大会，在可持续发展理论的推动下，这次大会以“处于十字路口的建筑——建设可持续发展的未来”为主题，大会发表的《芝加哥宣言》指出：“建筑及其建筑环境在人类对自然环境的影响方面扮演着重要角色；符合可持续发展原理的设计需要对资源和能源的使用效率、对健康的影响、对材料的选择方面进行综合思考。”

可见绿色建筑与可持续发展理论是一种互动关系，可持续发展理论推动了绿色建筑体系的创造；而绿色建筑为人类实现可持续发展将做出重要的贡献。建筑的可持续性，要从大范围和宏观视野考虑，例如我们要从社区或区域的发展，来考虑建筑坐落对区域经济和社群的影响，从全球化环境来考虑建筑的环保问题，以及相关的环境、经济和社会问题。

温室效应、气候异常、能源危机、水资源短缺等环境问题正在影响我们的地球和生活，图1-22显示了世界的生态破坏，因此节约资源和能源，加强环境保护，实现可持续发展已经成为人们的共识。建筑业是典型的高能耗、高排放行业，对建筑“可持续”的研究在能源危机、环保危机声中也在不断地深入和拓展。

1.2.4　绿色生态建筑与生态化

现代生态学提出了许多对绿色建筑具有指导性的理念，比如“适应”理念、“共生”理念、“协同进化”理念等，这些都为全寿命周期绿色住宅指标体系的建立奠定了基础。另外，生态学不仅揭示了生物个体、种群、群落、生态系统等不同层次、范围的生态规律，而且提出了不少应用生态学的原理和规律。绿色建筑属于应用生态学的范围，因此，在确定指标体系的时候要注重对应用生态学原理和规律的把握。

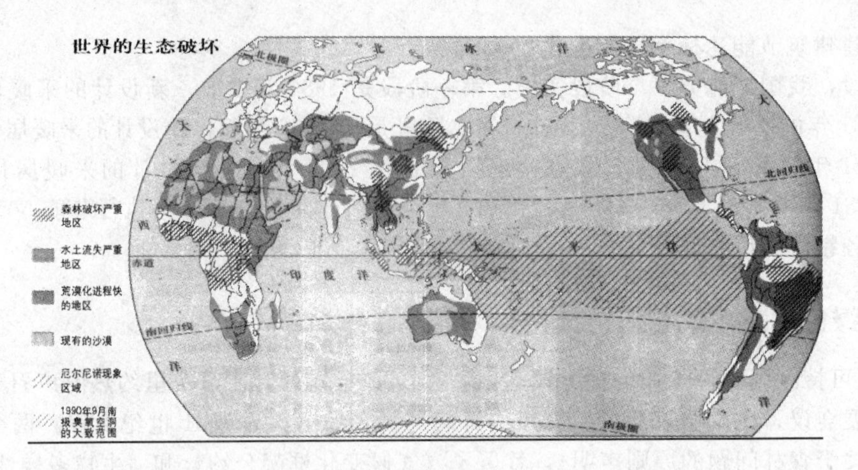

图 1-22　世界生态破坏分布

1.3　世界绿色生态建筑发展简史

1.3.1　国外绿色生态建筑发展简史

绿色建筑是遵循保护地球环境、节约资源、确保人居环境质量这样一些可持续发展的基本原则而发展起来的概念，目的是从可持续发展的角度指导建筑工程活动。现代生态建筑思想开始于西方发达国家 20 世纪 70 年代的建筑界。从这个意义上讲，绿色建筑也就是可持续发展建筑。

绿色建筑理念首先是由意大利建筑师保罗·索勒瑞于 20 世纪 60 年代提出来的，主要要素有设计、选材、节能与管理几个方面。绿色建筑是可持续发展的一个分支概念。它由理念到实践，在发达国家逐步完善，形成了较为系统的设计方法、评估体系。英国绿色建筑的研究和实践是处于世界前列的，在科技研究和革新方面的投入巨大，并且已在绿色建筑领域取得了较大的进展。在绿色建筑的实践方面，英国也有许多成功的典型，如卡迪夫千年艺术中心。欧洲其他政府也在积极地推广绿色建筑的实践。德国在 20 世纪 90 年代也开始推行适应生态环境的居住区政策及措施，以此来切实贯彻可持续发展战略，比如生态办公楼、植物建筑、生态装修等。而法国在 20 世纪 80 年代也进行了以改善居住环境为主要内容的大规模改造工作。瑞典实施了“百万套住宅计划”，并且在居住区建设与生态环境协调方面取得了令人瞩目的成就。

在早期的绿色建筑中，设计策略的出发点大都以如何运用技术实现建筑的节能为目标，其设计策略可以分为“软技术”流派与“硬技术”流派两类。其中，“软技术”流派设计策略强调实用性技术概念和对传统地方化建造经验的借鉴，其策略形成的主要方法是以分析、借鉴传统经验为主，以现代科学的研究成果为评估传统经验的工具；“硬技术”流派设计策略更关注新技术对提高建筑节能效果的作用，以技术革新带动建筑效率的提高是早期“硬技术”设计策略研究的普遍做法，其主要围绕建筑的外围护结构展开，通过现代计算机技术、结合被动式或主动式能量利用策略形成新型建筑“皮肤”，通过“控制建筑系统与外界生态系统环境的能量和物质材料的交换，增强建筑适应持续变化的外部生态系统环境的能力”。

进入 20 世纪的 80～90 年代以来，对于绿色建筑的认识开始逐渐呈现自然科学与社会科学诸学科研究成果融合的趋势，绿色建筑设计策略研究逐渐进入多维发展的新阶段。具体表现在以下几个方面。

（1）设计策略的技术性日益增强　例如，在新材料的研究上，出现了性能良好的新型玻璃、外围护材料，改善了建筑的热工性能；可再生能源利用设备的研究投入越来越大，风力发电系统、太阳能采暖系统、地源与水源热泵系统等设备不断完善。具备了现实使用的条件；各种新型技术从开始的简单叠加转变为技术与建筑整体系统的有机结合，带来了绿色建筑在形态学上的进步。

（2）设计策略发展的社会维度　进入20世纪90年代以来，绿色建筑发展的一个重要方向是如何使建筑的营造有助于地方文化的延续与社区文化的构建，“社会文化的可持续发展”成为一项重要的“生态”原则，而另一个体现是将健康的生活方式倡导纳入策略框架体系之中，这样与符合可持续发展要求的生活方式相匹配的绿色建筑才能发挥最佳效果。

（3）设计策略发展的经济维度　当代绿色建筑设计在经济维度上的发展，则是要通过经济要素与设计策略在更高层面上的整合，提高设计策略的可操作性。目前设计策略的经济维度研究可以分为宏观和微观两个层面。在宏观层面，设计策略已经扩展到对狭义的设计起到支持作用的政策层面；在微观层面，充分考虑项目的生态经济综合效率，并且以此作为技术策略调整的依据。

绿色建筑设计策略的发展是一个连续的过程，技术维度的发展是在“硬技术”策略流派的基础上做出的，而设计策略发展的社会维度和经济维度则更多延续了“软技术”流派的理念，当前设计策略强调技术、社会和经济三个方面的整合，是一个完整的体系。其中，技术策略为设计策略提供了物质基础；经济策略从显示操作的层面考虑技术策略的具体运用与取舍问题；而社会策略不但提供绿色建筑设计与建造的组织方法，还设计了绿色建筑的最终目标问题——为人类社会的健康服务。

根据中国房地产及住宅研究会人居环境委员会的研究显示，世界各国的绿色建筑研究大体上经历了三个发展阶段，即节能环保、生态绿化和舒适健康。各国从最先面临的省能、省资源出发，逐渐认识到地球环境与人类生存息息相关，转而为生态绿化，最后回归到人类生活的基本条件：舒适与健康。人类居住区环境与城市化发展应当考虑有效地使用能源和资源；提供优良的空气质量、照明、声学和美学特性的室内环境；最大限度地减少建筑废料和家庭废料；最佳地利用现有的市政基础设施；尽可能采用有益于环境的材料；适应生活方式和需要的变化；经济上可以承受。规模住区绿色建筑评估应当包括五个方面：能源效益、资源效率、环境责任、可承受性和居住人的健康。

1.3.2　中国绿色生态建筑发展简史

在中国，绿色生态建筑发展可分为三个阶段。

第一阶段：1986～2002年期间，此阶段是绿色建筑初期阶段。中国绿色建筑的发展是从建筑节能开始的，具体可以追溯到1986年我国第一部《民用建筑节能设计标准》出台，当时提出建筑节能分三步走，即从居住到公共建筑、从北方到南方、从设计到施工。20世纪80年代在我国开始研究绿色建筑，在北京、上海、广州、深圳、杭州等较发达地区，它们结合自身区域特点积极开展了绿色建筑关键技术的集成研究和实践应用。1996年，国家自然科学基金委员会也正式将“绿色建筑体系研究”列为“九五”重点资助的课题，1998年又将“可持续发展的中国人居环境研究”列为重点资助项目。到2001年，“绿色建筑关键技术研究”也被列入国家“十五科技攻关项目”。

第二阶段：2003～2007年期间，此阶段是绿色建筑的快速发展阶段。2003年政府提出“科学发展观、节能减排、节约型社会、整顿政府建筑浪费”等思想与举措，绿色建筑到了快速发展阶段。此阶段主要有四项工作：一是抓执行；二是从新建到既有；三是绿色建筑标准法规体系初步确立；四是将绿色建筑作为转变城乡建设方式的主要手段并提高到国家层面上。

第三阶段：从2008年至今。2008年初住房和城乡建设部提出了“推进建筑节能，推广绿色建筑”的措施。指出了未来四个大发展方向是：“从北方到南方、从既有到新建、可持续能源规模化应用、从强制规范到经济激励。”

2004年，建设部设立全国绿色建筑创新奖，制定了《全国绿色建筑创新奖管理办法》，颁布实施了《全国绿色建筑创新实施细则（试行）》，公布了《全国绿色建筑创新奖》评审要点；

同年12月，胡锦涛总书记在中央经济工作会议上明确指出："要大力发展节能省地型住宅，全面推广和普及节能技术，制定并强制推行更严格的节能节材节水标准。"

从绿色建筑法规的纵向体系来看，近年出台了大量的部门规章和技术规范。从横向体系来说，相关法规包括《中华人民共和国能源法》、《中华人民共和国环境保护法》、《中华人民共和国节约能源法》、《中华人民共和国可再生能源法》、《环境影响评价法》、《中华人民共和国固体废物污染环境防护法》、《中华人民共和国水法》等，均涉及绿色建筑相关内容。

除了制定强制性规定外，激励性政策也在出台。《中华人民共和国节约能源法修订稿》于2008年实施，其中增加了建筑节能改造中使用新型墙体材料等节能建筑材料和节能设备，安装和使用太阳能等可再生能源利用系统。

在政绩考核方面，国务院同意并转发了《单位GDP耗能统计指标体系实施方案》、《单位GDP能耗监测体系实施方案》、《单位GDP能耗考核体系实施方案》和《主要污染物总量减排统计办法》，将节能减排的目标任务的实施、检测与考核落到实处。

在绿色建筑设计与研究方面已进行了大量投入，开展了一批国家级科技重大攻关项目，这些科研项目包括：①"十一五"国家科技重大攻关项目——"绿色建筑关键技术研究"；②项目"建筑节能关键技术研究与示范"；③项目"环境友好型建筑材料与产品研究开发"；④项目"既有建筑综合改造关键技术研究与示范"。

评估体系方面的主要成果有《绿色建筑评价标准》、《绿色奥运建筑评估体系》、《中国生态住宅技术评估手册》。技术导则方面有：①2005年中国第一部《绿色建筑技术导则》发行；②2007年建设部印发了《绿色施工导则》。

这一切都说明中国政府非常重视绿色建筑的发展，并且已经从国家层面开始实际行动，地方政府全面积极响应。同时，绿色建筑发展也有利于国家建设资源节约环境友好社会、发展循环经济、构建节约型消费模式、推进健康城镇化，是实现国家发展方式转型的重要手段。在国家可持续发展战略、"三个代表"重要思想、科学发展观的重要思想指导下，绿色建筑发展面临前所未有的机遇与挑战。

1.4 建造绿色生态建筑的意义

我国发展绿色建筑，应基于以下原则。

第一，"因地制宜"的原则。我国幅员辽阔，气候条件、地理环境、自然资源、城乡发展与经济发展、生活水平与社会习俗等差异巨大，对建筑的综合需求因此而不同。这就要求在技术策略上要考虑"因地制宜"。

第二，"全寿命周期分析评价（LCA）"原则。主要强调建设对资源和环境的影响要有一个全时间段的估算。绿色建筑不仅强调在规划设计阶段充分考虑并利用环境因素，施工过程中确保对环境的影响最小，还关注运营阶段能为人们提供健康、舒适、低耗、无害的活动空间，拆除后又对环境危害降到最低。

第三，"权衡优化（trade-off）"和总量控制的原则。一般来说，追求优良的建筑质量往往需要付出较大的资源与环境负荷，绿色建筑的关键就是通过合理的规划与设计和先进的建筑技术来协调这一矛盾，并且在总量上进行控制。

第四，"全过程控制（process control）"原则。在绿色建筑实施各阶段（如设计阶段）的思想能否真正实现至关重要，在当前我国各地建筑设计、施工、管理水平存在差异的情况下，基于全过程控制、分阶段管理的绿色建筑思路尤其重要。

发展绿色建筑是建设领域贯彻"三个代表"重要思想和十七大精神，认真落实以人为本，全面、协调、可持续的科学发展观，统筹社会经济发展、人与自然和谐发展的重要举措；是按照减量化、再利用、资源化的原则，促进资源综合利用，建设节约型社会，发展循环经济的必然要求；是探索解决建设行业高投入、高消耗、高污染、低效益的根本途径；是改造传统建筑业、建材业，实现建设事业健康、协调、可持续发展的重大战略性工作。绿色建筑在中国的兴起，是顺应世界经济增长方式转变潮流的重要战略转型，日益体现出愈来愈旺盛的生命力，具有非常广阔的发展前景。

建造绿色生态建筑原因是多方面的，绿色生态建筑在美观、舒适度和性能上比传统建筑更胜一筹，运行成本较低，在供暖、制冷和照明方面的花销较低，间接减少建筑所产生的污染，并且为人类的工作和生活创造更健康的空间。

(1) 市场竞争和经济因素　建造绿色生态建筑不仅能使建筑开发商和购买者从中获益，消费者也更乐意光顾具有绿色生态建筑特点的商场、银行等公共建筑。同时绿色生态建筑的水和能源成本的节约所带来的边际效益，也给土地所有者提供了好处，使其在租约的安排上更有竞争力。

麦格劳-希尔建筑信息公司 McGraw Hill Construction 最近出版两份报告。一份是《全球绿色建筑发展趋势》(Global Green Building Trends)，这是一份分析全球绿色建筑行业研究成果的报告。这份报告详细说明了推动绿色建筑全球增长的市场趋势和活动。在这项新的研究报告中指出，绿色建筑已成为一个全球性现象，预期在今后5年中业内有53%的人员将致力于超过60%的绿色项目。在全球每一个地区，绿色建筑已成为非常引人注目的建筑市场，32%的建筑专业人士估算，绿色建筑已经超过10%的国内建设工程量。该报告还查明可再生能源的趋势、绿色产品使用部门的增长及在全球七个地区影响市场活动的主要刺激因素和障碍。报告还刊载50多张参考图表及深入研究世界各地绿色建筑的发展趋势和市场的图表，图1-23为全球各类绿色建筑发展趋势。

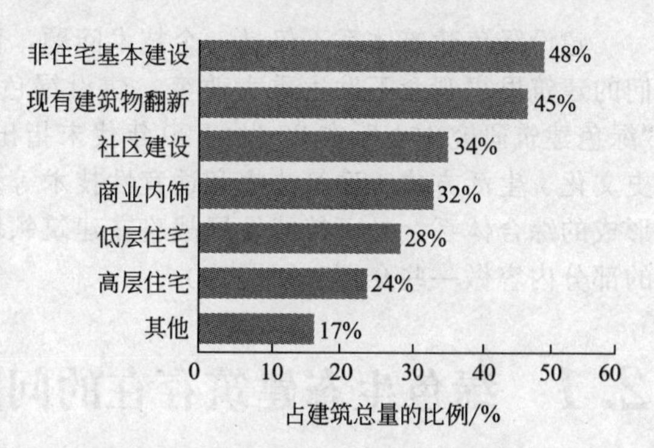

图1-23　全球各类绿色建筑发展趋势

另一份是《2009年绿色展望：推动变革的趋势报告》(2009 Green Outlook: Trends Driving Change Report)。绿色建筑是一个新兴市场，绿色建筑市场在2005年很小，约是非住宅（商业和办公楼）和住宅建筑的2%，价值共计100亿美元，其中30亿美元为非住宅，70亿美元为住宅。自那时以来，绿色建筑迅速扩展。这是由于越来越多的公众认识到绿色建筑的优点，以及大量增加了政府的干预。2009年尽管市场低迷，绿色建筑似乎是一个低迷时期的绝缘体。尽管当前世界经济形势不利，但绿色建筑已成为在今天的建筑业中所占比重越来越多的一部分。随着市场萎缩，绿色建筑已成为业者更重要的捕捉机会。绿色建筑还会在未来5年内继续增长，比今天的整体绿色建筑市场增长一倍以上，将达到960亿～1400亿美元的产值。

(2) 资源消耗的减少　在资源的使用率上，绿色生态建筑的建造或开发将大大超过同等规模的传统建筑，这样既省钱又能保护环境。绿色开发也能更有效利用其他自然资源，即绿色设计可以起到保全和改善自然环境、保护珍贵景观的作用。

(3) 可承受的价格　如果一座建筑运行费用较低廉，则更容易让人接受，成本的降低可能使一些本来不具有住房抵押资格的人也能够成为购房者。花费在抵押和设施使用上的投入越少，建筑公司就有更多的偿还商业贷款的能力，改善投资资本，增加存货和雇佣新员工。

(4) 生产效率的提高　一些研究表明，创造一种互动的建筑环境能使工人的生产率提高6%～15%，甚至更多。而生产率的些许提高就能极大地缩短绿色生态建筑的回收期，使得企业能够有更多的利润。

(5) 人类健康环境的改善　绿色生态建筑不但能够为公共建筑中的人员营造愉快舒适的工作环境，同样，也能为居住建筑的家庭带来自然采光、良好通风、新鲜空气以及舒适的感觉。

第2章

绿色生态建筑体系

建设绿色建筑体系不仅是一个技术问题，而且是一个复杂的社会问题和思想观念问题。人们的建筑思想观念不发生重大改变，建设绿色建筑体系几乎是不可能的。西安建筑科技大学“绿色建筑研究中心”在20世纪90年代末指出，绿色建筑体系是由生态环境、社会经济、历史文化、生活方式、建筑法规和适宜性技术等多种构成因子相互作用、相互影响、相互制约而形成的综合体系，是可持续发展战略在建筑领域中的具体体现。本章就绿色生态建筑科学体系的部分内容做一些介绍和回顾。

2.1 绿色生态建筑存在的问题及其思考

目前，绿色建筑评估标准大都是任意性的，政府制定了鼓励可持续发展的一般性政策，还应该率先垂范，首先要求政府建筑及公有设施必须达到公认的绿色建筑认证标准。应该从实际出发，进一步完善绿色建筑评估体系建设，解决实践中存在的较高标准和较低技术之间的脱节问题。逐步开展绿色建筑生命周期评估，目的是通过对建筑工程的整个生命周期，包括规划、设计、建造、运行、更新、改造等进行全面考察以促进建筑的可持续发展。这种方法不仅仅关注建筑本身，也从建筑设计、建设、维护、改造以及循环利用等方面考察其整体的环境影响。

2.1.1 国内绿色生态建筑存在的误区

绿色建筑并不等于高价和高成本造出的高档建筑，绿色建筑也不应是概念和炒作，绿色建筑更不应是房地产商们提高价码的卖点，绿色建筑应该是降低建筑成本而不是提高成本。

绿色建筑所采用的技术、产品和设施，成本都很低，很多是在人类长期生活经验中总结出来的，并不一定具有高科技含量，也不一定是高新技术的成果，但是这些建筑的投资回报率非常高，因为绿色建筑在使用过程中的能耗非常低。与之相比较，反而很多利用了高科技的现代化建筑是非绿色的，能耗非常高，例如当今炒得沸沸扬扬的智能化建筑，所谓的智能，很多都停留在保安措施和音响控制方面，造价高、耗电量高、操作难度高、维护费用高、线路繁复，这些建筑虽然是高科技产物，但却是非绿色的、非环保的。

而中国当前对绿色建筑的研究，以及尝试增强绿色建筑的实践，有很多盲目地立足于高科技——几乎无一例外地选择“新发明”，认为高科技是绿色建筑的重要指标。虽然我们目睹了前所未有的增长速度和科技进步，但实际上通过高技术创造一个新的建筑环境在短时间内是难以预期的。吴良镛先生在《北京宪章》中指出“绿色建筑不仅仅涉及技术，更重要的是人们价值观念、生活态度的根本改变”，只有做到科技的自由发展与我们的环境保护和可持续发展结合起来考虑，才是人类社会生态问题的解决之道。具体来讲，国内绿色生态建筑的认识误区有以下几个方面。

第一，普遍认为绿色建筑一定是高成本、高标准、高技术的建筑，这个误区产生的背景是有一些项目的开发成本确实很高，高出之前预计的建筑总成本甚至达到 25%，其实并不是这样，很多时候国内的一些评估，是把设计全部完成之后，让第三方的工程咨询公司来做评估，评估结果对设计没有影响，只是在设计完成之后进行评估，评估的目的是让评估方、工程咨询方跟设计方、开发商紧密地合作，让评估成果不断地反馈到设计过程中。但如果在建筑方案都已经确定的情况下，想要取得一个评级，当然就是靠高投入、花更多的钱，成本不划算。因此对开发商而言，绿色建筑的推广瓶颈还是成本增加的问题。某些建筑智能工程因投资资金、系统整合等问题而无法竣工，导致工程延期、投资浪费；有的建筑物虽然已投入使用，但智能化的功能虚有其表，使系统达不到设计要求。

第二，绿色建筑只是概念炒作，客户不会为此买单，这是一个误区。绿色建筑如果只是停留在概念炒作，没有把它最后一步一步做到施工图，没有把它从一张施工图变成一栋实实在在的建筑，客户肯定不会认同。如果一步一步都落实的话，客户哪怕不懂建筑，根本不知道建筑上的概念，也会自己在住宅使用体验上有明显的感觉。

第三，零碳建筑就是绿色建筑，这是一个极大的误区，零碳只是建筑开发中的一个系统，只是它的能源系统。如果为了一味地满足零碳会使成本更高，购买更多的设备，这些设备在生产环节中也会产生二氧化碳排放，并未真正实现零碳。国际上关于零碳建筑在学术上有一个分类，其中一个是纯零碳或者真零碳，就是指这个建筑的能源系统可以完全靠自给自足，甚至产生二氧化碳为负，就是它的输出能源，不能简单地把零碳建筑等同于绿色建筑，单方面在能源系统上去追求它的极值。

2.1.2 绿色生态建筑的思考

整个建筑的全寿命过程包括很多方面——交通、能源的使用、材料的使用、水的排放、固体污染、对空气的排放、对空气的污染等，还包括使所用的材料发挥最大化的效果。前面提到过，全寿命的建筑过程包括设计、建设、使用，以及使用中的维护和更新，还包括最后的拆除，是建筑所涉及的整个范围和周期。

同时，我们也要考虑到整个绿色建筑的经济性、实用性、持久性和舒适性这四个方面内容。绿色建筑要使用最少的材料消耗，减少全寿命周期的成本，最大化提高建筑使用者的健康和生产效率，并且提升整个建筑的环境。美国绿色建筑委员会统计过，在建筑的全寿命过程中，会消耗 72%的电、39%的能源、40%的原材料、14%的饮用水，产生 38%的二氧化碳排放和 30%的污染排放，每年会排放 1.36 亿吨的污染。

2.1.3 国内外绿色生态建筑发展存在的问题

2.1.3.1 国外绿色生态建筑发展存在的问题

第一，评估缺乏持续性。例如加拿大多伦多现行标准的评估过程所花的时间与建筑整个使用时间相比是很短的，评估只能评定建筑在现行状态的运行效率，并且根据现行的运行效率来估算以后的状态，但建筑在使用过程中运行效率是有所变化的。随着建筑的老化和部件功能的损坏，节能减排的效果必然会有所下降，甚至会达不到评估标准，这样实际上就已经不是绿色建筑了。出于成本的考虑，政府在一次性评估的项目中没有持续性的激励措施，建筑的使用者一般不会提出进行重新评估，这就造成建筑的评估随着时间的推移，在评估结束后无法反映建筑的真实状况，阻碍了绿色建筑的健康发展。

第二，初期投资和运营成本的分离。很多政府包括联邦、州、地方级别，还有公共和私人部门在进行固定资产投资时所投入的资金和建筑运营的成本是分离的。在一般情况下，在建筑的整个生命周期中循环成本的变化还是比较大的，初期的投入大概只占到建筑在使用年限成本的20%～30%。所以很可能出现这样的情况，即绿色建筑运行所节省下来的费用不是用来弥补初始建造成本的。现在即使是普通的投资者，对建筑建造和运行成本的估算范围也不会超过十年，这远低于建筑的正常使用年限。所以，由于初期投资和运营成本计算上的分离，导致绿色建筑的优越性无法真正体现，这有可能会给投资者带来负面的影响。

第三，不确定性风险导致社会投资无法全面展开。尽管绿色建筑的投资和效益都在高速增长，但是由于一些复杂和多变的因素社会资本无法坚定地进入房地产市场和发展中的社区，这包括：绿色建筑技术可靠性不足；绿色房地产发展成本不确定；绿色房地产经济收益的不确定；绿色建筑长期运行效果的不确定。这些因素导致了绿色建筑推广遇到一定的阻力，开发商无法清楚地解释绿色房地产的商业价值在哪里，缺乏租赁和投资绿色建筑的引导。

2.1.3.2 中国绿色生态建筑发展存在的问题

我国绿色建筑发展在取得成就的同时，也存在许多问题。政府在倡导发展绿色建筑的时候，自身存在的决策、管理、监管等问题造成了绿色建筑的政策体系和监管体系的不完善，政府和社会对绿色建筑的认识不全面，绿色建筑标准体系缺乏适应性、可操作性，技术没得到有效推广。

第一，政府绿色建筑政策体系不完善。政府在绿色建筑发展过程中扮演着重要的角色，而我国由于长期积累下来的制度性的问题，使绿色建筑在政策制定和配置上存在很多问题。另外，在监管和协调机制上的不完善，使政府对绿色建筑发展的引导作用大大削弱。

(1) 政府过度依赖强制性政策和行政手段　要推动绿色建筑在中国得到更进一步的发展，首先要改变的应是绿色建筑的倡导者——政府。政府的管理能力决定绿色建筑的发展进度，我国政府只有不断提高自身的执政能力以适应市场经济的变化，我国绿色建筑才能在世界绿色浪潮中获得更好的发展。

(2) 缺乏配套的激励性政策　我国制定的绿色建筑相关政策和标准绝大部分都是强制性的，缺少相关的激励性配套政策，导致对绿色建筑的经济激励没有得到制度化的规范，也使强制性政策难以实施。因此，一方面，绿色建筑的发展缺乏稳定的财政支持；另一方面，绿色建筑发展由于地区经济的差别也在区域上存在较大的差别。绿色建筑的外部性决定了它需要经济激励性政策才能健康发展。外部性又称外部效应、外部影响，是指不直接反映在市场中的生产和消费的效应，即不通过价格而直接影响其他人的经济环境或经济利益，没有将这种影响计入市场交易的成本与价格之中的经济现象。绿色建筑产生外部性的最根本原因就是因为它具有准公共物品的性质。国内学者杨晓冬等提出公共物品的属性包括消费的不可分性、非排他性和非竞争性。在许多情况下，个人不管付费与否都可享受公共物品的消费。绿色建筑就具有公共物品的属性，如它所提供的清洁的空气、干净的水源、环境的质量，以及对环境的影响小、能耗低等。绿色建筑的公共物品特性是其外部性问题产生的主要原因。外部性导致了市场失灵，这需要政府在经济上出台相应政策进行干预，但是现在经济刺激政策远未形成规模，无法解决绿色建筑市场出现的问题。对传统建筑没有实行税费上的限制，也很少对发展绿色建筑的成本进行适当的补偿，绿色建筑的建造成本比非绿色建筑的要高。执行绿色建筑政策并不会带来更多的收益，甚至有可能增加执行的成本，不但不利于政策的执行，同时也使绿色建筑市场难以发展。

我国的政策制定机制也导致了绿色建筑配套经济刺激政策的缺少。我国在政策制定的过程中决策主体是单一的，但是绿色建筑是一个系统的工程，包含着很多利益相关的主体，包括开发商、设计者、所有者、普通公民等，政策制定应该把他们的利益考虑在内。我国绿色建筑政策的制定过程缺乏相关主体的参与，政策无法充分体现其他主体的利益，尤其是经济利益，很大程度上降低了社会对政策的认同，进而使政策缺乏合法性和可操作性。绿色建筑的强制性政策需要相应的财政、税收、金融政策配合，让政策和市场能够充分地融合到一起，通过有形的手和无形的手共同作用才能推动绿色建筑市场的发展。

第二，绿色建筑标准体系不完善。我国虽然颁布了包括《绿色建筑评估标准》、《民用住宅节能标准》以及其他涉及水、电、材料等的绿色标准，但是总的来说还不是十分全面，而且执行起来也存在很多问题。

(1) 缺乏适应性　我国幅员辽阔，各地如气候、地理、自然资源、社会习俗都存在较大的差异，所以单一的绿色建筑评估体系无法满足所有情况的需求，缺乏灵活性和适应性。如对非传统水源的利用没有区分水源充分地区和缺水地区统一要求，这就造成标准不适应水源充分的地区。绿色建筑发展迅速，新技术、新手段不断涌现，现有标准无法对快速的变化做出反应。另外，在借鉴外国经验时没有结合我国的实际情况，造成评估缺乏客观性。如我国南北方气候的不同造成建筑能耗的差异很大，如果使用国外的节能、节水的指标与室内舒适度指标相加或抵消来评估，就会造成绿色建筑比普通建筑能耗更高。因此，我们引进国外的评估体系一定要做到全面地本地化，因地制宜地实施。

(2) 定性多定量少　我国绿色建筑标准在内容上比较笼统，而且很多评估项目都只有定性的评估，而没有定量的评估，这就给评估工作带来很大的难度。因为定性的评估弹性太大，评估是否客观与评估的人员、机构都有很大的关系，评估结果存在很大的主观性。国内学者朱远程等提出绿色建筑是当前全球化可持续发展战略在建筑领域的具体体现，其实践需要确立明确的评价以及认证系统，采用量、性结合的方法。以定量的方式检测建筑设计生态目标达到的效果，用指标来衡量其达到的环境性能实现的程度。评价系统不仅指导检验绿色建筑实践，同时也为建筑市场提供规范和制约，促使在设计、运行、管理和维护过程中更多地考虑环境因素。最终引导建筑向节能环保、健康舒适的轨道发展。定量分析在国际上已经广泛采用，而且取得了很好的效果，我国在标准制定时应该增加定量分析的比重。只有合理使用定量分析，才能保证评估结果的公平和客观。

(3) 绿色建筑政策执行缺乏有效监管　对绿色建筑政策的执行缺乏有效的监管和评估，导致绿色建筑政策缺乏执行力，这一方面是监管主体的问题，另一方面则是监管机制的问题。2009年我国建筑在设计阶段执行节能标准达98%，施工阶段执行节能标准82%。这就明显地反映出政府在绿色建筑标准执行的过程中监管不到位。我国政策的监管主体一般就是政府，它既是政策的制定者，又是政策的执行者和监管者，这样政策就很难得到有效的执行。国内有学者提出绿色建筑标准无法正常执行的问题在于各地政府对节能建筑缺乏有效的行政监管，对节能与绿色建筑工作相关的行政管理职能尚未有效履行。首先是缺乏一套行之有效的行政监管制度；其次是中央政府和地方政府行政分工混乱，政府职能严重缺位，有些地方缺乏有效的行政监管体系，个别地方甚至放任自流。现今建设主管部门实行的是节能审查备案制度，但是制度所规定的监管方式和监管范围存在很大的漏洞，也没有引入第三方机构的评估，这往往导致节能标准无法执行到位。绿色建筑的发展需要完善的内外监管体系，需要一个对全体公民负责的服务型政府来领导。

(4) 发展协调机制不完善　发展绿色建筑是一项系统性的工作，涉及多个公共和私人部门，比如住建、工业、安全、科研机构和企业等。我国在发展绿色建筑的过程中政府部门之间缺乏有效的协调机制，政府和民间也没有搭建起交流的平台，所以经常会有多头领导、相互推诿的情况出现，导致政策执行的效率低下。参与各方得不到充分的交流，不但使政府制定的政策无法反映实际情况而无法推行，而且也无法兼顾各方利益，大大削弱了发展绿色建筑的积极性。另外，现在社会绿色建筑资源更多的只是依靠市场调节，分散于民间的资源得不到有效的整合，甚至造成重复建设和资源浪费。虽然现在建设行政部门建立了有关机构，但是作用十分有限。中国绿色建筑与节能委员会是住建部的一个下属机构，但是它的职能范围和权力都很小，包括完成课题研究、上传下达、对外交流等。绿色建筑的发展需要一个独立的、有实际权力的机构去协调各方的工作和利益。

(5) 绿色建筑发展理念普及性较差　绿色建筑意识是发展绿色建筑的根本，只有对绿色建筑有全面客观的认识才能正确指导绿色建筑的实践。我国绿色建筑的发展起步较晚，再加上绿色观念没有得到普及，从政府到企业和公众都缺乏对发展绿色建筑的正确认识。

(6) 绿色建筑技术落后　我国在绿色建筑技术水平上与西方发达国家也是有很大差距的，这一方面与国内整体的发展水平低有关系，另一方面与技术的发展机制不健全也有关系。这就造成了在绿色建筑技术的发展上存在许多问题。

2.2 绿色生态建筑设计

绿色建筑体系的界定原则，不在于它是否应用了某种绿色设计的技术方法，而是要从以下两个观点考虑它是否贯彻了可持续发展的原则：在时间上，要从建筑全寿命周期过程中，建筑对环境和资源的影响考虑；在空间上，要从建筑材料及建筑使用功能，对室内、室外，对局地、区域及至全球环境和资源的影响考虑。只有在这两个方面达到一定标准的建筑体系（设立标准才能定量化，但这个标准应是立足在当前技术经济水平下的认识，并且应随着技术的进步不断修正提高），才能做到占用资源少（节约型、低消耗）、环境负荷小（少排放、低污染）、可循环率大（重复利用、可再生）。因此，应该说绿色建筑体系是符合生态调控规律的建筑体系。绿色建筑的发展，可以大大减少或消除建筑系统对环境的影响。

一般来讲，绿色建筑体系在组成上主要包括以下几个方面的内容。

(1) 自然生态环境　主要是指项目所在地区的自然地理特征，因为它是决定绿色建筑体系所采用技术手段的关键因子。正如前面所述，要将绿色建筑体系视为地球生物圈的一个功能单位，在营造的时候就必须考虑到当地的自然生态环境，做到因地制宜，这样才能更好地与自然环境有机结合起来构成一个复合体，充分发挥绿色建筑体系的优势。

(2) 人工营造活动　它包括两个方面内容：一是指营造过程本身所涉及的方方面面，包括选址、设计、施工、用料等；二是指人工建筑本身，包括建筑物、各类人工构筑物等。通过人工营造活动，将自然生态环境与人工构筑物联系在一起。

(3) 社会、经济体系　它包括当时整体的社会环境、经济状况及文化因素等。人们的决策和营造活动都必须以当时的社会、经济条件为依据，在遵循自然规律的前提下，用人工的手段营造与自然生态环境相互影响、相互制约的绿色建筑体系，才能真正达到人与自然“天人合一”的效果。

绿色建筑体系强调各组成因素之间的相互作用，是一个有机的统一整体。它将保护自然环境的生态平衡、实现环境的可持续发展看成和经济发展、物质财富的增长一样重要。它充分体现了人作为自然界中的一员，在谋求社会经济增长与环境保护之间所发挥的主观能动性。绿色建筑体系是一个开放性的系统。系统内各组成要素相互影响，彼此作用，实现建筑本身与周围环境之间，以及建筑内部的物流、能流和信息流之间形成一个有机的网络系统。绿色建筑体系具有自我调节、自我降解和动态平衡等功能。

2.2.1 绿色生态建筑设计需要考虑的几个原则

第一，要领会设计尽可能充分细致的重要性；第二，可持续设计应该是一种建筑哲学，即大多数高效节能的手段和其他绿色技术本质上是不可见的，应该融入建筑本身中去；第三，绿色生态建筑并非需要昂贵的资金和复杂的设计；第四，一套整体设计方法极其重要，这样整体的经济效益才会增加；第五，尽管绿色生态建筑的作用不仅仅是节约能源，但由于应对全球气候变暖的主要策略是“碳减排”，能源消耗最小化应该是核心目标。

生态设计是对自然过程的有效适应及结合，它需要对设计实施过程给环境带来的冲击进行全面的衡量。在设计策略上，应该根据建筑所在的地理环境、气候条件、资源条件、技术条件、经济条件、功能要求等，选择适宜的低碳技术和零碳技术，进行优化整合，实现既定的目标。低碳技术包括高保温隔热围护构件、相变蓄热体等被动式技术，以及高效节能的空调技术、总量控制的污染治理技术、可再生能源开发利用技术等。零碳技术包括让自然做功的自然通风、自然采光技术及其生态化补偿技术等。

建筑生态设计的基本理念有以下几点。

① 科学的城市发展观，包括城市发展依据、城市发展模式以及城市发展目标。

② 系统论与协同减熵增维原理。

③ 生态位理论与循环再生概念。

④ 整体的生态建筑观。

⑤ 全面的建筑节能环保观。节能为广义的概念，包括节能、节地、节水、节材，它包括规划层面、建筑设计层面、设备层面、能源层面、智能控制层面、行为层面、政策层面七个层面内容。

其中，建筑设计层面的节能环保采用被动式节能环保策略，包括建筑物的通风，一般采用自然通风；自然采光，包括固定遮阳、活动板遮阳、智能玻璃采光、光导管采光、跟踪采光系统等；选址的安全性和生态考量；保护原有的植被、湿地、水体和各种文化遗产；改善场地屋内环境；实现建筑的立体绿化；生态核系列，包括生态中庭、空中花园和生态舱等。

设备层面的节能环保采用主动式节能环保策略，包括空调系统优化组合、热电冷联产系统和热泵系统。

能源层面的节能环保包括被动式太阳房技术、太阳能生活热水系统、太阳能热水集热式地板辐射采暖兼生活热水供应系统、太阳能热风集热式采暖系统、太阳能光伏发电技术和太阳能热发电技术、风能利用等。

行为层面的节能环保包括能源系统运行管理节能环保、建筑运行管理节能环保、场地施工和运营管理中的生态考量。

⑥ 生态优先、生态安全原则。

⑦ 因地制宜、被动优化、让自然做功原则。让自然做功是被动式技术策略的基本原理，在绿色建筑的节能环保贡献率中，被动式技术策略占一半以上，主要包括生态化补偿技术、自然通风、相变蓄热体、阳光房和自然采光等。

⑧ 生态与经济共赢原则。

⑨ 学科交叉、多方共建原则。

⑩ 生态文化价值观，包括生态伦理观的普及、和谐社会的构建以及遵循接受美学原理，建设生态城市。

2.2.2 绿色建筑设计的核心理念

(1) 整合理论与并行设计　建筑设计应该是一个系统工程，各种问题是构成完整系统的不同部分，彼此之间存在相互的关联，不同问题的解决有赖于整体的考虑。因此绿色建筑设计过程需要重构。即绿色建筑设计的过程可以分解为多个基本阶段，通过在各个阶段之间建立具体的层次关系，把不同的设计阶段结合为一个有机的整体设计过程，即考虑建筑物全生命周期的设计过程；然后在绿色建筑设计过程分解重构的基础上，明确绿色建筑设计中各种资源消耗的模拟与设计过程之间的关系，在各个阶段寻找两者的结合点，进而建立面向绿色建筑设计全过程的资源消耗模拟平台，最终将满足要求的绿色建筑设计方法融入重构的设计过程中，即设计过程是一个循环设计、信息不断反馈的并行设计过程。这样能够提高绿色建筑设计的效率，保证设计质量。实现绿色建筑设计过程重构的方法可以采用面向下游设计环节的并行设计方法。

对于重构中的基础模型的选择而言，国内较为理想的绿色建筑设计过程模型可以采用被动式建筑气候设计模型。其虽然具有良好的可集成性，但其所提出的仅仅是一种建筑设计指导模式，而非必然的策略形式。国外的绿色建筑设计模型可以采用美国绿色建筑委员会推荐的绿色设计程序。该程序在保留传统设计程序的同时，增加了对可持续设计、材料和体系的考虑，将设计过程扩大到了全寿命周期的范围，但也没有实现在设计过程改进方面的突破。

(2) 生态经济共赢与优化　生态经济学理论和方法在相关绿色建筑研究中的应用主要从宏观和微观两个层面展开。在宏观层面上，生态经济学为协调绿色建筑技术系统与制度系统提供理论支持；在微观层面上，生态经济学的全生命周期评价方法、生态足迹分析方法、穿越“成本壁垒”理论、整体优化原则等，为分析绿色建筑经济价值和提出兼顾生态、经济的设计策略提供了方法支持。

① 绿色开发理论提出了一种通过生态与经济内在合一的思路，强调以系统论的观点诠释和寻找绿色建筑与地产经济结合的可能性和有效途径。其特点是：将开发项目看成是其所处生态系统的一部分；将能为人类获取和使用的物质和能量视为一种新的资本形式，提高资源的利用率就相当于“四节一环保”内容的体现；可以帮助实现尊重当地环境、文化与经济的多样性。其开发的优势为可以减少建设成本和运行成本，但由于其为一种新生事物，开发可能缺乏来自政府和财政的支持，组织绿色开发团队所需的经验和翔实的支持材料、技术和设备往往比较缺乏。

绿色开发的基本工作方法有四个部分，是由整体性思维模式、前瞻性设计原则、基于终极目标和成本最低的决策原则以及协作式工作方法组成的工作体系。其开发的工作程序为：市场研究—规划与设计—项目审批—争取贷款—项目建造—市场营销—绿色教育。

② 绿色建筑经济学认为绿色建筑的经济价值结构由以下八个方面构成：节能、节水、废弃物减少、施工、建筑的运行和维护、保险和索赔、居住者的健康和劳动生产率以及区域经济。绿色建筑经济学认为绿色建筑经济价值和分布特征是：假设以 30 年作为建筑的全生命周期，建筑的初投资约占总费用的 2%，运行和维护费用占 6%，人员在其间工作和生活的相关费用占 92%。全生命周期成本分析结果显示，建筑设计、施工期间的绿色措施能显著降低其运行费用，提高使用者的劳动生产率。

③ 绿色建筑实现生态经济优化的难点。绿色建筑生态-经济供应目标的实现，来自各相关群体共同协作与配合的结果，但群体有效整合将面临种种问题：一是全生命周期价值分享的复杂性，即绿色建筑的成本-效益分配关系实际上非常复杂，不同利益群体间的目标差异会阻碍绿色建筑全生命周期经济优势的发挥；二是标准和操作协同的复杂性，即各地区的自然资源、经济状况千差万别，具体的生态目标并不一致，以相对单一的环境目标与结构组成，容易导致背景不同地区的制度要求与实际状况的背离，并且标准很少考虑到经济要素的影响；三是协同工作的复杂性，即节能、节水、节地、节材、室内外环境质量的评价指标各不相同，如何进行专业取舍与比较并没有确定的标准，多数是根据经验做出决策，缺乏科学的依据。

(3) 被动设计理念　被动式设计是指在规划建筑方案设计过程中，根据建设地区气候特征，遵循建筑环境控制技术基本原理，综合建筑功能要求和形态设计等需要，使建筑不需依赖空调设备而本身具有较强的气候适应和调节能力，创造出有助于促进人类身心健康的建筑内外环境。其并不意味着完全放弃主动系统。

绿色生态型建筑在技术层面上可以划分为低技术和高技术。低技术手段是通过精确的技术分析，结合传统技术，不用或用很少的现代技术手段来达到建筑生态化的目的；而高技术手段则积极地运用当代最新的“高技术”来提高建筑的能源使用效率，营造舒适宜人的建筑环境，以更有效地保护生态环境。

技术体系主要包括安全、健康的室外环境、室内环境、节能与能源利用、节水和节材五个部分。从建筑安全、低碳的理念出发，具体在建筑规划、景观设计、建筑设计、结构设计、水电通风等各个专业在自然能源利用、被动式设计、环境改善（通风、采光和照明）等方面，以建筑师和工程师的设计视角对设计方法和设计策略进行诠释。

其中，建筑的安全与防灾、室外环境部分包括选址、建设、景观绿化、施工要求；节能与能源利用部分包括日照与遮阳、热工和通风设计、建筑采光和照明；节水部分包括节水器具的选用、景观用水的策略和污水处理及雨水、中水利用；节材部分包括材料选用和减少材料使用；室内环境质量针对室内热舒适度与室内空气质量、室内光环境质量、室内声环境质量提出了设计策略，其中对噪声控制、隔声设计和提高清晰度几个方面给出了技术措施。

(4) 整体设计方法　设计绿色学校应该是一个由建筑师、结构工程师、设备工程师、建筑物理与生态专家等组成的团队。专业之间在设计中的各个策略有时是相得益彰，有时互相矛盾。如何在各种矛盾中找到“平衡”是最重要的，必须要在每个专业所提出的设计策略和其他专业之间寻找结合点。只有各专业通力合作，并且团队中每个成员都全程参与才能真正实现绿色学校的设计。

(5) 结构安全与低碳　低碳的设计理念主要体现在节地、节材、节水、节能，地块规划为城市建设用地，公共服务设施基本健全，景观绿化采用适宜当地气候和土壤条件的乡土植物，低层建筑，地下水水位较高，未考虑地下空间利用，建筑材料全为当地材料。在节水设计中，合理选择管材，防止管网漏损，采用节水器具、雨水径流铺地回渗等技术。节能与运行管理采用走廊楼梯间照明智能控制、自动打卡系统等。应更加注重对低成本、简单技术措施的鼓励。

(6) 充分利用计算机辅助分析设计　在绿色建筑设计过程中应该采用计算分析手段进行模拟分析来推敲某种设计策略对建筑的影响程度，进而对节能策略进行选用。其中方案推敲的计算工具有 Ecotect，热工环境和能耗数值计算工具有 DOE-2、Energyplus、Dest 等，风环境分析计算工具有 Phonics 和 Fluent 等 CFD 软件，采光、照明和眩光分析工具有 Daysim、Radiance 等软件。并通过计算机模拟设计对建筑的细部进行模拟分析。

2.2.3　绿色建筑规划设计原则

绿色建筑规划旨在改变经济发展观念，变革经济增长方式，在保持经济增长的同时，提高资源开发利用效率，改善人居环境，使城市可持续发展。在绿色建筑规划的编制和实施过程中，应积极发展生态城市的规划理论和方法，完善和提高城市功能，实现对生态环境的保护、历史文化遗产的保护和人居环境的改善与保护。应提倡土地的混合使用，提高土地的利用效率。要坚持公共交通优先发展的方针，积极推动大容量快速公交系统的建设，积极推广使用再生利用技术和中水回用技术。要大力开发、应用城市生活垃圾减量化、无害化和资源化技术。

(1) 设计的基本要求

① 功能要求　建筑物的使用功能要求，为人们的生产生活提供安全舒适的环境，是建筑设计的首要任务。

② 技术要求　建筑设计的基本技术要求包括正确选用建筑材料，根据建筑物平面布局和空间组合的特点，采用合适的技术措施，选取合理的结构和施工方案，使建筑物建造方便、坚固耐用。

③ 经济要求　在建筑设计和施工的过程中，应尽量做到因地制宜，宜选用本地材料和本地树种，做到节省劳动力、建筑材料和资金。建造所要求的功能、措施要符合国家相关规范，使其具有良好的经济效益。

④ 美观要求　在满足基本使用功能的同时，还需要考虑满足人们的审美需求。建筑物设计需努力创造出实用与美观相结合的产品。

⑤ 规划及环境要求　建筑设计应符合上级政府的规划提出的基本要求。建筑设计不应孤立考虑，应与基地周边的环境相结合，如现有道路的走向、周边建筑的形态和特色、拟建建筑的形态和特色等，使得新建建筑与周边环境协调一致，构成具有良好环境景观空间效应的室外环境。

(2) 设计的细节要求

① 节约生态环境资源

a. 在建筑全生命周期内，使其对地球资源和能源的消耗量减至最小；在规划设计中，节约建设用地。

b. 建筑在全生命周期内，应具有适应性、可维护性等。

c. 减少建筑密度，城区适当提高建筑容积率。

d. 选用节水用具，节约水资源；收集废水加以净化利用；收集雨水加以有效利用。

e. 建筑物材料选用可循环成分的产品。

f. 使用耐久性材料和产品。

② 提高能源利用效率，使用可再生资源

a. 采用节约照明系统。

b. 提高建筑围护结构的热工性能。

c. 优化能源系统，提高系统能量转换效率。

d. 对设备系统能耗进行计量和控制。

e. 使用再生能源，尽量利用外窗、中庭、天窗进行自然采光。

f. 利用太阳能集热、供暖、供热水。

g. 建筑开窗位置适当，充分利用自然通风。

h. 采用地源热泵技术实现采暖空调。

③ 减少环境污染，保护自然生态环境

a. 在建筑全生命周期内，使建筑废弃物的排放和对环境的污染降到最低。

b. 保护水体、土壤和空气，减少对它们的污染。

c. 扩大绿化面积，保护地区动植物种类的多样性。

d. 保护自然生态环境，注重建筑与自然生态环境的协调。

e. 减少交通废气的排放。

f. 废弃物排放减量。

④ 保障建筑微环境质量

a. 选用绿色建材。

b. 加强自然通风，提供足量的新鲜空气。

c. 恰当的温湿度控制。

d. 防止噪声污染，创造优良的声环境。

e. 充足的自然采光，创造优良的光环境。

f. 充足的日照和适宜的外部景观环境。

⑤ 构建和谐的社区环境

a. 创造健康、舒适、安全的生活居住环境。

b. 保护拥有历史风貌的城市景观环境。

c. 对传统街区、绿色空间的保存和再利用。

d. 重视旧建筑的更新、改造、利用，继承发展地方传统的施工技术。

e. 提供城市公共交通、便利居住出行交通等。

(3) 设计的优化　绿色建筑绝大多数是根据地区的资源条件、气候特征、文化传统及经济和技术水平等对某些方面的问题进行强调和侧重。在绿色建筑规划设计中，可以根据各地的经

济技术条件，对设计中的各阶段、各专业的问题，排列优先顺序，并且允许调整或排除一些较难实现的标准和项目，因此需要进行建筑规划设计的优化。

① 城市气候特征。掌握城市的季节分布和特点、当地太阳辐射和地热资源，以及城市中气流改变的情况和现状。

② 小气候保护因素。研究城市中由于建筑排列、道路走向而形成的小气候改变所造成的保护或干扰因素，并且对建筑开发进行制约。

③ 城市地形与地表特征。建筑节能设计尤其是注重自然资源条件的开发和应用，摸清城市特定的地形与地貌。

④ 城市空间的现状。城市所处的位置及其建筑单元所围合成的城市空间会改变当地的城市环境指标，进而关系到建筑能耗。

在建筑布局设计阶段，各专业应相互配合，综合考虑室内热环境、室内空气质量、光环境等因素，利用计算机模拟技术如CFD对建筑设计进行科学、合理的调整，以获取最佳的通风换气效果，从根本上改善室内环境和节约能源。同时，还要慎重考虑建筑物的选址、朝向、间距、绿化配置等因素对节能的影响，形成优化微气候的良好界面，以改善建筑热环境。另外，建筑规划中还需特别考虑体形系数对建筑能耗的影响。

2.2.4 绿色建筑设计内容

绿色建筑必须关注建筑全寿命周期的绿色化，首先要从源头抓起。这个源头最重要的就是规划设计阶段。绿色建筑的设计内容与基本原则不同于传统建筑的设计内容及其设计原则。绿色建筑设计则是基于整体的绿色化和人性化设计理念所进行的综合整体创新的系统设计，其基本的原则显然与传统建筑的设计基本原则是不相同的。

所谓绿色化和人性化设计理念就是按照生态文明和科学发展观的要求，体现可持续发展的精神和设计理念。绿色化要求反映绿色建筑的基本要素。因此，绿色建筑的设计内容远多于传统建筑的设计内容。绿色建筑设计是一种全面、全程、全方位、联系、变化、发展、动态和多元绿色化设计过程，我国绿色建筑设计内容可概括为如下几个主要的方面。

(1) 综合设计　所谓综合设计是以绿色化设计理念为中心，在满足国家现行法规和相关标准的前提下，在进行技术的先进可行和经济的实用合理的综合分析基础之上，结合国家现行有关绿色建筑标准，按照绿色建筑要求对建筑所进行的包括空间形态与生态环境、功能与性能、构造与材料、设施与设备、施工与建设、运行与维护等方面内容在内的一体化综合设计。

(2) 传统建筑和现代绿色建筑对立与统一　传统建筑向现代绿色建筑的转化是一种辩证的否定，这种辩证的否定是传统和现代这一矛盾的对立与统一。传统建筑和现代绿色建筑既是相互对立、相互排斥的，又是相互包含、相互转化的。发展绿色建筑，要注意历史性和文化特色，应尊重历史，加强对已建成环境和历史文脉的保护和再利用。

(3) 适应和改造统一　绿色建筑以生态文明为其核心内容之一。生态文明，说到底，是指人类遵循人、社会与自然和谐发展这一客观规律，将人类对自然的适应和改造这一矛盾的对立有机地统一起来，所形成的人类社会发展进程中的一种文明形态。适应和改造统一就是要求在建筑的选址、朝向、布局、形态等方面充分考虑当地气候特征和生态环境等因素。

(4) 建筑和环境统一　绿色建筑设计要使建筑及其风格与规模和周围环境保持协调与统一，保持历史文化与景观风貌的连续性。

(5) 利用和保护统一　绿色建筑设计要正确处理、利用和保护统一的关系。要充分利用建筑场地周边的自然条件，尽量保留和合理利用现有适宜的地形、地貌、植被和自然水系与生态等。要加强资源节约与综合利用，减轻环境负荷。要尽可能地减少对自然环境的负面影响，如减少有害气体和废弃物的排放、减少对生态环境的破坏等。要最大限度地提高可再生、清洁的资源和能源的利用。

（6）阶段和全程统一　绿色建筑从最初的规划设计阶段到随后的施工建设阶段、运营管理阶段能为人们提供健康舒适、安全可靠、低耗高效和无害空间的工作、生活环境，拆除后还要求对环境的影响最低，并且使拆除材料尽可能再循环利用，运营管理阶段能为人们提供健康舒适、安全可靠、低耗高效和无害空间的工作、生活环境。

处理好阶段和全程统一的关系还要增强建筑的耐久性与适应性，延长建筑物的整体使用寿命和经济寿命。

（7）适用和适当统一　绿色建筑设计应优先考虑使用者的适度需求，努力创造优美和谐的环境。创建适用与健康的环境，保障使用安全，降低环境污染，改善室内环境质量，满足人们生理、心理、健康和卫生等方面的需求，同时为人们提高工作效率创造条件。

（8）实事求是和开拓创新统一　要最大限度地利用本地材料与资源，并且应注意地域性，尊重民族习俗，依据当地自然资源条件、经济状况、气候特点等，因地制宜地设计和创造出具有时代特点和地域特征的绿色建筑。

（9）技术和经济统一　在符合国家的法律法规与相关的标准规范基础上，从建筑的全寿命周期综合核算效益和成本，综合考量技术先进可行和经济实用合理，注重技术经济性，正确引用市场的发展和需求，要适应地方经济状况，提倡自然、朴实和简约，反对做作、浮华和铺张。

（10）设计和使用统一　通过优良的设计和管理，优化绿色建筑产品的生产工艺，采用适用和适宜的技术、材料和产品；合理利用和优化资源配置，改变消费方式，减少对资源的占有和消耗；全社会参与，挖掘建筑节能、节地、节水、节材、环保及满足建筑功能之间的辩证关系。

2.2.5 绿色建筑设计依据

（1）人体工程学和人性化设计　按照国际工效学会所下的定义，人体工程学是一门“研究人在某种工作环境中的解剖学、生理学和心理学等方面的各种因素；研究人和机器及环境的相互作用；研究在工作中、家庭生活中和休假时怎样统一考虑工作效率、人的健康、安全和舒适等问题的科学”。

建设设计中的人体工程学的主要内涵是：以人为主体，通过运用人体、心理、生理计测等方法和途径，研究人体的结构功能、心理等方面与建筑环境之间的协调关系，使得建筑设计适应人的行为和心理活动需要，取得安全、健康、高效和舒适的建筑空间环境。

人性化设计在绿色建筑设计中的主要内涵为：根据人的行为习惯、生理规律、心理活动和思维方式等，在原有的建筑设计基本功能和性能的基础之上，对建筑物和建筑环境进行优化，使其使用更为方便舒适。换言之，人性化的绿色建筑设计是对人的生理、心理需求和精神追求的尊重及最大限度的满足，是绿色建筑设计中人文关怀的重要体现，是对人性的尊重。

衡量人体舒适度评价指标及方法如下。

决定人冷热感觉的变量主要有：人的因素，包括活动量和衣着保温程度两个变量；环境因素，包括空气流速、空气温度、空气湿度和平均辐射温度四个变量。这里介绍与热舒适感有关的几个指标。

① 有效温度　有效温度定义为：“这是一个将干球温度、湿度、空气流速对人体温暖感或冷感的影响综合成一个单一数值的任意指标。它在数值上等于产生相同感觉的静止饱和空气的温度。”它意味着在实际环境和饱和空气环境中衣着和活动情况均相同，而且平均辐射温度等于空气温度。

有效温度指标曾为很多官方和专业团体所采用，特别是用于热环境规范之中，曾经一度认为有效温度在低温时过分强调了湿度的影响，而高温时对湿度的影响强调得不够。

有效温度指标是那些早期指标中最值得注意的指标，因为它不但得到普遍承认，而且具有大量的实验根据。

把有效温度指标的标准相对湿度规定为100%的后果之一，就是使得这一温度指标的生理效应成为非线性。

② 合成温度　合成温度最初的实用定义为黑球温度计的平衡温度，将该温度计加工成所需要的尺寸，以模拟人体的特性。米森纳尔德证明了人体在静止空气中的辐射换热与对流换热系数之比为1∶0.9，干球合成温度 T_{res}（℃）只不过是900mm直径黑球温度计的平衡温度，即：

$$T_{res}=0.47T_a+T_r$$

因未对其进行空气流速的修正，故合成温度在流动空气中无定义。

合成温度的定义是某个均匀环境中的干、湿球温度，该环境的墙面温度等于空气温度，而且空气是静止和饱和的，在该环境所产生的感觉与在实际环境中的相同。该定义首先是于1931年提出的，它和有效温度的定义基本相同，也是保持标准环境的相对湿度为100%。该定义包括瞬时的和稳态的两种合成温度。

③ 英国指标

a. 卡他冷却能力　最早的指标之一是1914年由伦纳德·希尔爵士提出的。该指标是以大温包温度计的热损失量为基础。卡他温度计由一根40mm长、20mm直径的圆柱形大温包的酒精玻璃温度计所组成。使用时将温度计加热到酒精柱高于38℃这一刻度，然后将其挂于流动空气中，测量酒精柱从38℃下降到35℃所需的时间。根据这一时间和每一温度计所配有的校正系数，即可计算环境的“冷却能力”。

b. 拟人器和当量温度　达弗顿（Dufton）在建筑研究所进行的有关房间取暖的研究促使他研制了一种综合恒温器。达弗顿的这一装置被称为拟人器。它是以建筑研究委员会（Building Research Board）1929年所建议的热舒适标准为基础。

达弗顿在这之后发展了这一概念，产生了一个可描述环境温暖感的温度指标。他最初称这一指标为有效温度指标，但为了避免与更有名的美国有效温度相混淆，又改其名为当量温度。由医学研究委员会与工业研究院组成的联合会选定了当量温度这一名称。把定义更改为：所谓某个环境的当量温度即是一个均匀封闭体的温度，在该封闭体内，一个高为550mm、直径为190mm的黑色圆柱体的散热量与其在实际环境中的散热量相等，圆柱体表面所维持的温度是圆柱体所散失的热量的精确函数，并且这一温度在任何均匀封闭空间内都比37.8℃要低一个数值，但这个数是37.8℃和封闭空间温度之差的2/3。

④ 范格舒适方程　范格提出了一个综合舒适指标，即能够确定人体舒适状态的物理参数是与人体有关，而不是与环境有关。范格制定了三个舒适条件，第一个条件就是人体必须处于热平衡状态；第二个条件就是皮肤平均温度应具有与舒适相适应的水平；第三个条件是为了舒适，人体应具有最佳的排汗率，排汗率也是新陈代谢率的函数。

在范格认识到人体活动量影响人体皮肤温度和排汗率的舒适状态后，才有可能建立非常成功的舒适方程。

热舒适应满足以下三个必要条件。

热平衡：　$$H-E_{is}-E_{sw}-E_{res}-C_{res}=R+C$$

排汗率：　$$E_{sw}=0.36\times(H-58)$$

皮肤温度：　$$T_{sk}=35.7-0.0275H$$

式中　H——新陈代谢产热量，W/m^2，$H=M(1-\eta)$，其中，新陈代谢自由能 M、机械效率 η 可由表2-1查得；

E_{is}——通过皮肤的蒸汽扩散热损失，W/m^2，$E_{is}=0.31\times(2.56T_{sk}-33.7-P_a)$，其中，$P_a$ 是水蒸气分压力，10^2Pa；

E_{res}——呼吸潜热损失，W/m^2，$E_{res}=0.0017M(58.7-P_a)$；

C_{res}——呼吸显热损失，W/m²，$C_{res}=0.0014M(34-T_a)$，其中，T_a 是空气温度，℃；

R——辐射热损失，W/m²，$R=f_{eff}f_{cl}\varepsilon\delta[(T_{cl}+273)^4-(T_r+273)^4]$，其中，$\varepsilon$ 是穿衣服人的辐射率，取 0.97；δ 是斯蒂芬-玻耳兹曼常数，取 5.667×10^{-8} W/(m²·K⁴)；f_{eff}是有效辐射率面积系数，取 0.71；f_{cl}是穿衣服与不穿衣服人体表面积之比，$f_{cl}=1-0.15I_{clo}$，式中，I_{clo}是衣服的热阻，clo[1]，可由表 2-2 查得；T_{cl}是衣服表面温度，℃；T_r 是平均辐射温度，℃；

C——对流热损失，W/m²，$C=f_{cl}h_c(T_{cl}-T_a)$，其中，对流换热系数 $h_c=12.1\sqrt{v}$或 $h_c=2.4(T_{cl}-T_a)^{0.25}$，其中，$v$ 是空气流速。

表 2-1 不同活动的代谢率

活动状况	新陈代谢自由能 M/(W/m²)	机械效率 η	活动状况	新陈代谢自由能 M/(W/m²)	机械效率 η
基础代谢率	45	0	步行上山(坡度)		
静坐	60	0	5%,4km/h	200	0.1
安静地站着	65	0	15%,4km/h	340	0.2
一般的办公室工作	75	0			
站着从事轻工作	90	0			
在平地上步行(速度)			轻的手工劳动(如汽车修理、钳工等)	150	0.1
4km/h	140	0			
6km/h	200	0	重的手工劳动(如挖土和铲土等)	250	0.1
8km/h	340	0			

将上述诸值代入 R 的表达式，则有：

$$R=3.9\times10^{-8}\ f_{cl}[(T_{cl}+273)^4-(T_r+273)^4]$$

表 2-2 一些成套衣服的隔热值

服　　装	隔热值/clo	服　　装	隔热值/clo
裸体	0	薄裤子,背心,长袖衬衫	0.7
短袖薄衫,棉织内衣裤	0.2	薄裤子,背心,长袖衬衫,夹克	0.9
薄裤子,短袖衬衫	0.5	厚三件套西服,长内衣裤	1.5
保暖的长袖衫,全身套装	0.7		

⑤ 预测平均反应　范格进一步发展了舒适方程，并且用公式表示一个可预测任何给定环境变量的组合产生热感的指标。

为了扩大该想法的应用范围，范格提出在某一活动量下的热感是人体热负荷的函数的建议(所谓人体热负荷就是体内产热量与人体对实际环境散热量两者之差，假设人体的平均皮肤温度及实际活动量相适应的汗液分泌量均保持舒适值)，并且通过实验建立了 PMV 方程。

PMV 方程没有被各种衣着和活动量情况下的实验数据所证实。对于坐着工作和穿着轻薄服装的人体可给出很好的结果。

⑥ 标准有效温度　皮肤湿润度的概念对于新的有效温度 ET* 是很重要的，把这一指标与空气的温度和湿度联系起来，以提供一个适用于穿标准服装和坐着工作的人的指标。这一指标已被美国采暖、制冷和空调工程师学会所采用，此后不久，新的有效温度的重要内容又有了扩展，以综合考虑不同活动水平和衣服热阻，由此产生了众所周知的标准有效温度（SET）。标准有效温度被称为合理的导出指标，以表明它是由传热的物理过程分析而得到的。

确定某一状态下的标准有效温度值需分两步进行，首先要求出一个人的皮肤温度（T_{sk}）和皮肤湿润度（w）。

---

[1] 1clo=0.155m²·K/W；

a. 二节点模型　二节点模型是在皮尔斯基础实验室中建立起来的人体温度调节的数学模型。它将人体看成两层，即中心层和皮肤层。新陈代谢是在中心层产生的。新陈代谢所产生的一部分热量由呼吸直接散失在环境中，剩下的热量传到皮肤表面。传到皮肤表面的热量一部分由蒸发散掉，其余的热量通过衣服传到衣服表面，然后通过辐射和对流散失掉。

b. 标准有效温度方程　标准有效温度所依据的分析是将人体的热损失方程归纳为两个简单的具有相同形式的公式。皮肤表面的热损失可以分成两部分：一部分是无蒸发的或称为显热损失，它是由辐射和对流产生的；另一部分是蒸发热损失。

标准有效温度的最后发展就是将其扩展到地球表面以外的低气压和高气压环境中去。

⑦ 主观温度　范格方程和标准有效温度虽然包括了所有变量，但令人遗憾的是这又使得它们在实际中的用处不大，因为工程师所必须涉及的是物理环境，他宁愿只与物理变量打交道。不知道活动量和衣着条件便无法确定标准有效温度值。

当确定一个指标时，将这两组变量分开，就会得到非常实际的好处。这种指标的应用是以想要设计一个舒适环境设计师的问题为中心。这就要求有两种数据，即居住者需要什么样的“温度”以及什么样的物理变量组合将会产生这一“温度”。麦金太尔建议这一指标称为主观温度，并且将其定义为：“一个具有 $T_a = T_r$，$v = 0.1$m/s，相对湿度为50%的均匀封闭空间的温度，该环境将产生与实际环境相同的温暖感”。

以上各舒适指标的比较见表2-3，可以根据它们的内容进行选择。

表2-3　舒适指标的比较

指　标	变量	范围	备　　注
有效温度ET	T_a，相对湿度，v，2级clo	0℃<ET<45℃，v<2.5m/s	主要指标，现已废除。过高地估计了湿度在低温下的影响
修正有效温度CET	T_a，相对湿度，v		与ET相同，曾用于英国陆军
合成温度 T_{res}	T_a，T_w，v	20℃<T_{res}<40℃，v<3m/s	与ET相类似，但更准确。分别绘制了适用于坐着工作、裸体的人和中等活动、穿衣的人的两种线算图
当量温度 T_{eq}	T_a，T_r，v	8℃<T_{eq}<24℃，v<0.5m/s	原来定义为拟人器的读数，后来按德福德的回归方程定义
范格舒适方程	全部	舒适状态	
预测平均反应PMV	全部	2.5<PMV<5.5	未确定范围，但PMV肯定不大会偏离热舒适
标准有效温度SET	全部	规定区域的上限为寒战	以生理反应模型为基础，最通用的指标
新的有效温度 T^*	T_a，相对湿度	只限于坐着工作，穿轻薄服装	ASHRAE标准用于室内舒适区
主观温度 T_{sub}	T_a，T_r，v，H，I_{clo}	接近于舒适	以范格方程为基础，用于预测舒适状态的简单指标

(2) 常用家具尺寸　家具是建筑空间中的重要组成部分之一，随着现代化的发展，家具的种类、样式和尺寸都明显增多，明晰家具的尺寸和使用的必要空间，将作为确定房间内部使用面积的重要依据。

(3) 环境因素　绿色建筑的设计和建造是为了在建筑的全生命周期内，适应周围的环境因素，最大限度地节约资源，保护环境，减少对环境的负面影响。

(4) 气候条件　地域气候条件对建筑物的设计有最为直接的影响。

在进行绿色建筑设计时应首先明确项目所在地的基本气候情况，以利于在设计开始阶段就引入“绿色”的概念。日照和主导风向是确定房屋朝向和间距的主导因素，合理的建筑布局将成为降低建筑物使用过程中能耗的重要前提条件。

(5) 地形、地质条件和地震烈度的影响　对绿色建筑设计产生重大影响的还包括基地的地形、地质条件以及所在地区的设计地震烈度。基地地形的平整程度、地质情况、土特性和地耐力的大小，对建筑物的结构选择、平面布局和建筑形体都有明显的影响。最大限度地结合地形条件设计，减少对自然地形地貌的破坏是绿色建筑倡导的设计方式，在我国乃至世界的山地建筑中可以找到许多典型的例子。

2008 年的“5.12 汶川特大地震”给了人们深刻的教训，人们开始普遍认识到建筑设计安全性的重要。绿色建筑设计同样需要重点考虑我国建筑抗震设计的相关要求。

处于地震设防区的绿色建筑设计主要考虑以下几个因素。

① 选择对抗震设防有利的基地，宜选在地势平坦、开阔的场地，尽量避免在陡坡、深沟、峡谷以及处在断层上下的区域修建房屋。

② 建筑设计的体形尽可能简洁、规整，避免在建筑平面及形体上采用较多、较大的凹凸。

③ 采取必要的措施加强建筑物整体性构造，尽量减少地震时容易倒塌或脱落的建筑附属物或不必要的装饰物。

④ 在材料选用和建筑构造的做法上尽量减轻建筑自重，特别需要减轻屋顶及围护的重量。

(6) 其他影响因素　其他影响因素主要指业主和使用者的影响因素，如航空及通信限高、文物古迹遗址、场所的非物质文化遗产等。

2.2.6 绿色建筑设计程序

绿色建筑设计程序基本上可归纳为以下七大阶段性的工作内容。

① 项目委托和设计前期的研究。

② 方案设计阶段。

③ 初步设计阶段。

④ 施工图设计阶段：建筑设计施工图；结构设计施工图；给水排水、暖通设计施工图；强弱电设计施工图；建设工程的预算书。

⑤ 施工现场的服务和配合。

⑥ 竣工验收和工程回访。

⑦ 绿色建筑评价标识的申请。

2.3 绿色生态建筑技术

绿色建筑相关技术一般包括节能技术、给水排水技术、空气环境及其保障技术、声环境保障技术、光环境保障技术、热湿环境及其保障技术、废弃物处理技术、环境绿化与绿色设计技术、绿色施工技术、智能化技术、建筑材料技术等内容，下面就其中的一些内容进行解释和阐述。

2.3.1 节能技术

近年来，随着能源安全战略的日趋重要，保护环境和应对气候变化成为当今世界发展的主题，许多发达国家都在积极推动发展低能耗建筑和零能耗建筑，研发相关的节能技术，建造了多种建筑类型的示范工程项目，取得了很多具有推广价值的成果。

建造低能耗建筑的技术措施主要集中在三个方面：更加优化的建筑规划设计、热工性能更加优良的外围护结构和可再生能源的利用。

2.3.1.1 建筑规划设计节能措施

建筑规划设计中可采用的主要节能措施如下。

对建筑物周边环境和小区，通过优化建筑布局和室外环境设计、合理选择场地和屋面铺面材料、有效配置屋面和垂直绿化及水景，营造舒适的室外活动空间和室内良好的自然通风条

件，对室外热舒适性、热岛强度和场地环境等进行模拟预测分析，优化规划设计方案，以求超过标准要求。

规划设计时布置好建筑朝向和建筑间距，采用合理的体形系数和窗墙面积比，公共建筑采用可调节外遮阳，采用双向通风遮阳式幕墙，使其热工性能大为改善。

合理进行建筑室内空间的划分、平面布置和自然通风气流组织设计。合理设计房间进深与层高。建筑设计和构造设计采取诱导气流、促进自然通风的措施。合理设计采光口以及利用改善自然光在室内分布的设施，充分利用自然光资源，减少人工照明的能耗。

在技术经济合理的条件下，优化能源系统，在城市集中供热管网内优先采用集中供热，积极合理地使用太阳能、风能、地源热泵技术，减少对环境的影响。

2.3.1.2 建筑围护结构节能考虑因素与技术措施

建筑围护结构，由包围空间或将室内与室外隔离开来的结构材料和表面装饰材料所构成，包括墙、窗、门和地面。围护结构的设计对于建筑在运行过程中的能耗是一个重要因素；而且不同围护结构材料的生产和运输的总环境寿命周期影响和能耗费用变化也相当大。

(1) 气候

① 在干热气候地区里，采用高热容量材料　处于日夜差异很大的干热气候中的建筑物传统做法多采用厚墙，材料用密度很大的黏土砖和砖石。拥有高热容量和足够厚度的建筑材料可以减少和延缓外墙的温度变化对室内的影响。

② 在湿热气候中，采用低热容量材料　在日夜差异不大的湿热气候中，最好采用热容量非常小的轻质材料。

③ 在温和的气候中，根据建筑位置及其供热/供冷策略选择材料　根据建筑物所在地点和采用的供热/供冷策略决定建筑材料的热容量。

④ 在寒冷的气候中，采用密封和保温性能很好的围护结构　在寒冷气候中，使用材料的热容量取决于建筑物的用途和采用的供热策略。

(2) 门、窗和开口　门窗的能耗占建筑总能耗的比例较大，其中冷风渗透为1/3，传热损失为34%，所以在设计时，应该考虑到这个问题，在保证采光、观景、日照、通风等要求的前提下，尽可能地提高外门窗的气密性，提高外门窗本身的保温性能，减小住宅外门窗洞口的面积，减少冷风渗透，减少外门窗自身的传热损失。我们可以采取以下的节能措施：提高住宅外门窗的气密性，改善住宅门窗的保温性能，控制住宅窗墙比，减少冷空气渗透；同时，在室内与室外之间可以设置中间层，用于阻止室外冷风的直接渗透，减少门窗的热损耗。

① 根据对昼光照明以及供热和通风的仔细分析，确定围护结构上的门、窗和通风口的大小和位置。开口的形状、大小和位置根据其影响围护结构的方式而改变。

② 夏季给围护结构的开口加装遮阳设施，减少太阳光直射进入室内。在通过窗的传热中，主要是太阳辐射对负荷的影响，温差传热部分并不大。因此，应该把窗的遮阳作为夏季节能措施的重点来考虑。

③ 在恰当的场合为窗选择合适的玻璃。玻璃可采用金属薄膜或着色来吸收或反射太阳光谱中特定波长的光。

(3) 热效率

① 考虑建筑围护结构的反射率。

② 防止湿气在围护结构内聚集。

③ 在建筑外部采用太阳辐射控制以减少太阳得热。

(4) 新技术体系　应重点开发和推广建筑门窗和建筑幕墙全周边高性能密封技术、高性能中空玻璃和经济型双玻系列产品工艺技术、铝合金专用型材及镀锌彩板专用异型材断热技术、门窗及幕墙保温隔热技术、建筑门窗与太阳能一体化应用技术、门窗及幕墙结构与围护结构的一体化节能技术、门窗与外遮阳一体化节能技术等新技术体系。

① 外墙节能技术　提高外墙的热工性能，一是要选用热工性能好的主体材料；二是要增加保温材料的厚度；三是要处理好构造热桥。

外保温技术不仅适用于新建建筑工程，也适用于既有建筑节能改造。与内保温相比，外保温有明显的优越性，除了保温效果优良，外保温体系包在主体结构的外侧，较好地解决了构造热桥结露问题，提高了居住的舒适度，同时还能够保护主体结构，延长建筑物的寿命，增加建筑的有效使用空间。

② 外贴保温体系　外贴保温体系是将保温层粘贴或加锚栓固定在外墙主体结构上，然后加装玻璃纤维网格布或钢丝网增强，外抹抗裂砂浆，再做外装饰面层。目前，外贴保温体系的最大缺陷是现场施工质量很难控制，使用寿命短（标准规定 25 年），工程存在很多表面开裂、保温层剥落等质量问题。如果使用的材料和施工工艺符合标准要求，使用寿命完全可以大大延长。

另一种做法是用专用的固定件将保温板固定在外墙上，然后将铝板、天然石材、彩色玻璃等饰面材料外挂在预先制作的龙骨上，直接形成装饰面。保温层与饰面层之间形成空气间层，既保护了保温材料免受结露和渗透雨水的侵蚀，又增强了墙体的热工性能。由于这种体系成本较高，多用于公共建筑和高档住宅。

近来，为减少现场湿作业，提高外保温体系的使用寿命，并且满足工程项目外观的需要，保温装饰复合墙板体系发展很快。装饰面层通常采用氟碳涂料，也可采用新型墙面砖。

为满足低能耗建筑的要求，要增加保温材料的厚度。

③ 聚苯板与墙体一次浇筑成型技术体系　该技术是在混凝土框剪体系中将聚苯板放置于建筑模板内即将浇筑的墙体外侧，然后浇筑混凝土，使混凝土与聚苯板一次浇筑成型为复合墙体。在冬季施工时聚苯板起保温作用，可减少外围护保温措施。这种技术体系在许多高层住宅工程中使用。

④ 外窗及幕墙保温隔热技术　随着建筑形式的多样化，外窗和玻璃幕墙等透光型外围护结构所占外表面的比例越来越高。提高外窗和玻璃幕墙的保温隔热性能的技术措施有很多，通常是采用改善窗框、玻璃的热工性能和安装技术，隔热重点采用遮阳技术。

⑤ 节能窗　节能窗采用性能良好的塑料型材、铝塑和木塑复合型材、断热型铝合金型材和配套附件及密封材料，使用平开、复合内开等开窗方式。高效节能窗的传热系数应控制在 $2.0W/(m^2 \cdot K)$ 以下，在施工安装中窗口的密封处理非常重要，应尽量减少窗的空气渗透。

为提高外窗的热工性能，宜采用充填惰性气体的中空玻璃或特种玻璃。

⑥ 遮阳技术　采取有效的技术手段遮阳，可大幅度降低空调能耗，或者不开空调即可得到舒适的室内热环境。外遮阳可以通过外围护结构设计外挑阳台或遮阳构件实现，也可以安装可调节遮阳装置。

⑦ 幕墙技术　采用全玻璃幕墙会大大增加建筑能耗，应尽量避免。近年来，我国引进了欧洲先进的呼吸式幕墙的设计理念和方法并在一些高档建筑中采用。呼吸式幕墙即为双层幕墙，双层幕墙之间形成空气夹层，从而使幕墙起到保温隔热的作用。

⑧ 屋面节能技术

a. 倒置式保温隔热屋面体系。倒置式屋面就是将传统屋面构造中的保温层与防水层颠倒，把保温层放在防水层的上面。目前，我国北方地区和大中城市多采用聚苯板、加气混凝土板等板型保温材料，及现场发泡聚氨酯等浇注型保温材料。

b. 绿化屋面。屋顶绿化对夏季隔热效果显著，可以节省大量空调电耗。多层和低层建筑群，屋顶绿化还可明显降低建筑物周围环境温度，减少热岛效应，从而降低空调电耗。同时在冬季还可以起到保温作用。此外，由于土壤在吸水饱和后会自然形成一层憎水膜，可起到阻水的作用。覆土种植后可使屋面免受风吹雨打日晒等外界气候变化的影响，延长防水层寿命。

c. 其他类型的节能屋顶。采用轻钢屋架或木屋架建造坡屋顶，内置保温隔热材料，铺设

非金属屋面材料，利用屋顶空间的空气流通，以及太阳辐射最强时间的太阳光线对于坡屋面的斜射，达到节能和室内热舒适的要求。

提高屋面的保温隔热性能，对提高抵抗夏季室外过热作用的能力尤其重要，这也是减少空调耗能、改善室内热环境的一个重要措施。建造蓄水屋面，利用水蒸发时，带走大量水层中太阳辐射形成的热量，从而有效地降低屋面温度，减少了屋面的传热量，是一种较好的隔热措施和改善屋面热工性能的有效途径。

2.3.1.3 可再生能源技术

(1) 太阳能在建筑中的应用技术 太阳能可以成为建筑物供热（生活热水、采暖）、空调及照明、供电的主要能源。太阳能与建筑结合，使建筑物的屋面、墙体、外窗等外围护结构成为太阳能集热器和光电板的附着载体，既充分利用了太阳能源，减少采暖、空调和照明所使用的常规能耗，同时减轻因电力生产所造成的环境负荷，又不破坏建筑物外观，甚至可以成为很好的建筑景观。

① 太阳能的热利用 建筑物太阳能热利用是依靠光热转换，采用各种集热器把太阳能收集起来，并且用这些热能产生热水，进而以不同途径与方法实现对建筑的供热与供冷。

太阳能热水系统可根据不同情况进行如下分类。

a. 按集热器类型分类。

b. 按传热类型分类。

c. 按集热系统运行方式分类。

d. 按集热器与储热水箱的布置关系分类。

e. 按是否配备辅助热源分类。

f. 按能源组合方式分类。

g. 按热水供应方式分类。

② 太阳能制冷 太阳能制冷有两种方法：一种方法是利用太阳能驱动机械装置，机械装置再驱动压缩制冷循环；另一种方法是利用从太阳光直接获得的热量来驱动吸收式制冷机，从而降低室内温度。这两种制冷技术均不采用对臭氧层有破坏作用的氟利昂，并且二者都采用较低等级的能源，在节能与环保方面有光明的前景。

③ 太阳能的光电作用 太阳能的光电作用是依靠光电转换，即将太阳能转换成电能，主要用于建筑照明及生活用电，也可并入电网。目前，太阳能用于发电的途径有两个，其一是热发电，其二是光伏发电。

太阳能光电作用与建筑结合将大幅度降低能源费用，减少污染；其电池组件不仅可以作为能源设备，而且可以将围护结构保温隔热技术与自然通风、采光、遮阳技术有机结合起来，既供电节能，又节省了建材。从作为建筑绿色化的角度看，它所带来的效益是不可忽略的。

(2) 太阳能热水系统 太阳能热水系统是目前技术最成熟、应用最广泛、产业化发展最快的太阳能应用技术，主要用于为建筑物提供生活热水。太阳能集热器是太阳能利用的最重要组成部分，其性能和成本是太阳能热水系统成败的关键。集热器分为平板式和全玻璃真空管式。为了适应太阳能与建筑结合，设计成可以规范化生产的部件，生产企业研发生产出分离式热水器，即水箱与集热器分离。热水系统形式多样，如定温产水系统、温差循环系统、双回路水-水交换系统、定温-温差循环系统、直接式机械循环系统、间接式双回路排热回收系统等。

(3) 太阳能采暖系统 太阳能采暖系统一般分为两种模式：被动式和主动式。被动式太阳能采暖是根据太阳高度角冬季低夏季高的自然特征，通过合理设计，依靠建筑物结构自身来完成集热、储热和释热功能的采暖系统。被动式太阳能采暖系统结构简单，造价不高，节能效果显著。

采用主动式太阳能采暖，降低系统温度以提高集热器效率是提高整个系统效率的关键。

建造低能耗建筑，应将被动式和主动式太阳能采暖系统有效地组合起来，发挥各自优势，以达到最大限度地利用太阳能。

(4) 太阳能空调系统　根据驱动机制的不同，太阳能空调系统分为三类：光热转换以热能驱动的太阳能吸收式空调系统；光电转换以电能驱动的太阳能空调系统；光化转换以化学反应来制冷或供热的太阳能空调系统。

为了提高吸收式制冷的效率，需要提高太阳能热水的温度。太阳能空调系统投资高，投资回收困难，是规模化发展的瓶颈。

(5) 太阳能光伏建筑集成系统　太阳能光伏建筑集成技术是在建筑围护结构外表面铺设光伏组件，或直接取代外围护结构，将投射到建筑表面的太阳能转化为电能，供给建筑采暖、空调、照明和设备运行等，以替代常规电能。常见的光伏建筑集成系统主要有光伏屋顶、光伏幕墙、光伏遮阳板、光伏天窗等。但目前在并网技术和政策上还存在障碍。

(6) 热泵技术与地偶冷却　热泵技术是通过动力驱动做功，从低温热源中取热，将其温度提升，送到高温处放热，由此可在夏季为空调提供冷源，冬季为采暖提供热源。可利用的低温热源很多，包括室外空气、地表水、地下水、城市污水、地下土壤以及工业工艺过程中的低温水，如电厂冷却水。地偶冷却是将建筑与大地接触并在二者之间进行热传导。

(7) 地下水源热泵技术　地下水源热泵系统，通过打井抽取地下水，利用热泵机组提取地下水的低温能量，实现供热制冷。地下水源热泵系统通常采用闭式系统，将地下水和建筑内循环水之间用板式换热器分开。

地下水源热泵系统必须具备可靠的回灌措施，保证地下水能100%地回灌到同一含水层内。目前，国内地下水源热泵系统有两种类型：同井回灌系统和异井回灌系统。同时要保证地下水不被污染。

(8) 地表水源热泵技术　地表水源热泵技术在实际过程中主要存在三个问题：冬季供热的可行性，夏季供冷的经济性，长途取水的经济性。技术上要解决水源导致的换热装置结垢引起换热性能降低。海水源热泵系统的海水腐蚀问题非常突出。

地表水源热泵系统通常由取水构筑物、水泵站、热泵站、供热与供冷管网、用户末端供热或供冷系统组成。

再生水（中水）源热泵系统是地源热泵的一种重要形式，污水夏季温度低于室外温度，冬季高于室外温度，是一种比较好利用的低温热源。污水源热泵系统在安全性和环保性上更具优势。我国利用地热供暖和供热水发展非常迅速，在京津地区已成为地热利用中最普遍的方式。

(9) 埋管式土壤源热泵技术　土壤具有良好的蓄热性能，土壤温度全年波动较小且数值相对稳定。埋管式土壤源热泵系统正是利用了土壤的这一特征，使其运行效率比传统的空调运行效率要高40%～60%，节能效果明显。埋管式土壤源热泵系统包括土壤耦合地热交换器，它或是水平安装在地沟中，或是以U形管状垂直安装在竖井中。不同的热交换器并联连接，再通过不同的集管进入建筑中与建筑物内的水环路相连接。通过循环液体（水或防冻液）在封闭地下的埋管中流动，实现系统与大地之间的传热。系统设计时需要充分考虑系统的冷热平衡特性，以保证地下土壤的温度波动在可接受的范围内。

(10) 分布式水源热泵系统　分布式水源热泵系统是通过水源热泵与集中供热管网系统联合供热，实现的技术方案有两种：一种是将水源热泵的热端与一次侧回水管连接，对回水进行加热，将加热后的热水再送入一次侧的回水管道，从而减少一次侧回水提升到供水温度的能耗；另一种是将水源热泵的热端与二次侧回水管连接，对二次侧回水管加热，加热后的水再送入换热器进行三次加热，从而减少二次侧回水加热到供水所需温度的能耗。

分布式水源热泵的优点是：通过与集中供热联供极大地提高了供热系统的能效性，尽可能多地获得水中的能量，提高资源利用效率；当水源热泵或集中供热任一系统出现故障时，另一系统仍可运行，使供热安全性得到保证；还可根据实际需要，间断或连续开启水源热泵，提高系统的经济性；可大量节约燃料，减少二氧化碳等烟气和灰渣的排放，既环保又节能。表2-4

为不同地源热泵系统优缺点的比较。

表 2-4　不同地源热泵系统优缺点的比较

系统名称	优　点	缺　点	单位面积初投资（人民币）/元
埋管式土壤源热泵系统	系统运行稳定，无地下水污染风险	前期工作量大，需要对地质情况进行测试，对土壤条件要求高，造价偏高	350～450
地下水源热泵系统	造价低，占地面积少	浪费地下水资源，回灌问题不好解决，容易造成地面塌陷，环境压力最大；长期大量使用系统效率有可能降低，存在风险	300～400
地表水源热泵系统	相对投资少，泵耗能低，维修率低，运行费用少，运行稳定可靠，环境效益显著	受地域、资源条件限制，海水源防腐蚀问题突出	200～300
污水源热泵系统	水量稳定，水温水质有保证	一般污水处理厂离居民区距离较远，管线改造复杂	150～200
热电厂循环冷却水热泵系统	水量稳定，水温水质有保证	管理机构整合困难、管线改造复杂	150～200

（11）风能的利用　当其他电力来源成本高时，风能发电作为孤立地点的电力生产，较适用于多风海岸线和山区。另外，高层建筑引起的强风也可作为风能发电机的能源。

（12）其他可再生能源的利用　其他可再生能源的利用包括生物能、地热能、潮汐能的利用等。生物能的利用，比如在没有燃气供给的区域，设置沼气发生、供给及燃烧设备，用来提供清洁充足的能源，同时减少了对木材的消耗及对大气的污染。可以直接利用来自地壳深处的地热能来加热或者发电，潮汐能也是目前对商品能源产生较大贡献的海洋能量。

2.3.1.4　提高能源的使用效率

（1）优秀的建筑能源系统

① 冷热电联产。

② 空调蓄冷系统，包括联合供冷循环和单蓄冷供冷循环。

就总体而言，在空调系统中恰当地采用蓄冷措施，不仅可以获得很大的节能效果和经济效益，而且还能均衡电网峰谷负荷，提高电厂电力生产效益，减少对环境的污染，从而具有显著的社会效益、环保效益和重要的国民经济意义。

③ 实行叠压供水方式。无负压变频恒压供水系统的水泵是直接连接在市政管网上，充分利用市政管网余压，节能效果好。

（2）高舒适度、低能耗的暖通空调系统

① 冷却塔供冷系统。

② 置换通风加冷却顶板空调系统。

③ 变风量（VAV）空调系统。

（3）采用能源回收技术　从能耗角度来看，我国能源形势已不容乐观，建筑能耗逐年增加。“建筑节能与建筑智能化技术”已成为人们越来越关注的问题。采用建筑智能化技术实现建筑节能最直接、最有效的措施应该从空调系统的运行控制和建筑公共照明系统的控制着手。另外，智能建筑的节能效果与设计、施工、运营、管理等环节是密不可分的。我国加入 WTO 以后，建筑智能化技术面临更加广阔的发展空间，因此，建筑节能应贯穿建筑物的整个生命周期，包括规划、设计、施工、管理等环节。

在建设阶段，建筑节能工程以建筑主体为主，多采用仿真技术，在此阶段，设备配置及控制的节能策略将为运营期的节能奠定基础；建筑节能的第二个环节是建筑设备的调试，采用建筑智能化技术进行调试及优化控制是关键；建筑节能的第三个重要环节是运营期，采用智能化技术提高科学管理水平，能大幅度节省运营期的能耗费用。建筑节能是一个系统工程，不仅是建筑围护结构使用保温材料，而且与设备的运行效率和能量的管理模式密切相关。

2.3.2 环境绿化与绿色设计技术

2.3.2.1 环境绿化技术

环境绿化技术基本类似于园林规划设计或绿化规划设计的概念，是指在一定范围内，主要由山、水、植物、建筑（亭、廊、榭等）、道路、广场、动物等环境绿化的基本要素，根据一定的自然科学规律、艺术规律以及工程技术规律、经济技术条件等，利用自然、模仿自然而创造出来的，既可观赏、又可游憩的理想的生态环境，其内容包括地形设计、建筑设计、道路设计、种植设计及园林小品设计等。

就环境绿化技术而言，它包括两层含义，一是规划，二是设计。

（1）环境绿化的基本原则

① 适地适景、因地制宜原则　依据绿地的地形地貌和周边环境造景，做到横有起伏具韵律，纵有层次富变化，避免平直呆板。布局构图宜自然则自然，宜规则则规则。树木整形修剪规则美与树木天然美结合。

② 植物造景为主原则　通过植物的多样性营造景观的多样性。

③ 生态效益和景观效果结合原则　达到生态性与观赏性的统一，绿与美的统一，服务功能与艺术价值的统一。

④ 生态性与文化性结合原则　设计既要符合生态学原理，又要遵循美学法则。

⑤ 以人为本原则　绿地设计要满足居民的需求和多样化的审美情趣，绿地要体现可融入性和可参与性。

⑥ 地方特色原则　从各地的自然环境、物候和地域特点出发，将城市历史文脉融入住宅的环境绿化中，利用原有地形、植被和自然水系，创造富有地方特色的居住环境。

⑦ 整体协调原则　做好构景要素之间的协调、园林绿地与周边环境及整个绿地系统的协调。绿化布局要主次分明、承上启下、前后呼应、烘托对比，使景物相得益彰。

⑧ 整旧如旧原则　原有绿地的改造要保存其流风遗韵和历史信息，尽量保存古树、大树、建筑和旧有布局。

⑨ 师法自然原则　绿地要开放、简洁明快，掇山叠石要有山野之味，理水造池要有水乡之韵。

⑩ 继承与创新结合原则　融会贯通古今中外环境绿化艺术，做到古为今用，洋为中用。

（2）环境绿化规划设计的基本形式　环境绿化规划设计的基本形式可以分为三大类，即规则式、自然式和混合式。

① 规则式　又称整形式、建筑式、图案式或几何式。

规则式环境绿化方式在以下几个方面均有着自己的特点。

a. 地形地貌　在平原地区，由不同标高的水平面及缓倾斜的平面组成；在山地及丘地，由阶梯式的大小不同的水平台地、倾斜平面及石级组成。

b. 水体设计　外形轮廓均为几何形，多采用整齐式驳岸。

c. 建筑布局　个体建筑甚至于建筑群和大规模建筑组群的布局，也采取中轴对称均衡的手法，以主要建筑群和次要建筑群形成的主轴和副轴控制全园。

d. 道路广场　园林中的空旷地和广场外形轮廓均为几何形。

e. 种植设计　园内花卉布置用以图案为主题的模纹花坛和花境为主，树木整形修剪以模拟建筑体形和动物形态为主。

f. 园林其他景物　采用盆树、盆花、瓶饰、雕像为主要景物。雕像的基座为规则式，雕像位置多配置于轴线的起点、终点或交点上。

② 自然式　又称风景式、不规则式、山水派园林等。

自然式园林的特点反映在以下几个方面。

a. 地形地貌　平原地带，地形为自然起伏的和缓地形与人工堆置的若干自然起伏的土丘相结合。

b. 水体　其轮廓为自然的曲线，岸为各种自然曲线的倾斜坡度。

c. 建筑　全园不以轴线控制，而以主要导游线构成的连续构图控制全园。

d. 道路广场　园林中的空旷地和广场的轮廓为自然形封闭性的空旷草地和广场。道路平面和剖面由自然起伏曲折的平面线和竖曲线组成。

e. 种植设计　园林内种植不成行列式，不用模纹花坛。

f. 园林其他景物　采用山石、假石、桩景、盆景、雕刻为主要景物，其中雕像的基座为自然式，雕像位置多配置于透视线集中的交点。

③ 混合式　即介于绝对轴线对称法和自然山水法之间的一种园林设计方法，因而兼容了自然式和规则式的特点。从整体布局来看，一般有两种情形：一是将一个园林分成两大部分，即一部分为自然式布局，而另一部分为规则式布局；二是将一个园林分成若干区域，某些区域采用自然式布局，而另一些区域采用规则式布局。

(3) 环境绿化规划的布局

① 布局的原则

a. 绿地系统规划应结合其他部分的规划综合考虑，全面安排。环境绿化规划要与居住区的布置、公共建筑和道路系统的分布密切配合，不能孤立进行。

b. 绿地系统规划必须因地制宜，从实际出发；绿地系统规划要结合当地的自然条件、现状特点来进行。

c. 绿地应均衡分布，比例合理，满足居民休息、游览的需要。

d. 绿地系统规划既要有远景的目标，也要有近期的安排，环境绿化系统的规划要充分研究城市远期的发展规模，根据人们生活水平逐渐提高的要求制定出远期的发展目标。

② 环境绿化布局的形式　世界上的环境绿化有8种基本模式，即块状、环状、网状、楔状、放射状、放射环状、带状和指状。

我国环境绿化的基本形式可归纳为块状、带状、楔状、混合状绿地布局。

③ 环境绿化布局的要求

a. 布局合理　绿地要按照一定的服务半径均匀地分布，要结合河流、道路布置一些带状绿地，把各级绿地联系起来，形成一定的网络。

b. 指标先进　制定一些绿地指标要有一定的科学依据，要提出近期和远期的绿地指标。

c. 质量良好　园林绿地的种类要多样化，有较高的艺术水平，而且服务设施要齐全。

d. 改善环境　绿化布局要考虑能够改善环境，比如居住区和工业区之间要设置防护林带，起到隔离的作用。

最近出现了一种“绿色基础设施”新理念，应用于城市雨洪控制利用领域，通过一系列绿色雨水设施削减城市径流和污染物的排放，能够有效解决城市雨洪问题，实现环境、生态、景观等多种功能。绿色雨水基础设施，即充分利用自然条件并人工模拟自然生态的方式，通过利用、强化下渗、调蓄、滞留、蒸腾、蒸发等原理和一系列技术措施，控制城市雨水径流污染、减少洪涝灾害、科学利用雨水资源、保护城市水环境和促进城市良性水循环。

根据应用范围等因素，绿色雨水基础设施的主要技术措施可分为场地、居住小区、区域或流域等不同应用层次。两种应用层次（或尺度）的绿色雨水基础设施典型技术措施见表2-5。

绿色雨水基础设施除有效控制雨水径流外，还有助于净化空气、减少能源需求、缓解城市热岛效应、增强固碳作用等，能为居民提供具有美学和生态功能的自然景观，绿色雨水基础设施还充分体现“低碳”的特色，如绿色屋顶、雨水花园等生态措施的生物固碳作用，减少

CO_2 等温室气体；从源头削减雨水径流量，从而降低雨水处理的能耗。

表 2-5 两种应用层次（或尺度）的绿色雨水基础设施典型技术措施

项 目	技术措施	特 点
场地	绿色屋顶	对建筑屋顶的雨水减量、截污等，具有多种环境效益
	雨水桶/罐	收集场地雨水进行直接利用
	初期弃流装置	对场地内各种源头汇水面的雨水径流截污、弃流
	下凹式绿地	属于生物滞留设施，以渗透功能为主
	雨水花园	有景观功能的生物滞留设施，具有渗透、净化等多种功能
	渗透铺装	对多种硬化汇水面径流进行源头减量、截污
	植被浅沟	兼具径流输送、净化和渗透等功能
居住小区、园区等	绿色停车场	用于停车场的设计和改造，是渗透铺装、雨水花园、下凹式绿地等措施的组合应用
	绿色街道/公路	用于社区街道和城市公路的设计与改造，是渗透铺装、下凹式绿地、植被浅沟等措施的组合应用
	小型雨水湿地	针对小区域的雨水集中净化的措施
	生态景观水体	在小区内应用的集中调蓄措施，同时具有良好的景观和环境效益

2.3.2.2 绿色设计技术

（1）绿色设计的原则

① 优先种植乡土植物，采用少维护、耐候性强的植物。

② 采用生态绿地、墙体绿化、屋顶绿化等多样化的绿化方式，构成多层次的复合生态结构，达到人工配置的植物群落自然和谐，起到遮阳、隔声和降低能耗的作用。

③ 绿地配置合理，达到局部环境内保持水土、调节气候、降低污染和隔绝噪声的目的。

绿化配置的主要形式与技术方案是沿街绿化。沿街绿化是指在临街建筑与城市道路之间营造绿地。其中最主要的作用是降低噪声、吸附灰尘以及改善局部气候条件。

（2）楼旁绿化 楼旁绿化以种植观赏类植物为主，这样既可以减轻夏季“西晒”对建筑的影响，降低西墙的温度，而且冬季也不会阻挡墙面对阳光热辐射的吸收。用于建筑南面绿化的树木不宜过于高大，以免影响南面房间的采光。

（3）集中绿化 集中绿化应采取多样化、本土化的植物配置方式，可结合水体适当建立人工湿地，营造稳定、和谐的植物群落，构成复合式的生态结构。

（4）屋顶绿化

① 环境效益 绿化屋顶就是一台自然空调，它可以保证特定范围内居住环境的生态平衡与良好的生活意境。实验证明，绿化屋顶夏季可降温，冬季可保暖。还可保护建筑物本身的基本构件，防止建筑物产生裂纹，延长使用寿命。同时，屋顶花园还有储存降水的功用，对减轻城市排水系统压力，减少污水处理费用都能起到良好的缓解作用。

② 技术措施

a. 首先要解决积水和渗透漏水问题。

b. 合理选择种植土壤。

c. 屋顶绿化的形式应考虑房屋结构。

d. 植物的生长习性要适合屋顶环境。

③ 植物选择 屋顶绿化选用植物应以阳性喜光、耐寒、抗旱、抗风力强、植株矮、根系浅的植物为主。

（5）墙面绿化

① 环境效益 它能够更有效地利用植物的遮阳和蒸腾作用，缓和阳光对建筑的直射，间

接地对室内空间降温隔热，起到降低房间热负荷的作用，并且降低墙体对周边环境的热辐射。

② 设施形式的确定

a. 墙顶种植槽。

b. 墙面花斗。

c. 墙基种植槽。

③ 植物选择

a. 应根据不同种类攀缘植物本身特有的习性加以选择。

b. 应根据种植地的朝向选择攀缘植物。

c. 应根据墙面或构筑物的高度来选择攀缘植物。

(6) 阳台、窗台绿化　该绿化可以在缓解工作和学习带来的压力、安定情绪、减少疾病等方面起到很大作用，对人们的身心健康是极为有益的。

阳台、窗台绿化的植物应选择抗旱、抗风、耐寒、水平根系发达的浅根性植物，并且要求生长健壮，植株较小。阳台、窗台绿化的植物以常绿花灌木或者草本植物为佳，也常用攀缘或蔓生植物。阳台、窗台的朝向与光照条件对植物的选择至关重要。

(7) 室内绿化

① 环境效益　它可以改善室内环境与气候。室内绿化在一定程度上可减少细菌数目，还可显著提高人的视力水平，使人赏心悦目，除此之外还能消除疲劳，愉悦情感，影响和改变人们的心态，减少焦躁与忧虑。

② 布置原则

a. 使用方便。

b. 色彩调和。

c. 合理组织室内空间。

d. 与室内气候相协调。

③ 植物选择

a. 光照不同时植物的选择。选择耐阴植物、较耐阴植物、不耐阴植物。

b. 温度不同时植物的选择。室内观叶植物种类不同，对高温和低温的忍受能力也各异。大致可分为四种类型：高温观叶植物、中温观叶植物、低温观叶植物和耐寒观叶植物。

c. 湿度不同时植物的选择。对植物来说，水分包括两个方面，即土壤水分和空气的水分（即空气湿度）。各种室内观叶植物对土壤水分和空气湿度各有不同的要求，根据对水分的要求，大致可分为以下四类：耐旱观叶植物、半耐旱观叶植物、中性观叶植物和耐湿观叶植物。

在绿色建筑的环境绿化中，应根据不同的建筑类型、不同地区的自然条件，科学和有效地进行绿化配置，真正发挥每一寸绿化用地的绿色效应，使建筑真正地“绿”起来。

2.3.3 节水技术

2.3.3.1 制定合理的用水规划

水环境在住宅小区中占有重要地位，在住宅内要有室内给水排水系统，住宅小区内也应有适当的室外给水排水系统和雨水系统。这些系统和设施是保证住宅小区具备优美、清洁、舒适环境的重要物质条件。

对绿色住宅小区进行给水排水设计前，必须结合所在区域内的总体水资源和水环境规划，对小区的用水进行合理规划。小区的供水设施应该采用先进的智能化管理，用水规划总的原则应采取高质高用，低质低用。除利用市政供水以外，还应充分利用其他水资源，绿色住宅小区水环境规划应妥善处理如下几个方面的问题。

(1) 水量平衡　水规划环境中的水量平衡旨在确定小区每日所需供应的自来水水量、生活污水排放量、中水系统规模及回用目标、景观水体补水量、水质的保证措施以及初水来源等，并且估算出小区节水率及污水回用率，为提出小区水环境总体规划方案打下可靠的基础。

（2）节水率和回用度的指标　绿色住宅应该确定合理的分户计量收费标准，通过控制水龙头的出水压力、生活污水和雨水回收再利用、优先选用节水器具和设备等措施，达到节约用水的目的。

（3）技术经济比较　必须对水资源进行经济、合理的利用，既要对绿色住宅小区常规的市政用水不同方案进行比较，还要对生活污水和雨水不同回用目的和工艺方案做出全面的经济评价。

2.3.3.2　分质供排水子系统

（1）分质供排水子系统的基本概念　分质供水系统是指按不同水质供给不同用途的供水方式。绿色住宅小区的室内给水系统应设三套系统：第一套为直饮水系统；第二套为生活给水系统；第三套为中水系统。

分质排水系统是指按排水的污染程度分网排放的排水方式。绿色住宅小区的室内排水系统应该设两条不同的管网：一条为杂排水管道；另一条为粪便污水管道。

（2）在管道直饮水子系统设计中应注意的问题　水质标准；用水标准；流量的确定。

2.3.3.3　中水子系统

中水原水通过中水处理设施，使其达到生活杂用水水质标准，再通过回用供水管路供给室外绿化、洗车、浇洒路面或进入室内供给厕所便器、拖布池等用水点。

（1）水源　住宅小区中水可选择的水源有：①城市生活污水处理厂的出水；②相对洁净的工业排水；③市政排水；④建筑小区内的雨水；⑤住宅小区内建筑物各种排水；⑥天然水资源（包括江、河、湖、海水等）；⑦地下水。

（2）中水原水水质与中水水质标准　在通常情况下，中水原水水质应以实测资料为准，而对于多种用途的中水水质标准应按最高要求确定。

（3）中水设计时应注意的几个问题

① 中水系统应具有一定的规模。

② 中水供水管道宜采用承压的复合管、塑料管和其他给水管材。

③ 中水供水系统必须独立设置，严禁中水进入生活饮用水的给水系统。

④ 中水储存池（箱）宜采用耐腐蚀、易清垢的材料制作。

⑤ 在中水供水系统上，应根据使用要求安装计量装置。

⑥ 充分注意中水处理给建筑环境带来的臭味和噪声的危害。

⑦ 中水管道外壁应该涂上浅绿色标志。

⑧ 中水管道上一般不得装设取水龙头。

⑨ 选用定型设备，确保出水水质。

2.3.3.4　雨水子系统

（1）可利用的雨水水量及水质　雨水直接利用是指将雨水收集后经沉淀、过滤、消毒等处理工艺后，用于生活杂用水如洗车、绿化、水景补水等，或将径流引入小区中水处理站作为中水水源之一。雨水间接利用是指将雨水适当处理后回灌至地下水层或将径流经土壤渗透净化后涵养地下水。渗透设施有：绿地；渗透地面；渗透管、沟、渠、渗井等。

一般而言，小区雨水主要有屋面、道路、绿地三种汇流介质。屋面雨水水质较好、径流量大且便于收集利用，其利用价值最高。

（2）屋面雨水收集及处理工艺

① 工艺流程　图 2-1 是屋面雨水收集及处理工艺流程简图。

② 雨水处理工艺　屋面雨水水质的可生化性较差，屋面雨水处理不宜采用生化方法，宜采用物化方法——接触过滤加消毒的工艺处理。

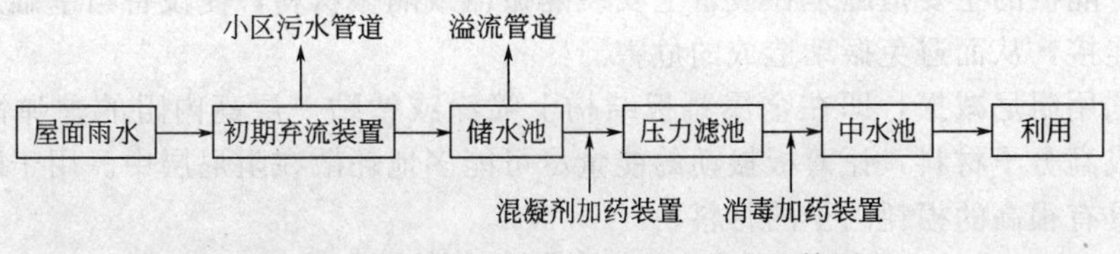

图 2-1 屋面雨水收集及处理工艺流程简图

2.3.3.5 节水设施、器具和绿色管材

(1) 节水设施 储水箱与便器连通，便器不再与自来水管连通。这种不直接使用自来水，而只使用已多次使用过的又经过过滤的清洁水冲便、拖地的方式，可以得到使用的是自来水，但又不支付自来水费的效果，实现水的最大使用价值。这种节水设施可使水多次重复过滤使用，整个设计、施工造价极其低廉，因此，除了在绿色住宅小区大规模运用国家所规定的节水设施外，其他优秀的节水设施和方法也应该推广。

(2) 节水器具

① 水嘴应使用节水型水嘴。

② 坐便器应使用节水型便器。

③ 淋浴器具应使用采用接触或非接触控制方式启闭，并且有水温调节和流量限制功能的节水型淋浴器。

④ 用水家用电器（包括洗衣机和洗碗机等）应使用节水型用水家用电器。

(3) 绿色管材 绿色管材具有五大特征，即安全可靠性、经济性、卫生性、节能和可持续发展。我国生产的绿色管材主要有聚乙烯管、聚丙烯管、聚丁烯管及铝塑复合管。

2.3.4 空气环境保障技术

(1) 加强室内的通风换气 采用室外空气进行通风换气，有利于室内有害气体的稀释和排出，可以缓解或减少室内污染对人体的危害。

通风系统必须采用空气过滤的方法，将送入空气的含尘浓度控制在合理范围。由于细菌往往是黏附在尘埃颗粒上，有效的过滤也可以起到阻挡细菌进入室内的作用。

优质室内空气环境的建筑物通常应当设置机械进排风系统。为了减少新风能耗，有条件时还应尽可能设置热回收装置。

(2) 加强通风与空调系统的管理 必须加强对通风空调系统的维护管理，如定期清洗、消毒、维修循环水系统、灭菌等。

(3) 建立健全室内空气品质评价方法和标准

① 采用主观评价与客观评价相结合的综合评价方法 该方法采用国际通用的调查表，以保证评价数据的可靠性，背景调查主要是排除非室内空气品质因素所引起的干扰，即排他性调查和个人资料调查，这有利于做出正确判断。最后综合三个方面资料进行分析、统计、评定，做出仲裁，提出整改对策和措施。

② CFD 技术的运用 CFD 技术主要运用于建筑通风空调设计中，通过 CFD 方法可对室内空气流场及热力状况进行模拟分析。

③ 规范影响空气品质因素的标准。

2.3.5 声环境保障技术

(1) 噪声控制基本原理和方法

① 房间的吸声减噪。

② 减振和隔振。为了降低振动的影响，可在仪器设备与基础之间设置弹性元件，以减弱

振动的传递。隔振的主要措施是在设备上安装隔振器或隔振材料，使设备与基础之间的刚性连接变成弹性连接，从而避免振动造成的危害。

还可以利用阻尼减振，即在金属薄板结构上喷涂或粘贴一层高内阻的黏弹性材料，如沥青、软橡胶或高分子材料，让薄板振动的能量尽可能多地耗散在阻尼层中。用于阻尼减振的材料，必须是具有很高的损耗因子的材料。

隔声措施还可以采用隔声性能良好的隔声墙、隔声楼板和隔声门、窗等，使高噪声车间与周围的办公室及住宅区等隔开，以避免噪声对人们正常生活与休息的干扰。

（2）噪声控制的途径

① 降低声源噪声。

② 在传播路径上降低噪声。首先，在总图设计中对强噪声源的位置合理布置；其次，改变噪声传播的方向或途径，充分利用天然地形如山冈、土坡和已有建筑物的声屏障作用及绿化带的吸声降噪作用，控制噪声的最后一环是在接收点进行防护。

③ 掩蔽噪声。利用电子设备产生的背景噪声来掩蔽令人讨厌的噪声，以解决噪声控制问题。这种人工噪声通常被比喻为“声学香料”或“声学除臭剂”。在办公室内，利用通风系统产生的相对较高而又使人易于接受的背景噪声，对掩蔽打字机、电话、办公用机器或响亮的谈话声等不希望听到的办公噪声是很有好处的，同时有助于创造一种适宜的宁静环境。

2.3.6 光环境保障技术

（1）视觉功效舒适的光环境要素　舒适光环境要素与评价标准如下。

① 适当的照度或亮度水平。物体亮度取决于照度，照度过大，会使物体过亮，容易引起视觉疲劳和眼睛灵敏度的下降。不同工作性质的场合对照度值的要求不同，适宜的照度应当是在某具体工作条件下，大多数人都感觉比较满意且保证工作效率和精度均较高的照度值。

② 合理的照度分布。考虑到人眼的明暗视觉适应过程，参考面上的照度值应该尽可能均匀，否则很容易引起视觉疲劳。一般认为空间内照度最大值、最小值与平均值相差不超过 1/6 是可以接受的。

③ 舒适的亮度分布。

④ 宜人的光色。

⑤ 避免眩光干扰。

⑥ 光的方向性。一般来说，照明光线的方向性不能太强，否则会出现生硬的阴影，令人心情不愉快；但光线也不能过分漫射，以致被照物体没有立体感，平淡无奇。

（2）自然采光　在采光设计标准中将全国划分为五个光气候区，实际应用中分别取相应的采光设计标准。不同采光口形式及其对室内光环境的影响也要纳入研究范围。自然采光的最大缺点就是不稳定和难以达到所要求的室内照度均匀度，在建筑的高窗位置采取反光板、折光棱镜玻璃等措施不仅可以将更多的自然光线引入室内，而且可以改善室内自然采光形成照度的均匀性和稳定性。

（3）人工照明　正常使用的照明系统，按其灯具的布置方式可分为四种照明方式。

① 一般照明。

② 分区一般照明。

③ 局部照明。

④ 混合照明。混合照明是一种较合理的照明方式，在工作区需要很高照度的情况下，常常是一种经济的照明方法。

2.3.7 热湿环境保障技术

2.3.7.1 建筑热湿环境控制的基本方法

(1) 供暖 供暖系统有多种分类方法。按系统紧凑程度分为局部供暖和集中供暖；按热媒种类分为热水采暖、蒸汽采暖和热风采暖；按介质驱动方式分为自然循环与机械循环；按输热配管数目分为单管制和双管制等。

(2) 通风 通风系统一般应由风机、进排风或送风装置、风道以及空气净化设备这几个主要部分所组成。通风系统一般可按其作用范围分为局部通风和全面通风；按工作动力分为自然通风和机械通风；按介质传输方向分为送（进）风和排风；还可按其功能、性质分为一般（换气）通风、工业通风、事故通风、消防通风和人防通风等。

(3) 空气调节 空调系统的基本组成包括空气处理设备、冷热介质输配系统（包括风机、水泵、风道、风口与水管等）和空调末端装置。完整的空调系统还应包括冷热源、自动控制系统以及空调房间。

2.3.7.2 热湿环境保障技术

(1) 主动式保障技术 所谓主动式环境保障，就是依靠机械、电气等设施，创造一种扬自然环境之长、避自然环境之短的室内环境。

① 置换通风加冷却顶板空调系统。

② 冷却塔供冷系统。

③ 结合冰蓄冷的低温送风系统。

④ 蒸发冷却空调系统。

⑤ 去湿空调系统。

⑥ 地源热泵空调系统。

(2) 被动式保障技术 所谓被动式环境保障，就是利用建筑自身和天然能源来保障室内环境品质。基本思路是使日光、热、空气仅在有益时进入建筑，其目的是控制这些能量、物质适时、有效地加以利用，以及合理地储存和分配热空气和冷空气，以备环境调控的需要。

① 控制太阳辐射

a. 选用节能玻璃窗。

b. 采用能将可见光引进建筑物内区，同时遮挡对周边区直射阳光的遮檐。

c. 采用通风窗技术，将空调回风引入双层窗夹层空间，带走由阳光引起的中间层百叶温度升高的对流热量。

d. 利用建筑物中庭，将昼光引入建筑物内区。

e. 利用光导纤维将光能引入内区，而将热能摒弃在室外。

f. 最简单易行而又有效的方法是设建筑外遮阳板。

② 利用有组织的自然通风

a. 当室外空气焓值低于室内空气焓值时，自然通风可以在不消耗能源的情况下降低室内空气温度，带走潮湿气体，从而达到人体热舒适。

b. 无论哪个季节，自然通风都可以为室内提供新鲜空气，改善室内空气品质。

2.3.8 废弃物处理技术

废弃物管理与处置系统应该包括收集与处置两部分，生活垃圾的收集要全部用密闭容器存放，垃圾应实行分类收集。

(1) Centralsug 系统 Centralsug 居住区生活垃圾自动化收集系统，其中文译意为中央控制的管道气力输送系统。这是一套由计算机控制，连接大厦和垃圾收集站的地下管网，由压缩空气传输垃圾的现代化生活垃圾收集系统。Centralsug 系统主要由以下五个部分组成。

① 垃圾槽口和垃圾槽。

② 垃圾输送管网。

③ 排放阀。

④ 吸气阀。

⑤ 垃圾收集站。

Centralsug 系统改变了传统的生活垃圾收集运输方式，实现了生活垃圾收集运输的自动化和现代化，符合社会进步的要求；Centralsug 系统也改变了生活垃圾对环境的污染，体现了国际化大都市可持续发展的环保要求。

(2) 废弃物的资源化处理　绿色住宅小区内的废弃物资源化处理可概括为以下几种方案。

① 制作堆肥。

② 用于饲料或饲料添加剂。

③ 利用垃圾发电或制作固体燃料。

④ 回收垃圾中的废物进行再利用。

在垃圾污染日益危及城市的生存与发展的今天，垃圾资源化产业将是增加资源有效供给、持续利用资源的重要捷径。垃圾的资源化处理将成为推动城市可持续发展的重要保障，其意义在于从根本上促进城市生态经济系统物质和能量的良性循环，实现经济效益、社会效益和环境效益的协调统一。

2.3.9 建筑材料技术

建筑业和住宅产业是资源消耗的大户。目前我国建筑物 97%以上属于高耗能建筑，建筑总能耗已占社会总能耗的 1/3，是发达国家的 2～3 倍。一方面，国家能源紧缺，形势严峻；另一方面，建筑用能大量浪费。建设节约型社会，在建筑领域就是要大力加快环保节能建筑材料的推广。

1994 年来自 15 个国家的科学家在美国讨论时提出了“生命建筑”的概念，生命建筑能自我康复，美国伊利诺斯大学已研制出生命建筑自我康复的方法，当生命建筑出现裂缝时，小管断裂，管内物质流出，形成自愈的混凝土结构。生命建筑的发展离不开智能建材，智能建材是除作为建筑结构外，还具有其他一种或数种功能的建筑材料，如一些智能建材具有呼吸功能，可自动吸收和释放热量、水汽，能够调节智能建筑的温度和湿度。

2.3.9.1 水泥和混凝土

(1) 生态水泥　这种水泥是以城市垃圾烧成灰和下水道污泥为主要原料，经过处理配料并通过严格的生产管理而制成的工业产品。

生态水泥的含义，至少应该包括以下几个方面：①大量节省生产能耗；②显著减少生产过程中 CO_2 排放量；③固体工业废渣的高级利用；④水泥产品的质量和标号得以提高与国际接轨；用于混凝土工程有利于改善和提高混凝土的工作性、强度和耐久性。

(2) 绿色混凝土　它节约能源、土地和石灰石资源，是混凝土绿色化的发展方向。

(3) 绿化混凝土　绿化混凝土是指能够适应绿色植物生长，进行绿色植被的混凝土及其制品。绿化混凝土最主要的功能是能够为植物的生长提供可能。为了实现植物生长功能，必须使混凝土内部具有一定空间，填充适合植物生长的材料。

(4) 再生混凝土　再生混凝土是指将废弃的混凝土块经过破碎、清洗、分级后，按一定比例与级配混合，部分或全部代替砂石等天然集料（主要是粗集料），再加入水泥、水等配制而成的新混凝土。再生混凝土按集料的组合形式可以有以下几种情况：集料全部为再生集料；粗集料为再生集料、细集料为天然砂；粗集料为天然碎石或卵石、细集料为再生集料；再生集料替代部分粗集料或细集料。

2.3.9.2　墙体材料

积极推进废物综合利用，要以粉煤灰、煤矸石、尾矿和冶金、化工废渣及有机废水综合利用为重点，推进工业废物综合利用。发展研制能源消耗低、稳定性好、施工方便快捷、热工性能优良的新型墙体材料。常用的墙体材料有：①蒸压加气混凝土砌块与条板；②轻集料混凝土小型空心砌块；③硅酸钙板；④GRC板（玻璃纤维增强水泥）；⑤石膏制品，如纸面石膏板、石膏空心条板、石膏砌块等。

2.3.9.3　保温隔热材料

① 保温砂浆。

② 聚苯乙烯泡沫塑料（EPS）保温板等。

例如，一种耐冲击、密度大、保温好、抗折压的新型节能建筑材料在黑龙江省伊春市现代智能建筑建设中推广应用，这种外墙保温苯板节能保温效果好，每块保温苯板的接口都做好，与墙面结合牢固，节能效果达到了65%，超过普通保温苯板15%。

2.3.9.4　建筑玻璃

建筑的外窗玻璃已从采用普通单层玻璃、双层玻璃向中空玻璃、充气玻璃、低辐射玻璃等高技术节能门窗发展。

建筑玻璃还包括夹层玻璃、中空玻璃、镀膜玻璃和钢化玻璃。其中，夹层玻璃具有以下特点：安全；隔声；隔热；抗紫外线。

2.3.9.5　化学建材

化学建材包括塑料门窗、塑料管材、建筑涂料和建筑防水密封材料。塑料门窗具有以下优点：耐水，耐腐蚀；隔热性好；气密性和水密性好；安全系数高；隔声性好；装饰性好。

2.3.10　智能化技术

建筑设计中不同于传统建筑的一大特征就是建筑的智能化设计。绿色建筑的智能化系统是以建筑物为平台，兼备建筑设备、办公自动化及通信网络系统，是集结构、系统服务、管理等于一体的最优化组合，向人们提供安全、高效、舒适、便利的建筑环境。它主要由智能化集成系统、信息设施系统、信息化应用系统、建筑设备管理系统、公共安全系统等组成。而现代智能化建筑是指建筑综合运用现代通信技术、自动控制技术、计算机技术等现代技术，将建筑物建设或改造成为智能建筑的全部工程，工程内容包括信息设施系统（ITSI）、信息化应用系统（ITAS）、建筑设备管理系统（BMS）、公共安全系统（PSS）、智能化集成系统（IIS）、机房工程（EEEP）六大系统工程。智能建筑的基本功能主要由三大部分构成，即大楼自动化（又称建筑自动化或楼宇自动化，BA）、通信自动化（CA）和办公自动化（OA），这3个自动化通常称为“3A”，它们是智能建筑中最基本且必须具备的基本功能。

智能建筑绿色节能的规划设计主要考虑以下几个方面的要求。

(1) 经济性要求　发展绿色建筑，建设节约型社会，必须倡导城乡统筹、循环经济的理念，全社会参与，挖掘建筑节能、节地、节水、节材的潜力。

(2) 地域性要求　在进行规划设计时，应注重地域性，因地制宜，实事求是，充分考虑建筑所在地域的气候、资源、自然环境、经济、文化等特点。

(3) 整体性要求　单项技术的过度采用虽可提高某一方面的性能，但很可能造成新的浪费。为此，需从建筑全寿命周期的各个阶段综合考虑智能建筑的规模，技术与投资之间的互相影响，以节约资源和保护环境为主要目标，整体规划智能建筑的安全可靠、经济适用、美观舒适、高效便捷、节能环保、健康等因素，比较、确定最优的建筑智能化技术、材料和设备。

(4) 过程控制要求　在智能建筑工程建设过程中，必须按照国家标准《绿色建筑评价标准》评价指标的要求，对规划、设计、施工与竣工阶段进行过程控制。要制定目标、明确责任、对工程建设全过程实行全面质量管理，并且最终形成规划、设计、施工与竣工阶段的过程控制报告。

(5) 合理利用能源要求　合理利用能源，提高能源利用率，节能减排是绿色建筑最基本的要求，对新建的公共建筑，要求在系统设计时必须考虑建筑内各耗能环节。要提倡及推广利用太阳能、风能等可再生新能源。

(6) 高效管理要求　通过对建筑全周期成本分析发现，建筑物在建设和使用过程中，规划成本占总成本的2%，设计施工成本占23%，而运营成本占75%，而想要降低建筑的运营成本，只有通过科学的管理手段，提高建筑的管理效率。

智能化具体实现又分为：①电力供应与管理系统；②照明控制与管理系统；③空调系统的检测与控制系统；④给排水系统的检测与控制系统；⑤交通运输系统的管理；⑥防灾系统的监视与控制；⑦防盗系统的监视与控制；⑧物业管理；⑨信息网络；⑩先进的通信手段。

2.3.10.1　信息网络技术

信息网络技术在智能建筑中主要应用在以下几个方面：①应用Internet与WEB技术，可以实现智能建筑内部与外部的信息通信。采用开放的网络传输协议TCP/IP和HTTP，用B/S模式取代C/S模式，降低信息系统软硬件技术和维修成本。②提高员工的工作效率与管理人员的管理质量，提高建筑物物业管理层的决策和全局事件协同处理能力。③可以实现远程监控和操作，以及对综合信息数据库的访问。④能够增强自动化控制系统和信息系统之间的信息与数据的交换能力，与Intranet可通过防火墙实现无缝连接。⑤信息与控制系统集成可直接使用建筑物中的综合布线系统，网络互联与扩展很容易实现，维护和培训工作量小。

2.3.10.2　控制网络技术

控制网络技术一般指的是对生产过程对象控制为特征的计算机网络。由于开放性控制网络上具有标准化、可移植性、可扩展性和可操作性等优点，因此，控制网络技术正向体系结构的开放性和网络互联方向发展。

控制网络技术在智能建筑中主要应用在以下几个方面：①利用控制网络的分布式和嵌入式的智能化技术为楼宇管理自动化提供新的管理模式，为自动化管理提供大量的相关信息；②改善智能建筑内建筑设备自动化系统、安全防范自动化系统、消防自动化系统等网络环境的控制和联动的结构，增强楼宇实时监控计算机系统之间的互操作性与集成的能力；③可以实现对智能建筑内机电设备与安全报警管理的远程监视和数据采集；④有利于智能建筑内的控制系统选择客户机、图形服务器以及嵌入式服务器的系统结构模式，通过控制网络通信实现实时数据管理与机电设备运行过程控制；⑤有利于信息网络的应用集成，智能建筑内的所有设备和安全监控信息均可进入各种计算机平台和桌面系统，极大地改进了智能建筑内监控信息的利用和共享"群件环境"的综合数据。

2.3.10.3　智能卡技术

采用智能卡系统进行智能建筑的保安门禁与巡逻管理、停车场收费管理、物业收费与管理、商业消费与电子钱包、考勤管理等已经越来越普及，这些功能都可以通过一张智能卡来实现，即"一卡通"。目前，智能卡技术正向体积小、存储容量大、安全性好、可靠性高、可脱机运行、可一卡多用、携带与使用方便的方向发展，其优势越来越突出。

智能卡技术在智能建筑中主要应用在以下几个方面：①人事考勤管理系统的应用，使用智能卡建立员工人事档案资料，记录员工出勤时间；②停车场付费与管理系统的应用，实现临时停车无现金付费与常租停车位管理，智能卡与保安系统联动实现车辆安全管理；③保安门禁系统应用，通过对持卡人授权，实现通道、电梯出入的安全管理；④保安巡逻管理系统的应用；通过智能卡记录保安人员的巡逻路线、巡逻时间、巡逻到位的信息，实施巡逻安全管理；⑤商品收银系统的应用，建立持卡人资料、信用等级，实现电子购物与电子转账付费；⑥物业收费与管理系统的应用，可用于建筑物内的水、电、气、风的计量、记录和付费等一系列物业管理。

2.3.10.4 流动办公技术

流动办公技术也称移动办公技术，是利用网络技术、通信技术、可视化技术以及家庭智能化技术，向异地或移动的办公人员提供一个虚拟的办公环境。移动办公技术是多项现代科技的综合，可以随时随地进入公司的办公流，及时处理文件和阅读资料，参加公司召开的电视会议，参与发言与讨论，甚至通过家庭智能化技术来远程操作办公室的办公器材或遥控家用电器。

流动办公技术在智能建筑中主要应用在以下几个方面：①远程多媒体视频和音频的传输，通过 Internet 宽带网络，实现远程多媒体视频和音频的传输功能；②远程遥控，利用电话线路或 Internet 宽带网络，实现远程办公器材的操作或家用电器的遥控；③多媒体电子邮件，通过 Email 和 Net Meeting 方式发送声音、视频、图片、音频信息和格式化文本。

2.3.10.5 家庭智能化技术

家庭智能化技术可以实现家庭中各种和信息有关的通信设备、家用电器与家庭保安装置，通过家庭总线技术连接到一个家庭智能化系统上，进行集中的或异地的监视、控制和家庭事务性管理，同时要保持这些家庭设施与住宅环境的和谐与协调。家庭智能化技术提供的是一个由家庭智能化系统构成的高度安全性、生活舒适性和通信快捷性的信息化和自动化居住空间，从而满足人们追求快节奏的工作方式，以及与外部生活环境保持完全开放的要求。

家庭智能化技术在智能建筑中主要应用在以下几个方面：①家庭安全防范，包括防盗报警、火灾报警、煤气泄漏报警、紧急求助报警；②家庭自动化，包括家用电器的远程遥控（如空调、照明、摄像机、娱乐器材）；③家庭通信与网络，包括电子话音信箱、数字式电话功能、计算机网络接口。

除上述智能建筑的主流技术外，还有一些主流技术也在智能建筑中广泛应用并不断发展，如可视化技术、数据通信卫星技术、双向电视传输技术、系统集成技术、综合布线技术等。总之，智能建筑是综合性、系统性应用技术。它以计算机网络技术为主要手段，综合配置建筑内的各种功能子系统，全面实现对建筑内各种设备、通信系统和办公自动化系统的综合管理。

2.3.10.6 智能化系统优点

(1) 节能降耗潜力　在建筑智能化系统中最具节能降耗潜力的是建筑设备管理系统。建筑设备管理系统具有对建筑设备进行测量、监视和控制的功能，不仅能保证各类设备系统运行稳定、安全和可靠，提高效率，降低运行费用，而且能改善环境，并且达到节能和环保的要求。

① 空调监控系统节能　空调系统是建筑中的耗能大户，其能耗约占整个建筑电量能耗的 50%～60%，实现空调系统节能对建筑节能意义重大。空调监控系统能够根据实际冷负荷调节冷冻水泵、冷却水泵、冷水机组以及冷却塔运行台数，调节新风、回风阀的开度比例，通过减小新风量节能；根据实测送风温、湿度与设定值之差，调节冷、热水阀、蒸汽阀的开度，根据各房间的实际负荷的变化，通过末端装置调节末端风量，动态调整送风量，在保证建筑物内的温、湿度达到预定目标的同时降低能耗。

② 供配电监测系统节能　目前在工程实施中，供配电监测系统重点关注供配电系统的安全与可靠，没有充分发挥供配电监测系统有效管理电能消耗的作用，因而在节能方面也有较大的潜力，如通过对电力参数历史数据进行分析，建立系统和设备的电能消耗模式，在实时监测过程中及时发现电能消耗异常现象，采取有效措施进行补偿以避免电能损耗；根据监测到的功率因数，自动调节电容补偿，保证系统功率因数在设定范围内，提高电源的利用率，降低系统能耗；根据主回路及重要回路的谐波监测，自动调节滤波电感及电容，抑制谐波，提高电力品质等。

③ 照明监控系统节能　照明监控实现的方式有两种：一种方式是通过建筑监控系统实现区域控制、定时通断、中央监控等功能；另一种方式是通过独立设置的智能照明控制系统采用预设置、合成照度控制和人员检测控制等多种方式，对不同时间、不同区域的灯光进行开关及

照度控制。照明监控系统节能的潜力在于更好地与照明设计相结合，以绿色照明为目标，选用高发光效能的光源、绿色光源和高效率的灯具，合理、正确地选用照明控制方式，使整个照明系统可以按照经济、有效的最佳方案来准确运作，最大限度地节约能源。

④ 给排水系统节能　采用智能化技术对污水、雨水处理利用系统进行监控与管理，监视设备的运行状态、污水集水井、中水处理池水位，控制设备的启停、故障报警，根据用水量的变化改变管网中水泵的运行方式，使水系统始终处于最佳的运行状态，实现管网的合理调度。给排水系统监控主要包括水泵的自动启停控制、水泵的故障报警、水泵的运行状态监测、水箱水位监测等。给排水系统监控的节能潜力是根据水泵系统特性和工作特点，适当增设有效的变速调控装置，实现水泵根据实际运行工况的负荷进行有效调节，达到节能的目的。

（2）智能化技术在环保生态设施和系统中的应用

① 降低能耗的遮阳系统　好的遮阳设计在节能方面还会有多重功效，如将遮阳板与反光板巧妙结合，可将日光引入房间深处，或用太阳能集热器或太阳能光电板作为建筑外部遮阳构件，不仅遮阳，而且有并网发电功效。由于不同季节、不同时间采光和日照要求各不相同，应用智能化监测及控制技术可调节用于遮阳的光电板的角度，在实现高效遮阳的同时，提高光电的转化效率。另外，应用智能化技术还可实现根据光强、温度或时间指针，调整外遮阳卷帘的高低位置或百叶帘的透光角度，减小由于太阳辐射造成的制冷能耗，并且满足房间光线要求。

② 提高用能效率的热电冷联供系统　热电冷联供系统是一种新型的能源生产、供应系统，通过建筑设备管理系统对热电冷联供系统进行监测和能耗累计，保证其稳定、安全、可靠、节能地运行。

③ 利用可再生能源的太阳能系统及地源热泵系统　可纳入智能建筑中的太阳能应用系统包括太阳能热水系统、太阳能光伏发电系统、太阳能空调系统、太阳能制冷系统、太阳能采暖系统和太阳能路灯照明系统。有两种方法将这些系统纳入智能建筑的组成中：一种是将太阳能应用系统直接纳入建筑设备管理系统中，形成太阳能监控系统；第二种就是分别归纳，将太阳能热水系统和太阳能采暖系统纳入热力系统中或者将太阳能热水系统纳入给排水系统中、将太阳能光伏发电系统纳入电力系统中、将太阳能空调系统纳入空调系统中、将太阳能制冷系统纳入制冷系统中、将太阳能路灯照明系统纳入照明系统或电力系统中。

地源热泵利用地球浅层土壤常年温度基本恒定的特点，夏季代替普通空调向浅表地层排热，四季皆可供应生活热水，节约常规化石能源，减少环境污染。应用智能化技术对以上再生能源利用系统进行监测、控制、保护与管理，保证其安全、稳定、可靠运行，实现太阳能热水系统及地源热泵系统利用的最大化，以及光伏发电系统并网自动切换，并且可通过节能软件进行能源管理。

2.3.10.7　智能小区系统

（1）智能小区建设内容——安全防范系统　目前在中国的智能小区建设中，无论开发商还是业主最关注的都是安防服务功能建设，安全防范系统是住宅小区智能化建设的重中之重。该系统又分为公共安全防范系统和家居安防及家居智能控制系统。其中公共安全防范系统主要包括出入口管理、周界防范报警、闭路电视监控、巡更管理等。其中出入口管理系统是采用身份识别技术对小区大门、停车场入口、住宅楼单元门进出的各类人员进行管理；周界防范报警系统是为防止有人非法擅自闯入小区，从而避免发生各种潜在危险的闭路电视监视系统，其作用是辅助保安系统对小区的出入口大门、道路广场、停车场、周界防范系统及小区重要区域的现场实时监视；电子巡更管理子系统是让保安人员定时定路线对小区内进行巡视，在保安中心可查阅巡更记录对巡更人员的工作情况进行考证；现代家庭受周边环境与工作等因素的制约，与外界的沟通相对较少。当人们外出时会考虑加强对门窗的管理及家庭被非法闯入时的探测；还有就是通过某些可以探测气体和火警的传感器进一步加强家居的安全防范，这一切都有赖于家居安防及家居智能控制系统的帮助。家居安防系统包括报警传感器，又分为入侵报警探测器

(包括门磁开关和高磁开关、红外温度探测报警器)、被动式热释电红外探头、燃气泄漏报警器。

(2) 智能设备网的网关——智能控制系统 如果把家庭内部的传感器、执行器(包括灯光控制器、窗帘控制器、家电控制器)构建成一个设备运行网，那么这个接口设备可以称为智能控制器，即智能设备网的网关。一般的智能网关设备由单片机通过MT8880等调制解调芯片与电话相连，如有报警发生，则通过拨打系统中存放的电话号码，待接通后，将存放在系统中的相关语音信息播放出去。

(3) 停车场管理系统 我国的汽车产业正在迅猛发展，私有车辆正逐步进入寻常百姓家。因此，在衡量一个住宅小区的建筑等级标准时，除了建筑物质量外，还要考虑到很多配套设施，其中必然包括车辆管理系统。

停车场管理系统一般由挡杆、车道情况、车辆识别器、身份代码器、落杆检测装置、防砸车系统、代码管理机构、吐卡机和吐纸票机构成。

其中，车辆识别器是对应于身份代码器的读取装置，属于电子设备，通常以微控制器为核心构成。落杆检测装置是为了实现自动落杆，它能检测金属车辆的通过并发出信号，常规方法是在挡杆正下方地面埋设电感线圈，利用金属物质接近线圈后造成等效电感下降的原理把车辆通过信息检测出来。防砸车系统是在挡杆下方有车辆时，能及时检测出情况，避免落杆砸到车辆的意外发生，检测方法有红外对射探头、落杆检测线圈兼防砸功能。

(4) 智能小区建设是“数字社区”的初级阶段——通信与计算机网络系统 由于我国居住环境和条件的独特性，智能住宅小区的产品难以成套引进，促使国内产品供给商大量开发智能住宅小区所需的各种产品，从而形成了新的智能建筑产业。由于宽带网进入小区以及小区规模的扩大，现在又提出了数字社区的理念，将智能住宅小区的发展推向了一个新阶段。

数字社区进一步加强了网络的功能，具有完全的局域网和广域网、国际互联网宽带接入。通过完备的网络可以实现社区机电设备和家庭电器的自动化、智能化监控，安防系统的自动化、智能化监控。数字社区应用现代传感技术、数字信息处理技术、数字通信技术、计算机技术、多媒体技术和网络技术，加快了信息传播的速度，提高了信息采集、传输、处理、显示的性能，增强了安全性。数字社区提高了智能化系统的集成程度，实现了信息和资源的充分共享，提高了系统的优化程度。

第3章

国内外绿色生态建筑评估体系概述

3.1 绿色生态建筑评估的意义

随着城镇化的快速发展，建筑能耗占社会总能耗的比重快速增长，低碳经济和绿色经济时代的到来，绿色建筑及可持续发展的思想和理论也应运而生。在绿色建筑从产生到发展的几十年过程中，人们逐步认识到绿色建筑不仅仅是一次观念的变革，而且是一个复杂的系统工程，并且将“绿色建筑”的概念具体化，使其脱离理论空想而真正发挥实际作用。绿色建筑评估体系作为一种有效衡量绿色建筑的标尺，决定了什么样的建筑才是绿色建筑，它应该满足哪些“绿色”的要求和指标。其对绿色建筑的开发建造起到指引作用。

20 世纪 60 年代，国外开始提出生态建筑、绿色建筑的新理念。尤其在近年来，伴随绿色建筑技术的发展，绿色建筑和建筑节能已从试点示范向大规模推广方向发展。国外很多国家都建立了相应的绿色建筑评估体系，这些评估体系可以定量或定性地描述绿色建筑中节能效果、节水率以及绿色建筑的经济性能、社会性能等指标，从而可以指导绿色建筑发展，并且为决策者和规划者提供技术依据和参考标准。

绿色建筑遵循可持续发展原则，体现绿色平衡理念，通过科学的整体设计，集成绿化配置、自然通风、自然采光、低能耗围护结构、太阳能利用、地热利用、中水利用、绿色建材和智能控制等高新技术，充分展示人文与建筑、环境及科技的和谐统一。绿色建筑理念的实践贯穿建筑的全生命周期。它不仅要求设计师掌握并运用节能、环保的技术手段和设计方法，也需要决策者、施工者、管理者和使用者都具备绿色建筑的意识，从而在设计、建造、运营和使用过程中充分体现绿色意识。它是实现“以人为本”、“人-建筑-自然”三者和谐统一的重要途径。绿色建筑作为实施可持续发展战略的任务之一，已被世界许多国家所接受，也是我国实施 21 世纪可持续发展战略的重要组成部分，对绿色建筑来讲，建立一套适用而健全的技术导则和指标的评估体系显得极为迫切。

绿色建筑评价标准是各国权威机构在分析、比较、综合和验证基础上，加之规范化建构，制定出来的一种用来衡量绿色建筑性能的准则和依据，以评价机制为基础，是评价机制指导下的建筑“绿色”特性的权威解释。

在评价标准中的指标可以看成是目标的具体化、行为化和操作化，它的内容充分地反映了绿色建筑目标的要求。指标的制定一般是通过分解目标的方式来形成指标体系的，这是建立指标体系的基本途径。具体到复杂的绿色建筑系统来说，其基本方式是：通过把总的绿色建筑目标根据一定的分解原则，如按照资源、能源、水、材料等各种不同的生态因子的种类进行分解，形成次一级的设计目标，然后再依据其他分解原则，如设计需求的原则，进行进一步分解，直到形成可量化、可操作的目标与对象为止。这种指标体系的特性表现出一种指标与目标的一致性原则。

绿色建筑评估体系是在绿色建筑评价的范围内，以评价机制作为要素联系的秩序指导，通过对评价标准、评估过程与方法的整体性架构组合而成的针对绿色建筑性能判定的完整的操作系统。具体来说，评估体系是以绿色建筑性能评价为手段，以绿色建筑评价标准为核心，以过程和最终结果评价为目标，是应用在绿色建筑整体寿命周期内的一套明确的评价及认证系统。

简单地说，绿色建筑评估体系就是为了衡量建筑“绿色度”的一种标准。而绿色建筑评价体系是应用在绿色建筑整体寿命周期内的一套明确的评价及认证系统，它通过确立一系列的指标体系来衡量建筑在整个阶段达到的“绿色”程度。绿色建筑评价是针对这一复杂系统的决策思维、规划设计、实施建设、管理使用等全过程的系统化、模型化、数量化，是一种定性问题的定量分析、定性与定量相结合的决策方法。

具体来说，其过程大致分为评估对象确立、信息收集与输入、分析与评价阶段、结果输出及生成四个阶段。其中确立评估对象属于准备阶段，需要根据对象的类型选取相应的评估标准、流程和方法，这一阶段是整个评价工作的基础；第二阶段是进行信息收集和数据输入，评估人员利用评估体系的辅助作用将搜集的信息完整化和条理化，并且输入评分系统；第三阶段根据输入内容，进行要素分析和各层次定量数据的采集及定性问题的判定，并且综合各个层次的结果，配合权重系统计算进行分析研究；最后提出评价结果，生成系统、完整的结果表达，并且给予相关的认证。对于不能达标的因素，则提出明确改进措施，从而反馈到设计阶段，进一步进行设计优化。

3.2　国内外绿色生态建筑评估体系发展历程

20 世纪 90 年代以来，世界范围内的众多发达国家和地区陆续开发了各自的绿色建筑评价体系，极大地推动了绿色建筑的实践与推广。其中较为著名的有英国 BREEM 绿色建筑评价体系、美国 LEED 绿色建筑评价体系、日本 CASBEE 绿色建筑评价体系等，中国的台湾地区和香港地区也推出了一系列针对绿色建筑设计的评价体系，而我国大陆地区也于 2006 年制定了《绿色建筑评价标准》(GB/T 50378—2006)。这些绿色建筑评价体系有以下几个共同特点：一是从本国或本地区实际情况出发，注重实际效应；二是内涵的不断充实，从早期的定性分析转变为定量分析，指标体系也逐步由单一的性能指标转变为包含经济、环境和技术的综合评价。

3.2.1　中国绿色生态建筑评估体系的发展简介

中国在绿色建筑评估体系的研究方面起步较晚，在总结了发达国家绿色建筑评价体系的制定经验后也开始探索研究，但是发展很快，已形成了几种生态住宅建筑评价体系的框架。目前，我国在借鉴了国外先进的绿色建筑评价标准之后从 2001 年推出了一系列适合我国国情的绿色建筑评价标准《中国生态住宅技术评估手册》等，2004 年 2 月颁布了我国第一个行业绿色标准《绿色奥运建筑评估体系》GOBAS (Green Olympic Building Assessment System)，为了实现把北京 2008 年奥运会办成“绿色奥运”的承诺，2006 年先后发布实施了国家标准《住宅建筑规范》、《住宅性能评定技术标准》及《绿色建筑评价标准》。

《绿色建筑评价标准》是我国目前现有的适用性和普及性最强的一套绿色建筑评价体系，该标准总结了近年来我国绿色建筑方面的实践经验和研究成果，借鉴国际先进经验制定的多目标、多层次的绿色建筑综合评价标准。《绿色建筑评价标准》（GB/T 50378—2006）由住房和城乡建设部正式发布实施，该标准是在总结近年来我国绿色建筑方面的实践经验和研究成果的基础上，借鉴国际先进经验制定的第一部多目标、多层次的绿色建筑综合评价标准，并且以此构建了符合我国国情的“绿色建筑评价标识”。该标准即是住房和城乡建设部用来衡量和评价中国绿色建筑的标尺。为贯彻执行资源节约和环境保护的国家发展战略政策，引导绿色建筑健康发展，住房和城乡建设部于2007年出台了《绿色建筑评价标识管理办法（试行）》和《绿色建筑评价技术细则（试行）》，住房和城乡建设部科技发展促进中心于2008年4月成立了绿色建筑评价标识管理办公室，于2008年修订了《绿色建筑评价标识实施细则》，制定了《绿色建筑评价标识使用规定（试行）》，组织编写了《绿色建筑评价技术细则补充说明》的规划设计部分和运用使用部分；2008年11月筹备组建了绿色建筑评价标识专家委员会，发布了《绿色建筑评价标识专家委员会工作规程（试行）》。住房和城乡建设部于2009年6月印发了《关于推进一二星级绿色建筑评价标识工作的通知》，制定了《一二星级绿色建筑评价标识管理办法（试行）》。住房和城乡建设部科技发展促进中心于2009年10月发布了《关于开展一二星级绿色建筑评价标识培训考核工作的通知》。

绿色建筑评价标识，是指依据《绿色建筑评价标准》和《绿色建筑评价技术细则（试行）》，按照《绿色建筑评价标识管理办法（试行）》，确认绿色建筑等级并进行信息性标识的一种评价活动。标识包括证书和标志（挂牌）两种。绿色建筑评价标识体系主要用于评价住宅建筑和公共建筑，体系按照不同工程进展阶段分为“绿色建筑设计评价标识”和“绿色建筑评价标识”。“绿色建筑设计评价标识”是对已完成施工设计图审查的住宅建筑和公共建筑进行的评价；“绿色建筑评价标识”则是对已竣工并投入使用1年以上的住宅建筑和公共建筑进行的评价。其中规划设计阶段绿色建筑评价标识的有效期为1年，竣工投入使用阶段绿色建筑评价标识的有效期为3年。

到目前为止，住房和城乡建设部已经先后组织开展了三批绿色建筑设计标识的评价工作。上述项目的评价是对我国自主制定的《绿色建筑评价标准》的首次贯彻实施，为社会各界提供了了解绿色建筑的现实教材，对绿色建筑在全社会的推广具有重大意义。

除了国家标准，各地针对当地的实际情况，也出台了各自的绿色建筑评价标准。如北京编制的《北京市绿色建筑评价标准》、《北京市节约型居住区指标》，上海的《上海绿色建筑评价标准》等，以及浙江省、重庆市等各地的绿色建筑标准。2008年中新天津生态城的建设目标是成为可持续发展和生态文明的典范，让绿色建筑成为生态城里的主题，明确提出了要求实现生态城内100%绿色建筑的强制性要求。新加坡建设局、建设部科技发展促进中心和天津市建设委员会编写了《生态社区可持续住宅建设标准》，各指标选取依据借鉴了国内外绿色建筑（生态建筑）评估体系的指标构成，并且考虑了我国的社会、经济条件和居住区建设发展状况。评价内容分为节约资源与能源、减少环境负荷和创造健康舒适的居住环境三个方面，与中国的《绿色建筑评价标准》在结构上很类似，都是按照住宅建筑和公共建筑分类。

《绿色建筑评价标准》作为一个国家标准，对我国建筑行业发展具有深远意义。首先，它们的出现使得我国的绿色建筑评价有了量化标准，规范了建筑市场；其次，它们对建筑和工程人员的设计、施工工作具有指导意义，设计和施工人员可以通过这些评价标准学习先进技术和思想，提高自身的水平；最后，它们对积极引导绿色建筑关键技术在我国的研究与发展，推进我国进一步开发针对各类型建筑的绿色建筑评价体系积累了必要的技术基础。但另一方面，由于我国引进绿色建筑理念的时间较晚，仍然存在一些不足，主要包括以下三点。

第一，评价对象的局限性。绿色奥运建筑评价体系的评价对象只局限于奥运场馆及其附属建筑，而且绿色奥运建筑评价体系的评价软件只能对北京市区内的建筑进行评价，而位于其他城市的建筑则无法使用；绿色建筑评价标准的评价对象主要包括公共建筑与住宅，缺少对工业建筑等的评价标准。

第二，评价阶段不完整。目前我国的绿色建筑评价标准由于主要参照了国外的绿色建筑评价体系，因此主要评价阶段为设计阶段。虽然已在 2007 年推出了绿色施工导则，但目前对绿色施工的研究还处于起步阶段，需要通过试点和示范工程不断地完善。

第三，评价标准自身的不足。虽然我国的绿色建筑评价标准是根据我国的实际情况制定的，但对于三个星级的难度设置还存在一些不足。三个星级的标准主要是在优选项方面实现的问题，而优选项的实现基本是通过高技术来实现，但是对于大多数普通建筑而言，高技术高科技含量会导致其造价高。以上问题需在今后的研究与实践中加以改善。

一方面充分借鉴国外绿色建筑评价体系架构和评价模式的先进经验，另一方面结合我国国情，分析与其他国家在经济发展水平、地理位置和人均资源等方面的差异。

我国绿色建筑评价标识体系的特点如下。

第一，政府组织和社会自愿参与。美国 LEED 是由非盈利性组织美国绿色建筑委员会开展的咨询和评价行为，属于社会自发的评价标识活动；日本 CASBEE 是由日本国土交通省组织开展、分地区强制执行的评价标识活动。我国的绿色建筑评价标识，一方面是由住房和城乡建设部及其地方建设主管部门开展评价的政府组织行为，另一方面是社会自愿参与、非强制性的评价标识行为。

第二，框架结构简单易懂。目前国内外采用的绿色生态建筑评价体系可以分为三代：从第一代的英国 BREEM 和美国 LEED 的措施性评价体系，到第二代的国际可持续发展建筑环境组织的 GBTOOL，再到第三代的日本 CASBEE 和中国香港 CEPAS 的性能评价体系。这些评价方法的演化过程是从简单到复杂，从无权重到一级权重再到多重权重，从线性综合到非线性综合，评价水平越来越科学和复杂。我国的《绿色建筑评价标准》采用了便于操作的第一代评价体系的框架，即以措施性评价为主的列表式评价体系（checklist）。

第三，符合中国国情。中国建设领域有以下两个特点：一是中国建筑量大，建设行业在各个建设环节的监管制度是基于行政管理制度而设立的第三方机构进行监管；二是建设行业的国家标准或行业标准是结合中国实际建设水平和相关技术应用水平而制定的，因此可以在结合国情的基础上制定切实可行的指标，并且随之往后的每个省的评价标准都结合了各自的实际特点，有所侧重。

3.2.2　中国绿色生态建筑评估体系的研究动态

国内研究主要集中在绿色建筑评价标准的制定和评估体系的建立、建筑节能设计标准、国内标准和国外标准的对比、温室气体的排放等方面。国内绿色建筑的研究和实践虽然起步较晚，但是进展比较快。从研究内容上看，国内对绿色建筑研究主要分为以下几个方面。

一是对绿色建筑某一方面进行研究，如节水、节能、节地等方面。柴宏祥对绿色建筑节水技术体系进行研究，并且利用全生命周期理论进行综合效益分析。王秀艳对绿色建筑水资源可持续利用进行研究，针对不同区域和不同建筑类型提出绿色建筑水量安全评价指标，利用距离指数-层次综合分析法对绿色建筑水量安全度进行评价。栗德祥对绿色建筑的生态经济优化问题进行研究，借鉴生态经济学的有关理论，从生态经济共赢价值观的建立与设计策略的生态经济优化方法探讨有关绿色建筑生态经济优化的问题，探寻绿色建筑生态足迹，实现生态经济优化。

二是对绿色建筑某一阶段进行研究，如设计阶段、施工阶段、运营阶段等方面。孙璐对绿色建筑全寿命周期的设计进行研究，强调整体设计、经济合理的原则，从宏观的角度分析绿色建筑设计遵循的原则和发展方向。乔亚男对绿色施工激励政策进行研究，从建筑企业追求自己效用最大化理性假定出发，在建设单位和建筑承包商重复博弈的基础上建立了绿色施工的声誉激励模型，提出绿色施工的市场声誉激励及保证声誉机制发挥作用的有效措施。刘玉伟、梁功以山西省大型公共建筑山西国际贸易中心为例，对节能运行管理模式进行分析，为大型绿色建筑运行管理提供了参考。

三是对绿色建筑某一地区进行研究，如东北地区、华北地区或者某个省区域绿色建筑，强调因地制宜性。如孙连营对东北地区绿色建筑施工技术进行研究，建立了绿色建筑施工技术优选评价指标体系，运用层次分析法对各个评价指标的权重进行确定，并且提出绿色建筑施工技术相应的推广措施。戴德新基于 BREEAM 对西安地区绿色公共建筑评价进行研究，建立了一套完善的包含多个评价准则、多个评价因素和多个评价层次的绿色公共建筑评价体系。田鹏针对榆林沙地区域的绿色建筑模式进行研究，探索了在脆弱的生态环境下发展绿色建筑最佳模型，倡导被动式设计和技术集成。

四是针对绿色建筑评估体系的研究，国内学者对评估体系的研究成果主要集中在引入对比分析国内外评价体系，以及绿色生态建筑的可持续发展趋势等方面。

3.2.3 国外绿色生态建筑评估体系的发展简介

绿色建筑评价体系正是基于人们对绿色建筑观念的转变应运而生的。开发绿色建筑评价体系的目的就是将以往的绿色建筑各种技术进行整合，建立一套从建筑全生命周期角度出发，衡量对资源的消耗程度、对环境的影响程度的综合评价系统，并且将其纳入社会经济体系中去。

国外绿色建筑评价体系研究不断深入，从发展历史看，评价历史大概分为三个阶段。第一阶段主要针对相关产品及技术进行评价；第二阶段则多是针对环境生态建筑的物理环境进行评价；第三阶段，绿色的概念不断扩大与深化，建筑整体的环境综合性能开始成为评价的主题，在这一阶段，相继出现了一批评价工具，许多发达国家于 1990～2006 年间相继开发了适应各国的绿色建筑评估体系。如荷兰的 GreenCalc＋、挪威的 EcoProfile、法国的 ESCALE 等，这些评估体系的制定及推广应用对各个国家在城市建设中倡导“绿色”概念，引导建造者注重绿色和可持续发展起到了重要的作用。

在上述各国的评价体系中，目前 LEED、BREEAM、GBTOOL 在国际上较为流行，对我国绿色建筑评价工作有很好的参考价值。围绕着绿色建筑的推广和发展要求，国际上出现了许多与绿色建筑相关的评价标准和评价体系，在保护生态系统和节约各类资源的基础上，在建筑物全寿命周期的各个环节体现节约资源、减少污染、创造健康、舒适的居住环境，以及周围生态环境相融合的主题。国际上对绿色建筑的探索和研究始于 20 世纪 60 年代，40 多年来，绿色建筑由理念到实践，在发达国家逐步完善。发达国家在近 20 年的时间里还开发了相应的绿色建筑评价体系，通过具体的评估技术可以定量客观地描述绿色建筑中节能效果、节水率、减少 CO_2 等温室气体对环境的影响等。十几年来，绿色建筑评估系统在世界范围内获得了很大的发展。影响较大的评估体系有：美国绿色建筑委员会（US Green Building Council，USGBC）制定的《能源与环境设计导则》(Leadership in Energy and Environmental Design，LEED)，英国建筑研究机构（Building Research Establishment，BRE）制定的《BRE 环境评估方法》(BRE Environmental Assessment Method，BREE-AM)，加拿大的《建筑环境性能评估标准》(Building Environmental Performance Assessment Criteria，BEPAC)，由加拿大发起、多国合作的《绿色建筑工具》国际合作项目成果 GBTOOL（Green Building Tool)，日本的 CASBEE《建筑物综合环境性能评价体系 》(Comprehensive Assessment System for Building Environmental Efficiency)，澳大利亚的《澳大利亚国家建筑环境评估体系》(NABERS)(the National Australian Built Environment Rating System)，加拿大的 BEPAC（Building Environment Performance Assessment Criteria)，挪威的 Eeoprofile（Eeology Profile)，德国的生态建筑导则 LNB，法国的 ESCALE 等，第二代可持续建筑评估体系——DGNB（Deutsche Guetesiegel Nachhalteges Bauen）是第二代评估系统的代表。这几个评价体系在近 20 年绿色建筑评价体系领域中最具有代表性。它们都具有鲜明的特征，有的在促进市场改革方面大获成功，有的在体系框架革新上取得突破。这些评价体系对世界其他国家和地区的绿色建筑评价体系都产生了直接或间接的影响。这些评估体系的制定及推广应用对各个国家在城市建设中倡导“绿色”概念，引导建造者注重绿色和可持续发展起到了重要的作用。

上述评价体系都结合了各自国家的资源环境情况，有针对性地提出了促进建筑可持续发展的措施和重点，只是侧重点和范围不同而已。但这些评价标准的局限性是只考虑了各自国家的特点而没有考虑全球适用性，各个评价体系之间不能对比和互认，以至于预期目标无法实现。欧盟的一些国家如法国、英国、德国等于 2008 年倡议并成立了可持续建筑联盟，成立的目的是定义和共享一套共同的核心评价指标，提供透明的建筑评价标准，体现出地区与国家之间的差异，为建筑业提供有共同标准的可持续评估办法。该系统的核心指标体系由 6 个指标组成：温室气体、能源、水资源、废物、空气质量和经济效益。

在上述这些评价体系中，英国的 BREEM、日本的 CASBEE、多国合作的 GBTOOL 和美国的 LEED 是最重要也是最具代表性的。原因在于 BREEAM 是世界上第一个绿色建筑评价体系，它的出现是有开创性意义的，是公认的最早和市场化最成功的评价系统，评价架构相比较其他体系而言结构层次划分适中，标准条目数量也比较合适，可操作性和科学性都能得到一定的保证，评价架构相当透明、开放和比较简单，易于被理解和接受。但由于 BREEAM 没有很好地考虑不同地区的适用性，使得其商业推广受到很大限制；CASBEE 是最先把效益的概念引入环境性能评价的，使其评价指标体系的结构逻辑严密，从而使评价结果具有说服力；GBTOOL 绿色建筑评价框架是由多国共同制定，因此具有很好的灵活性。具体的评价项目、评价基准和权重可以由各个国家的专家根据本国的实际情况增减确定，因而各国都可以通过改编而拥有自己的 GBTOOL 版本。各地不同的 GBTOOL 版本具有相同的基本评价框架，评价内容相对一致，所以各地的 GBTOOL 版本具有很好的可比性，方便了国际间的交流。很多国家的评价体系都是在它的基础上衍生出来的（如韩国的 GBCC），但 GBTOOL 评价内容显得过于繁复，计算过程十分复杂，因而相对评价者来说难度较高，同样也限制了其推广；LEED 系统结构简单，操作容易，自推出以来发展非常迅速，在北美地区的影响力很大，与其他评估体系相比，美国 LEED 体系最为成功之处就是受到了市场的广泛认同，推广做得最好，是世界上最有影响力的绿色建筑评价体系，已成为一个非常具有影响力的商标。但 LEED 在打分上不设置负值，采用 1/0 得分法，因此有一定的局限性。

3.2.4 国外绿色生态建筑评估体系的研究动态

在当前应对全球变暖的行动中，很多国家都在从各个方面推进保护环境、节能减排的工作。国外研究现状主要包括绿色建筑评估、减少建筑温室气体的排放、建筑节能标准、建筑能效认证标识等方面的研究。

2007 年 P. E. G. Banfill 和 A. D. Peacock 分析了英国政府要求新建建筑更加节能确保 2016 年达到净零排放的目标，认为这其实暗示着这些零碳住宅将需要大范围的现场发电和进行一些技术变化。建议把主要精力放在家庭现场发电。最近的数字趋势表明照明和设备的能源使用增加，英国政府每年新增加 20 万私人住宅，所以英国政府需要把精力放在新建建筑的节能上。

2007 年在英国政府的研究报告《The future of the Code for Sustainable Homes》中，介绍了在英国可持续住宅标准的未来，对将来是否应该按照标准进行强制性评价、可持续住宅标准和能效认证（EPC）之间的相互关系、标准什么时候应该进行更新，以及建议标准里应该包含终身住宅的最低标准都做了咨询，对是否需要把终身住宅标准作为规范里的一个强制性因素进行了详细的咨询。英国的环境、食品及农村事务部（Defra）就有关场地废弃物管理计划是否有必要进行强制性评估进行了详细的咨询，这也能看出对施工现场管理的重视。

3.3 国内外绿色生态建筑评价体系介绍

世界绿色生态建筑评估体系的分布如图 3-1 所示。以下将对美国 LEED、英国 BREEAM、日本 CASBEE、澳大利亚 Green Star、德国 DGNB 以及中国的绿色生态建筑评价体系进行介绍。

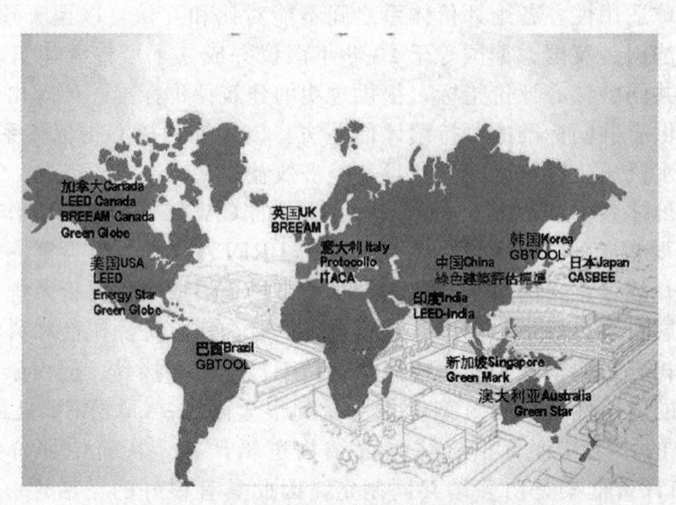

图 3-1 世界绿色生态建筑评估体系分布

3.3.1 美国 LEED

（1）概述 1998 年美国绿色建筑委员会（United States Green Building Council，USGBC）提出了《能源与环境设计导则》（Leadership in Energy & Environmental Design，LEED）。从 1998 年最初的 1.0 版本到现在最新的 3.0 版本，LEED 在核心框架基础上逐步派生出多项子评估体系，涉及新建或更新的商业建筑、现有建筑运营与管理、学校、零售商店、住宅建筑、邻里开发等不同版本。

美国绿色建筑委员会是成立于 1993 年的全美非盈利性组织，早在 1995 年就开始研究开发能源及环境设计先导计划 LEED（Leadership in Energy and Environmental Design），旨在满足美国建筑市场对绿色建筑评定的要求，是为提高建筑环境和经济特性而制定的一套评定标准。该导则最显著的特点是充分介入项目的设计过程，通过权威“认证”来提高建设项目实施的环境效益，进而引导市场选择，使绿色建筑成为公众自发的诉求。基于其简便易行的操作性和较高的市场接受度，LEED 一直保持高度权威性和自愿认证的特点，使得其在美国乃至全球范围内取得了很大成功，LEED 已经成为目前国际上最具影响力的绿色建筑评估体系之一。

在 BREEAM 的启发下，USGBC 在 1998 年 8 月正式推出 LEED V1.0 的实验性版本。1999 年在 LEED V1.0 成功的基础上，USGBC 召开了一次专家审查会议，讨论形成了 LEED V2.0。经过广泛而全面的修改之后，2000 年 3 月，LEED V2.0 正式发布。2005 年 LEED-NC V2.2 正式发布。USGBC 在经过初步实践和测评后，很快意识到推动可持续建筑发展的首要任务是建立一个科学合理的系统来定义和评估绿色建筑，不断进行 LEED 体系的修订及补充，因此在 2009 年 LEED 又推出了最新版本 LEED V3，也称 LEED2009。其发展路线如图 3-2 所示。

从图 3-2 不难看出，LEED 评估体系也从最初的新建建筑建造标准 D-NC，发展到包括既有建筑的绿色改造标准 LEED-EB、商业建筑内部装修标准 LEED-CI、建筑主体结构建造标准

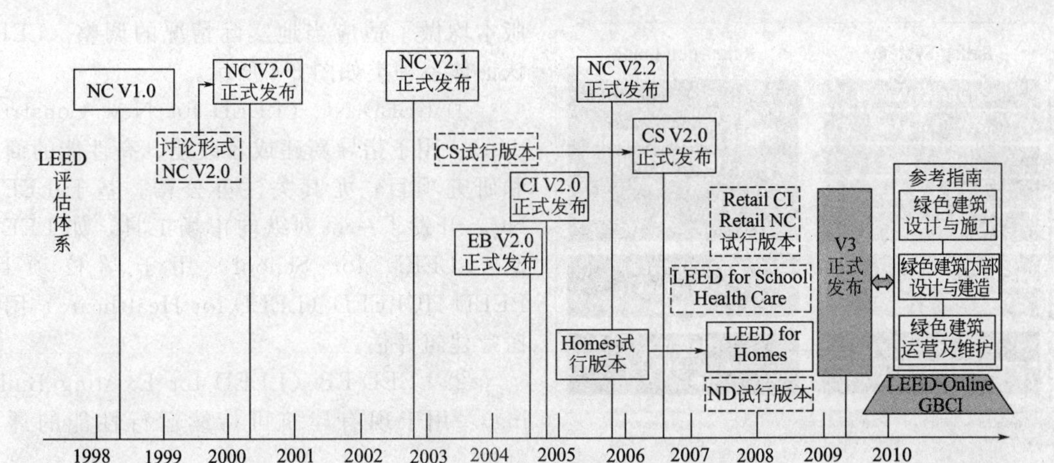

图 3-2 LEED 评估体系发展路线

LEED-CS、生态住居标准 LEED-Home 及社区规划标准 LEED-ND 六个主要方面，其中新建建筑又可分为新建、大修项目、建筑群、校园、学校、医疗养老院、零售业建筑及实验室建筑等不同类别，力求涵盖所有房屋开发类型和全面建筑过程，成为美国绿色建筑认证体系中最具公信力的标准。

最新发布的 LEED V3 在结合了更多建筑业的新技术和新发展的基础上，加强了 LEED 系统资源的整合与优化，使 LEED 认证系统更具统一性和准确性。LEED V3 版本由三个部分组成：修订 LEED 绿色建筑评估体系（LEED2009）；更新项目认证的在线工具，即 LEED 网上申请和评审系统（LEED Online）、“绿色建筑认证中心”（Green Building Certification Institute，GBCI）专业认证机构；新的评审 LEED 绿色建筑专业人员的评估体系。较之前的版本更关注认证系统的用户界面友好度，简化认证文件及评级程序，同时更具公开性、公平性。LEED V3 版本如图 3-3 所示。

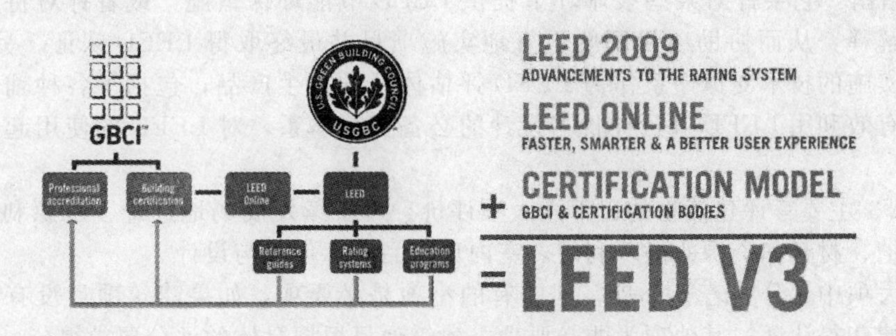

图 3-3 LEED V3 版本

这次推出的新版评价体系，评估标准有较大变化，主要是：增加并重新科学地分配得分点，更加注重提高能效，减少碳排放，关注其他环境和健康问题，并且要求能反映地方资源和环境特性的因素，这些更新的内容将使 LEED 能更好地应对各种环境和社会问题的迫切需要，满足绿色建筑市场的需求。在“LEED2009”的技术指标体系里，除包括原版本中对创新设计的指标外，还增加了一个“区域优先”因素，以考虑不同区域的差异性。LEED 希望通过这种打分体系的变化，能够起到考虑地域差异性的作用，逐渐考虑不同气候条件下、不同类型建筑开发的区别。

LEED V3 共有 9 种不同的认证系统，不同的 LEED 认证系统适用于不同的建筑类型，形成了 LEED 认证的横向市场产品体系。除了以上这些主要版本，LEED 体系还有一些地方性版本，例如波特兰 LEED 体系、西雅图 LEED 体系、加利福尼亚 LEED 体系等，这些变化的

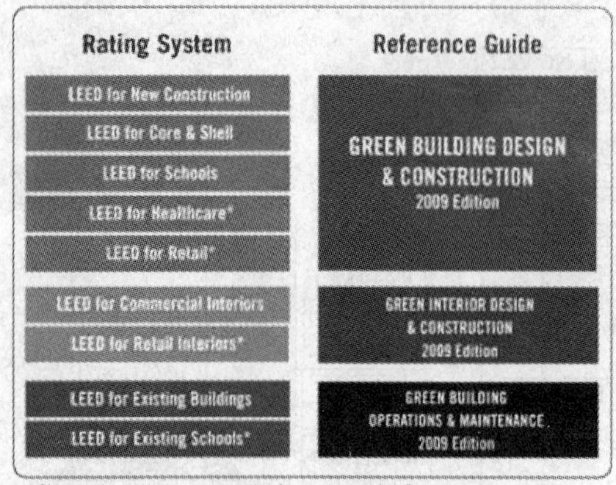

图 3-4 LEED 认证体系种类

版本均做了适应当地实际情况的调整。LEED 认证体系种类如图 3-4 所示。

① LEED-NC（LEED for New Construction）：用于指导新建或者改建、高性能的商业和研究项目，尤其关注办公楼。基于 LEED-NC，开发了一系列纵向市场工具，如 LEED-SC（LEED for School）用于学校项目，LEED-HCLEED（LEED for Healthcare）用于医疗建筑评估。

② LEED-EB（LEED for Existing Building）：用于现有建筑可持续运行性能的评价标准。

③ LEED-CI（LEED for Commercial Interior）：用于办公楼、零售业、研究建筑等出租空间特殊开发的评价标准。

④ LEED-CS（LEED for Core and Shell）：用于评估那些使用者不能控制、涉及室内设计和设备选择的项目。

⑤ LEED-HO（LEED for Home）：用于住宅建筑开发的评价标准，主要针对独立式住宅、联排住宅等。集合住宅一般由 LEED-NC 评价。

⑥ LEED-ND（LEED for Neighborhood Development）：用于小区开发的评估体系，目前还在试运行之中。

LEED for School 学校建筑、LEED for Healthcare 医疗建筑、LEED for Retail Interior 零售建筑室内项目是基于 LEED-C 之上的评价体系，其中 LEED-R 现在处于试行阶段，LEED for Healthcare 处于未形成初稿的意见征求阶段。

纵向市场产品主要是指配合横向评估标准开发的各种辅助指南以及各种技术支撑工具，如 LEED 应用指南，它会针对某些技术环节提供 LEED 节能环保措施，或者针对特别情况进行相应的特殊解释，从而协助项目团队更好地实施项目并最终取得 LEED 认证。另外，LEED 评估认证和实施的技术支撑体系作为 LEED 评估体系的衍生产品，包括了各种辅助评价与认证系统，是有效利用 LEED 进行评价与设计的必备支撑体系，对 LEED 的使用起到十分重要的作用。

LEED V3 主要考评建筑物的以下六大项评价：可持续发展场地选址、水源利用效率、能源与大气保护、材料和资源的循环利用、室内环境品质、创新与设计。

在每一大项中又分为若干小项，其中有的小项是必要项，如果建筑项目没有达到该项要求，则将不能获得认证；其他项为非必要项，建筑项目根据具体的评分要求得分，大部分非必要项为 1 分项，少部分为多分项，最终累计建筑项目得分，予以评级。LEED V3 中共有非必要项得分点 110 个。

以最常用的 New Construction & Major Renovations（新建建筑和重大改建标准体系）来举例：LEED 是一个打分体系，每个标准体系基本分为五个大类和两个附加类。

第一大类是 Sustainable Site（可持续性的场地），也称 SS，在中国的绿色建筑标准里，有一个章节为节地和场地设计，基本上和这个 SS 是对应的。

第二大类是 Water Efficiency（水资源利用），这和中国绿色建筑标准里的节水和水资源应用的章节是对应的。

第三大类是 Energy & Atmosphere（能源和大气），在中国的标准里称为节能。

第四大类是 Materials & Resources（材料和资源），在中国的标准里称为节材。

第五大类是 Indoor Environmental Quality（室内设计环境），在中国的标准里称为室内设计环境。

当然中国的绿色建筑标准比LEED多了一个章节，即运营和管理，这部分内容在LEED里有专门的一个体系，称为Operation & Maintenance，简称LEED O+M。

在最后还有两个加分项，一个是Innovation in Design（设计的创新），如果在这方面有前瞻性的设计，它就会给你一些鼓励分数；还有一个是Regional Priority（区域优先性），不过区域优先性的4分是针对美国本地的项目。因此，上面的这些内容总分是100分，加上奖励的分数10分，同时还有10个必得项，就构成了LEED整个评分系统。整个认证体系共有四个等级，第一个等级是LEED CERTIFIED（认证等级），只要达到40～49分就可以拿到；第二个等级是LEED SILVER（银奖等级），需要达到50～59分才可以拿到；第三个等级是LEED GOLD（金奖等级），需要达到60～79分可以拿到；最高等级是LEED PLATINUM（铂金奖等级），要达到80分以上才能拿到。

LEED认证中还有一项是对个人资格的认证，其分类如图3-5所示。以2009年版最新的认证体系为例，对个人资格的认证，第一个等级是LEED Green Associate（LEED GA），相当于绿色同盟的这么一个角色。要达到这个等级，需要对绿色建筑有兴趣，也愿意参与到绿色建筑的设计和运营当中去，同时对绿色建筑也有一定的认识和了解；第二个等级是LEED Accredited Professional（LEED AP），中文即是认证专家。2009年之前没有GA这个等级，可以直接申请LEED AP的等级。在2009年之后，就必须要先申请到GA，才可以申请AP。LEED AP的分类，还有O+M（Operation+Maintenance）和HOMES，HOMES是指住宅，主要是SINGLE HOUSE（独立式的住宅），另外还有ID+C（室内设计和建设）。最高等级的认证是LEED AP FELLOW，这不是去考试就能拿到的，是LEED颁发给对LEED体系做出重大贡献的人的，是最高等级。同时LEED把AP分了很多类，现在最常见的是BD+C（Building Design+Construction）和ND（Neighberhood Design）。LEED还有一个体系是规划方面的，称为Neighborhood Design。

图3-5　LEED个人资格认证的分类

图3-6　美国的绿色建筑设计标准

LEED3.0中应用最广泛的是LEED-NC，其评价标准见表3-1。LEED3.0中LEED-NC共有基础分100，设计创新分为6，本地优先分为4，其中认证级要求分数为40～49分，银级要求分数为50～59分，金级要求分数为60～79分，白金级则要求分数在80分以上。

美国的一些绿色标准具有不同类别的LEED认证体系，有很多时候都要用到这些标准。例如，GREEN SEAL（绿标签）、SMACNA、GREENGUARD、WATERSENSE都是美国的标准；ASHRAE STANDARD是美国暖通工程师协会的标准；FSC是对木头的标准，这是一种经过认证的木头，从它最初种下去，到最后砍伐了之后去使用，这整个过程都是可以追踪的，比如它消耗了多少水，消耗了多少材料。这些标准的标志如图3-6所示。

表 3-1 LEED-NC 评价标准

指　　标	分数	指　　标	分数
1 选址与可持续施工	26	4 原材料及资源	14
建设活动污染的预防	先决条件	可回收物品的储存和收集	先决条件
1.1 选址	1	4.1.1 建筑再利用-保持现有的墙、地面和屋顶	1～3
1.2 开发密度与社区关联性	5	4.1.2 建筑再利用-保持现有内容的非结构部分	1
1.3 污染地带的重新开发	1	4.2 建筑废弃物管理	1～2
1.4.1 可供选择的交通-公交接入	6	4.3 资源再利用	1～2
1.4.2 可供选择的交通-自行车存放及更衣室	1	4.4 循环利用成分	1～2
1.4.3 可供选择的交通-低排放高效汽车	3	4.5 本地材料	1～2
1.4.4 可供选择的交通-停车容量	2	4.6 快速再生材料	1
1.5.1 场址开发-栖息地保护和恢复	1	4.7 使用经过认证的木材	1
1.5.2 场址开发-最大化空地	1	5 室内环境质量	15
1.6.1 暴雨水设计-流量控制	1	最低室内环境质量要求	先决条件
1.6.2 暴雨水设计-水质控制	1	吸烟环境(ETS)控制	先决条件
1.7.1 热岛效应-非屋面	1	5.1 室外空气监控	1
1.7.2 热岛效应-屋面	1	5.2 加强通风	1
1.8 减少光污染	1	5.3.1 室内环境质量管理计划-施工期间	1
2 耗水优化	10	5.3.2 室内环境质量管理计划-入住前	1
节约用水	先决条件	5.4.1 低挥发性材料-黏合剂和密封剂	1
2.1 节水景观	2～4	5.4.2 低挥发性材料-油漆和涂料	1
2.2 创新废水处理技术	2	5.4.3 低挥发性材料-地板材料系统	1
2.3 减少用水	2～4	5.4.4 低挥发性材料-复合木材和植物纤维	1
3 能源与大气	35	5.5 室内化学制品和污染源控制	
建筑能源系统的基本测试	先决条件	5.6.1 系统可控制性-照明	1
最低能源性能	先决条件	5.6.2 系统可控制性-热舒适度	1
基本的制冷管理	先决条件	5.7.1 热环境舒适程度-设计	1
3.1 能源利用最优化	1～19	5.7.2 热环境舒适程度-验证	1
3.2 可再生能源	1～7	5.8.1 自然采光和视野-自然采光	1
3.3 增强的调试	2	5.8.2 自然采光和视野-视野	1
3.4 增强的制冷管理	2	6 创新设计	6
3.5 测量和审计	3	6.1 设计创新	1～5
3.6 绿色电力	2	6.2 LEED认证专家	1
7 本地优先(因地制宜)			4

一般来讲，LEED要求绿色建筑遵循下面三条底线：第一条底线是“Economic Profitability”——经济利益，开发商要讲利益，因此这是很关键的一条底线；第二条底线是“People”——人，人要享受绿色建筑带给他的舒适，如果放弃了舒适性去做其他事情，人就会很难受，这也就不是绿色建筑；第三条底线是“Environmental Stewardship”——环境管理，就是对环境的贡献，对地球人类要有一定的责任。

(2) LEED评估体系的特点

① LEED评估体系对各指标进行定量分析，使评估过程更具客观性。对目标进行评估时，

用简单的得分累加来计算最终结果，建筑的绿色特性用定量的方式表达出来，使得绿色建筑在设计和建造过程更趋于可控化和可实践性。

② 关注能源效率及资源消耗量，同时注重创新设计和适应地域特色，鼓励对绿色建筑的开创性工作，使开发者更注重因地制宜、统筹规划。

③ 在评分权重体系之外，LEED还提供了一套内容十分丰富全面的使用指导手册。其中不仅解释了每一个子项的评价意图、预评（先决）条件及相关的环境、经济和社区因素、评价指标文件来源等，还对相关设计方法和技术提出建议与分析，并且提供了参考文献目录（包括网址和文字资料等）和实例分析。

④ LEED以市场为导向，不仅仅关注绿色建筑性能评价和环境保护，还关注有关资本市场的评估方法，让开发商、业主和绿色建筑相关产业都能从中获益，让LEED认证的建筑得到更高的估值。

⑤ LEED在其开发运营中无处不在的开放性也为其迅速发展和推广奠定了基础。LEED评估的所有程序都可以通过互联网完成。

⑥ LEED认证是企业自愿行为，是一个自愿的以一致同意为基础的，所针对的是愿意领先于市场、相对较早地采用绿色建筑技术应用的项目群体；LEED认证是第三方认证，一般由业主或使用方提出认证申请，既不属于设计方，又不属于使用方，在技术和管理上保持高度的权威性，有助于提高绿色建筑的市场声誉，从而获得优质的物业估值；LEED认证是商业行为，收取一定的佣金，目前注册费是450美元（非USGBC成员为600美元），平均每个项目认证费为2000美元。

(3) LEED的不足之处

① 指标体系的逻辑结构。LEED比较松散的结构就是LEED评价体系的最大问题。LEED评估体系中没有权重系统，LEED采用分级打分的方法强化重要指标的作用。如为了鼓励建筑提高能源利用的效率，将其评分分为10个等级，最高等级为10分；为了促进可再生能源的利用，将其评分分为3个等级，最高分为3分；其他指标多为1分。部分分数可以很容易地获得，但是它们没有什么实际意义。此外，一项一分的评分方式使得评分结果的客观性大受影响，使得人们仅仅关注有着显著影响并容易得分的部分，而不是确实提高整个建筑的环境性能。目前LEED2009正在修订中，其中的重大突破之一就是建立清晰的权重系统，使得最重要的指标能够获得最多的得分。同时评估过程也会更加灵活，以适应技术的不断进步，体现地区差异并鼓励创新。

② 评价过程的严密性。至于申请方式，只需要通过网上递交各项申请材料，并不需要任何实地考察或评估，只要企业证明在实践中确实采取了相应的措施即可。所以，LEED最终认证授予，特别看重一系列证明文件，这就不能保证建成后建筑环境性能达到实际设计性能。

③ 没有对建筑全生命周期的环境影响做出全面准确的考察。

(4) LEED3.0认证的实施程序

① 注册。申请LEED认证，项目团队必须填写项目登记表并在GBCI网站上进行注册，然后交纳注册费，从而获得相关软件工具、勘误表以及其他关键信息。项目注册之后被列入LEED On-line的数据库。

② 准备申请文件。申请认证的项目必须完全满足LEED评分标准中规定的前提条件和最低得分。在准备申请文件过程中，根据每个评价指标的要求，项目团队必须收集有关信息并进行计算，分别按照各个指标的要求准备有关资料。

③ 提交申请文件。在GBCI认证系统所确定的最终日期之前，项目团队应将完整的申请文件上传，并且交纳相应的认证费用，然后启动审查程序。

④ 审核申请文件。根据不同的认证体系和审核路径，申请文件的审核过程也不相同。一般包括文件审查和技术审查。GBCI在收到申请书的一个星期之内会完成对申请书的文件审

查，主要是根据检查表中的要求，审查文件是否合格并且完整，文件审查合格后，便可以开始技术审查。GBCI 在文件审查通过后的两个星期之内，会向项目团队出具一份 LEED 初审文件。项目团队有 30 天的时间对申请书进行修正和补充并再度提交给 GBCI。GBCI 在 30 天内对修正过的申请书进行最终评审，然后向 LEED 指导委员会建议一个最终分数。指导委员会将在两个星期之内对这个最终得分做出表态（接受或拒绝）并通知项目团队认证结果。

⑤ 颁证。在接到 LEED 认证通知后一定时间内，项目团队可以对认证结果有所回应，如无异议，认证过程结束。该项目被列为 LEED 认证的绿色建筑，USGBC 会向项目组颁发证书和 LEED 金属奖牌，注明获得的认证级别。认证奖牌如图 3-7 所示。

图 3-7 美国的认证奖牌

关于 LEED 认证成本的增加，基本上是这样一个标准：认证级别的成本增加是总成本的 2%左右，银奖等级的认证是总成本的 3%～5%，金奖是 10%～15%，铂金奖是在 20%以上。铂金奖是不可控的，它对分数的要求太高了，很多在设计和施工中花的工夫在认证过程中是不被认可的，所以它成本增加的量会比较大。当然，这个数值百分比不是指这个项目的建设成本，而是指这个项目的总体投资，包括土地成本、银行信贷成本等。

3.3.2 英国 BREEAM

（1）概述 1990 年由英国“建筑研究所”（Building Research Establishment）针对绿色建筑的发展趋势和本国实际情况提出的《建筑环境评价方法》（Building Research Establishment Environment Assessment Method，BREEAM），是世界公认的第一个绿色建筑评估体系，最初的版本是 1990 年推出的“办公建筑”，之后其他类型的不同分册也相继推出，并且成为此后许多国家制定本国绿色建筑评估体系的范本和基础。其标志如图 3-8 所示。该评估体系颁布以来，评估对象有新建建筑及既有建筑，并且针对不同建筑类型有不同版本评估标准，主要建筑类型包括办公建筑、住宅建筑、轻工业建筑厂房、福利院、养老院、学生宿舍、法庭建筑、监狱建筑、零售商铺和购物中心、学校建筑、保障性住宅建筑等。其中住宅建筑，也有多个版本：①英国政府可持续家居标准，于 2007 年 4 月取代 ECOHOMES 用来评估英国新建住宅；②ECOHOMES用于评估英国以外的新建住宅；③BREEAM Multi-Residential 用于评估多单元、有公共设施的住宅小区。针对诸如休闲中心和实验室等常规评估对象以外的发展项目，BREEAM 还特别制定了“预约建筑环境评估体系”（Bespoke），显示出 BREEAM 技术体系的不断完善和与实践同步发展的适应性。2005 年，该体系获得世界可持续建筑会议最佳程序奖（Best Program），成为公认最成功的评价方法之一。目前，英国建筑研究中心（BRE）正在制定 BREEAM 体育与休闲建筑版本，可用于体育建筑的绿色评估，例如运用到 2012 年伦敦奥运会场馆的绿色评价。表 3-2 列出了 BREEAM 评价的多个版本。

BREEAM®

图 3-8 英国建筑环境评价方法标志

BREEAM Education 2008（教育建筑）是 BREEAM 评估体系中最新的学校版本，它包括了之前的 BREEAM 学校版本，也将新颁布的 BREEAM 继续教育版本融入其中，使其评价对象扩充到更加宽阔的领域。它同样可以用来评估多种不同类别的学校建筑。比较 BREEAM 教育与 BREEAM 最常用的办公版本，BREEAMB 教育相对后者有更多的评价项，其中管理部分的评价项增加最多，并且各个评价项的可获得的分数也比后者多。从这些评价项可以看出 BREEAMB 对绿色学校的特殊性要求。

表 3-2　BREEAM 评价版本

BREEAM 版本	颁布年份	评估范围
1/90	1990	新建办公建筑
2/90	1991	新建超级市场
3/90	1991	新建住宅
4/90	1993	已建办公建筑
5/90	1993	新建工业建筑
BREEAM 98 for Offices	1998	已建及新建办公建筑
EcoHomes	2000	新建及翻新独立住宅和公寓
BREEAM for Retail	2003	新建及运行商业建筑
BREEAM for office	2004	新建、已建及翻新办公建筑
BREEAM for Industrial Units	2004	新建工业建筑

生态家园（EcoHomes）是 BREEAM 体系的住宅版本，首次发布于 2000 年，其主旨在于为居民提供健康舒适生活的同时，将对环境的负面影响控制到最低程度。EcoHomes 2006 是 BREEAM 2006 的绿色住宅评估系统，它对新建或改建绿色建筑的水资源消耗和使用效率方面的规定，主要包括两个总条款，即内部饮用水使用和外部饮用水使用。内部饮用水使用条款的目标是降低住宅内饮用水的消耗量。用水量的计算非常详细，几乎每一个用水器具的用水量都给出了不同的定额标准、每次使用水量计算值、装置分摊系数、每天使用次数和每年使用天数。外部饮用水使用条款的目标是鼓励雨水利用，作为景观用水和花园用水，以降低从市政干管的取水量。这一条款的得分条件是必须设有雨水收集系统，并且使用雨水进行灌溉或者浇洒。

BREEAM Offices 2006 被认为是世界上最广泛应用于评价和改善办公建筑环境性能的评估体系。它同时可以应用于新建、改建和已有办公建筑，并且对已有办公建筑空置和已经使用分别评估。工业建筑 BREEAM Industrial 2006 主要用于评估包括工业建筑、仓库和非食品零售单元在内的工业建筑的环境影响。商业建筑 BREEAM Retail 2006 用于评估所有类型的零售单元的环境影响。BREEAM Communities 是 BREEAM 针对当前社区开发，于 2009 年正式推出的可持续社区评价体系。它强调了环境、社会与经济可持续发展的关键目标和规划政策对开发项目在建筑环境领域的影响。BREEAM Communities 的目标是为了全面降低开发项目的环境影响，对当地环境、社会和经济有益的开发项目能够得到权威的认可，激励可持续的开发项目。

(2) 评价方法　BREEAM 评价系统是根据环境性能评分，再授予建筑单体绿色认证。认证体系授予的绿色建筑标志使得建筑所有者和使用者对建筑的环境特性有了直观清楚的认识。认证可以用于单体建筑中，也可以作为某一建筑群综合的环境评估。评估必须由 BRE 指定受过专门训练的独立评估员执行，BRE 负责确立评估标准和方法，为评估过程提供质量保证。

BREEAM 为建筑所有者、设计者和使用者设计的评价体系，评判建筑在其整个寿命周期包含从建筑设计开始阶段的选址、设计、施工、使用直至最终报废拆除所有阶段的环境性能。

BREEAM 从以下九类指标对建筑物性能进行评估：管理（总体的政策和规程）、健康和舒适（室内和室外环境）、能源（能耗和二氧化碳排放）、运输（有关场地规划和运输时二氧化碳的排放）、水（消耗和渗漏问题）、原材料（原料选择及对环境的作用）、土地使用（绿地和褐地使用）、地区生态（场地的生态价值）、污染（除二氧化碳外的空气和水污染）九个方面。分别归类于"全球环境影响"、"当地环境影响"及"室内环境影响"三个环境表现类别。其中比较有代表性的一项是管理，其实建筑很大的耗能产生于最后的投入与使用之中。管理就是使用一些建筑的智能管理系统。每一条目下分若干子条目并对应不同的得分，分别从建筑性能、设计与建造和管理与运行这三个方面对建筑进行评价。其中，处于设计阶段、新建成阶段和翻修建成阶段的建筑，从建筑核心性能、设计建造两方面评价，计算 BREEAM 等级和环境性能指数；被使用的现有建筑则从建筑核心性能、管理和运行两方面评价，计算 BREEAM 等级和环境性能指数；属于闲置的现有建筑，或只需对结构和相关服务设施进行检查的建筑，则只需对建筑核心性能进行评价并计算环境性能指数，不需要计算 BREEAM 等级。

根据每类指标的得分乘以各自所赋予的环境权重所得出来的总和，来确定建筑物获得的认证。在 BREEAM 评估体系中，当被评估建筑满足某个标准要求时就获得相应的得分，根据建筑项目所出时间段的不同，计算建筑核心性能分（BPS）＋设计与建造分或 BPS＋管理与运行分，得出 BREEAM 等级的总分，由 BPS 值根据换算表换算出建筑的环境性能指数（EPI）。最后，建筑的环境性能以直观的量化分数给出，所有分数在权重累加后得到最后的总分并得到相应的等级认证。BREEAM 分类条款的权重是通过建筑行业各方协商确定的，包括学者、建筑业专业人员和科学家等。每个评估条款根据其重要性赋予不同的权重，认证级别分为“通过”、“好”、“很好”和“优秀”，最后则由 BRE 授予被评估建筑正式的“评定资格”（certification）。英国建筑环境评价方法评估积分流程如图 3-9 所示。

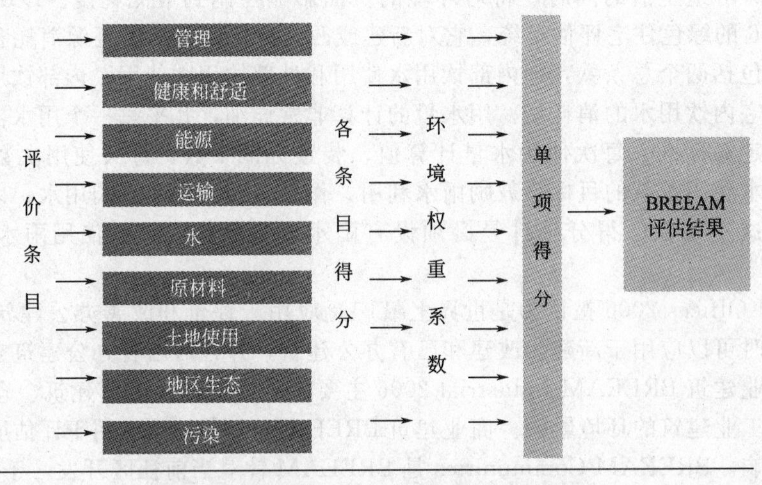

图 3-9 英国建筑环境评价方法评估积分流程

为了易于被理解和接受，BREEAM 体系采用了一个透明开放、较简单的评估架构：将所有的评估指标分别归类于不同的环境表现类别中，这样根据实践情况变化进行修改时，可以较为容易地增减评估指标。随着建筑业的发展，在 BREEAM 体系中引入了全生命周期的概念并逐渐成为可供建筑师使用的综合模型。它对建筑的环境性能评分授予认证，通过评估方式，使得建筑所有者和使用者对建筑的环境特性有了清楚直观的认识。

对于设计项目，BREEAM 评估一般在详图设计接近尾声时进行。评估人根据设计资料进行最终评估，再由 BRE 给建筑做出定级。如果想获得更好的评分，BRE 建议在项目设计之初，设计人员较早地考虑 BREEAM 的评估条款，评估人也可以以某种适当的方式介入、参与设计过程。评估已使用的现有建筑，评估人需根据管理人员提供的资料，做出一份“中期报告”和一份“行动计划大纲”，以提供改进措施和意见，客户可在最终评估报告及评定之前改进以获得更高的等级。BREEAM 这种评估程序充分体现了其辅助设计与辅助决策的功能。

在英国，BREEAM 的认证由持牌评估师来执行。这使得评估工作在一个严格的质量保证框架内，由评估师竞标来执行。BREEAM 一般认证的程序为：①预评估，目的是使业主对 BREEAM 有个整体的理解以及要考虑的具体方面；②业主确定要达到的认证目标；③联系持牌的评估师，最好是在概念设计阶段就联系持牌评估师，评估师会针对认证目标对设计提出修改建议，这样业主将会以较少的成本使建筑物达到期望的认证目标；④提供相关资料给评估师；⑤在收集完资料后，评估师会向BRE提交一个报告予以审核；⑥BRE根据提交的资料及报告进行审核并确定建筑物最终能达到的级别。

BRE环境评估方法采用独立的评估方式，是由其认证、具有专业资格的评估师来对绿色建筑开展评估，评估后向英国建筑研究院提交评估报告，和其他支撑评估报告的证据，交到英国建筑研究院后，对它进行审核，审核通过以后，才会完成认证过程。

3.3.3 日本CASBEE

（1）概述　日本的“建筑综合环境性能评价体系（comprehensive assessment system for building environment efficiency，CASBEE)”，是在日本国土交通省的支持下，由企业、政府、学术界联合组成的“日本可持续建筑协会”合作研究的成果，此评价体系的标志如图3-10所示。2001年，在日本国土交通省的主导下日本成立了构筑可持续建筑理念、开发建筑物环境性能综合评价工具的委员会JSBC（Japan Sustainable Building Consortium)，CASBEE的框架就是由JSBC搭建、在开发过程中得名的。它虽然诞生于其他一些国际著名的评价体系之后，但是其发展迅速，目前，CASBEE针对不同建筑类型、建筑生命周期不同阶段而开发的评价工具已经构成一个较为完整的体系，并且处于不断扩充和普及之中。CASBEE不仅可以用来指导设计师的设计过程，还可以用于确定建筑物的环境标签等级、为能源服务公司和建筑更新改造活动提供咨询、指导建筑行政管理等方面。

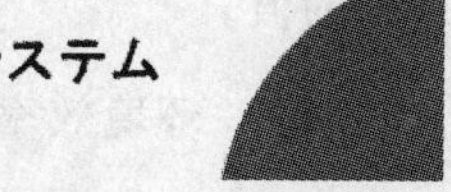

图3-10　日本建筑综合环境性能评价体系标志

特别是2004年以后，日本地方政府和民间积极采用CASBEE，日本国土交通省“环境行动计划”、“京都议定书目标达成计划”等政策中都明确要大力开发和普及CASBEE。CASBEE系列扩充、普及得很快，2006年7月出版CASBEE-街区建设，2007年9月公布CASBEE-住宅（独户独栋），2008年公布CASBEE-新建。随着CASBEE工具群扩大到对街区建设等建筑物之外的环境性能也进行评价，于2009年4月1日对其名称做了相应的变更，从“建筑物综合环境性能评价体系”更名为“建筑环境综合性能评价体系”。2010年9月30日发表CASBEE-既有和CASBEE-改造的2010年版，并将公布日本文部科学省开发的“CASBEE-学校”评价工具。日本的CASBEE是首个由亚洲国家开发的绿色建筑评价体系，对于包括我国在内的亚洲国家开发各自的绿色建筑评价体系有更大的借鉴意义，我国的绿色奥运建筑评价体系就是参考CASBEE的框架开发出来的。

CASBEE评价工具是以下述三个理念为基础开发的：①能够贯穿建筑物寿命周期进行评价；②从建筑物的环境品质与性能和建筑物的环境负荷两个方面进行评价；③应用环境效率的思想，以新开发的评价指标BEE进行评价。再根据BEE值进行分级：从S级（优秀）、A级（很好）、B+级（好）到B-级（略差）、C级（差）分为5个等级。

（2）CASBEE家族及其适用对象　CASBEE包括规划与方案设计、绿色设计、绿色标签、绿色运营与改造设计4个评价工具，分别应用于设计流程的各个阶段。评估对象按功能不同分为非住宅类建筑和住宅类建筑两大类，非住宅类建筑包括办公建筑、学校、商店、餐饮、集会场所、工厂，住宅类建筑包括医院、宾馆、公寓式住宅。具体有：CASBEE-规划（正在开发)；CASBEE-新建；CASBEE-既有；CASBEE-改造；CASBEE-热岛；CASBEE-街区建设；CASBEE-住宅（独户独栋）等。

CASBEE评估体系从Q（quality）建筑物环境质量与性能——评价“对假想封闭空间内部建筑使用者生活舒适性的改善”；从L（load）建筑物的外部环境负荷——评价“对假想封闭空间外部公共区域的负面环境影响”。“建筑物的环境质量/性能”（Q）的范围是以“建筑用户的生活舒适性与方便性”为中心进行考虑的，室外环境包含有“含周边居住者在内的广义建筑用户”的含义，而且服务性能需以建筑物在长时间使用寿命中的性能（耐用性与更新性）为核心进行考虑。“建筑物的环境负荷降低性”（LR）以建筑物使用（寿命）周期为对象，考虑了能源、水资源、建筑材料消耗以及这些消耗对地球环境的影响，同时考虑了从“建筑用地边界内”到“建筑用地边界外”的直接的不良影响，以及区域基础结构负荷增大的影响等，因而是大范围的环境负荷。

在此基础上，引入生态效率（eco-efficiency）的概念。生态效率定义为“单位环境负荷下产品与服务的价值”，即生态效率=产品与服务的经济价值/单位环境负荷。根据可持续发展理论，将效率的定义予以延伸，提出环境效率即为“生产输出与（输入+非生产输出）之比”。根据新的环境效率模型，则进一步给出建筑物环境效率——指标环境效率BEE（building environmental efficiency）对建筑环境进行评价。

假想封闭空间是指以用地边界和建筑最高点为界的三维封闭体系，CASBEE将其作为建筑物环境效率评价的范围。从公式中可以看出，当分子Q、分母L越小时，BEE越大，也就代表该建筑的绿色性能越高。CASBEE的评分标准采用5分制，基准值为3分，原则上满足建筑基准法等最低条件时评定为1分，达到一般水平时为3分，最优水平为5分。在对Q和L各评估细项进行评分后，进行评估计算，得出各自的评分结果后再将这两项相除，最后得到建筑物环境效率BEE的值。

$$\text{环境效率(BEE)}=\frac{\text{建筑环境质量与性能}(Q)}{\text{环境负荷}(L)}$$

(3) CASBEE的评价内容　包括能量消费、资源再利用、当地环境、室内环境四个方面，共计93个子项目。为了便于评估，CASBEE将这些子项目进行分类重组，划分到Q和L两大类中。其中，Q包括室内环境、服务质量、室外环境（建筑用地内）3个子项目，L包括能源、资源与材料、建筑用地外环境3个子项目。CASBEE对每一个子项目都规定了详尽的评价标准，便于评价人员快速、准确地获得评价结果，也为设计人员在建筑设计阶段、施工阶段进行自评提供了指导。CASBEE评估体系采用四级权重系统，对每个条款加权，其中包括室内环境、场地室外环境、能源以及资源与材料同时对每个条款中的子条款（例如照明和建筑热负荷）加权；在这些子条款之下包括若干项目，如噪声、通风、可循环材料的利用等，对这些项目也进行加权；最后对项目下的子项目进行加权，这些子项目包括通风率、CO_2监测等。CASBEE对建筑环境质量与性能（Q）和环境负荷（L）各评估条款的权重见表3-3。评估子条款、项目和子项目的权重由于建筑类型以及建筑所处的阶段（包括设计阶段、施工阶段等）的不同而有所差异。CASBEE评估体系的各级权重是通过Delphi法（专家咨询法）确定的。

表3-3　评价项目的权重系数

项　目	评价项目	工厂以外	工　厂
Q-1	室内环境	0.40	0.30
Q-2	服务性能	0.30	0.30
Q-3	室外环境(建筑用地内)	0.30	0.40
LR-1	能量	0.40	
LR-2	资源与材料	0.30	
LR-3	建筑用地外环境	0.30	

对于包含两种或两种以上功能的综合建筑物的评价，首先是按照功能将建筑物划分为多个

单独的建筑功能区，然后对每个功能区进行分别评价，再将所得结果按各功能区所占的建筑面积比例进行加权平均，最后获得整个建筑物的评价结果。评价结束后，将评价结果表示在以 L 为横轴、Q 为纵轴的坐标图中，BEE 的值则是原点与评价结果坐标点之间连线的斜率。Q 越大，L 越小，斜率 BEE 就越大，表示该建筑物的绿色水平越高。利用此方法，可以评定建筑物的绿色等级，给建筑物贴“绿色标签”。绿色标签分为 S、A、B+、B−、C 五级，分别代表极好、很好、好、一般、差。CASBEE 软件实例评价内容如图 3-11 所示。

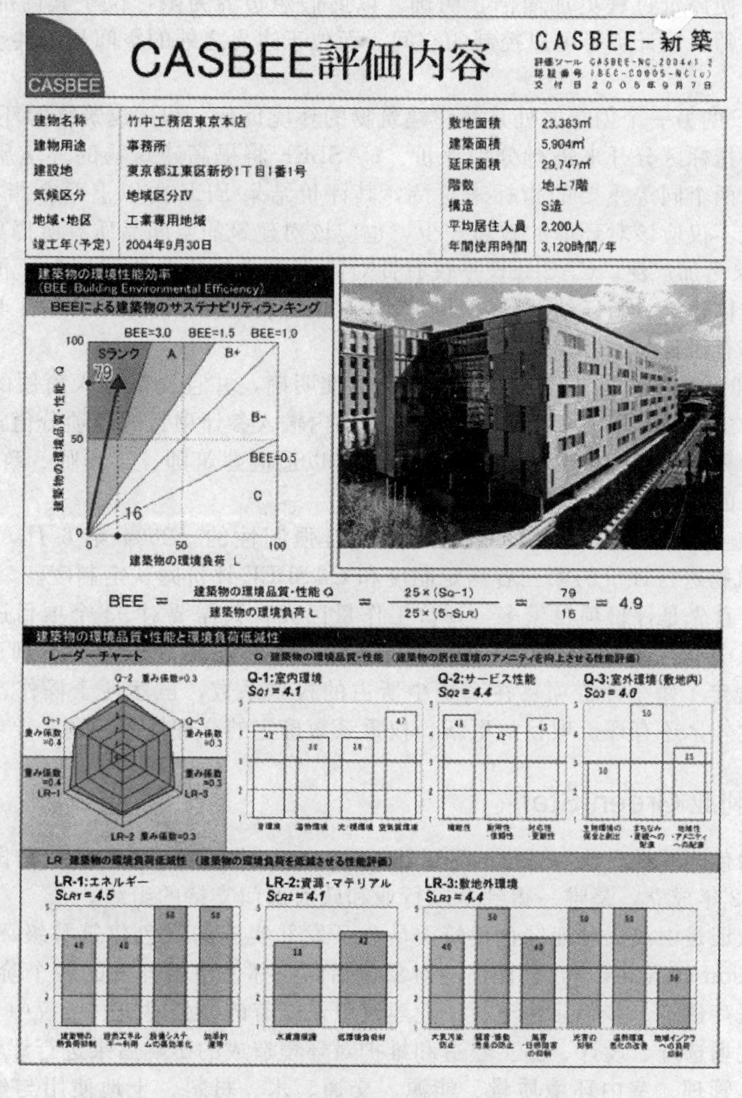

图 3-11　CASBEE 软件实例评价内容

CASBEE 另一个具有特色的理念是建筑的全寿命评估，CASBEE 开发了输入简便的计算机软件，对于不同功能的建筑均可以用同一软件进行评分。

进入软件后，首先在软件的主界面上输入建筑物的功能、建筑面积、建筑构造等必要的基本信息，根据这些信息，程序会自动选用不同的评分标准，弹出与之相对应的评分表。在评分表中，除了显示有被评对象各项目的评分标准外，还包括“评价选项”一栏，它为设计人员提供了与该项目相关的对策范例，为设计人员在设计时选择提高建筑物绿色性能的措施提供了参考。评分结束后，从主界面上可以直接进入“评价结果表示表”和“评价表”界面，查看综合评价结果。在评价结果表示表上，该软件用多种不同的表达方式给出了同一建筑的环境效率评价结果。表的左上端显示的是参评建筑的概况，中间部分是建筑物综合环境效率评价结果。该软件用雷达图、柱状图等多种形式表示出 Q 和 L 的结果，并且用由 Q 和 L 组成的坐标系表示出 BEE 的值，以及建筑物的绿色标签等级。

（4）优点

① CASBEE 是借鉴 GBC 的框架开发出来的，它有自身的创新之处。首先是封闭体系概念的提出，CASBEE 提出了以用地边界和建筑最高点之间的假想封闭空间作为建筑物环境效率评价的封闭体系，使评价过程更加简洁、明确。以此假想边界为限，位于其内部的空间是开发商、业主、规划师、设计师等可以控制的空间，而位于边界之外的空间是公共空间，不属于被控制的范畴。

② CASBEE 的另一个创新之处是将“建筑物的环境负荷”和“建筑物的环境质量与性能”两个相互制约的指标区分开来进行分别评价。CASBEE 将提高建筑物的环境质量与性能和降低环境负荷作为两个同等重要的指标来对待，其评价结果 BEE 由以上两个指标相除来确定，即一座绿色建筑不仅应该对环境的破坏较少，也应该对建筑的空间品质有所提高。

③ 评价对象更加广泛。CASBEE 不仅有针对除别墅之外的单栋建筑的评价工具，也有针对综合功能的群体建筑、街区的评价工具以及针对热岛现象缓和对策的评价工具，无论建筑种类还是规模上都有所提高。

④ 实用性和可操作性强。CASBEE 的评价标准明确，并且提供输入简便的计算机评估软件，降低了评价工作的难度；评价人员只要在软件内输入参评项目的各项分值，软件就可以按照事先设定的计算方法直接得出评价结果，因此可以适应建筑师、工程师、政府部门、业主、市民等不同人士的需要。

⑤ 政府措施强硬。CASBEE 的应用则是政府强制性的。2004 年 6 月，日本出台了用 CASBEE 对建筑物进行评价的第三者认定制度和 CASBEE 评价师认定制度。

（5）缺点　首先是评价项目繁多，评价工作量巨大，共需要对 93 个项目进行评价，一一打分，这些项目中有许多还包括下一级的子项目；其次是灵活性差，不利于调整和改进，CASBEE 明确规定了每个评价项目在系统中所占的权重系数，虽然便于操作，但损失了一定的可调节性。此外，还有评价项目的更新、权重系数确定的合理性等问题需要考虑。

3.3.4 澳大利亚 Green Star

澳大利亚绿色建筑委员会（Green Building Council of Australia）是一个国家级的非盈利性组织，于 2002 年成立，是唯一得到全国行业和政府部门支持的组织。

绿色星级认证是由澳大利亚绿色建筑委员会开发并实施的绿色建筑等级评估体系（green building evaluation standards），它评估的对象包括商业办公建筑开发的各个阶段、购物中心、教育类建筑、医疗建筑、多单元住宅、工业建筑以及既有的办公建筑、会议中心。该评估体系对建筑项目的现场选址、设计、施工建造和维护对环境造成的影响后果进行评估。评估涉及九个方面的指标：管理、室内环境质量、能源、交通、水、材料、土地使用与生态、排放和创新。每一项指标由分值表示其达到的绿色星级目标的水平。采用环境加权系数计算总分。全澳大利亚各地区加权系数有变化，反映出各地区各不相同的环境关注点。

绿色之星（green building evaluation tool：green star）是一个从综合方面、全国范围开展的、自愿参与的环境评价体系，用于评定建筑物的环境设计与施工。Green Star 是为房地产业界开发的建筑环境评价工具，其目的是为绿色建筑评价建立通用语言，设立通用评价标准，提倡建筑整体设计，强调环境先导，明确建筑生命周期影响和提升绿色建筑效益的认识。

3.3.5 德国 DGNB

（1）概述　从 2006 年起，德国政府着手组织相关的机构和专家对第一代绿色建筑评估体系进行研究，在分析过程中，他们针对现有体系中尚不完善之处提出，第二代绿色建筑评估体系应该包含以下六个方面内容。

① 经济质量。包括使用期内的耗费、面积使用率、使用灵活性、价值稳定性等。

② 生态质量。包括水、材料、自然空间的使用，以及污染物、危险物及垃圾的回收和处理。

③ 社会及功能质量。包括热工舒适度、空气质量、声学质量、采光照明控制，以及个性化需求、社会环境、环境设计的协调。

④ 过程质量。包括设计、施工、经营的管理，以及能耗管理和材料品质监督。

⑤ 技术质量。包括防火技术、室内气候环境，以及控制的灵活性、耐久性、耐候性等。

⑥ 基地质量。例如基础设施管理、微观和宏观质量控制、风险预测、扩建发展可能等。

经过大量的分析调查和研究工作，德国在2008年正式推出了第二代可持续建筑评估体系——DGNB（Deutsche Guetesiegel Nachhalteges Bauen），在产生背景和基础方面，DGNB具有以下特点。

① 德国DGNB体系是世界先进绿色环保理念与德国高水平工业技术和产品质量体系的结合。作为欧洲工业化程度最高的国家，德国的工业技术水平和产品质量体系经过多年发展和实践已具备一套相当高的标准，DGNB则是构筑在现有工业化标准体系之上。

② 德国DGNB体系是由政府参与的德国可持续建筑评估体系。该认证体系由德国交通、建设与城市规划部（BMVBS）和德国绿色建筑协会（German Sustainable Building Council）共同参与制定，因此，具有国家标准性质与很高的科学性和权威性。

③ DGNB体系是德国多年来可持续建筑实践经验的总结与升华。

德国在被动式节能建筑设计、微能耗和零能耗建筑探索和实践上，在欧洲乃至世界都位于先进行列，1998年就曾制定并颁布了整体可持续发展纲领。在过去的几十年里，德国建筑界建筑节能领域积累了丰富的实践经验，其中不乏成功的经典案例和失败的惨痛教训，DGNB的制定正是建立在这些宝贵经验的基础之上，扬长避短，去粗取精。

德国DGNB认证体系的制定思路如图3-12所示。

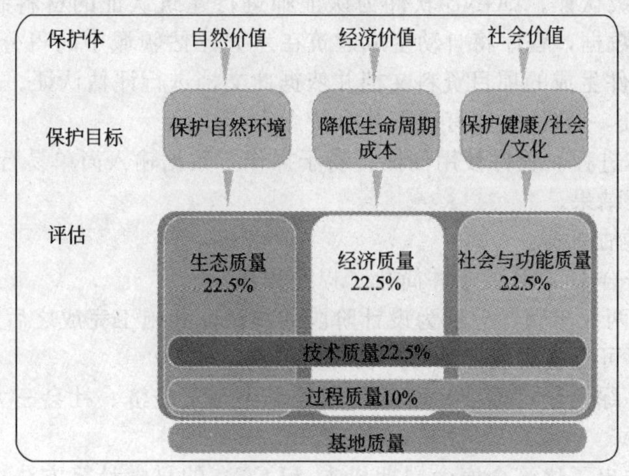

图3-12　德国DGNB认证体系的制定思路

(2) 德国DGNB的技术构成和评估体系　德国可持续建筑DGNB认证是一套透明的评估认证体系，它以易于理解和操作的方式定义了建筑质量。体系中可持续建筑相关领域评估标准共有六个领域，分别为生态质量、经济质量、社会与功能质量、技术质量、过程质量以及基地质量（图3-13），共60余条标准，其中基地质量是单独评估的，它不包括在建筑质量总体测评中，因此建筑都是可以独立于基地进行评估的。

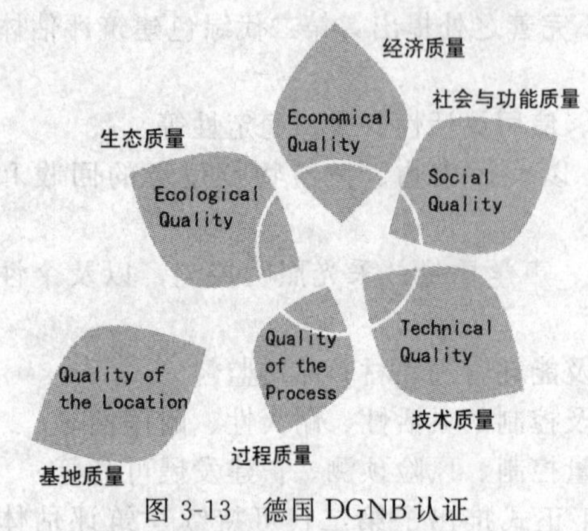

图 3-13 德国 DGNB 认证体系评估标准领域

德国 DGNB 体系包含对建筑、工程构筑物和城市建设等的评估认证体系。

已经推出的类型包括办公建筑、商业建筑、工业建筑、酒店建筑、居住建筑、教育建筑以及既有办公建筑改建。

即将推出的类型包括医疗建筑、体育建筑、机场建筑、临时性建筑、城市区域开发以及工程构筑物。

(3) 德国 DGNB 体系评估方法和分级 根据建筑已经记录的或者计算出的质量，每条标准的最高得分为 10 分，每条标准根据其所包含的内容可评定为 0～3，因为每条单独的标准都会作为上一级或者下一级标准使用。体系的构建包括评估公式。根据评估公式计算出质量认证要求的建筑达标度。

评估/达标度（分为金级、银级、铜级）：50%以上为铜级；65%以上为银级；80%以上为金级。

达标度可以用分数做如下表示：达标度为 90%的为 1.0 分；达标度为 80%的为 1.5 分；达标度为 65%的为 2.0 分。

DGNB 体系对每一条标准都给出明确的测量方法和目标值，依据庞大的数据库和计算机软件的支持，评估公式根据建筑已经记录的或者计算出的质量进行评分，根据评估公式计算出质量认证建筑的达标度，分别授予金级、银级、铜级认证。

(4) DGNB 评估软件 DGNB 对建筑这样一个复杂的体系进行完整而系统的评估，需要对大量的数据进行分析。DGNB 为此研发了专门的评估软件，使用这一软件可以系统、准确地收集数据，协助建筑师、设计者和认证师在设计阶段预演不同的设计方案并优化其可持续性。通过软件程序得出的结果可以判断方案是否有需要改变或改进的地方，以获得可持续建筑的金级、银级或者铜级认证。DGNB 软件为认证师进行建筑认证的材料制作和评估工作提供支持。只需输入项目数据，程序将自动生成建筑在六大评估领域中的得分并上传到审查地点。DGNB 只接收用该软件生成的项目资料文档并依据此文档进行评估认证。

对建筑师来说，这一软件主要有以下几个特点。

① 加快项目总体进程。软件使用便捷，易于操作，数据输入简单易行。

② 自动生成认证结果。

③ 生成直观的评估图表。

④ 提交的文件符合 DGNB 要求并简化了提交程序。

DGNB 认证分为两大步骤，分别为设计阶段的预认证和施工完成之后正式认证。

(5) 德国 DGNB 可持续建筑体系的突出优势

① DGNB 不仅是绿色建筑标准，而且是涵盖了生态、经济、社会三大方面因素的第二代可持续建筑评估体系。

② DGNB 体系推出了建筑全寿命周期成本（LCC）的科学计算方法，包含建造成本、运营成本、回收成本的动态计算。DGNB 的认证过程能在项目的初期阶段为业主提供准确可靠的建筑建造和运营成本分析，使绿色建筑真正能够达到既定的建筑性能优化和环保节能目标，展示如何通过提高可持续性获得更大经济回报。

③ DGNB 评价标准以确保达到业主及使用者最关心的建筑性能为核心，如建筑能耗、室内舒适度、环境指标等，而不是以简单衡量有无措施为标准，这种方式为业主和设计师达到目标提供广泛途径。而第一代评估体系许多方面只是简单考察是否采用某项技术，这类技术有时

只提高建造和维护成本，对业主、使用者和节能环保没有任何意义。

④ DGNB 评价环节如建筑节能、视觉舒适度、产品环保性能，皆以高水准严格的德国和欧洲工业标准为基础，保证了可持续建筑认证的严谨科学性。

⑤ DGNB 是建筑整体综合评价体系，它可以展示不同技术体系应用相关利弊关系，如中水技术应用在水系统评估中获得加分，但在节约能源和建设及运营成本方面得到减分。最终效果如何，需要看综合指标。这种科学体系有效地克服了第一代评估体系片面孤立评价技术的缺点。

⑥ DGNB 推出了建筑材料和设备生产排放量以及建筑使用过程中的排放量这一建筑全寿命周期环境评价（LCA）体系，致力于逐渐建立起一套以降低生命周期消耗为目标的材料、构件全生命检测与回收的制度，这是一个势必经历曲折与阵痛的过程，但这样一套体系将大大提高建筑的可持续性标准。正如德国汽车工业一样，若干年前德国最初提出要求生产厂家对汽车零部件进行回收时，受到了相当大的阻力，然而，在经历了从抵抗到最终实现所有汽车零部件全部由生产商进行回收之后，德国的汽车工业向可持续发展的更高标准又迈进了一大步。同时，DGNB 体系包含了评价建筑温室气体排放、臭氧层消耗量、减少酸雨等内容，以更有力的手段让投资者和建造者分担环境保护的社会责任。

⑦ DGNB 体系作为沟通开发商、业主和使用者的有效交流工具，使三方在建筑可持续性上达成共识；作为一项质量保证的标志，获得 DGNB 认证的建筑意味着更高的建筑环境性能和用户满意度，使得该建筑商品将具有更突出的商业吸引力，提高了商业竞争力。

⑧ DGNB 体系是建立在德国建筑工业体系之上的高水平质量标准体系，同时按照欧盟标准体系原则，可适用于不同地区的国家环境经济情况。凭借德国在绿色建筑理论方面的多年探索和节能技术方面长期的市场运作经验，为该系统在欧洲甚至世界范围内的适用提供了可能性。

以德国 DGNB 为代表的世界上第二代可持续建筑评估技术体系，首次对建筑的碳排放量提出完整明确的计算方法，在此基础之上提出的碳排放度量指标（common carbon metrics），计算方法已在 2009 年 11 月得到包括联合国环境规划署（UNEP）机构在内的多方国际机构的认可。

与其他评估体系相比，DGNB 体系最突出的特点在于，它不仅仅是一部绿色建筑的评估体系。除了涵盖生态保护和经济价值这些基本内容外，DGNB 更提出了社会文化和健康与可持续发展的密切关系，例如在“社会文化与健康”这一部分中强调了居住者“冬（夏）季的舒适度”、“使用者的干预与可调性”以及“建筑上的艺术设施”等。

3.3.6 《绿色奥运建筑评估体系》

2002 年，在科学技术部、北京市科委和北京奥组委的组织下，“奥运绿色建筑标准及评估体系研究”课题立项，项目组成员包括清华大学、中国建筑科学研究院等 9 家单位，该课题也是科技部“科技奥运十大专项”中的核心项目。2004 年 2 月 25 日，“奥运绿色建筑标准及评估体系研究”顺利通过专家验收，并且形成了《绿色奥运建筑评估体系》、《绿色奥运建筑实施指南》、《奥运绿色建筑标准》等一系列研究成果，为奥运场馆建设提供了较为详尽的建设依据。

考虑到在评估体系中节省能源、节省资源、保护环境的条例与室内舒适性、服务水平以及建筑功能的条例性质不同，不能彼此相加或相抵。因此，绿色奥运建筑评价体系的编写组参考了日本的 CASBEE 体系，在具体评分时把评估条例分为 Q 和 L 两类：Q（quality）指建筑环境质量和为使用者提供服务的水平；L（load）指能源、资源和环境负荷的付出。所谓绿色建筑，即是消耗最小的 L 而获取最大的 Q 的建筑。该评估体系未涉及经济性评价。但在一定的经济前提下，业主与设计者完全可参考本评估体系的措施和要求进行规划、设计、建造、施工与运营，并且在提高建筑生态及服务质量与降低资源、环境负荷之间达到最佳平衡，从而实现建筑的真正“绿色化”。

GOBAS由绿色奥运建筑评估纲要、绿色奥运建筑评分手册、评分手册条文说明、评估软件四个部分组成。其中评估纲要列出与绿色建筑相关的内容和评估要求，给予项目纲领性的要求；评分手册则给出具体的评估打分方法，指导绿色建筑建设与评估；条文说明则对评分给出具体原理和相应的条目说明。

另外，绿色奥运建筑评价体系针对建筑生命周期的不同阶段评价内容也有所不同，GOBAS按照全过程监控，分阶段评估的指导思想，将评估过程分为以下四个阶段（表3-4）。

表3-4 GOBAS阶段划分及其指标内容

阶段划分	一级指标	阶段划分	一级指标
规划阶段	场地选址 总体规划环境影响评价 交通规划 绿化 能源规划 资源利用 水环境系统	施工阶段	环境影响 能源利用与管理 材料与资源 水资源 人员安全与健康
设计阶段	建筑设计 室外工程设计 材料与资源利用 能源消耗 水环境系统 室内空气质量	验收与运行管理阶段	室外环境 室内环境 能源消耗 水资源 绿色管理

GOBAS根据上述四个阶段的不同特点和具体要求，分别从环境、能源、水资源、室内环境质量等方面进行评估。同时规定，只有在前一阶段的评估中达标者才能进行下一阶段的设计、施工工作，充分保证了GOBAS从规划、设计、施工到运行管理阶段的持续监督作用，使得项目最终达到绿色建筑标准。

绿色奥运建筑评估体系的评分采用5级评分制，1分为最低分，3分为平均水平，5分为最好；难以把评分项目划分5级时则采用3级制（1分、3分、5分）进行评价。满足标准、法律、规定等基本条件时评为1分，如果连最低条件都无法满足则评为0分，而且该建筑不能继续参与评价。当评价项目是措施实施情况时以“好、中、差”的方式对每条措施进行评价，再根据措施得分率的高低进行5级评分（措施得分率＝参评建筑实际的措施得分之和/所有措施的最高分之和）。绿色奥运建筑评估体系对每一个参评项目都规定了详细的评分方法，还在附录中给出了评分所依据的原理和相应条目说明，这就使绿色建筑的评估有了具体、量化的依据，并且有助于设计人员学习绿色建筑技术和对方案进行自评。

3.3.7 《中新天津生态城绿色建筑评价标准》

在绿色生态理念成熟之际，2007年11月18日，国务院总理温家宝和新加坡总理李显龙共同签署了中新两国政府关于在中国天津建立生态城的框架协议。中新天津生态城的建设显示了中新两国应对全球气候变化、加强环境保护、节约资源和能源、构建和谐社会的决心。在中新双方共同制定的中新天津生态城的控制指标体系中明确要求生态城内所有的建筑都必须为绿色建筑。综合考虑中新天津生态城的政治地位和100％绿色建筑高标准的目标，因此，迫切需要建立一套适合生态城自身特点的绿色建筑评估体系，推动绿色建筑理论和实践的探索与创新。

中新天津生态城位于中国国家发展的重要战略区域——天津滨海新区范围内，毗邻天津经济技术开发区、天津港、海滨休闲旅游区，地处塘沽区、汉沽区之间，距天津中心城区45km，距北京150km，总面积约31.23km^2，规划居住人口35万。

中新双方参照中华人民共和国国家标准《绿色建筑评价标准》，借鉴新加坡绿色建筑标志系统（GREEN MARK）等国际先进经验，充分考虑生态城的实际，总结了中新双方近年来在绿色建筑方面的实践经验和研究成果，为科学引导和规范管理中新天津生态城绿色建筑评价、评奖与标识工作，提供更明确的技术依据，按照中新两国建设行政主管部门的要求，受中国住房和城乡建设部科技发展促进中心和新加坡建设局的委托，天津市城乡建设和交通委员会及中新天津生态城管理委员会负责组织，由天津城市建设学院和天津建筑设计院等单位与新加坡建设局联合编写并制定出《中新天津生态城绿色建筑评价标准》（SSTE-GBES）（以下简称为《评价标准》）以及《中新天津生态城绿色建筑评价技术细则》，并于2009年10月1日正式实施。

(1)《评价标准》基本内容 《评价标准》包括评价标准、评价细则和评分表三个部分。评价标准涵盖总则、术语、基本规定以及具体的条文说明；细则在评价标准的基础上，针对绿色建筑生命周期各个阶段提供具体的技术指导和解释说明；评分表的设计使评审工作更加简单易行。

为体现中新天津生态城内不同类型建筑的特点，将生态城内的建筑划分为住宅建筑和公共建筑两个类别并辅以不同权重进行评价。评价采用了措施得分法，将每个一级指标的评价项目划分成强制项和优选项两个部分。强制项是生态城内建筑的入门条件，即生态城内所有的永久性建筑都必须是绿色建筑。优选项中涵盖了定性和定量两类措施。针对定性措施的评价结论为通过或不通过，对有多项要求的条款，各项均满足要求时方能认定通过，获得该项措施得分；而针对定量措施则按照计算公式连续计算得分。最后将各项目中的得分乘以该项的权重系数后进行累加得到总分并依据总分划分成三个等级进行标识判定。

《评价标准》是在国家标准的基础上进行了优化设计，在设计过程中充分借鉴了国外绿色建筑评价标准的先进经验，具有评价指标量化效果好、全寿命周期评价、阶段划分明确、体系结构合理、操作简便易行的优点。整体而言，它充分考虑了中新天津生态城的建设实际，但评价要求高于国家标准，充分考虑了中新天津生态城的国际性和示范性作用。

(2)《评价标准》指标体系 包括节地与室外环境、节能与能源利用、节水与水资源利用、节材与材料资源利用、室内环境质量、运营管理六大部分。每类指标包括强制项和优选项。绿色建筑必须满足所有强制项的要求。按满足优选项的程度，划分为白金奖、金奖和银奖三个等级。

① 节地与室外环境 《评价标准》主要涉及场地、灾害、污染源、通风、绿化、交通组织、地下空间利用等内容。该指标共包括强制项12项和优选项5项，优选项主要针对合理开发利用地下空间、住区风环境的改善、提升绿化水平提出了更高要求。

② 节能与能源利用 《评价标准》对节能与能源利用方面提出了很高的要求并在权重上着重考虑。包括围护结构、空调采暖、照明、节能电器选用、可再生能源利用等内容。该指标共包括强制项6项和优选项4项，优选项主要强调对住宅建筑围护结构节能设计标准、暖通空调系统的节能特性、可再生能源使用等方面的要求。

③ 节水与水资源利用 结合中新天津生态城的特点，在水资源项目中，《评价标准》为该项分配了很高的权重系数。主要涵盖规划方案、水量平衡、管网、节水器具、非传统水源利用和节水计量等内容。该指标共包括强制项9项和优选项4项，优选项强化了对施工用水、雨水处理、非传统水源利用和住区景观用水方面的要求。欧美的指标体系则体现出重视节水规划、污水回收和节约用水的特点。

④ 节材与材料资源利用 主要包括材料有害性、建筑造型、材料来源、土建与装修一体化设计施工、可再循环材料使用和选用合理的建筑结构体系等内容。该指标共包括强制项5项

和优选项6项，优选项根据中新天津生态城建设的需要设计了一些针对性较强的项目和标准，对建筑结构材料中混凝土和钢的强度、可再循环利用材料、废弃物为原料生产的建筑材料比例、土建与装修一体化设计施工方面提出了更高的要求。

⑤ 室内环境质量 主要涉及日照、采光、隔声、自然通风、室内空气质量、建筑入口和交通活动空间设计、温湿度控制等内容。该指标共包括强制项9项和优选项4项，优选项对采用可调节外遮阳装置、设置通风换气装置或室内空气质量监测装置、卧室、起居室（厅）使用蓄能、调湿或改善室内空气质量的功能材料、采用环保型空气净化设备来提高室内空气品质的问题提出了高要求。

⑥ 运营管理 《评价标准》的运营管理项主要包括管理制度、分类计量、运营管理、保洁措施、资质认证、智能系统、激励机制等内容。该指标共包括强制项8项和优选项4项，优选项体现了对垃圾分类和清运处理、栽种和移植的树木成活率及实施资源管理激励机制方面的高要求。

(3) 中新天津生态城绿色建筑评价方式与评价程序 《评价标准》中规定绿色建筑评价包括设计审查、符合性评价和投入使用一年后三个主要的评价环节，基本程序如图3-14所示。

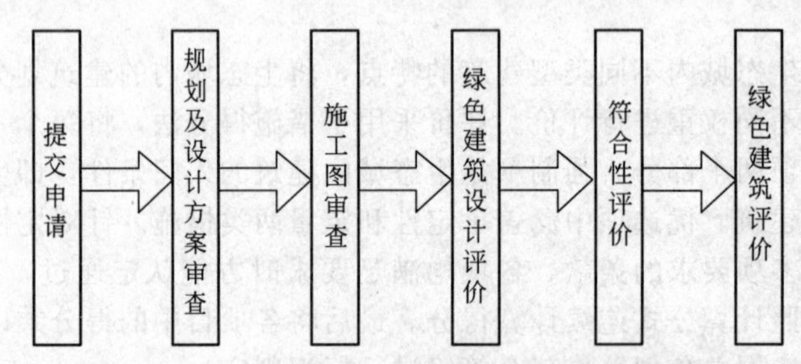

图3-14 中新天津生态城绿色建筑评价基本程序

(4)《评价标准》的特点

① 系统性。六个一级指标涵盖了建筑全寿命周期内各个方面的内容，并且在标准形成的过程中，与中新天津生态城的控制指标进行了对接，确保了标准与总体规划和环境指标要求的一致性。

② 先进性。以国家标准为依据，但高于国家标准，充分考虑中新天津生态城的国际性和示范性作用。

③ 引导性。充分考虑中新天津生态城的建设实际，努力形成对建设单位、规划设计单位、施工单位和运营管理单位的引导，并且鼓励创新，考虑了创新加分的内容。

④ 实用性。充分考虑了中新天津生态城的区位条件和开发建设实际，将评价时点分为规划设计阶段、竣工验收阶段和运营一年以后阶段，并且明确了不同时点的评价内容。

⑤ 公正性。本标准采取根据得分确定获奖等级的方法，能够连续计算的得分均按连续方式计算，能够区分不同建设方案的较小差别，确保了评分的公正性。

⑥ 可操作性。标准条文、评价细则、评分表构成了完整的体系；强制项决定入门条件，优选项决定获奖等级，评分表结构简洁；评价要求明确，易于操作。

3.3.8 《中国生态住区技术评估手册》

为了促进中国住宅产业的可持续发展，全国工商联房地产商会拟定了“在全国推广绿色生态住宅”的行动计划，在全国创立开放型的“全国绿色生态住宅示范项目”品牌，推动我国住宅产业的可持续发展。

在此背景下，2001年9月，由建设部科技司组织编写，建设部科技发展促进中心、中国建筑科学研究院、清华大学三家单位参与编写的《中国生态住宅技术评估手册》正式出版，这

是我国第一部生态住宅评估标准，并且用于国内第一批“全国绿色生态住宅示范项目”的指导和评估，是我国在绿色建筑评估研究上正式走出的第一步。

这本评估手册的编写，参考了美国LEED、英国Eeohome、加拿大GBC2000、日本《环境共生住宅A—Z》等绿色建筑、生态住宅的评估体系以及有关的资料，从小区环境规划设计、能源与环境、室内环境质量、小区水环境、材料与资源五个方面对居住小区进行全面评价，并且兼顾社会效益、环境效益和用户权益。

为了更好地发挥评估手册在绿色住宅建设方面的指导作用，根据实际需要，该评估标准几经修订更新，于2007年3月更新为第四版并正式更名为《中国生态住区技术评估手册》。该评估体系主要由选址与住区环境、能源与环境、室内环境质量、住区水环境、材料与资源五个部分构成，其中包含有22项二级评价指标以及多项三级评价标准。《中国生态住区技术评估手册》评估体系主要评价指标见表3-5。

表3-5　《中国生态住区技术评估手册》评估体系主要评价指标

一级指标	二级指标	最高得分	一级指标	二级指标	最高得分
选址与住区环境（100）	住区区位选址和规划	30	能源与环境（100）	建筑主体节能	40
	住区交通	10		常规能源系统优化利用	30
	住区绿化	15		可再生能源利用	20
	住区空气质量	8		能耗对环境的影响	10
	住区声环境	8	室内环境质量（100）	室内空气质量	25
	住区日照与光环境	9		室内热环境	25
	住区微环境	20		室内光环境	20
住区水环境（100）	用水规划	26		室内声环境	30
	给水排水系统	17	材料与资源（100）	使用绿色建材	30
	污水处理与再生利用	27		就地取材	10
	雨水利用	10		资源再利用	15
	绿化、景观用水	20		住宅室内装修	15
	节水设施与器具	—		垃圾处理	30

《中国生态住区技术评估手册》构建的评价体系由必备条件审核、规划设计阶段评分标准和验收与运行管理阶段评分标准三个部分构成。规划设计阶段和验收与运行管理阶段评分都是以评估体系的五项一级指标为基础的，每项一级指标最高得分均为100分，每个阶段总分为500分。该体系的最终评价结果根据得分的高低分为通过和未通过两个级别。根据参评项目的评估方式不同，对于单项评估，参评项目的一级指标单项得分在70分及以上为通过；对于阶段评估，参评项目各一级指标单项总分达到60分及以上、阶段得分达到300分及以上为通过；对于项目评估，参评项目各一级指标单项得分达到60分及以上、阶段总分达到300分及以上、项目总分达到600分及以上为通过。

3.3.9　中国香港建筑环境评估标准HK-BEAM体系简介

HK-BEAM（《香港建筑环境评估标准》）是在借鉴英国EREEAM体系主要框架的基础上，由香港理工大学于1996年制定。

HK-BEAM体系所涉及的评估内容包括两个方面：一是“新修建筑物”；二是“现有建筑物”。环境影响层次分为“全球”、“局部”和“室内”三种。同时，HK-BEAM包括了一系列有关建筑物规划、设计、建设、管理、运行和维护等的措施，保证与地方规范、标准和实施条例一致。

(1) HK-BEAM发展历程　HK-BEAM于1996年诞生后，在1999年，“办公建筑物”版本经小范围修订和升级后再次颁布，与之同时颁布的还有用于高层住宅楼建筑物的一部全新的评估办法。2003年，香港环保建筑协会发行了HK-BEAM的试用版4/03和5/03，再经过进一步研究和发展以及大范围修订，在试用版的基础上修订而成4/04和5/04版本。目前，HK-BEAM的最新实施版本即是香港建筑环境评估法4/04“新修建筑物”和香港建筑环境评估法5/04“现有建筑物”。

(2) HK-BEAM基本体系　HK-BEAM采取自愿评估的方式，对建筑物性能进行独立评估，并且通过颁发证书的方式对其进行认证。

HK-BEAM就有关建筑物规划、设计、建设、试运行、管理、运营和维护等一系列持续性问题制定了一套性能标准。满足标准或规定的性能标准即可获得“分数”，将得分进行汇总可得出一个整体性能等级，根据获得的分数可以得到相应分数的百分数（%），见表3-6。

表3-6　HK-BEAM评分等级

级别	整体	室内环境质量等级
铂金级	75%	65%(极好)
金级	65%	55%(很好)
银级	55%	50%(好)
铜级	40%	45%(中等偏上)

(3) HK-BEAM的特点

① 动态评估的理念　HK-BEAM采取动态评估的理念，对可能产生的变化做出反应，定期采取变更和版本升级的措施。同时，在实际应用的项目中获取反馈意见，搜集相关利益者的使用状况，对评估体系做出相应的改善。

② 灵活性与信息透明化　HK-BEAM的评估标准涵盖了大多数的建筑物类型，并且根据建筑物的规模、位置及使用用途的不同而有所不同。对于评估体系中未提及的建筑，如工业建筑等，也可在适当条件下用该体系进行评估。同时，评估标准和评估方法具有一定的灵活性，允许用可选方式来判断是否符合标准，可选方式则由香港环保建筑协会在无不当争议条件下达成决议。HK-BEAM亦将透明度纳入评估体系，将评估中和等级评定中的基线（基准点）、数据、条件和问题的细节完全公开。

(4) HK-BEAM体系的实践与推广　目前，主要由香港环保建筑协会负责执行HK-BEAM。HK-BEAM已在中国香港推行多年，已完成的评估方案主要包括带空调设备的商业建筑物和高层住宅建筑物。同时，为了积极配合宣传，香港特区政府提出以下政府部门为范例，规定新建政府建筑物都必须向HK-BEAM进行申请认证，希望以评级制度推动环保建筑的发展。

另外，2002年，中国香港机电工程署（Electrical and Mechanical Services Department，EMSD）开发了一套生命周期建筑能效分析计算机工具，该套工具包括香港商业建筑生命周期成本分析LCC（life cycle cost）、香港商业建筑生命周期能量分析LCEA（life cycle energy analysis）。LCEA通过建筑设计者输入的数据，通过模型计算出提供建筑生命周期的环境影响、能量使用和成本。软件能输出建筑生命周期不同阶段的计算结果，该套软件用户界面友好，可以免费下载。

第4章

国内外绿色生态建筑评估体系解读

绿色建筑评估体系是指应用在绿色建筑全寿命周期内的一套明确的评估体系，以一定的准则来衡量建筑在整个阶段达到的“绿色”程度，同时通过确立一系列指标体系，为各个方面和各个阶段提供具体清晰的依据指标，以指导和鉴定绿色建筑的实践。绿色建筑评估是对建筑的决策阶段、规划设计、建设施工、运营管理以及改造、拆除和再利用等全过程的系统化、定量化、模型化的分析，是一种对定性问题的定量分析，绿色建筑评估不仅关注绿色建筑本身的环境属性，还需要关注社会性、经济性和历史性等关键因子，而这些因子很难用单项指标进行评价，这就需要高度的概括和因地制宜性的评估，并且借助一些辅助分析手段，如统计分析方法进行更好的定量化分析。绿色建筑体现多主体参与的特点，建立评估体系时要选用合适的评价方法和评估模型。

4.1 绿色生态建筑评估基本理论

4.1.1 绿色生态建筑评估体系指标建立原则

（1）科学性与可操作性相结合原则　设计绿色建筑指标体系时，应充分考虑理论上的完备性、科学性和正确性，即指标概念必须有明确的科学内涵，数据选取应客观、真实，计算与合成等要以公认的科学理论为依托，同时又要避免指标间的重叠和简单罗列。指标还应具有可操作性，既要有可取性，又要有可测性。

（2）定性与定量相结合原则　衡量绿色建筑的指标要尽可能地量化，因为量化的指标才易于操作和接受，但对于一些在目前认识水平下难以量化且意义重大的指标，可以用定性指标来描述。

（3）特色与共性相结合原则　一方面绿色建筑指标体系要尽可能采用国内外普遍采用的综合指标，以便全面反映建设过程中涉及的各个领域，以利于不同区域之间的相互比较和推广；另一方面也要兼顾区域自身生态环境特点，突出区域特色，各项指标体现绿色建筑全寿命周期范围内各阶段与绿色建筑相关的特点，保证从不同侧面对绿色建筑的衡量。

（4）可达性与前瞻性相结合原则　绿色建筑评估体系的建立，首先是要具有良好的可操作性，能够直接用于具体的评估工作；各项指标通过相应的工程实践获得数据，保证指标体系的科学性。另外需要指出的是，绿色建筑评估体系的建立，不应只是定位于工程建设竣工后的评估工作，更重要的是要具有指导性，即要对工程建设者在工程建设过程中具有很好的指导意义，要能够指导和帮助工程建设人员在工程项目的策划、设计、施工、验收等过程中实现绿色建设。

(5) 繁简适中的原则　任何评估体系的设置过程都面临着一个问题：评估体系应细化到何种程度。如果评估指标设置过细，则会使评估过程烦琐，并且由于评估指标及其评估标准设置得过于死板，往往降低了评估体系在使用过程中的灵活性，并且给其调整带来了一定的困难；如果评估体系设置过粗，则会降低评估过程的可操作性以及评估结果的横向可比性。因此，必须结合实际需要来合理地设置评估体系。根据我国的实际情况，绿色建筑评估体系应该繁简适中，做到既能充分反映绿色建筑的各个方面，又要注意避免因过于烦琐而造成使用上的不便。

4.1.2 绿色生态建筑评估体系可持续发展对策

(1) 多主体共同参与评估体系编制　绿色建筑是与众多主体相关联的，政府、开发商、设计单位、施工单位、咨询单位、产品供应商、业主等，每个主体都有各自需要遵循的规则、目标、利益以及对绿色建筑的不同看法，使得绿色建筑这个产业变成一个相对复杂的系统问题。因此在进行评估体系的编制过程中，需综合各方面的因素和不同主体的看法，进行不断更新和完善，体现各个主体的需求。同时，实现整合各项技术，从规划设计初期就形成完整的绿色建筑建设理念，确定关键的技术体系，整合并实现规划设计、建筑施工、装修、配套产品的“一张图纸”设计。在标准编制过程中，要邀请更多参与实际项目开发的工程技术人员、开发商等参与进来，这样能更好地解决标准与实践相脱节的现象，使得中新天津生态城评估体系更具有可操作性和易用性。

(2) 评估体系不断更新和优化　评估体系应该做到评估指标定性和定量的结合，现有的评估体系主要以定性为主，定量化的指标较少，具体操作人员执行起来比较难以把握和权衡，随着今后基础性研究的不断开展，需不断增加定量化评价内容；同时，实现指标体系需要不断更新和优化，另外根据不同的建筑类型，编制不同的绿色建筑评估体系，针对不同的建筑特点，指标侧重点有所不同，实现评估体系通用、开放和可调节。总体的评估体系不仅仅要体现环境属性，还要体现经济性和社会性的特点。总之，绿色建筑评估体系不是一个总结性的评定，而是作为要达到绿色建筑怎样去进行策划和设计可参考的依据，实现不断的更新和优化，使得其更具有可操作性。

(3) 完善绿色建筑激励措施　针对绿色建筑的激励性的政策还处于空白阶段，建成绿色建筑的增量成本无法进行补偿，以致很多开发商没有内在的动力去建设绿色建筑。因此，制定切实可行的对开发商有利的激励政策，如税收优惠、奖励、免税、绿色容积率、快速审批、特别规划许可等措施，可实现开发商建设绿色建筑由外在约束力到内在推动力的转变，同时考虑对设计单位、咨询单位、施工单位、业主等主体，进行财政补贴、税收优惠、管理政策等激励政策类型。

(4) 绿色建筑评价主体职责的完善

① 政府建设管理部门的职责　政府建设管理部门在建设项目立项、审批及日常的管理中应根据“节水、节地、节材、节能和环境保护”的原则，认真把关，严格管理。对于绿色建筑的监管政策出现的偏差，找出原因，及时修正。制定切实可行的一套绿色建筑评估标准体系，同时利用各种媒体进行绿色建筑方面知识的宣传，使开发商建立开发绿色建筑的责任感和使命感，引导人们树立健康、生态的使用观念。积极开展绿色建筑评奖活动，特别注意应选择高水平的专业机构进行咨询和技术把关，方案审查时不应单纯以建筑的外在形象为唯一依据，杜绝长官意志，严格执行评价程序，为绿色建筑的开发提供有益的支持和指导。

② 房地产开发企业的职责　房地产开发企业要勇于承担社会使命，不断开发新的绿色建

筑，实现可持续发展。首先，要保障绿色建筑开发资金充足到位，确保绿色建筑能够顺利开发；其次，保障绿色建筑技术合理，确保绿色建筑从建筑材料选用、规划设计到建设施工等阶段都满足可持续发展的要求，同时满足国家和地方相关标准；再次，保障绿色建筑管理到位，以确保企业合理配置资源、节省生产成本、提高建设效率。

③ 消费者的职责　首先，消费者要积极购买绿色建筑产品，因为绿色建筑产品只有被售出和使用才能体现自身的价值，绿色建筑市场才能形成并发挥作用，消费者购买并使用可有效推动绿色建筑的发展；其次，消费者要积极反馈意见，在绿色建筑使用过程中，消费者可能会遇到很多突发事件或意外情况，这些情况可能是在绿色建筑规划设计、建设施工等阶段所没有预料到的，因此消费者积极反映此类信息和个人在绿色建筑使用过程中的意见是尤为重要的；再次，消费者要积极配合相关部门统计建筑能耗数据，以利于主管部门及时掌握不同建筑类型的实际能耗数据，降低能源浪费，增加节能潜力。

4.1.3 评估的步骤

(1) 明确评价目标，熟悉评价方案　为了进行科学的评价，必须反复调查、了解建立这个评价的目标和完成评价目标所考虑的具体事项，熟悉评价方案及步骤，进一步分析和讨论已经考虑到的各个因素。

(2) 分析评价要素　根据评价的目标，集中收集有关的资料和数据，对组成系统的各个系统的各个要素及系统的性能特征进行全面的分析，找出评价的项目。

(3) 确定评价指标体系　对于所评价的系统，必须建立能对照和衡量各个方案的统一尺度，即评价指标体系。严格来说，“评价标准体系”包括“评价指标体系”和“评价指标权重”两部分。具体还包括评价目标的细分与结构化，指标体系的初步确定；指标体系的整体检验与单体检验，指标体系结构的优化，定性变量的数量化等环节。评价指标体系必须科学、客观、尽可能全面地考虑各种因素。指标体系的选择要视被评价系统的目标和特点而定。指标体系可以在大量的资料、调查、分析的基础上得到，它是由若干个单项评价指标组成的整体，它反映出所要解决问题的各项目标要求。

(4) 选择评价方法与模型，制定评价准则和指标权重　评价方法与模型主要包括评价方法选择、权数构造、评价指标体系的标准值与评价规则的确定。由于各指标的评价尺度不同，对于不同的指标，很难在一起比较，因此，必须将指标规范化，制定出评价准则，根据指标所反映要素的状况，确定各指标的结构和权重。

(5) 评价方法的确定　评价方法根据对象的具体要求不同而有所不同，总的来说，要按评价系统目标与系统分析结果、效用、效果的测定方法，成功可能性的讨论方法以及评价准则等确定。

(6) 单项评价　单项评价就是对系统的某一特殊方面进行详细的评价，以突出系统的特征。单项评价不能解决最优方案的判定问题，只有综合评价才能解决最优方案或方案优选顺序的确定问题。

(7) 综合评价　按照评价标准，在单项评价的基础上，从不同的观点和角度，对对象进行全面的评价。综合评价就是利用模型和各种资料，用技术经济的观点，对比各种可行方案，从整体的观点出发，综合分析问题，选择适当而且可能实现的优化方案或得到综合的评价结果。

4.1.4 评估数据收集与分析

① 根据绿色建筑指标重要性问卷设计的基本原则、主要思路、基本步骤、基本框架，综合建立绿色建筑评估体系调查问卷。问卷主体是用于了解被调查对象对于绿色建筑评估体系相关指标预期及重要程度判断。被调查者的基本情况，用于了解调查对象的特征，并且用于筛选

问卷的有效性，同时为后期深入的交叉分析提供支持。

② 从建筑全生命周期的各个阶段主要涉及的主体上进行调研，包括绿色建筑政府主管部门、设计单位、施工单位、物业管理单位、咨询单位和业主六大人员主体，并且对回收的问卷进行有效甄别，剔除无效问卷。

③ 在获得有效样本的完整数据资料后，需要对问卷获取数据的信度和效度进行检验。信度的高低主要取决于测量误差的大小，当测试分数中测量误差所占的比例降低时，则真实特征部分所占的比率就相对提高，信度系数就会增加；反之信度系数便会降低。克隆巴赫系数是较为常用的检验标准。只有较高的一致性系数才能保证变量的测量符合信度的要求。

效度则是考量所设计的观测变量是否正确地表征了研究者所感兴趣的潜在变量。可以采用主成分分析的方法进行因素抽取，并且对原始因素负载系数进行最大方差垂直旋转变换，因素抽取的有效性指标选用取样适当性系数 KMO，该系数越大，表示因素分析的有效性越高。

4.1.5 评价原则

绿色建筑环境质量评价体系中所涉及的指标，应全面、真实地反映绿色建筑室内外环境的特点，符合国家现有的行业标准、法律法规等，并且做到经济效益、社会效益和环境效益的协调统一。一般性原则如下。

① 目的性原则。建立评价指标体系是为了衡量绿色建筑环境质量的可持续发展水平和变化趋势，指标的设计和选择一定要按此目的进行。

② 代表性原则。表征绿色建筑环境质量的指标很多，不可能全部选为评价指标，只能选择有代表性的作为评价指标，使评价指标体系既简明又能表达绿色建筑环境质量的本质特征。

③ 可操作性原则。评价指标体系应力求简便、实用、指标可量化，即有可操作性。

④ 可比性原则。可比性原则有两层含义：一是时间上的可比性；二是空间上的可比性。因此，指标要在计量范围、统计口径和计算方法上保持统一。

⑤ 层次性原则。一个好的评价指标体系应该能够处理不同层次的评价，具有不同的适应性，能够处理相关的大类评价、全方位评价，设计的绿色建筑环境质量评价体系力求具有这样的特点。

⑥ 可持续发展原则。可持续发展涉及可持续经济、可持续生态和可持续社会三个方面的协调统一，其立足点是保护人类赖以生存的资源和生态环境。

⑦ 科学性原则。评价指标体系概念必须明确，要有一定的科学内涵、科学的思考方法，能够客观、真实、综合地反映评价系统内部各指标之间的关系。

4.1.6 评价对象

对于某一建筑来说，从设计前期、设计、施工、运行到拆除所经历的周期跨度为几十年，是否用同一评价体系对不同的建筑做出评价是值得研究的。从目前世界各国的绿色建筑评价体系来看，针对不同类型的建筑和不同的建筑周期，都是采用了不同的评价体系。

从评价理论上来讲，根据评价体系是否独立于样本，综合评价可分为相对评价与绝对评价两种，任何综合评价都必须有评价标准或依据，若综合评价标准独立于样本，称为绝对评价，不独立称为相对评价。绝对评价的优点在于评价标准可以根据综合评价意图进行调节，可以发挥主观能动性；相对评价的优点是客观性强，但由于评价内容与样本有关，样本构成的变化对评价结论将产生一定的影响，从而使这种评价结论给人以“不唯一”的感觉。

4.1.7 评价指标体系

在综合评价指标体系这一系统中，每个单项指标都是系统元素，各个指标之间的相互关系是系统结构。因此，综合评价指标体系的构造也有两个内容：单项评价指标的构造和指标体系的结构构造，而且从构造程序看，一般是先建立结构，再设计元素。

(1) 体系结构　评价体系结构就是要确定该评价指标体系中各指标之间的相互关系如何，层次结构怎样，因为越是复杂的综合评价问题，其评价目标往往是多层次的，稍微复杂的综合评价指标体系一般都表现为三层结构（不包括评价对象所构成的底层）：总目标，子目标层，指标层。在构造评价体系结构时，具体过程是：对评价目标的内涵与外延做出合理解释，划分概念的结构，明确评价的总目标与子目标。然后对每一子目标的概念进行细分解，直到每一个侧面下的子目标都可以直接使用一个或几个明确的指标来反映。最后设计每一层的指标。

(2) 评价指标　评价指标是评价目标的具体体现，是反映事物某一现象的特定概念（如符合与否）或者具体数值，每个评价指标都是从不同的侧面刻画评价对象所具有的某种特征的度量。评价指标是构成综合评价体系的基石，指标选取是构建综合评价体系的重要环节，应该尽量能够发挥指标的代表性和全面性。

指标的选取常遇的误区如下。

① 选择集合性过高的指标，如果一个指标集过多的信息于一身，则会使此指标所反映的价值难以辨识。

② 只选择能够被测定的指标，而非重要的指标。在指标的选择中固然易于测定的指标能较好且较为方便地反映所评事物的情况，但有些指标却不能真正地反映实际情况。

③ 指标选择依赖于错误的理解。指标选择前应对指标进行深入的了解，对指标所包含的具体信息、信息来源等都需要清楚明了。

④ 指标具有不完整性。指标并非一个真实的体系，不能全面地反映一个事物的某种水平，单指标不能囊括多方面的信息内容，因此需要由多个指标共同构成体系来对某一事物的某种水平进行评估。

理想的指标应具有以下特点。

① 理想指标应具有清晰的价值取向。指标在对某一信息“好”与“坏”的认识上必须明确。

② 理想指标应有清晰的内容。指标所包含的信息内容要易于理解，便于评价者对该指标信息的理解，以便对相关内容进行迅速准确的评估。

③ 理想指标应具有激励性。评价指标所具有的作用并不只限于对相关内容进行评估，对于绿色建筑评估来说，其也应对建筑设计有引导和指向作用，激励建筑设计朝着指标所指示的方向发展。

④ 理想指标应具有利益相关性。指标应反映出各利益方的攸关利益，即使最小的利益相关方也能在其中体现出应有的部分。对于绿色建筑评价，指标需要体现出设计方、施工方、业主等的利益，最终以达到对绿色建筑的一致认定。

⑤ 理想指标具有可行性。指标应在花费合理成本的条件下，能够方便地测得。在某些绿色建筑评估体系中，某些指标需要由长期的实时监控的数据来评定，因此对于快速判断该指标的绿色程度并不利，因而影响绿色建筑整体的及时评估。

⑥ 理想指标应具有信息充足性。指标所含信息不能过多而影响对其的深入理解，同样，指标所含信息也不能太少而不足以对某一事物的某一方面进行足够的说明，进而影响评价。

⑦ 理想指标应具有及时性。指标应及时更新其信息，特别是对经济方面的指标，需及时与经济环境的变化保持一致。

⑧ 理想指标应具有民主参与性。首先，大众对评价指标的选取应有权利；其次，大众对指标评价时能提供数据信息，例如在评价某一方面好坏与否时，大众可以明确地对该指标的好坏程度进行评定。

⑨ 理想指标应具有补充性。有些指标人们可以直观地感知到，例如绿色建筑评估中的温

度、湿度等指标。但有些指标例如电磁辐射则不能被人直接觉察到，所以在指标的选择中应能涵盖这类指标。

⑩ 理想指标应具有层次性。指标间可以具有包含或从属的关系，因此可以建立起层次关系，形成体系，最终逐层地评估某一事物。这使得评估更加全面细致，更具系统性。

⑪ 理想指标应具有实物性。指标最好可以用实物性单位量化得到，可量化则易于测得。

指标的建立步骤如下。

① 建立指标工作组。工作组的建立是建立指标体系有力的保证，工作组需要多学科的合作，与指标评价的相关领域有密切的联系。工作组建议由专家和非专家人员组成，而且需要长期地为此工作付出。

② 明确指标体系评价的目的。指标评价可有多种目的，可用于教育大众，可为决策提供依据，或者帮助判断一个方法或计划是否成功。不同的目的将产生不同的指标和评价策略。

③ 明确社会认同的价值和远景目标。指标必须能够体现其服务的人所要表达的要求和期望。在指标体系中，指标需要与社会普遍认同的价值相符，与广为认同的绿色建筑概念相符，具体表现为重视节能环保等方面的评价。

④ 重新审视现存的指标体系。工作组需要仔细研究现有的指标体系，研究相关项目以借鉴其精华。对以往绿色评价指标体系的研究是工作的基础，研究的体系包括英国的 BREEAM、美国的 LEED、日本的 CASBEE、中国香港的 HK-BEAM、加拿大的 GBTOOL、中国内地的绿色奥运体系和绿色建筑评价标准等。

⑤ 初步建立提议的指标。工作组在此阶段应利用自身的专业知识、搜集的范例以及来自外部专家的建议初步起草一套指标。在进行下一步工作之前，指标应经多次评审与修改，以达到理想状态。指标体系需从之前的多而繁杂转变为之后的精简、有条理和有针对性。

⑥ 进行指标选取多方参与和讨论。初步建立的指标体系需要进行更广泛的参与，需要更多专家和大众对指标体系的集思广益，对此提出建议，使指标体系能体现多方的利益。

⑦ 制定技术层面上的指标使用细则。此阶段需要对之前修改的指标体系进行系统的整理，对指标的信息如何获得或测得，对指标的量化、统计等途径进行深入的思考。

⑧ 研究数据资料。对所需要的数据进行搜集，并且对数据的搜集方式等进行设计，根据数据的研究再对指标进行修订。具体工作中一些数据并不易得到，在进行数据研究后，对一些指标的评分细则进行调整，对不易得到量化数据的指标可转变为定性评价。

⑨ 发布并推广指标体系。此步骤要求对指标体系的表述清晰明了，所用语言通用，方便使用者接受。另外，一个有效的扩大服务计划必不可少。在此方面做得较为成功的当属美国的 LEED 评价体系，该商业评价体系在推广方面做得较为出色，目前已经在中国开展了许多业务。

⑩ 定期升级更新指标体系。随着研究的深入和社会的进步变化，指标可能会产生变化。这要求有一种制度能够定期重复以上步骤，以重新审视之前的指标，然后对体系进行必要的更新与升级。

(3) 数学模型　评价体系的数学模型包括两方面内容：一个是如何将评价指标中有量纲的数据或者定性的评价转化成为评价可用的当量化值；另一个是如何将这些当量化值经过数学演算得出最终评价结果。

在第一个问题上，对于定量指标绿色建筑评价一般采用设定阈值的打分方式，即设定了某一指标的极限值（最高或最低），根据具体评价指标数值在阈值内的分布情况打分；对于定性指标采用按满足指标具体描述的情况打分。在第二个问题上，目前在绿色建筑评价体系中最传统的数学模型包括线性加权和法（加法合成法）、乘法合成法和加乘混合法等。

(4) 评价结果　绿色建筑评价本质就是通过评价使人们对建筑的“绿色性”做出认识，在这里就涉及两个问题：①对于某个建筑来说，需要评价出它是不是绿色建筑；②对于评价出的绿色建筑来说，它们到底哪个“绿色性”更好。对于此问题，绿色建筑评价一般是采用分级评定的方式，例如 LEED 将通过其认证的建筑分为“LEED-Certified”认证级、“LEED-Silver”银级、“LEED-Gold”金级、“LEED-Platinum”白金级。

另外，绿色建筑评价是针对绿色建筑环境性能的评价，而建筑环境性能有时很难用一个具体的数值体现，因此有的绿色建筑评价的结果还采用由一组资料组成的核心指标表示，如 GBTOOL，或者由二维图表示，如 CASBEE。

4.2 绿色生态建筑全生命周期评价

建筑产品是指在建筑或其他构筑物的全生命周期中使用的物品或服务，包括：建筑材料的加工和建筑产品的前期规划，立项、勘察设计、招标采购，建筑安装实施期，运营维护期及拆除处置期五个阶段，产品这个词不仅包括产品系统，还包括服务系统。建筑产品作为特殊的产品，其生产过程包括工厂制造和场地施工两部分。建筑产品是全生命周期不同过程产品的总称，包括建筑材料和建筑部品。建筑部品的环境影响是综合所有集成的建筑材料环境影响结果的总和。生命周期理论与建筑领域相结合，衍生出了一系列基于生命周期思想的分析理论和分析工具，如建筑生命周期评价（building life cycle assessment，BLCA）、建筑生命周期成本（building life cycle cost，BLCC）、建筑生命周期管理（building life cycle management，BLM）、建筑生命周期环境等。绿色建筑全生命周期各阶段评价指标见表 4-1。

表 4-1　绿色建筑全生命周期各阶段评价指标（以中新天津生态城为例）

目标层	一级指标	二级指标
绿色建筑	绿色建筑决策阶段	绿色建筑技术成熟度
		绿色建筑技术风险度
		项目建设对周边环境影响
		投资回收期
		内部收益率
	绿色建筑规划阶段	自然地貌保存率
		建筑场地无污染
		场地环境噪声
		区域风环境
		热岛效应
		土地资源的有效利用
		居民配套设施
		停车位比例
		周边公共交通系统
		给、排水系统规划方案
		区域地表水环境质量
		污、废水处理与回用
		能源利用效率
		建筑空间布局
		历史文物保护和乡土人文环境有机结合
	绿色建筑设计阶段	人均公共绿地
		地下空间合理利用
		透水地面比例
		自然通风设计
		建筑遮阳设计
		室内自然采光
		建筑外围护结构热工参数
		冷热源和能量转换系统
		能耗监测系统
		照明系统节能设计
		可再生能源利用率
		管网漏损率
		节水器具和设备选用设计
		室内舒适度
绿色建筑	绿色建筑施工阶段	施工人员安全与职业健康
		施工过程污染、扬尘和噪声控制
		节能规划和措施
		节电机械设备应用
		节水专项规划
		水资源节约和利用
		可循环材料使用
		预拌混凝土、砂浆使用
		本地建材比率
	绿色建筑运营阶段	住区污染物控制
		能源、资源节能管理
		能源系统调试可靠性
		用水分户计量
		非传统水源利用
		景观水循环处理
		居住空间日照条件
		室内自然通风
		室内热舒适度
		室内空气品质和监测装置
		生活垃圾处理管理制度
		物业管理部门资质等级
		建筑智能化系统
		绿色建筑宣传普及率
	改造、拆除和再利用阶段	合理更换建筑材料
		绿色节能改造
		经济合理性
		建筑方便拆除
		建筑拆除时材料和垃圾循环使用

绿色建筑全生命周期有两种不同的含义：一种是商业和市场开拓意义上的产品市场周期，指某种产品从开始投放市场、市场发展、市场饱和、市场需求衰退到完全退出市场的过程；另一种是开发和使用意义上的个体产品存在寿命，指一个产品从客户需求、概念设计、工程设计、加工制造到服务支持的时间过程。本书研究中的绿色建筑全寿命周期是指后一种含义，即包括从项目决策、规划设计、施工、运营到回收利用的整个寿命周期。

根据中新天津生态城绿色建筑评估指标体系，在模型构建过程中基于全寿命周期理论，应该从决策阶段、规划设计阶段、建筑施工阶段、运营管理阶段、评估认证和改造、拆毁和再利用阶段进行评价，在各个阶段考虑节地与室外环境、节能与能源利用、节水与水资源利用、节材与材料资源利用、室内环境质量和运营管理内容，这几个阶段的任何一个环节都对建筑最终实现绿色建筑有决定性的影响，任何一个环节都不能忽视。本实例仅考虑二级指标。

4.2.1 生命周期评价

生命周期评价（LCA）的起源可以追溯到20世纪60年代，最初对此的研究相对简单，一般是针对能量利用、原料消耗、废物排放等方面，以求提高总能源利用效率，对潜在环境影响考虑较少。80年代，瑞典、瑞士和美国的私有公司采用LCA进行了很多研究。然而，这些研究采用的方法各不相同，没有一个共同的理论框架，即使出于同一个目的，各研究结果经常出现很大的不同，因此，LCA很难成为被人们广泛接受的分析技术和方法。

1989年，荷兰国家居住、规划与环境部根据“末端控制”这一传统环境政策制定出了针对产品的环境政策，涵盖从产品生产、消费直到最终报废处理的整个产品全寿命周期内的所有环境影响进行评价。1992年出版的研究报告“产品全寿命周期环境评价”是该研究最重要的成果之一，奠定了后来SETAC（国际环境毒理学与化学学会）方法论的基础，即1993年SETAC出版的“全寿命周期评价纲要：实用指南”报告。该报告为全寿命周期评价方法提供了基本技术框架，是全寿命周期评价方法论研究的里程碑。

在SETAC的基础上，国际标准化组织（ISO）于1993年10月成立了ISO/TC 207环境管理技术委员会，经委员会组织整理，于1997年正式出台了ISO 14040《环境管理—生命周期评价—原则与框架》，以国际标准形式提出对生命周期评价方法的基本原则与框架。这有利于生命周期评价方法在全世界的推广与应用，标志着LCA全球性的初步标准产生了。

在SETAC和ISO的共同努力下，LCA方法的国际标准化取得了重大进展，相继推出ISO 14040～ISO 14043环境管理生命周期评价系列标准。参照这些国际标准，我国的环境管理标准化委员会于1999年、2000年和2002年相继推出了GB/T 24040《环境管理生命周期评价原则与框架》、GB/T 24041《环境管理生命周期评价目标与范围的确定和清单分析》、GB/T 24042《环境管理—生命周期评价—生命周期影响评价》、GB/T 24043《环境管理—生命周期评价—生命周期解释》四项国家推荐性标准。

4.2.1.1 生命周期评价的技术框架

ISO 14040系列标准提供了进行生命周期评价的技术框架，通过汇总和编辑一个产品（或服务）体系在整个生命周期的所有输入和输出的清单，评价其对环境造成的潜在影响，最后对清单和影响进行解释。

（1）目标与范围的确定　确定目标是要清楚地说明开展此项生命周期评价的目的和意图，以及研究结果可能应用的领域。研究范围的确定要足以保证研究的广度、深度与定义的目标一致，需要考虑的因素有系统功能、功能单位、系统边界、分配程序、环境影响类型和影响评价方法、数据要求、基本假定、限制因素、原始数据的质量要求、研究结果的评审类型、最终报告的类型和形式。

（2）生命周期清单分析（LCI）　生命周期清单分析是对产品、工艺或活动在整个生命周期阶段资源、能源的消耗和向环境的排放（包括废气、废水、固体废弃物及其他环境释放物）

进行数据量化分析，其核心是建立所研究产品系统的输入和输出清单。其中分配方法是整个清单分析过程的核心和难点，会直接影响研究的过程和结论。目前并不存在统一的分配方法，各种分配方法各有优劣，而且在实际的工业生产工艺中，共生产品系统、闭环再循环和开环再循环常常相互嵌套，需要针对具体情况采用适当的方法。生命周期清单分析产品的系统示例如图 4-1 所示。

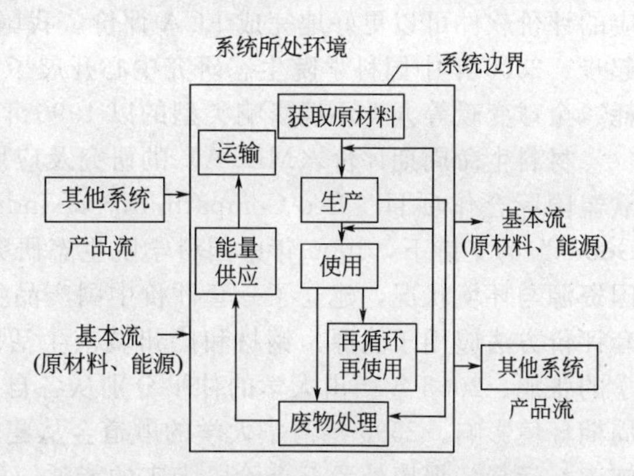

图 4-1　生命周期清单分析产品的系统示例

(3) 生命周期影响评价（LCIA）　生命周期影响评价是根据清单分析后所提供的资源、能源消耗数据以及各种排放数据对产品所造成的环境影响进行定性定量的评估，确定产品环境负荷，比较产品环境性能的优劣，或对产品重新设计。在 LCIA 中一般按照对人类健康的影响、对生态环境的影响和对资源的影响分为三大类，每一大类又细分为许多具体的环境类型，如对生态环境的影响包括全球变暖、臭氧层损害、富营养化、酸化等具体的环境类型。评价是通过归一化、分组和加权将分类并定量化的各种环境类型的参数结果统一归结为一个指标，归一化采用基线或基准信息，分组和加权采用价值选择。

(4) 生命周期解析　生命周期解析是根据清单分析、影响评价或这两者结合起来识别和评价整个生命周期内与资源、能源和污染物相关的环境负荷减少的可能性或途径，进而明确地提出如何减少环境影响的具体措施。

4.2.1.2　国内外 LCA 方法和工具研究

目前，LCA 方法的主要研究方向包括生命周期清单分析和生命周期影响评价方法，包括系统界定、清单分析和影响评价等。LCA 分析工具的开发主要包括基础数据库的建立和 LCA 评估软件的开发等。

清单列表实际上是一些带有标记的问题，不同的权重分配给一个分类或某个问题，然后一个评分以及最后的结果就会根据提问计算出来。基于清单列表法的建筑能效相关的评价方法有许多，目前知名度比较大的有：美国的能源与环境设计先导 LEED（leadership in energy and environmental design），英国的建筑环境评价方法 BREEAM（british research establishment environmental assessment method），日本的建筑物综合环境性能评价体系 CASBEE（comprehensive assessment system for building environmental efficiency），试图建立国际化的建筑环境评价的绿色建筑挑战项目（green building challenge，GBC），Arup 公司开发的可持续建设项目评价工具 SPAR（sustainable project appraisal routine），澳大利亚绿色建筑委员会（The Green Building Council of Australia，GBCA）发起的绿之星（Green Star），荷兰的（Netherlands）ECO QUANTUM，德国的 ECO-PRO，加拿大的 EnerGuide 建筑能耗标识体系，俄罗斯莫斯科市实施的建筑“能源护照 Energy Passport program”计划等。

清单列表的优点是提高了实际操作性，但是，清单列表的一个问题是权重对于用户来说并不是一直明显的，目前对于打分方法以及权重的优先性还没有一致的看法。另外，有些建筑能效的评价列表关注面过广，失去对建筑能效的针对性。

生命周期清单分析的理论方法趋于完善，侧重结合工业应用要求对数据进行规范化处理。生命周期影响评价方法针对环境影响评估的实施提出了多种方法，如单位消耗的物质强度方法(MIPS)、环境分数方法（eco-points)、环境指数方法（eco-indicator）和环境优先级方法(EPS) 等。由于 LCA 数据库具有很强的地域性，几乎各个国家和地区都需要建立自己的 LCA 数据库。LCA 评价通常需要大量的时间，处理大量的数据，借助 LCA 基础数据库和相应的评价软件可以更好地完成LCA评价。我国在基础数据的积累与数据库的建立方面才刚刚起步。2000年中国科学院生态研究中心开展了LCA理论和方法的研究，确定了我国在资源消耗、全球变暖等九类环境影响类型的以1990年为基准年份的基准值和权重系数。

材料生命周期评价（MLCA）的研究及应用是目前国内最主要的LCA研究方向之一。在欧盟国际合作项目“Eco-Compatibility of Industrial Processes for the Production of Primary Goods”的支持下，2000年中国科学院生态研究中心开展了LCA理论和方法的研究，针对中国资源与环境状况，建立了一套评价中国产品生命周期环境影响评价的方法和模型，并且将这套评价方法应用于能源、钢材和广州城市生活垃圾管理的生命周期评价研究。2003年同济大学的张旭、2005年四川大学的仲平分别从各自研究领域出发，应用LCA方法分析建筑物生命周期环境影响。2006年清华大学的顾道金从建筑材料角度出发，分析在原料掘取、建材生产、施工、运行、报废处置五个阶段带来的能耗、资耗、污染三个方面的环境影响，并且应用该方法对北京某新建住宅进行了分析。

近年来采用LCA理念的绿色建筑评价系统有越来越多的趋势，国际上建筑能效相关的生命周期评价方法有中国香港机电工程署开发的香港商业建筑生命周期成本分析LCC（life cycle cost）、香港商业建筑生命周期能量分析LCEA（life cycle energy analysis）、加拿大的Athena、法国的EQUER和TEAM、美国商业部开发的BEES、英国建筑研究所开发的ENVEST、日本建筑学会开发的AIJ-LCA等，已经成为相当精密详细的环境评价系统，其中又以日本建筑学会的AIJ-LCA最为成熟。可见LCA的评价理念已成为当今绿色建筑评价理论中最具发展前途的课题，得到了广泛的应用与认同。

目前世界上研究建筑物生命周期评价的机构和组织主要集中在北美、欧盟、日本等发达国家或地区。国外已经就建筑全生命周期环境负荷的量化评价开发出多种侧重不同的计算软件，按其目的不同，主要分为建材LCA工具、建筑LCA工具以及结合CAD的LCA设计工具。

建材LCA工具就是计算建材从生产到废弃的全生命周期的环境负荷，为建筑绿色选材作依据。目前材料的LCA数据库已经较完善，成熟的软件主要有荷兰的SimaPro、英国的Boustead、德国的GaBi、加拿大的PEMS、韩国的OGMP、瑞典的SPINE、美国的EIO-LCA等。这些工具并不一定是针对建筑开发的，是用于评价产品生产工艺的生命周期环境影响的，但这些工具可以用来计算建筑材料在生产过程中各个阶段的环境负荷，用户可以指定产品以及生产工艺，就可以由软件计算出所研究系统的输入与输出的数据清单。

建筑LCA工具主要以单体建筑为研究对象，量化评价其全生命周期内的环境负荷。目前主要有美国的BEES、英国的ENVEST、加拿大的Athena、日本的AIJ-LCA、澳大利亚的LISA、荷兰的ECO-QUANTUM等。它们的评价目的和范围各有侧重，操作难度上也各不相同。总的来说，用于前期设计阶段的软件简单易操作，但是固定的假设条件较多，偏差较大；而用于准确评估建筑环境负荷的软件操作上又很烦琐。

LCA的局限性主要有以下几个方面。

现在的生命周期评价工具已经应用到了对某一过程所涉及的能耗问题、资源问题、污染问题的综合研究。从单一研究发展到综合研究使问题大大复杂化，生命周期评价方法的局限性显现出来。

① 生命周期评价需要大量的基础数据，一个充分的生命周期评价项目往往涉及成千上万的数据，材料的生命周期评价需要大量的基础数据作为前提条件，这会使生命周期评价成本高、耗时长。而LCA评价中最核心的建材生产、运输、建筑施工、建筑使用、拆除废弃等各生命阶段的能耗和排放基本单位数据十分缺乏。

② 生命周期评价的边界定义，难以考虑真正意义上的生命周期全过程，其边界不完整、不统一。如何定义边界及其定义时应遵循的原则还存在争论，这就导致在对某一系统进行生命周期评价时，其边界不清楚。

③ 数据具有时效性和地域性，超越某一有效时间或跨越某一特定地区的数据是不准确的，

甚至是错误的。由于无法取得或不具备有关数据，或数据质量问题限制了生命周期研究的准确性。

④ 目前在生命周期评价应用研究中，一般只进行清单分析（LCA-1），很少进行影响评价（LCA-2）和改善评价（LCA-3）。即使进行后两部分工作，也只是简化处理，其主要原因是影响评价缺乏标准化的方法和指导性强的理论基础，而改善评价还没有明确一致的定义。因此，生命周期评价还有待从理论上加以完善。

⑤ 由于生命周期评价在国际间的相关标准尚未达成一致的共识，不同的研究单位所建立的评价系统存在有不同的假设条件与限制，以至于对建筑物的LCA分析方法不统一，导致评价结果之间缺乏可比性，使之难以成为绿色建筑评价的定量工具。

4.2.1.3　研究建筑产品的LCA评价的意义

ISO 14040环境管理生命周期评价系列标准，给出了进行产品生命周期评价的技术框架，但这个框架不具有可操作性。建筑产品的LCA评价具有其特殊性。

① 使用过程时间长，建筑的使用年限一般为50年，主要结构材料与建筑同寿命，装修材料寿命为15～20年，设备材料寿命为10～15年。

② 相对于一般产品，建筑产品多出一个施工过程。施工过程可以看成建筑产品的最后一道生产工序，耗费一定的人工和机械。

③ 建筑产品的功能单元定义困难。功能单元（functional unit）是在生命周期评价研究中用来作为参照单位的量化的产品系统性能，是不同产品进行横向比较的标准。建筑产品的使用功能因建筑而异，不同建筑产品的功能单元的定义不同。

④ 建筑产品所包含的建筑材料的种类繁多。在建筑的使用过程中，单独的某种建筑材料不具备使用功能。

建筑物所使用的全部建筑产品的环境影响的总和，就是建筑物全生命周期环境影响，也可以进一步转换成单位建筑面积的全生命周期环境影响，为绿色建筑的定义提供量化的标准，为绿色建筑评估提供量化工具。由定性研究到定量研究是科学发展的必然趋势。建筑产品的全生命周期环境影响定量评价研究，架构可操作、简便地获取环境影响数据的LCA方法，为建筑师量化设计和定量评价绿色建筑提供必要、基础性的定量研究的工具。

4.2.2　建筑产品的生命周期环境影响评价

建筑产品的生命周期影响评价（LCIA）是根据清单分析后所提供的资源、能源消耗数据以及各种排放数据对产品所造成的环境影响进行定性定量的评估，得到单一的环境影响指标、生态点。其评价过程分为分类、特征化和评价三个步骤。目前，建筑产品从摇篮到坟墓的生命全过程的环境影响评价，涉及环境影响的11个方面（类型）：全球变暖、臭氧耗竭、化石燃料消耗、矿产资源消耗、酸化、光化学烟雾、水体富营养化、淡水资源消耗、木材资源消耗、烟尘和粉尘及固体废弃物。随着LCA研究的深入和建筑产品环境基础数据的丰富，环境影响方面的评价内容会更加准确和全面。

分类是将清单分析的结果划分到影响类型的过程。在关键的环境影响类型确定后，将生命周期清单分析（LCI）中的输入和输出数据归到不同的环境影响类型。不同的环境影响类型受不同环境干扰因子的影响。同一干扰因子可能会对不同的环境影响都有贡献，由于环境影响最终所造成的生态环境问题又总是与环境干扰强度及人类的关注程度有关，因此在分类阶段的一个重要假设是，环境干扰因子与环境影响类型之间存在一种线性关系，这在某种程度上是对当前科学发现的一种简化。在分类中当清单的分析结果只与一种环境影响类型有关时，就直接将其归类。但当环境干扰因子与多种环境影响类型相关时，就需要考虑并联和串联问题。

分类完成后，下一个步骤就是进行特征化。特征化的目的是将每一个影响类目中的不同物质转化和汇总成为统一单位的数据，称为环境影响特征值。特征化的主要意义在于选择一种衡量影响的方式，通过特定评估工具的应用，将不同的负荷或排放因子在各形态环境问题中的潜在影响加以分析，并且量化成相同的形态或是同单位的大小。特征化的方法可以应用在单一的影响类别之内，但无法用在不同的影响类别之间。

对参数结果进行归一化的目的是更好地认识所研究的产品系统中每个参数结果的相对大小。ISO 14042 在归一化过程中，通过一个选定的基准值作除数对参数结果进行转化。全球范围的归一化基准体系的基准区域是根据影响类型的影响区域选择，全球性影响选择全球范围作为基准区域，如全球变暖和臭氧层耗竭；区域性、局地性影响选择中国、东部沿海地区、中部地区和西部地区作为基准区域，如资源消耗、光化学烟雾、酸化、水体富营养化、固体废弃物等。中国范围的归一化基准体系的基准区域不考虑影响类型的影响区域的不同，全部影响类型都选择中国作为统一的基准区域。前者适用于归一化的主要目的是获得影响类型的相对重要性，以便于不同 LCA 研究的比较；后者适用于研究目的需要强调产品系统对中国环境的影响贡献。例如可以将 11 个环境影响类型的特征值，除以相应环境类型某年中国的人均当量值，得到建筑产品每类环境影响的无因次量，表征建筑产品每类环境影响的相对大小，称为环境影响归一化值。

量化是确定不同环境影响类型的相对贡献大小或权重，以期得到总的环境影响水平的过程。经过特征化之后，得到的是单项环境问题类别的影响。评价则是将这些不同的各类别环境影响问题给予相对的权重，以得到整合性的影响指标，使决策者在决策过程中，能够完整地捕捉及衡量所有方面的影响，不会因信息的偏颇、差异或缺乏比较而被蒙蔽。目前的环境影响评价通常采用“距离目标”法和层次分析法两种方法。使用权重系数将不同类型的环境影响无因次量加权，得到不同环境影响类型的环境影响指标，称为环境影响类型的生态点；累加不同环境影响类型的生态点，得到单一的建筑产品的环境影响指标，称为生态点。

上述步骤完成了某建筑部品或某建材的 LCA，重复上面的评价步骤，获得与之进行环境影响比较的建筑部品或建材的环境影响。

根据清单分析、影响评价或这两者结合起来识别和比较相同功能单元的不同建筑产品整个生命周期内不同阶段和不同环境影响类型的环境表现，确定建筑产品生命周期过程中对环境影响最大的阶段及产生最大环境影响的环境影响类型，明确影响建筑产品环境表现的关键因素，指导绿色建材及构件的选择，为获得建筑产品更小的环境影响提供可能的方向，改善建材及构件全生命周期的环境表现。

4.2.3 绿色生态建筑全寿命周期经济评价

对绿色建筑进行经济评价，可以根据全寿命周期理论把它划分为五个阶段：①决策阶段；②设计阶段；③施工阶段；④运营及维护阶段；⑤报废拆除回收阶段。

建设项目的全寿命周期根据时间长短的不同分为四种：物理寿命、功能寿命、经济寿命和法律寿命。这四者之中经济寿命短于法律寿命；物理寿命时间最长，但是易受到多方面的影响，具有不确定性；同样功能寿命受技术更新、业主要求等影响，也具有不确定性。比较上述四种寿命周期，结合我国国情并参考我国现阶段建设项目使用年限，以经济性和一定的效率为依据，陈敬伟采用经济寿命作为绿色建筑的全寿命周期，选取绿色建筑的全寿命周期为 50 年。

研究绿色建筑的经济效益，对社会效益及环境效益可以不做单独的评价，凡是涉及社会效益和环境效益的，可把相关的收益折算成现金流量计入投资人的费用和效益。社会效益评价与经济效益评价既有区别又有联系。其联系主要在于二者都是从项目对社会的影响角度出发，对项目的效益进行分析。二者的主要区别有以下几个方面：第一，评价的出发点不同。经济效益评价的出发点主要在于评价项目实施对国民经济所产生的直接表现形式，能直接指导国民建设，重在当下的实际实施。而社会效益评价的出发点在于分析项目对人类社会发展、文明、环境保护等各方面的贡献和影响，从社会的角度将项目的效益量化并最终衡量项目的优劣。第

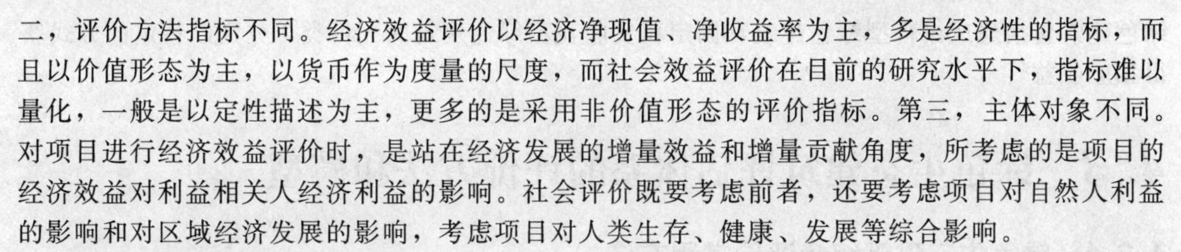

二，评价方法指标不同。经济效益评价以经济净现值、净收益率为主，多是经济性的指标，而且以价值形态为主，以货币作为度量的尺度，而社会效益评价在目前的研究水平下，指标难以量化，一般是以定性描述为主，更多的是采用非价值形态的评价指标。第三，主体对象不同。对项目进行经济效益评价时，是站在经济发展的增量效益和增量贡献角度，所考虑的是项目的经济效益对利益相关人经济利益的影响。社会评价既要考虑前者，还要考虑项目对自然人利益的影响和对区域经济发展的影响，考虑项目对人类生存、健康、发展等综合影响。

(1) 绿色建筑经济评价指标的选择

① 通常认为增量投资净现值（ΔNPV）是评价项目盈利的指标。若 ΔNPV＞0，则表示绿色建筑能够获得一定的超额投资收益，该绿色建筑方案满足要求；若 ΔNPV＝0，则表示绿色建筑方案刚好与非绿色建筑的基准收益率相同，还要进行修改；若 ΔNPV＜0，则表示该绿色建筑方案没有非绿色建筑方案经济合理，方案不可行。绿色建筑的经济性可通过全寿命周期的净收益比较得到，通常认为投资者追求的目标是获得最大的纯经济效益，以 ΔNPV 最大的方案为最优方案。

② 增量内部收益率（ΔIRR）可用来说明绿色建筑增加的投资是否可行、效益如何；能够表现出两种建筑方案纯经济效益与纯经济效率的优劣。

③ 增量收益费用比率（ΔBCR）可以表现绿色建筑增加的费用是否可行、效益如何；可表现两种建筑方案纯经济效益及纯经济效率的优劣。若 ΔBCR≥1，认为绿色建筑相对于非绿色建筑增加的费用可行，反之则不可行。但是 ΔBCR 只能说明一种方案对另一种方案的相对经济效益如何，并不能说明方案本身的绝对经济效益如何、能否达到盈利目标。也就是说用 ΔBCR 进行方案选优，并不能保证所选出的最优方案是可行的。当基准方案可行时，才能保证所选出的最优方案一定是可行的。

④ 增量动态投资回收期。投资回收速度是增量动态投资回收期的方案取舍标准，增量动态投资回收期通常不考虑收回成本后的盈利能力。因此，它不能反映全寿命周期内经济方案的优劣情况。投资回收期在评价技术方案的风险方面虽然可以发挥一定的作用，采用较短的投资回收期方案可以规避一定的风险，但是，基于长远考虑来看，投资的主要目的是为了充分获得投资的效益，即盈利目的。投资的风险最终应当表现在能否实现预期的盈利上。不包含回收期满后现金流入与支出的增量动态投资回收期无法反映绿色建筑增量投资的全部风险，也不宜作为评价经济效益的主要方法，仅可作为辅助评价指标判断绿色建筑的增量投资费用是否经济、合理。

⑤ 初始增量投资平均费用。可以根据对绿色建筑的构建得到绿色建筑的初始增量投资费用，然后把此费用平摊到建筑面积当中，得到绿色建筑的每平方米建筑面积的增量投资，可使投资方或消费者对绿色建筑的成本和收益有更加直观、明确的对比。

⑥ 增量投资平均净收益。把绿色建筑的增量投资净收益均摊到建筑面积中，就得到了绿色建筑增量投资平均净收益，这样可使投资人对绿色建筑的增量投资收益有更加直接的了解，在绿色建筑建成出售或固定租赁时买卖双方或租赁双方对收益心知肚明。

(2) 绿色建筑经济评价体系的流程

① 制定评价方案。

② 制定绿色建筑现金流量表。

③ 绿色建筑的经济评价。其包括非经营性绿色建筑经济评价和经营性绿色建筑经济评价。非经营性绿色建筑项目是为实现社会和环境目标，向社会公众提供物质或非物质类的非盈利性投资项目，包括绿色建筑社会公益事业项目（如提供教育、医保项目）、环境保护与污染环境治理项目、某些基础设施项目（如地铁项目）等。这些项目经济上的显著特点是为社会提供的各种功能不收费或者只收基本的费用。以投资者利益最大化为目的的这种投资获利行为称为经营性项目，可视为一种扩大再生产的手段，它以对经济效益和社会效益的获得为目标。经营性

绿色建筑包括建成出售型绿色建筑和固定租赁收益型绿色建筑两大种类，分别以特定的方式获得相应收益。

4.3 绿色生态建筑评估体系的评价方法和模型

4.3.1 绿色生态建筑综合评价常用方法

建筑综合评价涉及的第一层指标主要有技术指标、经济指标、社会指标、环境指标、人文指标、美学指标等。其不但是一个多目标、多层次的评价问题，同时也是一个模糊的评价问题，有些因素是可以确切定量并给予确定的评价分数的，但对于许多问题，并不能简单地用一个分数加以评价，例如既有建筑对人们心理的影响、生态的影响、文化的影响等。对同一评价指标，不同的人也会得出不同的评价结果，这时的评价结果，不再是一个确定的数，而是一个用语言来表达的模糊概念了。因而，既有建筑综合评价也是一种模糊的综合评价。因此，对于既有建筑综合评价的方法，必须根据既有建筑的类型和特点，合理选用评价方法进行综合评价。常用的既有建筑评价方法有定量与定性分析相结合的方法和综合分析评价法。

(1) 定量与定性分析相结合的方法　建筑的价值因素多而复杂，特别是牵扯到既有建筑的美学、人文、社会等大量的评价指标，某些只能对其进行定性分析。所以，在进行既有建筑综合评价时最好采用定量与定性相结合的分析评价法。

定量分析，就是采用统一的量纲，选用一定的计算公式以及判别指标优劣的评价标准，也称评价参数，通过一定的数学演算而获得评价结论的方法。对于一个复杂的既有建筑评价指标系统，如果采用此方法进行评价，那么大量的既有建筑评价指标都需要进行定量计算，工作量大是一方面，另外对于一些指标进行定量计算也不现实，并且作为评判指标优劣的标准也很难精确确定。为了解决这个难题，通常的做法是通过某些假设，人为地确定评价指标的权重和评价标准，然后进行定量分析计算。

定性分析，就是用文字描述的方式进行既有建筑综合评价。然而在实际操作过程中，很难将定性分析与定量分析绝对地区分开。在进行定性分析时，如果有可能，应尽可能地使用一些数据对评价指标进行描述，这种做法所得的评价结论更容易被决策者接受。

在对既有建筑进行综合评价时，一般多采用定量与定性分析相结合的评价方法。使用这种方法对既有建筑进行综合评价，首先是将能定量的评价指标进行定量计算，然后对照评价标准（参数）进行评价；对于不能定量或虽然能定量但用定量指标不能准确表示的评价指标进行定性分析，确定各评价指标的权重并按权重大小进行排序，最后根据各指标的权重分析确定综合的评价结论。

(2) 综合分析评价法　现阶段，综合评价已渗透到社会的各个领域，评价方法也日趋复杂化、数学化、多科学化，使之成为一种边缘化科学技术，但往往由于评价对象的多层次化和复杂化以及人们对事物的认识信息不足，使得评价结果与实际出现偏差。

在一般情况下，在对既有建筑进行综合评价时，对各项评价指标进行定量与定性分析评价后，都还需要进行多目标综合分析评价，以得出建筑综合评价结论。建筑的综合分析评价法分为两类：一类是定性分析总结法；另一类是多目标综合评价法。

定性分析总结法的具体做法是，评价人员根据自己的判断将各项评价指标（包括定性与定量指标）按各自的权重大小进行排序并填列于“既有建筑综合评价表”中，然后由评价人员对各项指标逐个进行分析并采用逐个排除的方法。此法直观，但主观因素多。

多目标综合评价法就是对评价对象的多种影响因素进行总的评判。多目标综合评价有多种方法，如经典综合评价法、单指数法、专家评分法、线性加权法、层次分析法、数据包络分析法、模糊聚类法、多目标模糊综合评价法、人工神经网络评价分析模型及灰色聚类综合评价模型等。每种评价方法都有它产生的背景，难免会存在局限性或不足之处。因此，合理地选用评价方法，避免盲目的运用而可能导致的错误决策，是很重要的。评价人员可根据具体既有建筑类型及评价指标定量与定性分析的复杂程度选取合适的方法。各种多目标综合评价法一般都要组织若干专家及相关利益人员，根据既有建筑的具体类型，结合具体建筑的情况，对各分项指标进行分析，确定其在总体评价中的重要程度并给出相应的权重，最后计算出既有建筑的综合评价结论。

4.3.2 权重确定方法概述

对于一个给定绿色建筑评估体系，评价指标一般分为很多级别，例如一级、二级和三级等，当评估指标已经选定，必然存在各级的最佳权重，并且只有这样的最佳权重才能客观地反映指标之间的相对重要程度。绿色建筑评价指标的确定及权重分配在建筑评价中起到至关重要的作用。权重是评价指标相对重要程度的量化表达。因此，如何科学地确定权重系统，如何通过合理的权重系统客观地反映建筑的“绿色”程度成为各国绿色建筑评估体系亟待解决的重要问题。事实上，当前流行的大多数建筑环境评价方法均包含评价指标权重分配的内容。另外，当应用多准则决策方法来进行绿色建筑评价时，评价指标的归一化权重分配是必不可少的输入信息之一。

指标体系权重是指标相对于上层目标重要性的一种度量，不同的权重往往会导致不同的评价结果。因此，采取适当的方法以保证指标体系权重分配的科学性和合理性就显得至关重要。在评价过程中，指标权重和指标数据是影响评价结果的两大因素。指标权重系数的合理与否，将直接影响评价结果的合理性。在一般操作中确定的权重系数，具有模糊性和主观性的特点。权重系数的模糊性是指标权重系数的本质；权重是指标重要度的量化，因为“重要度”本身就是一个模糊概念，所以其量化结果也是模糊的。

权重系数按照权重是否发生变化分类，可分为固定权重和变化权重。固定权重是指在同类评价中不发生变化的指标权重，它与指标的数据和其他因素无关，是独立的，因此也称独立权重；变化权重是指随着指标数据或其他因素发生改变的权重系数，也称相关权重。

权重是某种数量形式对比、权衡被评价事物总体中诸因素相对重要程度的量值。它既是决策者的主观评价，又是指标本质物理属性的客观反映，是主客观综合度量的结果。权重主要取决于两个方面：第一，指标本身在决策中的作用和指标价值的可靠程度；第二，决策者对指标的重视程度。从国内外指标体系权数研究现状来看，权重的确定主要有主观赋权法与客观赋权法两大类。

第一类是主观赋权法，由专家根据经验判断或者决策者的意志确定各评价指标的相对重要程度，然后经过综合处理获得指标权重的方法。该类方法大致包括强制打分法、货币化法、环比评分法、德尔菲法（Delphi）、头脑风暴法（Brain-Storm 法）、层次分析法（AHP）、简单排序编码法、倍数环比法、优序环比法等，其中德尔菲法（Delphi）和层次分析法（AHP）为最常采用的方法。运用主观赋权法确定各指标权重系数反映了决策者的意向，将专家的专业知识运用其中，有利于得出科学的指标权重，但权重结果具有很大的主观随意性。

第二类是客观赋权法，该方法是根据各指标的统计数据，通过运用统计数据信息进行客观分析，以此来确定每个指标的权重。这一类方法的基本思想是不同建筑在某一个指标上的数值差异性越明显，这个指标对应的权重就越大；反之，差异性越小，则权重越小。该类方法主要包括因子分析法、熵值法、变异系数法、熵权系数法、局部变权法、秩和比法（RSR）、关系数法、多目标距离最大法、比较矩阵法、序列分析法和主成分分析法等，其中因子分析法、熵值法是常用的方法。该类方法权重完全取决于调研数据，通常不受个人主观意愿的影响，所以决策者或者专家的意向不能体现，失去了决策者或者专家对建筑节能评价的导向作用。

而这两者可以和群体决策支持系统、模糊综合评价法、数据包络分析法、人工神经网络评价法、灰色综合评价法等相结合。

4.3.2.1 主观赋权法

(1) 强制打分法　强制打分法还可以称为FD法，主要包括0～1法和0～4法两种方法。强制打分法主要流程就是通过一定的评分细则并采用强制性措施，进而对比各项评价因素的重要性来进行打分。这种方法主要适用于在评价对象子功能数目不太多的情况下，重要性程度差异不太大的评价对象。这种通过强制性的措施进行的打分也给这种方法带来了很多不确定性与不适用性。

(2) 环比评分法　亦称DARE法，它主要来源于价值工程。环比评分法在评价和选择创新方案的时候主要通过各因素相对重要性系数来确定。该方法的步骤主要有以下几步：第一，确定功能区，主要是根据功能系统图决定功能级别；第二，进行对比打分，主要是根据上下相邻两项功能的重要性，这些分数作为暂定重要性系数；第三，重要性系数进行修正，主要是对暂定重要性系数进行修正；第四，确定各功能区的权重，主要是将各功能的修正重要性系数除以全部修正重要性系数之和。这种方法适用于在指标可以通过评定重要性系数的情况下，各评价对象指标之间存在明显的可比关系，能直接对比并评定指标重要性系数。当然，由假设可知，权重明显的可比关系比较难获取，因此，此方法应用于既有建筑综合评价有很大局限性。

(3) 货币化法　货币化法是从经济价值的角度对不同环境性能类目进行比较。由于每种具体的方法都有比较强的针对性，故对于建筑环境性能这种庞大体系就显得力不从心。但对于一些主观评价指标的权重分配，货币化法具有很好的参考价值。

(4) 专家咨询法（德尔菲法或Delphi法）　专家咨询法又称德尔菲（Delphi）法。它是在专家个人判断和专家会议方法的基础上发展起来的一种直观预测方法，特别适用于客观资料或数据缺乏情况下的长期预测，或其他方法难以进行的技术预测。这种方法的主要依据是以专家作为索取信息的对象，通过征求包括政府决策人员、专家学者、材料生产商和环保组织等各方面的意见，在各方达成“共识”的基础上制定完成，依靠专家的知识和经验，由专家通过调查研究对问题做出判断、评估和预测的一种方法。

德尔菲法依据采用匿名发表意见的方式，即专家之间不得互相讨论，不发生横向联系，只能与调查人员发生联系，通过多轮次调查专家对问卷所提问题的看法，经过反复征询、归纳、修改，最后汇总成专家基本一致的看法，作为预测的结果。

德尔菲法的具体实施步骤如下。

① 专家小组。按照课题所需要的知识范围，确定专家。专家人数的多少，可根据预测课题的大小和涉及面的宽窄而定，一般不超过20人。

② 向所有专家提出所要预测的问题及有关要求，并且附上有关这个问题的所有背景材料，同时请专家提出还需要什么材料。然后，由专家做书面答复。

③ 各位专家根据他们所收到的材料，提出自己的预测意见，并且说明自己是怎样利用这些材料并提出预测值的。

④ 将各位专家第一次判断意见汇总，列成图表，进行对比，再分发给各位专家，让专家比较自己同他人的不同意见，修改自己的意见和判断。也可以把各位专家的意见加以整理，或请身份更高的其他专家加以评论，然后把这些意见再分送给各位专家，以便他们参考后修改自己的意见。

⑤ 将所有专家的修改意见收集起来，汇总，再次分发给各位专家，以便做第二次修改。逐轮收集意见并为专家反馈信息是德尔菲法的主要环节。收集意见和信息反馈一般要经过三四轮。在向专家进行反馈的时候，只给出各种意见，但并不说明发表各种意见的专家的具体姓名。这一过程重复进行，直到每一个专家不再改变自己的意见为止。

德尔菲法能发挥专家会议法的优点，即能充分发挥各位专家的作用，集思广益，准确性高。能把各位专家意见的分歧点表达出来，取各家之长，避各家之短。同时，德尔菲法又能避免专家会议法的缺点。德尔菲法的主要优点是资源利用的充分性，充分利用多名专家的经验和学识。然而，这种方法容易给评估结果增加过多主观性，目前还很难客观、严谨地定出各项影响孰轻孰重的情况，德尔菲法预测过程必须经过几轮的反馈，其过程比较复杂，花费时间较长。但专家调查法应用广泛，多年来信息研究机构采用专家个人调查和会议调查完成了许多信息研究报告，为政府部门和企业经营单位决策提供了重要依据。

(5) 专家调查法　专家调查法是把在既有建筑综合评价中所要考虑的各指标因素，由调查人员事先制定出表格，然后根据既有建筑综合评价的具体内容，在本专业内聘请阅历高、专业知识丰富并且有实际工作经验的专家就各指标因素的重要程度发表意见，填入调查表。最后，由调查人员汇总，计算出既有建筑综合评价指标权重系数。该方法实现简单，在实际应用中使用较多，在既有建筑综合评价的权重确定上具有一定的应用价值。

4.3.2.2　客观赋权法

(1) 层次分析法　层次分析法（analytic hierarchy process，AHP）是美国匹兹堡大学教授 A. L. Saaty 于 20 世纪 70 年代提出的一种系统分析方法。它是将决策有关的元素分解成目标、准则、方案等层次，在此基础之上进行定性和定量分析的决策方法，是一种多层次权重分析决策方法。它既包含定量的计算，又包含定性的分析，具有高度的逻辑性、系统性和实用性。其特点是在对复杂的决策问题的本质、影响因素及其内在关系等进行深入分析的基础上，利用较少的定量信息使决策的思维过程数学化，从而为多目标、多准则或无结构特性的复杂决策问题提供简便的决策方法。尤其适合于对决策结果难以直接准确计量的场合。

其解决问题的基本思路和基本原理是：首先，把要解决的问题分层系列化，即根据问题的性质和要达到的目标，将问题分解为不同的组成因素，按照因素之间的相互影响和隶属关系将其分层聚类组合，形成一个递阶、有序的层次模型；然后，对模型中每一层次因素的相对重要性，依据人们对客观现实的判断给予定量表示，再利用数学方法确定每一层次全部因素相对重要性次序的权值；最后，通过综合计算各因素相对重要性的权值，得到最低层（方案层）相对于最高层（总目标）的相对重要性次序的组合权值，以此作为评价和选择方案的依据。对于解决多层次、多目标的系统决策及系统优化问题行之有效。

其建模步骤为：①建立层次结构模型。建立一个多层次的递阶结构，按目标的不同、实现功能的差异，将系统分为几个等级层次。最上层为目标层（解决问题的目标）；最下层是方案层，也就是参与优选的各个方案；中间层是准则层，也就是评价方案的因素层或者说指标层。②构造判断矩阵。③由判断矩阵计算相对权重。④层次单排序的一致性检验将同一层次各因素以上一层次因素为准则进行两两比较，得到这一层次指标权重（如第二步）的过程称为层次单排序。⑤得出绿色建筑某方面评价综合指标。

在进行层次分析时，指标层一般存在三种指标类型：正指标、逆指标和适度指标。其中，评价结果随着正指标的增大而增大；评价结果随着逆指标的增大而减小；适度指标要求数值以适中为最好。指标的初始值由于量纲不同，指标之间不具备可比性，如果不进行无量纲化处理，就无法进行有效的评价。因此需要采用数学模型对指标进行无量纲处理。

Saaty 后来将层次分析法扩展到网络分析法（analytic network process，ANP），在建模时不局限于层次结构，而是应用更加广泛的网络结构。并且网络分析法（ANP）在最近的建筑能效评价研究中得到应用。为了提高群体决策支持系统解决半结构化、非结构化问题的能力，国外一些学者将层次分析法（AHP）与群体决策支持系统结合起来，提出群体 AHP 的群体决策方法。

层次分析法的优点如下：原理简单、层次分明、因素具体、结果可靠；不仅可用于同一单位不同时期的纵向比较，也可用于不同单位同一时期的横向比较；指标对比等级划分比较细，能充分显示权重作用；没有削弱原始信息量；能客观检验其判断思维全过程的一致性；能对定性与定量资料综合进行分析，特别适用于那些难以完全用定量指标进行分析的复杂问题；可以清楚地描述上一层元素的改变对下一层元素的影响；可以在下一层获得系统结构和功能的详细信息描述，并且能看清楚上一层元素功能和作用；结构稳定并具灵活性，局部的改变对全局结构影响较小。

层次分析法的缺点如下：构建递阶层次结构的过程比较复杂，各层因素较多时两两判断数量较多，计算烦琐；在权重的确定上，由于有评价人的参与，评价结果会受评价人主观因素的影响，所以层次分析法要求评价人员为该领域的专家。

（2）主成分分析法　主成分分析法的基本原理是：通过降维技术，把众多变量转化为少数几个综合指标，这几个综合指标为原来变量的线性组合；综合指标保留了原始变量的主要信息，彼此间又不相关，能使复杂的问题简单化，便于抓住主要矛盾进行分析，是一种统计分析方法。在实证问题研究中，为了全面、系统地分析问题，必须考虑众多影响因素。这些涉及的因素一般称为指标，在多元统计分析中也称变量。因为每个变量都在不同程度上反映了所研究问题的某些信息，并且指标之间彼此有一定的相关性，因而所得的统计数据反映的信息在一定程度上有重叠。在用统计方法研究多变量问题时，变量太多会增加计算量和增加分析问题的复杂性，人们希望在进行定量分析的过程中，涉及的变量较少，得到的信息量较多。主成分分析正是适应这一要求产生的。主成分分析的一般目的是：数据的压缩；数据的解释。

（3）数列分析法　采用数列分析法确定既有建筑综合评价指标权重步骤如下：第一，将评价指标论域中的所有指标分为两类，即“重要”和“不重要”；第二，将每类信息看成是一个等差数列；第三，计算出不同评价指标的权重系数，主要是根据相应的约束公式。该方法是非常有效的，主要由于权重系数值是反映了相对的意义。但是，该方法还是有较大的局限性。换一种说法就是，如果将评价指标分为更多的类，这样可以得到更加精确的权重系数，但是这时的计算量也会非常大。

（4）多目标距离最大法　多目标距离最大法的基本思想主要就是，依据客观统计的数据通过寻找一个权重向量，从而使各方案与理想方案加权距离最大，进一步将这些方案更明显地区分开，这样有助于从中选择最优方案。多目标距离最大法适用于评价指标的选择，通过确定各方案与理想方案的抽象距离，然后选择出优势方案。由通过目标最优化权重确定方法的思想前提可知，这种方法在选择最优方案时，具有明显优势，同时这种方法应用在指标权重确定时具有一定局限性，应当慎重使用这种方法，因为它最终得到的评价权重有时主要表现为某个人单独的想法。

（5）简单排序编码法　这种方法是通过评价者对各项评价指标的重视程度进行排序编码，然后确定权重的一种简单的方法，需要评价者根据个人的经验对各项评价指标做出正确的排序。这种简单排序编码法计算权重的方法简单，但是主观性极强，而且当评价指标较多时，评价者很难做出完全合理的排序。因此简单排序编码法虽然简单，但是存在一定的不合理性。

（6）倍数环比法　倍数环比法首先将各评价指标随机排列，然后按照顺序对各评价指标进行比较，得出各因素重要度之间的倍数关系，又称环比比率，再将环比比率进行统一转换为基准值，最后进行归一化处理，确定其最终权重。当评价指标之间都为定量指标，而且有大量客观定量的数据做支撑时，用这种方法确定评价指标的权重确有一定科学性和客观性。然而，绿色建筑评价指标中许多指标是很难量化的，而且有些历史数据并不能反映评价指标之间的相对重要程度。所以，这种方法并不适用于确定绿色建筑指标的权重。

（7）优序对比法　优序对比法通过各项评价指标的两两比较，充分考虑各评价指标之间的互相联系，从而确定其权重。首先需要构建判断尺度，在一般情况下，重要程度判断尺度可用1、2、3、4、5五级表示，数字越大，表明重要性越大。优序对比法通过各评价指标之间的对比，充分显示出指标与指标之间的相对重要性，实施过程仍需要评价者依凭经验做出判断。该方法与层次分析法有一定的相似之处，然而，层次分析法理论更加完善，具有一致性校验，应用更加广泛。

(8) 头脑风暴法　头脑风暴法又称集思广益法，就是将决策（如指标权重的决定）问题的有关信息、数据收集以后，请许多人出主意，想办法，集思广益，从而提出好的决策意见。此法原来是采用会议的方式进行，大家可以提出各种不同的见解，不受约束，不必受会议主持者和其他人的影响。因为这种方法能引起参加者的积极思考，故称为头脑风暴法。也可分成小组酝酿，将各种见解记录下来，逐步筛选综合，这类方法的具体形式很多，中心目的是让大家能够自由大胆、不受拘束、不受他人影响地发表个人见解，通过互相启发逐步得到趋向一致的结论。

(9) 因子分析法　在现实问题的分析过程中，人们希望尽可能多地收集关于分析对象的数据信息，进而能够对它有比较全面、完整的把握和认识，对某个分析对象的描述就会有许多指标，如果直接对这所有的指标进行完整的分析，会给分析工作带来较大的麻烦，造成分析工作变得异常烦琐，因子分析正是解决上述问题的一种非常有效的方法，它的基本思想是将观测变量进行分类，将相关性较高，即联系比较紧密的分在同一类中，它以最少的信息丢失，将原始的众多指标综合成较少的几个综合指标，这些综合指标称为因子变量。因子分析法是从研究变量内部相关的依赖关系出发，把一些具有错综复杂关系的变量归结为少数几个综合因子的一种多变量统计分析方法。

因子分析的目的，是从原有众多的变量中综合出少量具有代表意义的因子，这必定有一个潜在的前提要求，即原有变量之间具有较强的相关关系。如果原有变量之间不存在较强的相关关系，那么根本无法综合出能够反映某些变量共同特征的几个较少的公共因子变量。

因子分析基本有以下四个步骤。

① 确认待分析的原有若干变量是否适合做因子分析，主要是查看相关性程度，对信度和效度进行检验。

② 构造因子变量并对因子变量进行标准化处理，以消除变量间在数量级和量纲上的不同。

③ 利用旋转方法使因子变量更具有可解释性，得到比较满意的主因子并对因子变量进行命名。

④ 计算因子变量得分。

在进行因子分析时，也按照这个步骤进行，最后求出因子变量得分。

因此对基础数据进行标准化处理后，消除变量间在数量级上的差别，就可以进行建设项目决策阶段、建设项目规划阶段、建设项目设计阶段、建设项目施工阶段、建设项目运营阶段和建设项目改造、拆除和再利用阶段的因子分析，这样经过因子分析就可以将原来复杂的多个指标合并后得出简单的几个综合因子指标，通过各个综合因子的方差贡献率，就可以构造出绿色建筑综合评价模型。

(10) 比较矩阵法　比较矩阵法就是一种确定既有建筑综合评价指标权重向量的有效方法，它通过将模糊概念清晰化，从而确定全部指标的重要程度。首先，把 n 个既有建筑综合评价指标排成一个 $n \times n$ 阶矩阵，通过对指标的两两比较，根据各指标的相对重要程度来确定矩阵中元素的值。然后，计算所得到矩阵的最大特征根及其对应的最大特征向量。最后进行一致性检验，如果通过检验，则认为所得到的最大特征向量即为既有建筑综合评价指标的权重向量。

4.3.2.3　网络层次分析法

网络层次分析法（analytic networks process，ANP）是在层次分析法（AHP）的基础上延伸发展起来的一种更高级的系统决策分析方法，用来对指标权重进行确定。

ANP 的理论是由 AHP 发展而来，也可以说 AHP 是 ANP 的一个特殊情形。20 世纪 80 年代，萨迪教授提出了反馈层次分析法。这就是网络层次分析法 ANP 的雏形。在实际问题中，我们面临的基本上都是各元素之间不存在相互独立的内部关系，而是既有内部依存，又有循环的网络层次结构。因此，采用网络层次分析法的理论和方法，才是解决权重问题的关键。

AHP 方法主要是将系统划分为层次，只是考虑结构中上一层次元素对下一层次元素的支配和影响关系，从而忽略掉了下一层次元素对上一层次元素的反作用影响关系；可现实情况是，我们很多时候必须考虑下层对上层的关系以及各层次之间元素内部的关系，就是说系统中的每个元素都可能影响其他元素，并且又有可能受其他元素的影响，对于呈现这种特征的决策层次结构，恰恰是网络层次分析法的合理描述。由于 ANP 是一种网状模型，其中计算如超矩阵、极限超矩阵等尤为复杂。如果不借助计算机软件进行编程实现，很难将 ANP 模型应用到实际决策问题中。张丁丁将规划、设计、施工、运营维护四个阶段作为一级指标考虑到 ANP 模型中，并且通过问卷调查利用超级决策软件 Super Decision 1.4.2（SD）确定该四个阶段的权重系数，成功地实现了 ANP 计算的程序化，从而为 ANP 的实用推广奠定了坚实的应用基础。二级和三级指标采用类似的方法。

随着 AHP 在群组决策中的广泛应用，仅仅对一致性进行检验和改进已无法满足权重排序精确度的要求，因此在矩阵符合一致性的前提下，其相容性的检验及修正同样值得考虑。在实际决策过程中，当专家无法通过交流形成统一意见时，剔除或修正一些相容性不佳的判断项要比勉强折中综合更为合理，其结果也更可靠。由于现有多目标规划问题多重视收敛速度而忽略了偏离度，李智芸提出了改进算法，旨在平衡矩阵相容性与结果可信度之间的矛盾，使判断矩阵尽量通过最少次数的迭代获得偏离度最小的结果。她还建立了数据库并将过去所有评估案例的详细情况输入数据库，该丰富的建筑物数据库能真实地反映不同条件下的建筑物所呈现出的权重分配差异，而相似性的对比机制能够使建筑物迅速确定权重，避免专家重复劳动。同时将计算结果与三维 WebGIS 等先进技术结合，可以给出三维 WebGIS 可视化效果图。

超级决策软件（Super Decision，SD 软件）是专门用于分析求解 ANP 模型的数学软件。在 SD 软件中，ANP 模型主要是由元素组（cluster）、元素（element）及其连接关系组成的。SD 软件具体使用步骤如下：①建立网络模型中的各元素组及其内部元素。②按支配关系和网络关系，将各元素及元素组联系起来。SD 软件中只允许元素间存在相互联系，而不允许元素组间直接相连，元素组之间的关联性是通过其内部元素间的关联性体现出来的。③进行优劣度评判，建立判断矩阵，继而通过软件求解加权超矩阵、极限超矩阵，最终得出各元素权重。模型求解过程的首要步骤是以父结点元素为准则，对子结点内元素进行两两比较，从而得到判断矩阵，之后软件可自动求解加权超矩阵和极限超矩阵，得出各元素的权重，减轻了计算工作量。

典型的 ANP 结构主要由以下步骤来完成：①针对当前决策目标，构造准则、次准则以及元素集、元素等网络层次结构（分为控制层与网络层）。②确定各准则、次准则以及元素集、元素之间的网络关系。准则或元素之间的关系具有传递、反馈、循环等不同形式，不同的关系可采用不同的表示方法。③建立各组成元素之间的两两判断矩阵。两两关系的不同判断有不同的表示方法；判断方式包括模糊判断（绝对标度、区间标度）和精确判断两种方式。④获得相对重要性权重，进行一致性检验。当检验结果不一致时，应考虑到循环关系和相对关系。⑤建立未加权超矩阵。⑥产生加权超矩阵，判断是否为随机不可约矩阵并判断是否存在极限矩阵。⑦产生极限超矩阵，也称稳态超矩阵。⑧得出各组成元素的权重以及各方案的最终排序或得分值。

从理论上看，网络层次分析法最大的优势在于它考虑了不同层次元素之间的信息反馈和同一层次元素之间的相互依存、相互影响的关系。而只有当同一层次各元素之间相互独立并且不同层次元素之间没有影响时，才是传统的 AHP 层次结构。如果各元素之间是相互影响的网络结构，则 AHP 就无能为力了，只能求助 ANP。

从层次结构上看，ANP 是由控制层和网络层两部分组成的，既考虑了控制层元素之间的相互影响关系，又反映了网络层元素对控制层元素的影响以及网络层元素之间的相互作用关系，这与项目实际的层次结构比较相符；而 AHP 则假定只有控制层，并且认为控制层元素之间是相互独立没有影响的关系，这与项目实际的层次结构存在一定的差距。可以说，网络层次

分析法 ANP 更好地反映了项目实际状况。

4.3.3　多层次模糊综合评价模型

对于既有建筑综合评价，尤其是涉及既有建筑的美学、社会学、心理学方面的评价而言，评价指标多而复杂，评价指标具有一定的层次性，而且大量的评价指标定量困难。同时，建筑对人、社区、社会产生各种影响的判断往往带有一定的模糊性，因此在综合评价中需引入模糊数学概念，并且将这种评价称为多目标模糊数学综合评价。在进行这类建筑评价时，采用模糊综合评价法进行模糊数学综合评价，有利于得出比较客观的建筑综合评价结论。

美国控制论专家 L. A. Zadeh 在 20 世纪 60 年代研究多目标决策时，同享有“动态规划之父”盛誉的南加州大学教授 R. E. Bellman 一起提出了模糊决策的基本模型，并且于 1965 年在杂志《Information and Control》上发表了著名论文《模糊集合》(Fuzzy Sets)，标志着模糊理论的产生。模糊综合评判（fuzzy comprehensive evaluation，FCE）就是以模糊数学为基础，按照给定目标，应用模糊集理论对各对象进行分类排序的过程，可广泛应用于具有模糊性的各种综合评价中。由于它把被评价事物的变化区间做出划分，又对事物属于各个等级的程度做出分析，较好地克服了指标属性的模糊性，使得描述更加深入和客观。

进行既有建筑模糊综合评价的首要任务，就是建立多层次模糊综合评价模型，具体步骤和方法如下。

(1) 建立多层次的评价指标体系。建筑的评价指标是描述和反映建筑的特征因素，是进行评价的标准和依据。由于影响建筑的因素很多，有些因素难以量化，所以，要对全部影响因素进行评价，在实际中既不可能也无必要，而应根据评价的目的、对象和范围，分别选择具有代表性的因素作为评价的指标体系，建立较为科学全面的建筑评价指标体系，不同类型的既有建筑，可根据评价的需要对具体指标和评价层次进行调整或增减。

(2) 建立评价对象的评价指标集。

(3) 建立评价指标的权重集。指标权重反映各个指标的重要程度，可用层次分析法确定。先建立递阶层次结构，将评价指标层次化，再构造两两比较判断矩阵，对同一层次指标进行两两比较，然后计算各指标的相对权重，进行归一化处理并通过一致性检验后，即可得各级评价指标的权重。

(4) 建立评语集。

(5) 建立单指标评价矩阵。对于定性分析指标，采用模糊统计方法或其他方法确定其对评价集的隶属关系；对于可定量的指标，根据其具体性质确定指标的模糊分布函数，再根据实际指标值，对应指标隶属关系图，即可得出相应的隶属度。

(6) 模糊综合评价。可采用模糊数学中的合成算法进行综合评价。模糊运算时，模糊算子的选择是一个重要问题。可采用以下算子：主因素决定型算子；加权平均型算子；概率型算子；有界算子和 Einstain 算子。

模糊综合评价是基于评价过程的非线性特点而提出的，它是利用模糊数学中的模糊运算法则，对非线性的评价论域进行量化综合，从而得到可比的量化评价结果的过程。模糊综合评价的优点为：一是可将评价信息的主观因素对评价结果的影响控制在较小限度内，从而使评价比较全面和客观；二是适合于评价多主体对多层次多类指标评价信息的整合。

模糊综合评价模型借助于模糊数学提供的方法进行运算，可以得到定量的综合评价结果，而且由模糊综合评价的数学模型可知，当评价因素增加时，并不增加问题复杂性，只增加计算量而已。因此模糊综合评价方法简易可行，被广泛应用于众多领域。但是模糊综合评价方法也有其不足之处，实践证明，模糊综合评价结果的可靠性和准确性很大程度上依赖于合理选取影响因素以及权重的科学分配。

当若干评价指标具有模糊性时，可采用模糊聚类分析法，对指标做模糊分类，采用数量积法计算所有序偶的模糊相识系数，得到论域上的一个模糊相识关系矩阵，对其做自乘运算得到具有自反性、对称性和传递性的模糊等价关系矩阵。对模糊等价矩阵做分析可得到评价指标重要程度分类并给出分类的权重和排序。

4.3.4 灰色综合评价法

在控制论中，人们常用颜色的深浅来形容信息的明确程度。用“黑”表示信息未知，用“白”表示信息明确，“灰”表示部分信息明确、部分信息不明确。相应的，信息未知的系统称为黑色系统，信息完全明确的系统称为白色系统，信息不完全确知的系统称为灰色系统。灰色系统是介于信息完全知道的白色系统和一无所知的黑色系统之间的中介系统。

灰色评价方法是一种定性分析和定量分析相结合的综合评价方法，这种方法可以较好地解决评价指标难以准确量化和统计的问题，可以排除人为因素带来的影响，使评价结果更加客观准确。整个计算过程简单，通俗易懂，易于为人们所掌握：数据不必进行归一化处理，可用原始数据进行直接计算，可靠性强；评价指标体系可以根据具体情况增减；无须大量样本，只要有代表性的少量样本即可。

灰色多层次综合评价法是由层次分析法和灰色关联度分析法结合而来，是一种综合评价方法。灰色关联度分析（gray relation analysis）是一种多因素统计分析方法，它是以各因素的样本数据为依据用灰色关联度来描述因素间关系的强弱、大小和次序的，若样本数据列反映出两因素变化的趋势（方向、大小、速度等）基本一致，则它们的关联度大；反之，关联度小。与传统的多因素分析方法（相关、回归）相比，灰色关联度分析对数据要求较低且计算量小，因此该方法已被广泛应用于社会及自然科学等各个领域，尤其是在经济领域内取得了较好的应用效果，如预测宏观经济的发展态势、国民经济各部门投资效益、区域经济优势分析、技术经济的方案评价、产业结构的调整方向以及微观经济的因素分析等。

灰色聚类评价也是利用灰色理论来分析与综合某个评价方案各指标的实现程度，根据评价标准得出综合性的评价结论。主要步骤包括：建立评价指标体系；制定具体评价指标各灰类的评分等级标准；确定各评价指标的权重；根据评价指标各灰类的评分标准，针对各方案确定评价值矩阵；确定评价灰类的等级数、灰类的灰数，建立灰类的白化函数；计算各灰类的灰色评价权得灰色评价权矩阵，进行灰色聚类得出综合评定结果并确定评价灰类等级。

灰色综合评价法的优点是：计算量小，十分方便，通俗易懂，不会出现量化结果与定性分析结果不符的情况；对样本量的多少和样本有无规律都能同样适用。其缺点为：①该方法所求出的关联度不能全面反映事物之间的关系；②目前建立各种灰色关联度量化模型的理论基础很单纯、很狭隘，不能全面、准确地反映出相互联系的因素之间的发展趋势；③该方法同样解决不了评价指标间相关造成的评价信息重复问题。

4.3.5 信息熵法

熵（entropy）原是统计物理和热力学中的物理概念，在热力学中熵是指一个热力系统在热功转换过程中，热能有效利用的程度，一个热力系统的熵值大，表示系统能量可利用的程度低；熵值小，能量可利用的程度高。在一个孤立的热力系统中，系统会自发、不可逆地向熵增方向转化；一个开放的热力系统，只有外部对系统做功（输入能量），其熵才会向熵减方向进行（俗称负熵过程）。在信息系统中的信息熵是信息无序度的度量，信息熵越大，信息的无序度越高，其信息的效用值越小，反之亦然。

利用熵值法估算指标的权重，其本质是利用该指标信息的价值系数来计算，其价值系数越高，对评价的重要性就越大（或对评价结果的贡献就越大），熵值法是根据各指标所含信息有序度的差异性，也就是信息的效用价值来确定该指标的权重。

信息熵具有以下的基本性质：单峰性、对称性、非负性、渐化性、展开性和确定性等。

4.3.6　逼近理想解排序法

逼近理想解排序法（technique for order preference by similarity to an ideal solution）是 C. L. Hwang 和 K. Yoon 于 1981 年首次提出的，该方法根据有限的评价对象与理想化目标的接近程度进行排序，把现有的对象进行相对优劣的比较评价。将此方法运用于绿色住宅评价，就可对多个绿色住宅项目同时进行评价，发现不同项目间的差距，并且评价出最优的低碳节能项目。

TOPSIS 法是一种理想目标相似性的顺序选优技术，在多目标决策分析中是一种非常有效的方法。TOPSIS 法的理想化目标（ideal solution）有一两个，分别是理想解（positive ideal solution）和负理想解（negative ideal solution）。理想解也称最优目标，是设想的最优解（方案），它的各个属性值都达到各备选方案中的最好的值；负理想解也称最劣目标，是设想的最劣解（方案），它的各个属性值都达到各备选方案中的最坏的值。通过归一化后的数据规范化矩阵，可从多个目标中选出理想解和负理想解。

在求出理想解和负理想解后，需要分别计算各评价目标与理想解和负理想解的距离，获得各目标与理想解的贴近度，按理想解贴近度的大小排序，以此作为评价目标优劣的依据。排序的规则是把各备选方案与理想解和负理想解比较，若其中有一个方案最接近理想解，而同时又远离负理想解，则该方案是备选方案中最好的方案。

贴近度取值在 0～1 之间，该值越接近 1，表示相应的评价目标越接近最优水平；该值越接近 0，表示评价目标越接近最劣水平。近年来，TOPSIS 法已经在土地利用规划、建筑评价等众多领域得到成功的应用，明显提高了多目标决策分析的科学性、准确性和可操作性。

4.3.7　群体层次权重模型

群体层次分析法确定评价指标权重包括以下几个主要步骤。

步骤一：确定建筑评价指标体系。

建筑评价指标确定是建筑能效评价的重要内容。然而，首先国际上并没有一套统一的建筑节能评价体系；其次，建筑节能指标体系随地区不同，建筑所属国家政策等因素不同，评价指标设置也将有所不同。

步骤二：通过问卷调查获得专家组成员对建筑评价指标重要性的个人判断；层次分析法既能用于个体决策，也能用于群体决策。就层次分析法本身而言，对群体成员数目并无要求，即使成员数量再多，层次分析法在理论上也能处理，无非是群体成员越多，计算量越大。但是，就目前的个人计算机技术水平而言，层次分析法所涉及的计算量一般来说并不是太大。然而，层次分析法要求评价人员具备本领域的专业知识并具有一定的工作经验，即要求评价人员为本领域的专家。

步骤三：将专家组成员个体对建筑评价指标重要性的判断综合成为专家组的综合判断。

建筑评价这一群体决策成员之间并不存在目标和利益的严重冲突，所以层次分析法至少有两种方式可以将个体成员的判断综合成群体判断。第一种方式是专家组成员开会协商得到一致的判断，构造出判断矩阵，然后再用层次分析法计算出各个指标的权重。第二种方式是分别与专家组各成员单独联系，通过问卷调查获取各专家组成员的判断，然后通过几何平均的方法将各专家组成员的判断矩阵综合成为专家组的判断矩阵，然后计算出评价指标权重。这种方式的时间和经济成本比第一种少很多，一般常采用。

4.3.8　生态足迹分析法

生态足迹（ecological footprint，EF）是由加拿大环境经济学家 William 和 Wackernagel

于20世纪90年代提出的一种基于生物物理量的度量评价可持续程度的概念和方法，它的定义为：生产相应人口所消费的所有资源和消耗所产生的废物所需要的生态性土地面积（包括陆地和水域），它代表了既定技术条件和消费水平下特定人口对环境的影响规模和持续生存对环境提出的需求。它是一种用于评价、分析人类对自然资源的利用率以及大自然为人类提供的生命支持服务功能的方法。由于其计算方法简便且实用，近几年在国内外得到广泛的使用。生态足迹分析法的研究思路是，通过跟踪国家或区域的能源和资源消费，将它们转化为提供这种物质流所必需的生物生产土地面积，并且同国家或区域范围所能提供的这种生物生产土地面积进行比较，从而判断一个国家或区域的生产消费活动是否处于当地生态系统承载力（生态容量）范围内，当生态足迹大于生态容量时为生态赤字，当生态足迹小于生态容量时为生态盈余。

在生态足迹指标计算中，首先将生态生产性土地分为六类，即可耕地、林地、化石能源用地、草地、建筑用地以及水域。其次还涉及生态承载力的概念，其是指自然生态系统所能提供的满足于人类生存、发展、消费活动所需要的土地面积。换言之，是指生态系统所能接受的自然资源与能源消耗的最大极限，超过这个极限，将无法实现可持续发展。

绿色建筑生态足迹的计算原理与传统的生态足迹测算相似，但其具有独特的特点。绿色建筑属于工程建设项目范畴，根据生态足迹分析法的基本原理，项目建设活动所引起的资源消耗与环境污染是可以被逐级逐层地分解，归纳为各类资源的消费，在此基础上将资源的消耗量按照对应土地的生态生产能力分别折算成生态生产性土地的面积。将工程建设项目划分为建造、运营以及拆除三个阶段，绿色建筑的生态足迹则也分为三个部分：第一部分为绿色建筑建造阶段，一次性投入物质所需的资源消耗所对应的生态足迹；第二部分为绿色建筑运营阶段，经常性的物质与能源消耗所对应的生态足迹；第三部分为绿色建筑拆除阶段，一次性地投入人力、物力以及报废建筑排放物吸纳所需提供的生态足迹。

传统的生态承载力计算模型只是测算某一年的区域生态承载力，以工程建设项目为研究对象的工程建设项目生态承载力，在测算时应考虑工程建设项目在建造以及运营阶段都将持续一段时间，基于此，工程建设项目的生态承载力应是测算一段时间的。工程建设项目生态承载力并非区域生态承载力的全部，只是其中的一小部分。因此，可运用相应的折算系数对区域生态承载力进行折算，从而可间接求得工程建设项目的生态承载力。工程建设项目生态承载力主要由建设用地承担，故可将工程建设项目占地面积与该区域的建设用地面积之比作为折算系数。

生态足迹的生成分为两个基本换算过程，第一个换算过程是从物质向土地面积的转换，即将物质消耗分别归类于可耕地、林地、化石能源用地、草地、建筑用地以及水域六种类型，第二个换算过程是将六种土地类型的计算结果进行汇总，形成最终的生态足迹指标。生态足迹分析方法是一种将各类资源消耗转化为可耕地、林地、化石能源用地、草地、建筑用地以及水域六大类面积指标的方法，使得统计口径难一致、度量单位难统一的问题得到恰到好处的解决。

4.3.9 基于角色协同的公众参与评估系统

一般意义上，角色是指一个人在社会生活中的地位、身份、承担的职责以及拥有的权限。在基于角色协同的公众参与评估系统（CSCW）中，群体协作机制在很多情况下是用角色协作来表现的。一个有效的协作群体必然具备有一定的群体结构，群体结构规范着群体中发生的协作行为，群体行为由群体结构及其中的关系所约束，群体目标的具体执行是通过任务分解、角色分配和活动执行来完成的。因此可以将任务、角色、活动和对象之间看成是一种层次映射关系来刻画现实中的群组结构，即一个群组可以视为多个成员的集合，成员间通过任务分解和包含建立相互关系，而任务涉及不同的角色，角色则对应成员活动集合。

任务分解、角色分配和活动执行是实现协同活动的三个基本步骤，而任务分解则是整个协同活动执行的前提条件。在协同活动中，一个任务通常被分解成若干个子任务，子任务还可以逐级细分为更小的单元任务，每个单元任务由相应的角色来承担。因此可以将一个由多个角色共同完成的评估任务分解成若干个由多个单角色完成的子任务树。将总任务按照角色的分工，先初步分解成评估管理、公众评估以及专家评估三个子任务。由于这些子任务仍然比较大，因此还可以将这些子任务再细分成更小的单元任务，如图4-2所示。

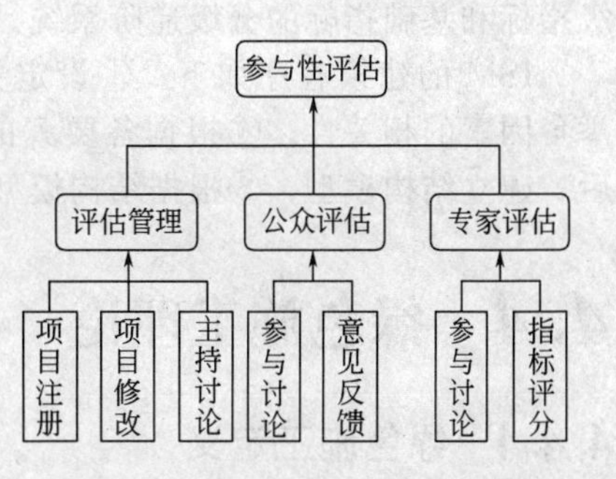

图4-2　基于角色的任务分解树

该模型所描述的参与性评估活动步骤如下：首先，管理者根据评估项目的背景资料在系统中注册一个新的评估项目，并且对该项目进行角色、指标以及权重等必要相关信息的配置；而后，公众和专家先通过所注册的项目资料了解评估项目信息，再在管理者的主持下进行评估意见的讨论，公众和专家都可以对评估项目发表评估意见；在多次讨论后，公众与专家达成一致，生成评估意见；管理者根据评估意见对评估项目的指标和权重进行相应的调整，形成新的评估方案；最后，专家在这个新的评估方案基础上对项目进行评分，形成评估结果。

4.3.10　基于建筑信息模型技术的绿色建筑评估系统

建筑信息模型（building information modeling，BIM）是近两年来出现在建筑界中的一个新名词，是以三维数字技术为基础，集成了建筑工程项目各种相关信息的工程数据模型，是对该工程项目相关信息的详尽表达。建筑信息模型是数字技术在建筑工程中的直接应用，以解决建筑工程在软件中的描述问题，使设计人员和工程技术人员能够对各种建筑信息做出正确的应对，为协同工作提供坚实的基础。建筑信息模型同时又是一种应用于设计、建造、管理的数字化方法，这种方法支持建筑工程的集成管理环境，可以使建筑工程在其整个进程中显著提高效率和大幅度减少风险。

近些年，随着BIM的推进与发展，USGBC对绿色建筑的评估进行了一些改变，但是BIM作为一个以3D模型为基础的建筑新名词，虽然大部分的软件已经能够使大部分的使用者导出以HTML或是PDF为平台的能量分析报告，但是目前并没有很容易的方法直接与LEED这样的绿色认证体系相结合的方法或途径。

BIM技术是继CAD（计算机辅助设计）技术后出现的建设领域的又一重要的计算机应用技术。BIM重新整合了建筑设计的流程，其所涉及的建筑生命周期管理（BLM），又恰好是绿色建筑设计的关注和影响对象。真实的BIM数据和丰富的构件信息给各种绿色建筑分析软件以强大的数据支持，确保了结果的准确性。目前包括Revit在内的绝大多数BIM相关软件都具备将其模型数据导出为各种分析软件专用的GBXML格式。BIM的实施，能将建筑各项物理信息分析从设计后期显著提前，有助于建筑师在方案，甚至概念设计阶段进行绿色建筑相关的决策。

BIM评估体系结构包括：①建筑设计三维信息BIM模型；②建筑数据信息分析及处理；③绿色节能建筑分析数据信息可视化表达。

4.3.11　基于解释结构模型法的可持续建筑评价

解释结构模型法（interpretative structural modeling，ISM）是结构模型化技术最为常用的一种，是美国华费尔特教授于1973年作为分析复杂的社会经济系统有关问题的一种方法而开发的。其特点是把复杂的系统分解为若干子系统（要素），利用人们的时间经验和知识，以及电子计算机的帮助，最终将系统构造成一个多级递阶的结构模型。解释结构模型是对可达矩阵经过关系划分、级间划分、强连通子集划分等一系列的划分来建立结构模型。即通过对可持续建筑指标的ISM建模分析和分级评价，把可持续建筑的各指标分成一个具有最终指标、高级指标和基础指标的分级递阶系统。

ISM 的建模程序如下：①设定关键问题；②选择构成系统的影响关键问题的因素；③列举各因素的相关性；④根据各要素的相关性，建立邻接矩阵和可达矩阵；⑤对可达矩阵分解后，建立结构模型；⑥根据结构模型建立解释结构模型。

4.4 绿色施工理论

4.4.1 绿色施工定义

绿色施工的概念有广义和狭义之分，从广义的角度来说就是绿色建筑的一个实现过程，包括项目的选址、设计、施工、运营维护以及拆除，是一个全过程绿色控制的概念；从狭义角度来说就是一个细化的施工阶段的绿色控制。绿色施工是绿色建筑全寿命周期的一个重要组成部分，绿色施工与绿色建筑一样，是建立在可持续发展理念上的，是可持续发展思想在施工中的体现，因此应该满足可持续发展的要求。根据建设部《绿色施工导则》定义：绿色施工是指工程施工过程中，在保证质量、安全等基本要求的前提下，通过科学管理和先进技术，最大限度地节约资源与减少对环境负面影响和提高效率的施工活动。

可以将绿色施工的具体内容概括为六个方面：绿色施工管理、环境保护、节材与材料资源利用、节水与水资源利用、节能与能源利用、节地与施工用地保护。绿色施工管理主要包括组织管理、规划管理、实施管理和人员安全与健康管理四个方面；绿色施工的环境保护重点应做好施工现场的扬尘控制，降低噪声污染、光污染、水污染和大气污染，做好建筑垃圾的处理、土壤的保护以及地下设施及文物和资源保护；绿色施工的节材与材料资源利用包括选用绿色建材，鼓励充分利用本地资源来就地取材，采取节材措施，做好施工过程各个环节的材料节约；绿色施工的节水与水资源利用就是在施工过程中积极利用非传统水源，提高用水效率；绿色施工的节能与能源利用就是尽量减少施工机械设备以及生产生活设施的能耗，积极地利用清洁能源和可再生能源；绿色施工的节地与施工用地保护就是做好施工平面图的布置，提高土地利用率，保护临时用地。

4.4.2 绿色施工评价

绿色施工是一项非常复杂的系统工程，包含的内容十分广泛，它除了包括节约能源和资源，还包括减少环境的污染、结合气候施工、运用环保健康的施工工艺、减少回收建筑垃圾、实施科学管理、保证人员安全与健康等。因此绿色施工的评价也将涉及多因素、多目标、多指标的综合复杂的系统评价问题。绿色施工的评价应该从其系统特征和与外界环境的关系方面入手展开，然后围绕绿色施工评价的总目标进一步分层次建立全面、科学、有效的评价指标体系。

代志红针对中国的施工实际，提出了一套适合中国国情的绿色施工评价系统，该评价系统将评价指标分为 M（management performance indicators）和 L（environmental load indicators）两类：M 指的是绿色施工管理水平和工程竣工后的绿色施工监督评价体系，包括现场施工管理、人员健康与安全和绿色施工监督评价三个指标；L 指的是施工过程中能源、资源消耗和环境污染，包括能源消耗、土地资源消耗、水资源消耗、材料资源消耗、场地环境影响、场地周边环境影响等七个指标。根据两者对工程施工的绿色度进行分析。在具体考察施工负荷 L（load）时，是将 L 转化为 LR（load reduction，建筑施工负荷的减少）来评价，这样可以使评价更便于理解，即施工负荷减少越多，得分越多。最后根据 LR 的评分和权重表计算出 LR 总得分，然后根据 L=总得分−LR，计算出 L 的得分。

可以运用专家咨询法、层次分析法等研究方法设置绿色施工评价体系的各层次指标，计算出各个指标的权重，在此基础上再利用专家打分法和线性加权法等评判模型，设计出一套科学的绿色施工评价方法。

徐鹏鹏认为要实现对绿色施工进行综合评价的总目标，就要着眼于能源与资源的节约利用、施工过程中对环境负荷的控制、施工现场的综合管理三个方面来建立分目标层来反映和体现总目标。在绿色施工分目标层的基础上，可以进一步细分出绿色施工评价指标体系的准则层以及指标层。

4.4.3　绿色施工的推广

（1）提高全社会的“绿色施工”意识　只有在工程建设各方以及广大民众对自身生活环境的认识和保护意识达成共识时，绿色价值标准和行为模式才能广泛形成。

因此，提高人们的绿色施工意识是非常重要的，可以通过以下几种途径来实现。

① 进行广泛深入的教育、宣传，加强培训，同时定期对施工企业的职工进行培训，因为绿色施工是由他们来执行的。

② 建立示范性绿色施工项目。目前我国绿色施工处于起步阶段，可以通过绿色施工示范工程，引导我国各地绿色施工的健康发展。

③ 建立和完善绿色施工的民众参与制。发扬民众对绿色施工的积极性，促进绿色施工的发展，从而推动全社会的绿色施工机制。在施工准备阶段，充分了解民众的要求，进行科学的施工组织设计，最大限度地减少对周围环境的影响。

（2）解决阻碍绿色施工推行的经济性障碍　许多承包商错误地认为实施绿色施工会增加工程造价，所以就对绿色施工显得比较被动和消极。但绿色施工采取的是科学的施工组织设计，在实施过程中同样可以产生降低造价的效果。例如通过减少施工现场的破坏、土石方的挖运和人工系统的安装，降低现场清理费用；通过更仔细的采购以及资源和材料的重新利用，降低材料费；减少由于恶劣的室内空气品质引起的雇员健康问题等。

因为绿色施工中实施封闭施工、采取消声减声措施、减少环境污染、清洁运输等绿色施工措施，会增加一定的设施或人员投入，因此会带来成本的增加。而一些能降低成本的技术没有被系统有效地采用，或其节约的费用低于其投入成本。解决这些问题，要做到以下几点。

① 加大绿色施工研究，积极推行绿色施工技术和绿色施工产业化。要引进国外先进的施工技术，可以在短时间内接近国际先进技术水平。积极推行绿色施工新技术，施工新技术的推广应用不仅能够产生较好的经济效益，而且往往能够减少施工过程对环境的污染，创造较好的社会效益和环保效益。同时，绿色施工技术和实施绿色施工的设备产品要实行产业化，这样可以降低实施绿色施工的成本，推动绿色施工的实施。同时，绿色施工的大量实施也会促进绿色施工的产业化，可以说是互相促进。

② 政府有关部门应该借鉴先进国家的成功经验，根据本国国情，制定合理的绿色施工法律法规，建立绿色施工评价体系，对工程施工的绿色程度进行评价，利用经济手段激励施工企业实行绿色施工。

③“定性”与“定量”相结合。目前我国施工阶段的基础数据极度匮乏，难以对能耗和排放数据进行科学界定，因此在评估的起步阶段，可以定性因素多一些，侧重于考察是否具有绿色施工概念和基本特征，是否采用了适宜的绿色施工技术措施。随着今后基础数据的不断积累，可逐渐增设定量指标。

④ 强化第三方监控。在国外评估体系中，都有一个第三方监控评估机构。目前我国采用监理单位对工程质量进行监控，因此，可以培训监理单位，让他们成为独立的第三方评估机构。

⑤ 实施科学管理，提高企业管理和项目管理水平是落实绿色施工的关键，施工管理因项目不同、施工组织关系不同而变化很大。工程总承包单位的工程技术管理人员必须把绿色施工

的各项要求编制到工程施工组织设计中去，落实到工地管理、工序管理、现场材料管理等各项管理中去并严格检查落实。同时，总承包单位项目管理人员还要指导督促各分包单位落实绿色施工的各项要求。通过科学的项目管理使项目团体人员的努力能够很好地结合起来，利用项目有限的资源，创造出很好的成果。

要提倡国内的大型建设企业实行设计—采购—施工总承包模式。其实目前已有部分国内企业开始实行这种总承包模式，并且取得了不错的效果，应该进行大力推广。

⑥ 建立科学的绿色施工评价体系，强制推行绿色施工评价。

当前，我国建设管理部门对施工现场的管理主要还体现在对文明施工的管理。而我国的施工企业，各项目部也制定了文明施工措施和方案，在工程施工时予以实施。而对于绿色施工，目前还没有被作为规范或法律制度来实施，也没有一套系统的绿色施工评价体系来衡量施工单位的绿色施工水平。《绿色建筑评价标准》、《绿色施工导则》的颁布，使我国的绿色施工基本概念和原则得到初步确立。而要推行绿色施工，必须建立一个科学的，符合当地实际的绿色施工评价体系，对施工项目进行评价来判断该项目是否属于绿色施工。政府有关部门要尽快健全绿色施工相关政策法规体系，利用财政税收、经济奖赏等经济手段建立有效的激励制度，对实施绿色施工的施工企业给予奖励，对不实施绿色施工的施工企业进行处罚，以推动施工企业绿色施工的实施。

第5章

我国《绿色建筑评价标准》解读

虽然我国引入了“绿色建筑”的理念，但我国长期处在没有正式颁布绿色建筑的相关规范和标准的状态。现存的一些评价体系和标准，如《绿色生态住宅小区建设要点与技术导则》、《绿色奥运建筑评估体系》等侧重评价生态住宅的性能，或针对大型公共建筑，没有真正明确绿色建筑概念和评估原则、标准的国家规范出台。我国绿色建筑评价标准（GB/T 50378—2006）就是在这种背景下于2006年6月出台，是我国第一个绿色建筑评价的国家标准。该标准是从我国国情出发，在借鉴国内外成熟的绿色建筑评估体系的基础上发展起来的，其首次以国家标准的形式明确了绿色建筑在我国的定义、内涵、技术规范和评价标准并提供了评价打分体系，为我国的绿色生态建筑的发展和建设提供了指导，对促进绿色建筑及相关技术的健康发展有重要意义。它可用于评估实体建筑物与按定义表述的绿色建筑相比在性能上的差异。主要评价的对象有住宅建筑和公共建筑中的办公建筑、商场建筑和旅馆建筑。根据我国现有国情，评价标准在主要项目上更强调节约的概念，其评价项目主要有：节能与能源利用；节水与水资源利用；节材与材料资源利用；室内环境质量；运营管理（住宅建筑）、全生命周期综合性能（公共建筑）。这六类指标涵盖了绿色建筑的基本要素，包含了建筑物全寿命周期内的规划设计、施工、运营管理及回收各阶段的评定指标的子系统，上述项目中的指标又分为控制项、一般项和优选项。控制项相当于LEED的先决条件，是必须达到的项目，优选项是指绿色建筑在实现过程中难度较大、指标要求较高的项目。图5-1为中国绿色建筑评价标准指标体系框图。

绿色建筑评价划分为一星、二星、三星三个评定等级，其申请认证过程如下。

① 申报单位提出申请和交纳注册费。

② 申报单位在线填写申报系统。

③ 绿色建筑评价标识管理机构开展形式审查。

④ 专业评价人员对通过形式审查的项目开展专业评价。

⑤ 评审专家在专业评价的基础上进行评审。

⑥ 绿色建筑评价标识管理机构在网上公示通过评审的项目。

⑦ 住房和城乡建设部公布获得标识的项目。

《绿色建筑评价标准》发展至今，国内外的绿色建筑在评价体系和标准方面都有了新的发展方向和动态，本章主要以《绿色建筑评价标准》及其实施细则为标准，对绿色建筑的评价标准进行解读和详尽的介绍、细分类，内容涵盖节地、节能、节水、节材等方面，使绿色建筑的评价标准更加明确，进一步推进我国绿色建筑理论和实践的探索与创新。

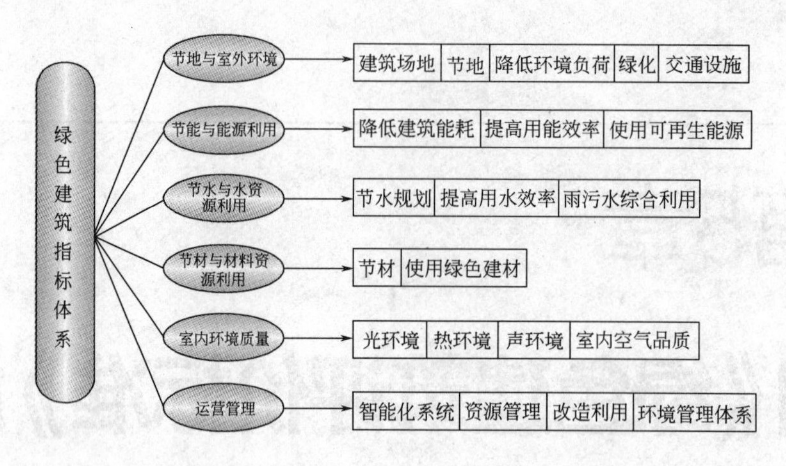

图 5-1 中国绿色建筑评价标准指标体系框图

5.1 节地与室外环境

5.1.1 节地与室外环境评价介绍

我国国土面积位居世界第三，但将近 25%被沙漠、戈壁、高山等地区所覆盖，可耕地仅占世界 10%；中国近几十年来经济的快速增长是以环境为代价的，建筑物在建造和运行过程需消耗大量的自然资源和能源并对环境产生影响。因此，绿色建筑不仅要考虑建筑本身或内部，还要考虑建筑与城市可持续发展的关系以及建筑的外部环境，使绿色建筑的评价更加完善。

节地是我国“四节一环保”方针政策的重要内容，是根据我国人多地少的具体国情制定的，是我国绿色建筑评价标准的主要特色之一。在节地的前提下，绿色建筑还要为人们创造高质量的室外环境，与室内环境共同构成良好的人居环境。

此项要求中住宅建筑部分的控制项主要包括建设对自然环境的影响、选址条件、用地指标、住宅日照、绿化指标与植物种类、污染源和施工过程等内容；一般项包括公共服务设施、旧建筑利用、物理环境（声、热、风）、绿化配置、交通、地面透水能力等内容；优选项包括地下空间和废弃场地的利用。公共建筑部分没有日照、公共服务设施等内容，增加了光污染、立体绿化等内容。

其中，住宅部分的节地与室外环境指标共有 18 项，其中控制项 8 项，一般项 8 项，优选项 2 项。公共建筑的节地与室外环境指标共有 14 项，其中控制项 5 项，一般项 6 项，优选项 3 项。

5.1.2 选址、规划与场地安全

在选择建设用地时应严格遵守国家各地方的相关法律法规，保护现有生态环境和自然资源，优先选择具有城市改造潜力的地区，充分利用原有市政基础设施，提高使用效率。

最佳场地设计是一种针对居住区和商业区发展的设计方法与理念，通过在设计区域采取适当的措施，达到降低污染物的排放量、保护自然生态区域、节约资金、增加地产价值等目的。最佳场地设计对新区的设计有三个主要目标：①降低不透水面积率；②增加自然生态区域的面积；③与源头雨水处理技术更好地结合。场地设计也正是绿色建筑评价体系的重要组成部分。因此绿色建筑在选址时，首先应做到与周边环境相适应，所选择的场地应该不破坏当地文物、自然水系、湿地、基本农田、森林和其他保护区。在建设过程中应尽可能维持原有场地的地形地貌，这样既可以减少用于场地平整所带来建设投资的增加，减少施工的工程量，也避免了因场地建设对原有生态环境景观的破坏。当因建设开发确需改造场地内地形地貌、水系、植被等环境状况时，在工程结束后，鼓励建设方采取相应的场地环境恢复措施，减少对原有场地环境的改变，避免因土地过度开发而造成对城市整体环境的破坏。对于公共建筑而言，要避免其建筑布局或体形对周围环境产生不利影响，特别需避免对周围环境的光污染及对周围居住建筑的日照遮挡。此外，公共建筑周边如有居住建筑，应避免过多遮挡，以保证其满足日照标准的要求。这是建筑选址的环境要素。

我国幅员辽阔，是一个自然灾害多发的国家，因此在规划设计中应考虑各种自然灾害的应对问题。

自然灾害及建筑周边的有害环境会时刻威胁着人体健康，还有一些常见的功能建筑也会对人体产生威胁，建设选址的时候应该考虑，必须符合国家相关的安全规定：首先，选址应综合考虑和分析用地的水文状况，选址位于设计洪水位之上或周边有较可靠的城市防洪设施，山地地区应考虑泥石流、滑坡等地质灾害问题的预防；选址还应远离对建筑抗震不利地段；选址应规避含氡土，如涉及原有工业用地，应事先进行土壤的化学污染检测和评估，满足国家相关标准要求；选址应远离电子辐射较强地区，以及易发生火灾、爆炸和毒气泄漏的地区；建筑周边也不应该存在污染物排放超标的污染源问题，或者应该根据项目性质合理布局或利用绿化进行隔离。这是建筑选址的安全要素。

此外，绿色住宅建筑的选址还应该注意与城市交通网络的关系。为便于居民选择公共交通工具出行，在场地规划中应重视住区主要出入口的设置方位及与城市交通网络的有机联系。具有大量人流和短时间集散特性是公共建筑的主要特点，为了保证各类人员顺畅方便地进出，要求将大量人群与少量使用专用车辆的特殊人群按照人车分行的原则组织各自的交通系统。同时，在公共建筑的规划设计阶段应重视其主要出入口的设置方位，接近公交站点。这是建筑选址的交通要素。

5.1.3　节地

我国人均耕地远低于世界平均水平，大规模的建筑开发已经对城市结构和城市形态产生了巨大影响，城市边缘住宅区的大规模建设，使得大量耕地转变为居住用地，很多住宅建设容积率低，人均用地指标高于国家标准，与目前倡导的可持续发展观背道而驰。应该提出控制人均用地的上限指标，有两种方法控制人均用地指标：一是控制户均住宅面积；二是通过增加中高层住宅和高层住宅的建设比例，在增加户均住宅面积的同时，满足国家控制指标的要求。因此，为了达到节地的目的，绿色建筑在规划中应符合有关部门制定的相关指标，并且充分利用现有废弃场地、旧建筑和周边公共服务设施，合理开发地下空间。

在规划建设之初，地价是影响建设成本的首要因素，有效利用现有废弃场地进行改造和建设，将有效降低建设成本，改善城市环境，避免了拆迁与安置带来的成本和社会问题，变废为宝，既是节材、节地的重要措施之一，又是防止大拆乱建的有效控制条件。但在建设之前应该对原有场地进行检测和处理，保证场地的安全和环境保护问题。

在我国，许多处于正常使用年限内的建筑被强行拆除，造成巨大的资源浪费和环境污染，主要来说有三个方面的原因：一是由于城市规划的改变，使得用地性质发生改变；二是由于原有建筑的品质或功能不适应不断变化的新要求；三是质量问题。

对于第一种情况，应该首先对原有建筑的处置进行充分论证，不到寿命的建筑应该通过综合改造达到延期使用的目的，达到使用寿命的应该进行建筑改造或再利用的可行性研究。对于第二种情况，对于新建筑设计来讲，应该充分考虑全寿命周期内的可改造性，对于旧建筑，也要综合考虑改造的可行性。对于存在质量问题的建筑，可以进行专项改造或综合改造，并且考虑拆除后建筑废弃物的再利用问题。这样可以节约资金，避免了反复拆建带来的资源浪费。

合理开发利用地下空间，是城市节约用地的主要措施之一。把城市交通和一切可能的设施尽可能建于地下，可以实现土地的多重利用，提高土地的利用效率，实现节地的要求，还有助于建成“紧凑型”城市结构，减少了人们步行和使用车辆出行的比例，能够降低交通能耗，实现城市节能的要求。

地下空间开发利用的合理性和诸多因素有关，应遵循分层分区、综合利用、公共有限及其分期建设的原则。开发时序应优先利用下层空间，在此基础上向深层空间进行发展。对利用地下空间应结合当地实际情况（如地下水位的高低等），处理好地下室入口、地下入口与地面的有机联系、通风、防火及防渗漏等问题。对于人员活动频繁的地下空间，应满足安全、便利、舒适和健康等方面要求，配置相应服务设施，及引导标志和无障碍设计。

居住区公共服务设施按规划配建，合理采用综合建筑并与周边地区共享。公共服务设施的配置应满足居民需求，与周边相关城市设施协调互补，有条件时应考虑将相关项目合理集中设置。配套公共服务设施相关项目建综合楼集中设置，既可节约土地，也能为居民提供选择和使用的便利，并且提高设施的使用率，降低社会成本。中学、门诊所、商业设施和会所等配套公共设施，可打破住区范围，与周边地区共同使用。这样既节约用地，又方便使用，还节省投资。

5.1.4 室外环境

绿色建筑对于建筑物理环境提出了明确要求，一方面是建筑自身（包括住宅建筑和配套公共建筑）的室内外日照环境、自然采光和通风条件，另一方面包括建筑空间和室外环境的舒适度要求，还要考虑建筑与城市的热岛效应等与周边城市环境的协调共存问题。在步入老龄化社会的今天，为老年人建设的绿色建筑在物理环境等方面应有更高的标准。

很多情况建筑室外环境的建设和二次开发会对建筑物理环境产生一定的影响。建筑装饰和城市商业活动中也常会出现影响住宅日照通风的问题，有可能降低相邻住宅楼、相邻住户的日照和采光标准，对于旧区改造项目内的新建住宅，其日照标准可酌情降低，但无论何种情况，降低后的住宅日照标准均“不得低于大寒日日照1小时的标准”。在低于北纬25°的地区，宜考虑视觉卫生要求，当两幢住宅楼居住空间的水平视线距离不低于18m时即能基本满足要求。绿色公共建筑应从布局、体形、装饰等要素考虑，避免对周围建筑物和环境产生光污染，也不能对周围居住建筑产生不利的日照遮挡，以满足周边住宅日照标准要求。

现在城市中的噪声源可以分为四类：交通噪声、工业噪声、建筑施工噪声和社会生活噪声。对噪声的主动控制应该是对声源、传播途径、保护对象进行合理规划和布局，根据不同类别的居住区，要求对场地周边的噪声环境进行检测，并且对规划实施后的环境噪声进行预测。当拟建噪声敏感建筑不能避免临近交通干线，或不能远离固定的设备噪声源时，需要在临街外窗和围护结构等方面采取有效的隔声措施。

在城市高度集约化发展的今天，众多高层建筑和超高层建筑使得再生风和二次风环境问题愈加明显，这关系到建筑组合空间的物质形态、建筑节能，也关系到居民的安全和生活质量。总体来说，居住区风环境应有利于冬季室外行走舒适及过渡季、夏季的自然通风。

夏季、过渡季自然通风对于建筑节能十分重要，此外，还涉及室外环境的舒适度问题。在规划设计时应进行风环境模拟预测分析和优化，并且在模拟分析的基础上采取相应的应对措施改善室外风环境。

热岛效应是指一个地区（主要指城市内）的气温高于周边郊区的现象，在冬季最为明显，夜间也比白天明显，是城市气候最明显的特征之一。“热岛”现象首先在夏季出现，不仅会使人们高温中暑的概率变大，同时还形成光化学烟雾污染，并且增加建筑的空调能耗，给人们的工作、生活带来严重的负面影响。对于住区而言，由于受规划设计中建筑密度、建筑材料、建筑布局、绿地率和水景设施、空调排热、交通排热及炊事排热等因素的影响，住区室外也有可能出现“热岛”现象。因此，在居住区规划设计中应进行热岛模拟预测分析，运行后进行现场测试。

绿化是城市环境建设的重要内容，是改善生态环境和提高生活质量的重要手段。城市绿化对于住宅建筑和公共建筑又具有很重要的作用。

绿地率是指居住区范围内各类绿地面积的总和占住区用地面积的比率，是衡量居住区环境质量的重要标志之一。根据我国居住区规划实践，当绿地率达30%时可达较好的空间环境效果。“人均公共绿地指标”也是适应居民日常不同层次的游憩活动需要、优化住区空间环境、提升环境质量的基本条件。公共绿地应采用集中与分散、大小相结合的布局方式，应满足日照环境要求。建设用地内的绿化应避免大面积的纯草地，鼓励进行屋顶绿化和墙面绿化、垂直绿化等方式。这样既能切实地增加绿化面积，提高绿化在二氧化碳固定方面的作用，改善屋顶和墙壁的保温隔热效果，又可以节约土地。

植物的配置应能体现本地区植物资源的丰富程度和特色植物景观等方面的特点，种植适应当地气候和土壤条件的乡土植物，以保证绿化植物的地方特色。同时，要采用包含乔、灌木的复层绿化，再栽种多种类型植物，可以形成富有层次的城市绿化体系，提高绿地的空间利用率，增加绿地的实际利用量，改善建筑周边的生态环境。

增强地面透水能力，可缓解城市及住区气温逐渐升高和气候干燥状况，降低热岛效应，调节微小气候，增加场地雨水与地下水涵养，改善生态环境及强化天然降水的地下渗透能力，补充地下水量，减少因地下水位下降造成的地面下陷，减轻排水系统负荷，以及减少雨水的尖峰径流量，改善排水状况。因此应该考虑在建筑室外设置透水地面并满足一定的比例。

5.1.5　施工控制

施工过程中应制定并实施保护环境的具体措施，控制由于施工引起的大气污染、土壤污染、噪声影响、水污染、光污染及其对场地周边区域的影响。

施工主现场的扬尘和废气排放是大气污染的主要来源，在施工单位提交的施工组织设计中，必须提出行之有效的控制扬尘的技术路线和方案，以减少施工活动对大气环境的污染；为减少施工过程对土壤环境的破坏，应识别各种污染和破坏因素对土壤可能产生的影响，提出避免、消除、减轻土壤侵蚀和污染的对策与措施；建筑施工所产生的噪声对周边居民的正常生活影响极大，应采取行之有效的降噪措施，或错开施工时间；施工工地污水如未经妥善处理排放，将对市政排污系统及水生态系统造成不良影响，应严格执行国家标准《污水综合排放标准》的要求；施工场地电焊操作以及夜间作业时所使用的强照明灯光等所产生的眩光，是施工过程光污染的主要来源。施工单位应选择适当的照明方式和技术，尽量减少夜间对非照明区、周边区域环境的光污染。施工现场设置围挡，其高度、用材必须达到地方有关规定的要求。应采取措施保障施工场地周边人群、设施的安全。

5.2　节能与能源利用

5.2.1　节能与能源利用评价介绍

节约能源是建设资源节约型社会的重要组成部分，建筑的运行能耗约是全社会商品用能的1/3，是节能潜力最大的用能领域，已经成为节能的重点。随着经济发展和人民生活水平的提高，对于建筑室内环境的舒适需求必然增加。建筑能耗是指建筑使用过程中的能耗，主要包括采暖、空调、通风、热水供应、照明、炊事、家用电器、电梯等方面的能耗。其中，气候特点是影响建筑采暖、空调用能的一个最基本条件。我国气候特点与世界上同纬度地区的平均温度相比，冬天更冷、夏天更热，此种气候条件使我国的建筑节能工作更为艰巨，并且我国当前建筑的保温隔热性能相当差，我国暖通通风空调耗能占据了建筑能耗的主要部分，从而导致建筑用能在我国能源总消费中所占的比例不断上升。

住宅建筑的节能指标共有11项。其中，控制项3项，主要包括建筑热工设计、集中空调系统的冷热源机组性能、集中采暖的分户计量和室温调节等内容，均必须满足；一般项6项，包括住宅通风采光设计、高效能设备系统、照明节能设计、能量回收系统、可再生能源利用比例等；优选项2项，对建筑综合节能、可再生能源利用比例提出了更高要求。

公共建筑的节能指标共有19项。其中，控制项5项，和住宅建筑相比增加了照明功率密度、能耗分项计量等内容；一般项10项，优选项4项，增加了外窗可开启比例、外窗气密性、空调系统部分负荷调节性等内容。

5.2.2 建筑与建筑热工节能设计

5.2.2.1 规划设计

大自然赋予的环境条件是人类利用的一切能源产生的根本，因此在建设的过程中应充分利用场地的自然条件。建筑的体形、朝向、楼间距和窗墙面积比等指标都应该围绕当地的自然环境特征制定，建筑节能的规划设计是从分析建筑所在地区的气候条件出发，将建筑设计与建筑微气候、建筑技术和能源的有效利用相结合的设计方法。分析建筑的总平面布置，建筑平面、立面、剖面形式，太阳辐射、自然通风等对建筑能耗的影响，然后在节能设计时考虑日照、主导风向、夏季的自然通风、朝向等因素。

建筑总平面布置和设计时应争取不使大面围护结构外表面朝向冬季主导风向，减少作用在围护结构外表面的冷风渗透，处理好窗口和外墙的构造形式与保温措施，降低能源的消耗。设计时，注重利用自然通风的布置形式，注重穿堂风的形成。

建筑的主朝向应选择本地区最佳朝向或接近最佳朝向，原则是冬季能获得足够的日照并避开主导风向，夏季能利用自然通风并防止太阳辐射。在实际设计中建筑的朝向、方位以及建筑总平面设计应在权衡各个因素之间的得失轻重后选择这一地区建筑的最佳朝向和较好的朝向。

5.2.2.2 建筑热工设计

根据《民用建筑热工设计规范》，由于目前建筑热工设计主要涉及冬季保温和夏季隔热，主要与冬季和夏季的温度状况有关，因此，用累年最冷月（即1月）和最热月（即7月）平均温度作为分区主要指标，累年日平均温度≤5℃和≥25℃的天数作为辅助指标，将全国划分成五个区，即严寒、寒冷、夏热冬冷、夏热冬暖和温和地区，国内建筑热工设计分区及设计要求见表5-1。

表5-1 国内建筑热工设计分区及设计要求

分区名称	分区指标		设计要求
	主要指标	辅助指标	
严寒地区	最冷月平均温度≤－10℃	日平均温度≤5℃的天数≥145d	必须充分满足冬季保温要求，一般可不考虑夏季防热
寒冷地区	最冷月平均温度－10～0℃	日平均温度≤5℃的天数90～145d	应满足冬季保温要求，部分地区兼顾夏季防热
夏热冬冷地区	最冷月平均温度0～10℃，最热月平均温度25～30℃	日平均温度≤5℃的天数0～90d，日平均温度≥25℃的天数40～110d	必须满足夏季防热要求，适当兼顾冬季保温
夏热冬暖地区	最冷月平均温度＞10℃，最热月平均温度25～29℃	日平均温度≥25℃的天数100～200d	必须充分满足夏季防热要求，一般可不考虑冬季保温
温和地区	最冷月平均温度0～13℃，最热月平均温度18～25℃	日平均温度≤5℃的天数0～90d	部分地区应考虑冬季保温，一般可不考虑夏季防热

建筑热工设计的优劣对建筑能耗的影响很大，其中围护结构热工性能要求是建筑节能设计

标准的最主要内容，应该符合或超过现行的节能设计标准。按现行标准确定建筑围护结构热工参数有两种并行的途径：一种为规定性方法，即直接判断相关的一系列性能参数是否符合要求；另一种是性能化方法，即通过复杂的计算证明能耗被控制在规定的水平。

（1）规定性方法　这种方法要求建筑设计满足一些强制性的规定要求，包括建筑体形系数、围护结构热工性能（外墙、屋面、外窗、屋顶透明部分传热系数、遮阳系数、地面和地下室外墙的热阻）、朝向窗的窗墙比、可见光透射比、屋顶透明部分面积比例等。

对于严寒地区来讲，采暖是建筑的主要负荷，加强围护结构的保温是主要措施。建筑体形系数和窗墙比越大，要求越严格；在夏热冬暖地区，空调是建筑的主要负荷，窗户的遮阳系数是关键参数，即窗墙比越大，对窗户的遮阳系数也要求越严格，而对建筑体形系数以及窗户的传热系数要求较低。

（2）性能化方法　如果设计建筑的体形系数、窗墙比、屋顶透明部分面积比超出了标准规定，必须采用权衡判断法来判定围护结构的总体热工性能是否符合节能要求。对于严寒地区来讲，可以采用稳态计算原则，可以通过提高围护结构热工性能参数，通过计算控制所设计建筑的耗热量指标在规定数值内。对于夏热冬冷和夏热冬暖地区，应首先计算“参照建筑”在规定条件下的全年采暖和空调能耗，然后计算所设计建筑在相同条件下的全年采暖和空调能耗，直到设计建筑的采暖和空调能耗小于等于“参照建筑”的采暖和空调能耗，则判定围护结构的总体热工性能符合节能要求。

5.2.2.3　窗户设计

在建筑外窗、墙体、屋面三大围护部件中，窗户的热工性能最差，是影响室内热环境和建筑能耗最主要的因素之一。加强窗户的保温隔热性能，减少窗户的热量损失，是改善室内热环境和提高建筑节能水平的重要环节。

窗户的可开启面积过小，会严重影响建筑室内的自然通风效果，作为公共建筑，外窗的可开启率有逐渐下降的趋势，有的甚至使外窗完全封闭，这样会导致室内通风不足，不利于室内空气流通和散热，也不利于节能。按照要求，可开启的建筑外窗面积应不小于建筑外窗总面积的 30%，建筑幕墙应该具有可开启部分或设有通风换气装置。

窗墙面积比的确定要综合考虑多方面因素，最主要的有不同地区冬夏日日照情况、季风影响、室外空气温度、室内采光设计标准及其外窗开窗面积与建筑能耗等。从降低建筑能耗的角度出发，应该控制窗墙面积比。在严寒地区，对窗和幕墙的传热系数要求高于南方地区，而在夏热冬冷和夏热冬暖地区，对窗和幕墙的遮阳系数要求较高。

为了建筑的节能，防止室外空气过多地向室内渗漏，绿色公共建筑对其外窗的气密性能有较高的要求，根据标准，建筑外窗的气密性不得低于现行国家标准《建筑外窗气密性能分级及其检测方法》规定的 4 级要求，即在 10Pa 压差下，每小时每米缝隙的空气渗透量在 0.5～1.5m³ 之间，见表 5-2。

表 5-2　建筑外窗气密性能分级（GB/T 7107—2002）

分级	1	2	3	4	5
单位缝长分级指标值 q_1/[m³/(m·h)]	$6.0 \geqslant q_1 > 4.0$	$4.0 \geqslant q_1 > 2.5$	$2.5 \geqslant q_1 > 1.5$	$1.5 \geqslant q_1 > 0.5$	$q_1 \leqslant 0.5$
单位面积分级指标值 q_2/[m³/(m²·h)]	$18 \geqslant q_2 > 12$	$12 \geqslant q_2 > 7.5$	$7.5 \geqslant q_2 > 4.5$	$4.5 \geqslant q_2 > 1.5$	$q_2 \leqslant 1.5$

5.2.3 节能设计

5.2.3.1　采暖、空调系统冷热源能效规定

对于公共建筑，一般采用集中式取暖、通风和空调系统，住宅建筑可以采取多种采暖、空调方式，如集中式或者分散式。

在这几种空调、采暖系统中，冷热源的能耗是空调、采暖系统能耗的主体，冷热源的能源效率对节省能源至关重要。性能系数、能效比和热效率是反映冷热源能源效率的主要指标之一。为了控制空调系统主机的能耗，在《公共建筑节能设计标准》中规定了必须设计选用能效比较高的机组，不得选用已可以进入市场的第5等级，即未来淘汰的产品。其中一些强制规定的条文包括电机驱动压缩机的蒸汽循环冷水（热泵）机组，额定制冷状况和规定条件下的性能指数（COP）、能效比（EER）。对于设计阶段已完成集中空调系统设计的居民小区，或者户式中央空调系统设计的住宅，其冷源能效的要求应该等同于公共建筑的规定，即对照“能效定制及能源效率等级”标准。集中采暖系统热水循环水泵的耗电输热比，集中空调系统风机单位风量耗功率和冷热水输送能效比，在住宅建筑中经常作为热源的锅炉，以及吸收式制冷机组，均应该符合国家《公共建筑节能设计标准》中的相关规定。

5.2.3.2 集中采暖、空调系统温度调控和计量

长期以来，我国按照计划经济模式确定的以保证最低基本热量需求为目的的供暖与供暖标准已经不符合当前经济发展的需要，也不利于推进用户采暖的节能行为和增强节能意识。因此，对于新建住宅和公共建筑，应该安装热计量表和散热器恒温控制阀，新建住宅还要具备分户热计量条件，同样，对于集中供冷的住户空调系统，也应该设置室温调节和热量计量设施，因此热计量的原则应是整栋楼进行热计量，楼内用户进行热量分摊，按需按热量进行付费。这就需要解决用户能够根据自己的需要调节温控并对消耗的热量进行计量付费的技术问题。楼内住户热量分摊的方法，可以采用温度表法、热量分配法、户用热表法和按面积分摊等方法。对于不同的采暖、空调方式，不同的末端设备，住户的热冷两分摊应该选用易被用户接受的分摊方法。

对于公共建筑，要求建筑内各耗能环节如冷热源、输配系统、照明、办公设备和热水能耗等都能实现分区域独立分项计量，有效地实施建筑节能。集中空调系统的冷量和热量计算与我国北方地区的采暖热计量一样，也是重要的节能措施。空调按用户实际使用量收费是今后的发展趋势。

由于冷、热量传递的特殊性，要真正做到建筑内每个用户完全按计量收费是不现实的，因此这里重点强调“按区域”计量，首先从大的方面去提高用户的节能意识，同时希望能够加强对不同用户内部的节能管理。

5.2.3.3 可再生能源利用

根据当地气候和自然资源条件，绿色建筑还应充分利用太阳能、风能、地热能、生物质能等可再生能源。规定住宅建筑可再生能源的使用量占建筑总能耗的比例应大于5%。但我国住宅建筑中各项活动所消耗的能源占多少百分比的数据还没有较为详细的调查资料，因此确定可再生能源的使用量占建筑总能耗的比例也有困难。对于公共建筑，规定可再生能源产生的热水量不得低于建筑生活热水消耗量的10%，或可再生能源发电量不低于建筑用电量的2%，对地源热泵系统的使用不加以控制。

根据我国可再生能源在建筑中的应用情况，比较成熟的有太阳能热利用，以及应用太阳能热水器提供生活热水、采暖等，或者应用地热能直接采暖，或者利用地源热泵系统进行采暖和制冷，以及太阳能光伏发电技术。

太阳能热水器是目前我国新能源和可再生能源行业中最具发展潜力的产品之一，太阳能热利用与建筑一体化技术的发展使得太阳能热水供应、空调、采暖工程成本逐渐降低。太阳能光电转换技术中太阳能电池的生产和光伏发电系统的应用水平不断提高。风力发电系统目前在我国发展较为迅猛，相对太阳能光电系统而言总体成本较低，是一种很有前途的可再生能源发电系统形式。

开发60～90℃的地热水用于北方城镇集中供热很有潜力，即低温地热代替一部分燃煤，同时减少燃煤对环境的污染，是节能环保的工作。应对这类供热系统进行合理规划和设计：地热资源是短期内不可再生的资源，应采用分阶段开发、探采结合的方法；地热利用得当，回灌安排合理，可以成为无污染的能源；90℃以下的地热水不能长期储存，也不能长期输送；地热是分散能源，只能就近利用；开发地热投资不确定；影响利用的水量、水温、水质三个因素会有很大差异。

地热的利用方式目前有两种：一是采用地源热泵系统加以利用；二是以地道风的形式加以利用。地源热泵系统的工作原理是通过工作介质流过埋设在土、地表水或地下水中的一种传热效果较好的管材来吸取土或水中的热量及排除热量到土或水中。根据低能采集系统的不同，地源热泵系统分为地埋管、地下水和地表水三种形式。我国开发利用较多的是地表水形式，如淡水水源热泵机组、海水水源热泵机组和污水水源热泵机组。

在应用地源热泵系统时，不能破坏地下水资源。另外，如果地源热泵系统采用地下埋管式换热器时，要注意进行长期应用后土温变化趋势的预测。在设计阶段，应进行长期应用后土温变化趋势平衡模拟计算，或者考虑如果地下土温出现下降或上升变化时的应对措施。

5.2.3.4 节能设备、技术和措施

在合理利用自然条件基础上，尽可能选用节能设备，包括中央空调、集中供暖等大型能源设备。绿色住宅建筑还应选用效率高的节能设备和系统。而公共建筑所具有的特点使得选用节能设备是其最为有效的节能手段。应采用节能型冷热源机组和锅炉，同时要求采用节能型电梯，不宜采用电热锅炉、电热水器作为直接采暖和空气调节系统的热源。

绿色公共建筑室内外照明也需考虑节能因素，大型公共建筑的照明能耗可以占到建筑总能耗的20%以上，应符合《建筑照明设计标准》中的相关规定。在自然采光的区域为照明系统配置定时或光电控制设施，可以合理控制照明系统的开关，在保证使用的前提下达到节能的目的。

在建筑设计中应选用发光效率高、显色性好、使用寿命长、色温适宜并符合环保要求的光源，在满足眩光限制和配光要求条件下，应采用效率高的灯具，此外，应尽可能采用分区域分时段控制等节能手段。并且除了在保证照明质量的前提下尽量减小照明功率密度外，建议采用自动控制照明方式。

采用蓄冷蓄热技术，不直接用电作为采暖和空调系统的热源，这样对于昼夜电力峰谷差异的调节有积极的作用，能够满足城市能源结构调整和环境保护的要求。应严格限制高品位电能直接转换为低品位电能进行采暖或空调的能源转换利用方式。

对空调区域排风中的能量加以回收利用可以取得很好的节能效益和环境效益。对于设有较大的集中排风系统，新风和排风有较大温差及新风和排风采用独立的管道输送时，应设置集中热回收装置，即利用排风对新风进行预热处理，降低新风负荷。在设置集中采暖或集中空调系统的住宅建筑，采暖空调区域排风中所含的能量也十分可观，集中加以回收利用可以取得很好的节能效益和环境效益。不设置集中新风和排风系统时，可以采用带热回收功能的新风与排风双向换气装置，这样既能满足对新风量的卫生要求，又能减少在新风处理上的能源消耗。

集中空调系统中能源的消耗包括冷源、热冷风输送系统和末端设备部分，通常冷源是耗能主体，应该重视提高冷源、水、风系统输送能耗。对风机的单位风量耗功率应该设置最大单位风量耗功率限值，为了提高空调冷热水系统的输送效率，应把输送能效比控制在一个合理的范围内。

空调系统设计时不仅要考虑到设计工况，更应考虑全年运行模式。应尽可能地利用室外空气的自然能，减少人工热冷源的消耗。在过渡季空调系统采用全新风或增大新风比运行，都可以有效改善空调区内空气的品质，大量节省空气处理所消耗的能量。

系统设计应保证在建筑物处于部分冷热负荷时和仅部分建筑使用时，能根据实际需要提供恰当的能源供给，同时不降低能源转化效率。要实现这一目标，就要区分房间的朝向，细化空调区域，分别进行空调系统的设计。同时，冷热源、输配系统在部分荷载下的调控措施也是十分必要的。

从能源自身的角度来说，合理利用废热或者利用各种可再生能源，可以大大降低能源消耗。对于公共建筑而言，可以采用市政热网、热泵、空调预热、其他废热等节能方式供应生活热水，在没有余热和废热可用时，对于蒸汽洗衣、消毒、炊事等应采用其他替代方法。

采用分布式热电冷联供技术，可以提高能源的综合利用率。分布式热电冷联供系统以天然气为燃料，为建筑或区域提供电力、供冷、供热三种需求，实现天然气能源的梯级利用，减少占地面积和耗水量，确保供电安全。按照供应范围，三联供可以分为区域型和楼宇型，其中楼宇型针对具有特定功能的建筑物。其特点是综合能源利用效率可达80%以上，可降低电网夏季高峰负荷，填补夏季燃气的低谷，平衡能源利用，实现资源的优化配置，既有良好的经济性和效益环境，又能增强建筑物能源供应的安全性。在进行绿色建筑评估时，可从负荷预测、系统配置、运行模式、经济效益和环保效益等方面对分布式热电冷联供技术进行可行性分析，应用该技术应满足地区相关技术规范的要求。

在有条件的地区还应该发展热电联产系统，其概念是利用燃料的高品位热能发电后，将其低品位热能用来供热的综合利用能源的技术。这样可以提高电厂的热效率。

5.3 节水与水资源利用

5.3.1 节水与水资源利用评价介绍

水资源短缺和水污染加剧是影响我国可持续发展的主要因素之一。

保障水环境安全需要建立完善的水资源循环利用体系，科学、合理地使用水资源，水的社会循环不损害水自然循环的客观规律，实现水资源的可持续利用。建筑水系统不仅涉及建筑内外的给水排水系统和设施，还涉及与生态环境相关的人工水环境系统，包括人工水体和景观绿化用水等。要建立良性的建筑水循环系统，需要统筹管理各种水资源，减少用水量和污废水排放量等。

建筑节水和水资源利用需要统筹考虑建筑全生命周期各个阶段的情况，通过减少用量、梯级用水、循环用水、雨水利用等措施，提高水资源的综合利用效率。

开源和节流分别是绿色建筑水系统规划的两个方面，建筑节水应该从减少用水浪费开始，提高水资源的使用效率是绿色建筑节水的重要手段，而开源也具有很大潜力。

住宅建筑的节水类指标共有12项，其中控制项5项，一般项6项，优选项1项；公共建筑的节水类指标共有12项，其中控制项5项，一般项6项，优选项1项。

5.3.2 水资源规划

在规划、设计阶段，合理制定水资源规划方案，统筹考虑传统与非传统水源的综合利用，并且保证经济合理、技术先进和建设具可实施性。对住宅建筑，除涉及室内水资源利用、给水排水系统外，还涉及室外雨水、污水的排放、再生水利用以及绿化、景观用水等与城市宏观水环境直接相关的问题。结合城市水环境专项计划，即以当地水资源状况，考虑绿色建筑水资源统筹规划，建设绿色建筑的必要条件。绿色建筑的水资源利用设计应结合区域的给水排水、水资源、气候特点等客观环境状况对水环境进行系统规划，制定水系统规划方案，合理提高水资源循环利用率，减少市政供水量和污水排放量。

水系统规划方案包括用水定额的确定、用水量估算及水量平衡、给水排水系统设计、节水器具、污水处理、再生水利用（或非传统水源利用）等内容。对于不同水资源状况、气候特征的地区和不同的建筑类型，水系统规划方案涉及的内容会有所不同，因此，水系统规划方案的具体内容要因地制宜。

科学、合理地确定用水定额，合理规划设计用水量和用水方案，减少市政供水量和污水排放量。用水定额的确定与水量平衡方案的制定、用水量的确定有关，而这些用水定额又与区域整体气候条件、用水习惯等相关，因此在确定用水定额、水量平衡和用水量之前，必须进行水资源利用和节水方案的规划。绿色建筑用水定额应参照国家标准用水定额和其他相关的用水标准规定的用水定额，并且结合当地经济状况、气候条件、用水习惯、建筑类型和区域水专项规划等，根据实际情况科学、合理地确定，一般而言北方地区用水定额要比南方地区低。

5.3.3　节水设备

作为节水设备，应优先选用中华人民共和国国家经济贸易委员会 2001 年第 5 号公告《当前国家鼓励发展的节水设备》（产品）目录中公布的设备、器材和器具。

公共区域应合理选用节水水龙头、节水便器、节水淋浴和节水型电器装置等[illegible]同的用水场合包括如下几类：住宅建筑；综合性学校类公共建筑；办公、商场类公共建筑；宾馆、饭店类公共建筑；餐饮业、营业餐厅类公共建筑；洗浴中心类公共建筑和公厕类公共建筑。

5.3.4　给水排水系统

设置合理、完善的供水、排水系统是建筑节水最为有效的方法。

规划、设计、建设完善的给水系统，给水水质应达到国家或行业规定的标准，采用直饮水、非传统水源入户的应实施分质给水。应优先选用高效节能的供水系统，高层建筑生活给水系统分区合理。各供水系统应保证以足够的水量和水压向所有用户不间断地供应符合卫生要求的用水。

规划、设计、建设完善的排水系统，污水处理率和达标排放率达到 100%，应设有完善的污水收集和污水排放等设施，靠近或在市政排水管网的公共建筑，其生活污水可排入市政污水管网与城市污水集中处理；远离或不能接入市政排水系统的污水，应进行单独处理（分散处理），还要设有完善的污水处理设施。处理后排放附近受纳水体，其水质应达到国家相关排放标准，缺水地区还应考虑回用。

对于有雨水排水系统的城市，室外排水系统应实行雨污分离，合理规划雨水排放渠道、渗透途径或收集回用途径，保证排水渠道畅通，减少雨水受污染的概率以及尽可能地合理利用雨水资源。无论雨水、污水如何收集、处理、排放，其收集、处理及排放系统都不应对周围的人与环境产生负面影响。冲厕废水与其他废水宜分开收集、排放，做到节水、减少供水量和污水排放量。

按照分户、使用用途和水平衡测试标准要求设置用水仪器仪表，以便于统计每个付费单元和每种用途的用水量和漏水量，并且选用高灵敏度计量表。

建筑给水排水系统管网漏失水量包括室内卫生器具漏水量、屋顶水箱漏水量和管网漏水量。应该设置用水计量和检测管道漏损的设施，而且采取有效措施避免管网漏损，一般可以采用水平衡测试法（又分为直接区域漏测和间接区域漏测两种方法）或漏测仪器等检测住区管道漏损量。

施工阶段施工现场应合理设置排水设施，节约用水，设置用水计量仪器仪表。雨水可经沉淀用于施工用水，并且采取有效措施减少对地下水的抽取。在规划设计阶段要合理设计污水的收集、处理及排放措施，还要防止对周围环境与人体健康产生不利影响。

5.3.5　节水方法与技术

我国目前的水资源短缺一般有如下四种形式：一是工程型缺水，即从地区总量来看水资源不短缺，但工程建设跟不上，造成用水不足；二是资源型缺水，当地水资源量少，造成供水紧张；三是污染型缺水，水资源的污染加重了水资源短缺的矛盾；四是设施型缺水，已建水源工程不配套，设施功能没能充分发挥作用所造成的缺水。有效的节水技术包括两个方面的内容，一是用水系统维护方式，二是用水方式。新技术的应用有助于提高水资源的有效利用率。

缺水地区应规划设计合理的再生水利用方案，从区域统筹和城市规划层面上整体考虑再生水水源的选择、用途及系统的建设。但在规划设计阶段除了考虑节流外，还应考虑开源，要结合区域的水资源状况、排水系统、雨水利用系统和景观用水系统等统一考虑。

再生水水源包括城市污水处理厂出水、市政污水、生活排水、杂排水、优质杂排水以及可利用的天然水体等，其选择应结合城市规划、住区区域环境、水量平衡等，从各方面综合考虑确定。一般来讲，再生水应优先用于绿化、景观水体、洗车、浇洒道路等室外用水。但再生水的储存、输配系统应采取有效的水质、水量安全保障措施，在处理和使用范围内不会对人体健康和周边环境产生负面影响。

在规划设计阶段要结合场地的地形特点规划设计好雨水径流途径，包括地面雨水以及建筑屋面雨水，减少雨水受污染的概率，避免雨水污染地表水体。采用多种渗透措施增加雨水的渗透量以达到涵养地下水源的目的，增加居住区的渗透量。

对年平均降雨量在 800mm 以上的多雨但缺水地区的住宅建筑，应结合当地气候条件和住区地形地貌等特点，除采取措施增加雨水渗透量外，还应建立完善的雨水收集、处理、储存、利用等配套设施，对屋顶雨水和其他非渗透地面地表径流雨水进行收集、利用。雨水处理方案及技术应根据当地实际情况，因地制宜地经多方案比较后确定。对于公共建筑，如果在年平均降雨量达 800mm 以上的缺水地区，这一条仅作为一般参评项。

在缺水的滨海、岛屿等沿海地区，可考虑合理利用海水。利用海水一般涉及取水、前处理、消毒杀菌等环节，还要考虑冲厕后污水的处理及排放去向，避免对市政排水和污水处理系统产生不良影响。

采用节水的绿化灌溉方式，也有利于提升节水效果。建筑周边绿化灌溉应采用喷灌、微灌、渗灌、低压管灌等节水灌溉方式；鼓励采用湿度传感器或根据气候变化的调节控制器。为增加雨水渗透量和减少灌溉量，对绿地来说，鼓励选用兼具渗透和排放两种功能的渗透性排水管。

目前普遍采用的绿化灌溉方式是喷灌，通过喷洒器（喷头）喷射到空中散成细小的水滴，均匀地散布，比地面漫灌要省水 30%～50%。喷灌时要在风力小时进行。当采用再生水灌溉时，因水中微生物在空气中易传播，应避免采用喷灌方式。微灌包括滴灌、微喷灌、涌流灌和地下渗灌，比喷灌省水 15%～20%。微灌的灌水器孔径很小，易堵塞。微灌的用水一般都应进行净化处理，特殊情况还需进行化学处理。除了节水灌溉方式外，还应该种植适应当地气候和土壤条件的耐旱植物，北方地区应慎用耗水量大的草坪。应注意不缺水地区宜优先考虑采用雨水进行绿化灌溉；缺水地区应优先考虑采用雨水或再生水进行灌溉。

区域景观用水是指池水、流水、跌水和涌水等用水，住区景观环境用水及补水属于城市景观环境用水的一部分。应结合城市水环境规划、周边环境、地形地貌及气候特点，提出合理的住区水景面积规划比例，避免为美化环境而大量浪费水资源。应结合水环境规划、周边环境、地形地貌及气候特点，提出合理的建筑水景规划方案。景观用水及补水应优先考虑采用雨水、再生水，限制或禁止使用市政供水，水质应达到相应标准要求，而且不应对公共卫生造成威胁，并且合理进行景观水体用水的设计，还要和水质安全保障措施结合起来考虑。

集中空调的冷却、洗车、消防、道路冲洗、垃圾间冲洗等非饮用水采用雨水、再生水等非传统水源是减少市政供水量很重要的一方面，均应该优先采用雨水等非传统水源。

5.3.6 节水和水资源利用评价

节水的目的是减少对水资源不利的影响，减少对自然资源的浪费和对环境的危害。节水效果可用非传统水源利用率和节水率来综合衡量。

节水率指的是采用包括利用节水设施、非传统水源在内的节水手段实际节约的水量占设计总用水量的百分比，即总节水率：

$$R_{WR}=[(W_n-W_m)/W_n]\times 100\%$$

式中 R_{WR}——节水率，%；

W_n——总用水量定额值，按照定额标准，根据实际人口或用途估算的建筑用水总量，m^3/a；

W_m——实际市政供水用水总量，按照住区各用水途径测算出的总量，m^3/a。

非传统水源是指不同于传统地表水供水和地下水供水的水源，包括再生水、雨水、海水等。非传统水源利用率指的是采用再生水、雨水等非传统水源代替市政自来水或地下水供给景观、绿化、冲厕等杂用的水量占总用水量的百分比，其计算公式如下：

$$R_u=(W_u/W_t)\times 100\%$$

$$W_u=W_R+W_r+W_s+W_o$$

式中 R_u——非传统水源利用率，%；

W_u——非传统水源设计使用量（规划设计阶段）或实际使用量（运行阶段），m^3/a；

W_t——设计用水总量（规划设计阶段）或实际用水总量（运行阶段），m^3/a；

W_R——再生水设计利用量（规划设计阶段）或实际利用量（运行阶段），m^3/a；

W_r——雨水设计利用量（规划设计阶段）或实际利用量（运行阶段），m^3/a；

W_s——海水设计利用量（规划设计阶段）或实际利用量（运行阶段），m^3/a；

W_o——其他非传统水源利用量（规划设计阶段）或实际利用量（运行阶段），m^3/a。

无论从非传统水源利用的途径，还是从非传统水源的原水的量来考虑，住宅建筑采用非传统水源时，非传统水源利用率不低于10%、30%是能达到的。商场这类公共建筑耗水特点是较单一，大部分用水用于冲厕，其余的用于盥洗。对这类建筑较适宜采用分质供水，将再生水、雨水等用于冲厕。宾馆一般都采用集中空调，其冷却水可采用再生水、雨水，沿海地区还可考虑采用海水。因此这类公共建筑宜结合区域水资源情况及利用情况，在缺水地区可将再生水等非传统水源用在冲厕和空调冷却。

5.4 节材与材料资源利用

5.4.1 节材与材料资源利用评价介绍

该评价标准从节材和材料选取及利用两个方面考虑了节约资源的相关措施。节材类评价指标针对钢筋混凝土是我国目前重要建筑结构材料的现状，从预拌混凝土、高性能混凝土、高强度钢、耐久性和材料的再生利用五个方面阐述了相应的标准，主要评价申报项目是否做到了尽量减少建筑材料的总用量，提高本地化材料的使用比例，降低高耗能、高排放建筑材料的比重，尽可能多地使用可循环材料以及可再利用材料，以及符合国家政策和技术要求、已经成熟应用和推广的废弃物作为原料生产的建筑材料，并且尽可能减少建筑材料对资源和环境的影响。对于材料资源利用，从选用环保型材料、建材运输、建材合理利用、土建与装修一体化设计施工和选用新型建筑结构体系五个方面阐述了相应的标准。

住宅建筑的节材类指标共有11项，其中控制项2项，一般项7项，优选项2项；公共建筑的节材类指标共有12项，其中控制项2项，一般项8项，优选项2项。

5.4.2 建筑结构体系和造型

一方面，为了体现建筑的文化和艺术内涵，公共建筑一般需要采用一些装饰性或标志性构件来表达，但应该和住宅建筑一样，要求造型要素简约，不能有太多的装饰性构件。另一方面，从建筑结构角度看，绿色公共建筑应采用资源消耗低和环境影响小的建筑结构体系并对结构体系进行优化。另外，不同类型与功能特点的建筑，也应该采用不用的结构体系和材料，应从节约资源和保护环境的要求出发，在保证安全、耐久性的前提下，尽量选用资源消耗和环境影响小的建筑结构体系。但根据建筑的类型、用途、所处地域和气候环境的不同，有些建筑反而采用传统的建筑结构可能更为合适。按照要求，若采用钢结构体系、砌体结构体系、木结构体系之外的结构体系，应从各方面达到资源消耗和环境影响小的目标。综上所述，绿色建筑在保证安全、耐久性的前提下，应该选用资源消耗较少、环境影响小的建筑结构体系，主要包括钢结构体系、砌体结构体系、木结构体系及预制混凝土结构体系。

我国传统的建筑结构设计与造型理念，存在严重的忽视建筑建造中的消费成本和忽视综合社会效益的问题。在我国，较发达的大中城市建筑结构对钢筋混凝土及与之相关的材料依赖性很大，钢结构建筑所占的比重很小。而钢结构本身就是可循环利用的材料结构体系，质量轻，强度高，抗震性能好，便于回收，建造和拆除时对环境污染较少，同时能够使建筑平面合理分割，灵活方便。其目前的设计技术可以集轻结构、建筑节能保温、建筑防火、建筑隔声、新型建材的设计施工于一体，是绿色公共建筑很好的选择。其发展趋势是替代多层砌体结构，产业化程度高，施工快捷。

5.4.3 节材

混凝土是当前我国建筑工程中用量最大的结构材料。现场搅拌混凝土常采用袋装水泥，预拌混凝土常采用散装水泥。袋装水泥需要消耗大量包装材料、大量烧碱及大量纸袋扎口棉纱。散装水泥由于装卸、储运采用密封无尘作业，除了环保效益外，水泥残留可控制在0.5%以下。因此采用预制混凝土能够减少施工现场噪声和粉尘污染，并且节约能源、资源，减少材料损耗。因此在相关技术条件成熟的前提下，我国应大力提倡和推广使用预拌混凝土，并且将其作为绿色建筑的一项评价标准。

对于多层砌体结构，与现场搅拌砂浆相比，采用商品砂浆可以明显减少砂浆消耗量，应广泛推广应用商品砂浆，节约砂浆量。

目前我国建筑业混凝土和钢材的消耗量分别约占全国总耗用量的55%和54%，是节材考虑的重点。高性能混凝土是当今工程界的热点问题。目前国内已经开展绿色高性能混凝土的研究，主要包括使用绿色水泥、节约水泥用量、掺加经加工处理的工业废渣、预拌工艺和利用废弃混凝土等。在同等结构体系中，混凝土强度等级提高，其结构构件尺寸、体积就会相对减小，其用料就会减少，基础工程也相应节省。因此我国应该大力开展对超高层建筑和大型公共建筑所用的高性能混凝土的研究。耐久性是绿色建筑的重要表征，实际上是隐含在高性能混凝土等的要求中，提高耐久性，也就意味着投入的能源、资源能更大限度地为人类服务，也就是节约能源、资源，减少环境污染。

长期以来，我国钢筋混凝土结构建筑在施工中一直采用HRB335型钢筋，而以HRB400型为代表的高强度钢筋具有韧性好、强度高和焊接性能优良等特点，具有明显的技术经济性能优势。对于6层以下的建筑，由于建筑结构构造等原因，采用高强筋并不合适，按照绿色建筑评价标准，6层以上的钢筋混凝土建筑应合理使用HRB400及以上等级的钢筋、高强度混凝土以及满足设计要求的高性能混凝土。

从节材角度出发，高层、超高层采用钢结构更为合理，在钢结构建筑中，我国目前应提倡和推广Q345GJ、Q345GJZ等强度较高的高性能建筑结构钢材。

在我国材料工业中，建筑材料产量最大。建材工业是天然资源和能源消耗最高、破坏土地最多、对大气污染最严重的行业之一，是对不可再生资源依赖度很高的行业。虽然国家和社会对绿色建材越来越重视，但对绿色建材的核心——清洁生产缺少强制性的措施。

一般来讲，国际上对材料的利用为3R原则，即Recycle（再循环）、Reuse（再利用）、Reduce（节约）。建筑中可再循环材料包括两部分：一是使用的材料本身就是可再循环材料；二是建筑拆除时能够被再循环利用的材料。不可降解的建筑材料等不属于可再循环材料范围。充分利用可再循环材料，可以减少生产加工新材料带来的资源、能源消耗和环境污染。

可再利用材料是指在不改变回收物质形态的前提下进行材料的直接再利用，或经过再组合、再修复后再利用的材料。可再利用材料的使用可延长还具有实用价值的建筑材料的使用周期，降低材料生产的资源、能源的消耗和材料运输对环境造成的影响。

绿色建筑应该强调废弃物的利用，应将建筑施工、旧建筑拆除和场地清理时产生的固体废弃物分类处理，并且将其中可再利用材料、可再循环材料回收和再利用。在施工过程中应最大限度地利用建设用地拆除的或从其他渠道收集来的旧建筑材料，以及建筑施工和场地清理时产生的废弃物等，这样可以节约原材料、减少废弃物，降低新材料生产和运输过程中对环境的影响。施工所产生的建筑垃圾和废弃物应在现场进行分类处理，可再利用材料和可再循环材料应重新利用或回收加工后利用，最大限度地避免废弃物随意丢弃、造成污染。作为绿色公共建筑，施工单位应制定专项建筑施工废弃物管理计划，采取拆毁、废品折价处理和回收利用等措施。

5.4.4　材料选取及利用

根据生产及使用特点，可能对室内环境造成危害的装饰装修材料包括石材、人造板及其制品、建筑涂料、溶剂型木器涂料、胶黏剂、木质家具、壁纸、聚氯乙烯卷材地板、地毯、地毯衬垫及地毯胶黏剂等。室内装饰选材应对上述各类有害物质的含量进行严格控制。用于室内的石材、瓷砖、卫浴洁具等建筑材料及其制品，往往具有一定的放射性，应该按照绿色建筑的基本要求，对建筑材料及其制品的放射性严格按照要求进行控制。建筑物的主体材料及其建筑外观装饰装修材料必须符合相关行业标准或国家标准要求。另外，绿色建筑对影响室内环境质量的混凝土外加剂也提出了基本要求。

随着科技的进步，一些建筑材料及其制品面临更新换代，在使用过程中也会不断出现新问题，因此绿色建筑中严禁采用国家或当地建设部门向社会公布限制、禁止使用的建筑材料及其制品。

在满足使用性能的前提下，鼓励使用利用建筑废弃物再生骨料制作的混凝土砌块、水泥制品和配制再生混凝土；鼓励使用利用工业废弃物、农作物秸秆、建筑垃圾、淤泥为原料制作的水泥、混凝土、墙体材料、保温材料等建筑材料；鼓励使用生活废弃物经处理后制成的建筑材料。

另外，建材本地化是减少运输过程的资源和能源消耗、降低环境污染的重要手段之一。提高本地材料使用率还可促进当地经济发展。因此选材时一定要以就地取材为原则。

5.4.5　土建与装修一体化设计施工

为了竣工验收，建筑均需要进行简单装修，用户在入住后还要进行二次装修。二次装修既浪费资源，又破坏周边环境。在发展绿色建筑的过程中，应着重扭转二次装修的弊端，在装修时应该强调节能、环保、绿色，促进可持续发展。

土建和装修一体化设计施工，不应破坏和拆除已有建筑构件及设施，这样有利于保障结构安全，减少噪声和建筑垃圾，减少施工扰民，降低材料消耗，节约装修成本。对于公共建筑，由于使用者常发生变动，对建筑室内空间格局提出了新要求。应该在保证工作和环境不受影响前提下，较多采用灵活隔断，以减少空间重新布置时的重复装修对建筑构件的破坏，减少装修材料浪费和建筑垃圾。

5.5 室内环境质量控制

5.5.1 室内环境质量控制评价介绍

人的一生绝大部分时间是在各种建筑物内度过的，建筑的室内物理环境对人的生理、心理健康以及工作效率非常重要。室内环境主要包括室内的声环境、光环境、热环境和空气品质等内容。以人为本是绿色建筑的一条基本原则，创造和维持良好的室内环境是以人为本原则的最好体现。而室内环境也明显地受到室外环境的影响，建筑的外部环境越来越偏离理想状态，例如噪声问题、不见阳光问题、城市热岛效应和周边环境污染问题等，在这样一种发展趋势下，绿色建筑需要为人们提供健康、适用和高效的使用空间，这一质量的好坏主要是通过室内环境质量指标的达标情况来体现。也只有通过精心的设计、建造和管理，才能在室外环境很不理想的情况下，为居住者和使用者创造一个良好的室内物理环境。

建筑的室内物理环境在建筑建成之后就形成了，而室内物理环境又是在建筑的设计和建造过程中不知不觉形成的，因此在设计绿色建筑时就应该提前考虑室内环境，在建造绿色建筑的过程中也要对将要形成的室内环境加以关注。

住宅建筑的室内环境类指标共有 12 项，其中控制项 5 项，一般项 6 项，优选项 1 项；公共建筑的室内环境类指标共有 15 项，其中控制项 6 项，一般项 6 项，优选项 3 项。

5.5.2 光环境

无论对于人体的生理还是心理健康而言，日照环境都是非常重要的。但是住宅的日照条件受地理位置、朝向、外部遮挡等许多外部条件的限制，很难达到理想的状态。尤其是在冬季，太阳的高度角比较小，楼与楼之间的相互遮挡更加严重。因此设计绿色住宅时，应尽量保持建筑物之间有足够的间距，建筑物之间的相对位置合理，主要房间朝向能够获得足够的阳光。

住宅建筑能否获取足够的日照，首先取决于居室的朝向，其次取决于外部的遮挡，我国地处北半球，北向居室在冬季不能获得直接的日照。太阳的高度角对日照的影响很大，而太阳的高度角与季节和地理纬度密切相关，因此，建筑的间距和相对方位对日照时间的影响很大。对于绿色建筑，应该提倡使用建筑日照软件进行模拟计算，使大部分的居室空间能够获得尽可能多的阳光。

夏季强烈的阳光透过窗户玻璃照到室内会引起居住者的不舒适感，同时还会大幅度增大空调负荷。在窗户的外面设置一种可调节的遮阳装置，可以根据需要调节遮阳装置的位置，防止夏季强烈的阳光透过窗户玻璃直接进入室内，提高居住者的舒适感。可调节外遮阳装置对于建筑夏季的节能作用也非常明显。外遮阳之所以要强调可调节，是因为无论是从生理还是从心理的角度出发，冬季和夏季居住者对透过窗户进入室内的阳光的需求是截然相反的，而固定的外遮阳（例如窗口上沿的遮阳板）无法很好地适应这种相反的需求。可调节外遮阳应注重可靠、耐久和美观。对于一些内部发热量比较大的公共建筑，也有必要采取有效的外遮阳系统，改善夏季室内热舒适性并起到节能的作用。

除了日照之外，充足的采光对人的生理和心理健康也很重要，并且能够降低人工照明能耗。居住建筑能否获取足够的天然采光，除了取决于窗口外部有无遮挡、窗玻璃的透光率之外，最关键的还是窗地面积之比，在其他条件一定情况下，窗地面积之比越大，采光越充足。住宅的窗户除了有自然通风和自然采光的功能外，还具有从视觉上沟通内外的作用，应该精心设计，尽量避免前后左右不同住户之间的居住空间的视线干扰。

公共建筑的自然采光要求较高，要求室内的照度达到比较高的水平，公共建筑自然采光的意义不仅在于照明节能，而且为室内的视觉作业提供舒适、健康的光环境，自然采光的最大缺点就是不稳定和难以达到所要求的室内照度均匀度。在建筑的高窗位置采取反光板、折光棱镜玻璃等措施不仅可以将更多的自然光线引入室内，而且可以改善室内自然采光形成照度的均匀性和稳定性。利用导光管、光纤等先进的自然采光技术将室外的自然光引入室内的进深处，可以改善室内照明质量和自然光利用效果。

地下空间也可以利用自然采光，充足的自然光有利于改善地下空间卫生环境，增加室内外的自然信息交流，减少人们的压抑心理等；同时，自然采光也可以作为日间地下空间应急照明的可靠光源。地下空间的自然采光方法很多，可以是简单的天窗、采光通道等，也可以是棱镜玻璃窗、导光管等技术成熟、容易维护的措施。

设计绿色建筑时提倡采用建筑日照软件进行采光模拟计算，确定各个空间的采光系数。房间的采光效果还与当地的天空条件有关，《建筑采光设计标准》将我国分为五类光气候区，光气候系数 K 较小的说明当地的天空比较亮，天然采光外部条件优越一些。

照明对创造一个良好的室内光环境是必不可少的，和住宅建筑的一般性要求不同，公共建筑的照明在室内照度、眩光以及显色指数等方面均有比较高的要求。首先，一个良好舒适的照明要求在各类功能房间的参考平面上具有适当的照度水平，在整个建筑空间创造出舒适、健康的光环境气氛；其次，光源的选择和布置要合理，避免产生眩光；还有一个重要因素就是光源的显色性，如果灯光的光色和空间色调不配合，就会造成很不相宜的环境气氛，室内外光源的显色性相差过大也会引起人眼的不舒适和疲劳等问题。

5.5.3 热环境

室内热环境是指人体冷热感觉的室内环境因素，主要包括室内空气温度和湿度、室内空气流动速度以及室内屋顶、墙壁表面的温度等。创造一个满足人体热舒适要求的室内环境，有助于人的身心健康，提高学习工作效率。绿色建筑不能一味地强调适宜的热舒适，应通过提高建筑围护结构的热工性能来获得热舒适，降低室内热环境对机械设备和系统的依赖程度。

在室外气象条件良好的条件下，自然通风可以提高居住者的舒适感，有助健康，还有利于冲淡住宅建筑室内装修材料和家具的不良气味及控制有害物质的浓度，保证居住者的健康。

对住宅建筑而言，能否获取足够的自然通风，与通风开口面积和地板面积之比密切相关，还与开口之间的相对位置以及相对开口之间是否有障碍物等因素密切相关，还要注意窗户可开启部分的大小要保证适当的比例。公共建筑的自然通风很难设计和组织，应根据实际情况尽量采取强化自然通风的可行性措施。必要时应用 CFD 软件对建筑室内的自然通风效果进行模拟，并且根据模拟结果对设计进行调整。

《民用建筑热工设计规范》对建筑围护结构的热工设计提出了很多基本的要求，其中规定在自然通风条件下屋顶和东、西外墙内表面的温度不能过高。控制屋顶和外墙内表面温度不至于过高，可使住户少开空调多通风，有利于提高室内的热舒适水平，同时降低空调能耗。

建筑室内表面发生结露，会给室内环境带来负面影响，长时间结露还会滋生霉菌，对居住者和使用者的健康造成有害影响。室内出现结露，最直接原因是表面温度低于室内的露点温度，表面空气的不流通也会助长结露现象的发生。作为绿色建筑在设计和建造过程中，应核算可能结露部位的内表面温度是否高于露点温度，同时避免通风死角，采取措施防止在室内温度、湿度设计条件下产生结露现象。

在我国大部分地区，完全依靠被动式的技术措施来保证室内热环境的舒适性还是不可能的，更需要空调和采暖系统的支持。集中空调建筑房间室内的温度、湿度、风速设计等指标都应该满足《公共建筑节能设计标准》，采用适宜的新风量。设置集中采暖和空调系统的住宅建筑，应能使用户自主调节室温，达到舒适和节能的目的，并且杜绝不良的空调末端设计。

5.5.4 声环境

现代城市有不可避免的交通噪声、工业噪声，尤其是建筑施工噪声，是一个很大的噪声来源。建筑的噪声主要来自外部，也有一部分来自建筑的内部。

室内噪声是影响室内环境质量的重要因素之一。室内允许噪声级就是规定的一组限值，并非客观上有一个绝对的标准，应根据建筑用途的不同，在技术经济上进行可行性比较确定的。《绿色建筑评价标准》将住宅建筑卧室、起居室的允许噪声级定为：在关窗情况下白天45dB（A），夜间35dB（A），此允许噪声级相当于现行《民用建筑隔声设计规范》中较高的水平。宾馆、办公和商场类公共建筑的室内允许噪声级高于居住建筑并满足相关行业标准。

要使建筑室内的噪声水平不超过允许的噪声级，提高建筑围护构造的隔声性能是最重要的技术措施之一。建筑结构的隔声性能分为两类：一类是空气声隔声性能，用空气声计权隔声量来衡量；另一类是抗撞击声性能，用计权标准化撞击声声压级来衡量。

阻止外界噪声传入室内，要依靠提高外墙和外窗的空气声隔声性能，尤其是外窗的空气声隔声性能，规定沿街的外墙空气声计权隔声量不小于30dB。《绿色建筑评价标准》还对建筑的分户墙、走廊和房间之间的隔墙等提出了最小的空气声计权隔声量要求，以及最大计权标准化撞击声声压级要求，规定居住建筑楼板的计权标准化撞击声声压级不大于70dB。

为使建筑室内的噪声水平不超过允许噪声级，合理的建筑布局也是很重要的。对一个小区或大量建筑群，应尽量将室内声环境要求不高的建筑布置在外围，改善内区建筑的外部声环境。现代建筑的内部和周边常常配置许多机械设备，一定要注意隔振降噪。应该根据机械的振动传播途径进行减振处理，合理的位置也可作为减振的措施之一。

5.5.5 室内空气品质

室内空气质量与使用者的身体健康息息相关，良好的通风也对提高室内空气品质有重要的作用。为了居住者和使用者的身体健康，必须严格控制室内的污染物的浓度，体现以人为本的重要原则。室内游离甲醛、苯、氨、氡和TVOC五类空气污染物的浓度应符合《民用建筑市内环境污染控制规范》的规定。可在主要功能房间设置空气质量和安装室内污染监控系统，预防和控制室内空气污染，保证健康舒适的室内环境。

应选择无污染的建筑材料和绿色建筑材料建造公共和住宅建筑，使用绿色功能材料进行室内装修，并且加强室内自然通风，必要时设置机械通风系统，改善室内通风状况，有效降低室内空气污染。

5.6 运营管理控制

5.6.1 运营管理控制评价介绍

运营管理是对建设运营过程的计划、组织、实施和控制，是对住宅建筑和公共建筑的产品和服务对象进行设计、运行评价和改进。

对于绿色建筑的运营管理，就是通过物业的运营过程和运营系统来提高绿色建筑的质量、降低运营成本和管理成本、节省建筑运行中的各项消耗。从全寿命周期来讲，运营管理是保障绿色建筑性能，实现节能、节水、节材与保护环境的重要环节。运营管理应处理好住户、建筑和自然三者的关系，既要为住户创造一个安全、舒适的空间环境，同时又要保护好周围的自然环境，实现绿色建筑各项设计指标。

建筑智能化技术是绿色建筑技术的保障，智能化系统为绿色建筑提供各种运行信息，智能化系统影响绿色建筑运营的整体功效。随着人们生活水平的提高，智能化居住小区与智能建筑的建设会逐渐扩展，是信息化社会人们改变生活方式的一个重要体现。

目前绿色建筑的运营管理工作还未引起人们的高度重视，存在管理、运行机制方面一些深层次的问题。不少建筑的设计方、施工方和物业管理方在工作上存在脱节现象，部分物业管理企业服务的观念还没有树立起来，还存在一些认识上的误区，认为设备设施无故障、能动起来就行，导致很多设施能源浪费现象的出现。特别是智能小区与智能建筑的运营管理，涉及较多行业的管理。

对运营管理部分的评价主要为物业管理、节水与节材、节能管理、绿化管理、垃圾管理和智能化系统管理等方面。住宅建筑的运营管理指标共有12项，其中控制项4项，一般项7项，优选项1项；公共建筑的运营管理指标共有11项，其中控制项3项，一般项7项，优选项1项。

5.6.2　物业管理

物业管理是绿色建筑运营管理的重要组成部分，但目前物业管理大多处于一种建造功能与实际使用功能相背离的不正常状态。其不仅需要公共性专业服务，还要提供非公共性的社区服务，需多方面的基础知识。

国际标准组织于1996年10月发布ISO 14000系列标准，成为实施可持续发展战略的重要措施。ISO 14000是一个系列的环境管理标准，包括环境管理体系、环境审核、环境标志、全寿命周期分析等内容，旨在指导各类组织取得表现正确的环境行为。物业管理部门通过ISO 14001环境管理体系认证，是提高环境管理水平的需要，也是绿色建筑必需的运营管理手段。

绿色建筑的物业管理不仅包括传统意义上物业管理中的服务内容，还包括节能、节水、节材、环境保护、智能化系统的管理、维护和功能的提升。因此绿色建筑的物业管理需要很多现代科学技术的支持，如计算机技术、网络技术、信息技术、建筑与环境技术、生态技术等，还需要物业管理人员拥有相关的知识，并且能够科学地运行、维修、保养环境、房屋、设备和设施。同时物业管理应具有完善的管理措施，定期进行物业管理人员的培训。

绿色建筑的物业管理应采用智能化物业管理，是在传统物业管理服务内容上的提升，主要包括以下几个方面：对节水、节能、节材与环境保护的管理，采用定量化；消防、安保、通车管理等采用智能化技术；管理服务网络化、信息化；物业管理用信息系统等。

物业管理部门应具有并实施资源管理激励机制，管理业绩与节约资源、提高经济效益挂钩，使得物业的经济效益与建筑用能效率、耗水量和办公用品等的情况直接挂钩。

5.6.3　节能、节水与节材管理

在实际工作中物业管理公司应提交节能、节水、节材管理制度，并且说明实施效果。节能管理制度主要包括：业主和物业共同制定节能管理模式；采用分户、分类的计量与收费；建立物业内部的节能管理机制；节能指标达到设计要求。节水管理制度主要包括：按照高质高用、低质低用的梯级用水原则，制定节水方案；采用分户、分类的计量与收费；建立物业内部的节水管理机制；节水指标达到设计要求。耗材管理制度主要包括：建立建筑、设备、系统的维护制度，减少因维修带来的材料消耗；建立物业耗材管理制度，选用绿色材料，减少因维修带来的材料损耗。

节能的智能技术已经广泛采用，主要包括：公共建筑采用能源管理系统；供热、通风和空调设备节能技术；楼宇能源自动管理系统等。应该还对绿色建筑内的空调通风系统冷热源、风机、水泵等设备采用自动监控系统，对照明系统应采用感应式或延时的自动控制方式实现建筑照明的节能运行。

应要求公共建筑在硬件方面，应该能够做到耗电和冷热量的分项、分级记录与计量收费，了解分析公共建筑各项能耗大小，同时能实现按能量分项计量收费，这样有利于业主和用户重视节能。

5.6.4 绿化管理

为了保证居住与工作环境的树木、花园及园林配套设施保持完好，必须加强绿化管理。区内的所有树木、花坛、绿地、草坪及相关各种设施，均属于绿化管理范围内。

绿化管理制度应制定详细并且认真执行，主要包括：绿化用水计量，完善节水型灌溉系统，规范除虫剂、化肥、农药等化学药品的使用等内容。应实施无公害病虫害防治技术，加强预测预报，严格控制病虫害的传播和蔓延。增强病虫害防治工作的科学性，要坚持生物防治和化学防治相结合的方法，科学使用化学农药，大力推行生物制剂、仿生制剂等无公害防治技术，提高生物防治和无公害防治比例。对行道树、花灌木、绿篱进行定期修剪，对草坪进行及时修剪。及时做好树木病虫害预测、防治工作，发现危树、枯死树木及时处理。

5.6.5 垃圾管理

城市垃圾的减量化、资源化和无害化，是发展循环经济的一个重要内容，而循环经济的核心是资源综合利用，循环经济要实现减量化、资源化和无害化，重点是城市的生活垃圾。

在运营管理中，首先要考虑垃圾分类、收集、运输等整体系统的规划，做到对垃圾流程的有效控制。其次是物业管理公司应制定和提交规范的垃圾管理制度并说明实施效果。切实做到对废品进行分类收集，防止垃圾无序倾倒和二次污染。

垃圾容器一般设在居住单元出入口附近的隐蔽位置，数量、外观及标志应符合垃圾分类收集的要求，垃圾容器分为固定式和移动式，应选择美观与功能兼备并与周围景观协调的产品，要坚固耐用，不易倾倒，在管理上应有严格的保洁清洗制度，居民的生活垃圾可以采用袋装化存放。还应重视垃圾站的景观美化及环境卫生问题。

在建筑运行过程中会产生大量的垃圾，对于宾馆类建筑还包括其餐厅产生的厨余垃圾等。为此，在建筑运行过程中需要根据建筑垃圾的来源、可否回用性质、处理难易度等进行分类，将其中可再利用或可再生的材料进行有效回收处理，重新用于生产。垃圾分类收集就是在源头将垃圾分类投放并通过分类的清运和回收使之分类处理或重新变成资源。垃圾分类收集有利于资源回收利用，同时便于处理有毒有害的物质，减少垃圾的处理量，减少运输和处理过程中的成本。垃圾分类收集率是指实行垃圾分类收集的住户占总住户数的比例。绿色住宅一般要求垃圾分类收集率达 90%以上。

处理生活垃圾的方法很多，主要有卫生填埋、焚烧、生物处理等。由于有机厨余垃圾的生物处理具有减量化、资源化效果好等特点，因而得到一定的推广应用，是垃圾生物处理的发展趋势之一。但其前提条件是实行垃圾分类，以提高生物处理垃圾中有机物的含量。

5.6.6 智能化管理

随着信息革命的兴起和深化，智能化和绿色革命在改变着建筑物的设计、建造和运行方式。但智能化居住小区也存在一些问题，比如盲目追求先进，超出业主功能需求，需求分析不够造成浪费，投资过高；重建设，轻管理，没考虑系统建成后所需要的物业管理人员、运行费用等问题；多表远程计量系统计费没有与相关部门沟通，造成很多管理问题；系统配置与控制室建设不合理，造成系统运行效果不佳等。应着力改善这些问题，促进智能化系统的发展，提高人们的生活水平。

住宅小区智能化系统一般包括安全防范子系统、管理与监控子系统、信息网络子系统等。

应推广应用以智能技术为支撑的、提高绿色建筑性能的系统与技术，其要求一般包括以下内容：功能与效益、公共建筑功能质量、住宅建筑功能质量和智能化系统施工与产品质量等方面。

5.6.7　其他要求

建筑中设备、管道的使用寿命普遍短于建筑结构的寿命，因此各种设备、管道的布置应方便将来的维修、改造和更换。建筑运营过程中会产生大量的废水和废气，为此需要通过选用先进的设备和材料或其他方式，通过合理的技术措施和排放管理手段，杜绝建筑运营过程中废水和废气的不达标排放。空调系统开启前，应对系统的过滤器、表冷器、加热器、加湿器、冷凝水盘进行全面检查、清洗或更换。

应对施工场地所在地区的土壤环境现状进行调查，防止土壤侵蚀、退化；施工所需占用的场地，应首先考虑利用荒地、劣地、废地。施工中挖出的弃土堆置时，应避免流失，并且应回填利用，做到土方量挖填平衡。施工场地内良好的表面耕植土应进行收集和利用。规划中应考虑施工道路和建成后运营道路系统的延续性，避免重复建设。

第6章

绿色生态建筑的应用实例

绿色建筑发展至今，有许多成功的经验和案例，本章主要以中国国内的绿色建筑为主，介绍一些经典和成功的案例，以期对中国绿色建筑评估体系建设提供一定的借鉴和参考作用。

6.1 中新天津生态城国家动漫产业园主楼项目

6.1.1 项目基本情况

国家动漫产业园位于中新天津生态城起步区北侧。东起中生大道，南到中新大道，西邻蓟运河，北至蓟运河故道，占地面积约 $1km^2$。国家动漫产业园要打造成为“生态型”高科技产业基地，形成公园中的产业园、产业园中的公园的空间景观特色，突出娱乐性、参与性、体验性，构建可以游览的产业园区，如图 6-1 所示。

图 6-1 国家动漫产业园规划方案示意图

6.1.2 中新天津生态城国家动漫产业园评价指标

6.1.2.1 建设场地概况

该项目建设场地没有破坏当地湿地、自然水系、有价值的植被和其他保护区，对周边建筑物不会带来光污染，该建筑设计方案不采用镜面式铝合金装饰外墙或反射式玻璃幕墙，采用断热桥铝合金中空玻璃，玻璃和幕墙反射比不大于 0.3，以有效避免光污染。场地内无排放超标的污染源，场地环境噪声符合《城市区域环境噪声标准》(GB 3096—2008) 的规定。

6.1.2.2　生态景观格局

国家动漫产业园保留地块周边的湿地资源，加以治理，形成原生态的自然景观。构建若干条绿楔，连接中央景观公园与外围生态湿地，将用地划分为若干组团，使建筑掩映在周围绿化中，形成人工与自然相融合的空间布局。室外生态环境评价较好。

6.1.2.3　人车分流的绿色交通体系

国家动漫产业园采用人车分流的交通组织方式。车行系统简洁通畅，人行动线与开放空间结合紧密。场地交通组织合理，到达公共交通站点的步行距离不超过 500m，公共建筑用地内配套设置的自行车、汽车停车场地或停车库按照《天津市建设项目配建停车场（库）标准》(DB 29-6—2004，J 10484—2004) 规定配置。

6.1.2.4　分散式建筑布局体现的生态理念

分散式布局有利于对冬季西北风的遮挡，以及夏季东南风的引入，如图 6-2 所示。建筑东南向开大窗有利于满足日照、采光的要求。利用 FULENT 系列的 Airpak 作为专业的人工环境系统分析软件，根据对夏季、冬季及全年最大风荷载下 5 个典型工况的模拟分析，模拟场地内主要通道内的风速均小于 5m/s，满足行人舒适性要求。

(a)

(b)

图 6-2　分散式建筑布局引导主导风向

6.1.2.5　可持续生态技术运用

采用太阳能景观照明、雨水回收、渗水地面，发展低能耗的绿色建筑，充分利用地热能等可再生能源，如图 6-3 所示。该项目可再生能源采用能源站地源热泵系统解决，能源站主要由地源热泵系统和热电联产系统组成。

6.1.2.6　充分利用非传统水源

项目所在区域为中新天津生态城，属于水质性缺水地区。项目周边道路规划有自来水管网、城市再生水管网、雨水管网和污水管网。采用分质供水方案，冲厕、绿化灌溉、道路清洗等采用市政中水，即城市再生水源（市政条件完备前，水源暂由市政给水代替）。其余供水水源采用市政给水。同时，工程排水采用雨污分流、污废合流制排水系统，污废水经化粪池处理后排入市政污水管网，并且采取有效措施避免管网漏损。

6.1.2.7　设置能耗监测系统

该项目安装分项计量装置，对建筑内各耗能环节如冷热源、输配系统、照明和电力、办公设备和用水能耗等实现独立分项计量，并且安装标准的能耗监测单元，对用水、用电、用热、用气等各项能耗进行监测以随时掌控建筑各类能源的消耗情况，同时可以将监测数据传输至

图 6-3　可持续生态技术运用

BA 系统，对各类耗能设备进行相应的控制以达到节能的目的，具体实施如下。

① 对自来水、中水、热水等有计量要求的管路处设置远传模块。

② 对冷热水进入大楼处设置热量计量模块，实时反映冷热量消耗情况。

③ 对餐饮用气部分设置燃气计量模块，经 BMS 系统进行监测。

④ 对有分项计量要求的区域设置计量装置及 BMS 传输模块，实时反映建筑各区域各项用电情况。

6.1.2.8　设置建筑智能化系统

该项目按建筑的性质、用途和要求，对智能化系统进行设计，建设配置标准高、功能完备的智能化系统。该项目设置统一的智能化系统，智能化系统主要包括建筑设备管理系统、公共安全系统、信息设施系统、信息化应用系统。对给水排水系统、采暖通风系统、变配电系统、电梯系统、照明系统、空调系统的运行情况进行监控，通过对各系统内的具体设备进行监测来实现此功能，确保各类设备系统运行稳定、安全和可靠，并且达到高效、节能、环保、舒适、安全、便利的目的，在设备间设置 DDC 监控系统。

6.1.2.9　建筑设计简约，节能建材建筑造型要素简约

该项目建筑形体简洁，无大量装饰性构件，立面设计为简约风格，运用统一构件，结合内部功能采取虚实变化，无挑出装饰构架，屋顶采取平屋顶，无装饰性构件，结合设备机房，采取屋顶局部突出，丰富立面效果。

6.1.3　中新天津生态城国家动漫产业园评价结果分析

根据对国家动漫产业园现状的分析，综合考虑评价指标，决定分阶段对其绿色性进行评价，因为该项目没有达到拆除阶段，因此对改造、拆除和再利用阶段不再进行结果评价。同时对国家动漫产业园绿色建筑指标进行专家打分，为评价结果确认奠定了基础。打分的维度是非常好、好、一般、差、很差，相对应的分数是 5 分、4 分、3 分、2 分、1 分。评价结果维度为优、良、中、差、最差，相对应的分数是 5～4 分、4～3 分、3～2 分、2～1 分、1 分以下。

国家动漫产业园主楼是中新天津生态城第一批开工项目，对其示范性的效果寄予厚望。在具体实践操作中也应用很多示范性的技术，最终对其各阶段评价结果见表6-1。

表6-1 国家动漫产业园主楼评价效果汇总

阶段	得分	评价结果
决策阶段	0.47	优
规划阶段	0.35	良
设计阶段	0.38	良
施工阶段	0.43	优
运营阶段	0.32	良

因为该项目建成2年，没有达到拆除阶段，因此对其全寿命周期的最后一个阶段不进行评价。从对各个阶段的评价结果看，总体评价结果较好，尤其是在决策阶段和绿色施工阶段做得非常好，评价结果与实际情况相符，建立的指标评价体系具有科学性和合理性。

6.2 LEED评价优秀实例：新加利福尼亚州立科学院

6.2.1 项目基本情况

建筑师：伦佐皮·亚诺（Renzo Piano）；建造地点：美国加利福尼亚州圣弗朗西斯科（又称旧金山）；建筑面积：38090m^2；建造及完成年份：2005～2008年。

新加利福尼亚科学院（The New California Academy of Sciences）位于美国加利福尼亚州圣弗朗西斯科的金门公园内，新馆是在老馆原址上兴建的，并且把老馆及其附属的11个建筑融合到了一个绿色屋顶之下，是一个集展览、科普教育和科学研究为一体的综合性建筑。该馆平面布局为长方形，在平面的中心两侧布置热带雨林展区和天文馆，它们球形的体量和屋顶的突起完美地结合到一起。位于平面中轴线的是通高的共享空间，作为一个室内广场和热带雨林区及天文馆周围的空间一起解决了交通问题，并且能为参观者提供良好的休闲场所。该项目的全景图如图6-4所示，项目细部图如图6-5所示。

图6-4 项目全景图

6.2.2 LEED评级

整个建筑的最大亮点在于它的屋顶设计，在2.5hm^2 的种植屋面上共有7个隆起的山丘，

图 6-5 项目细部图

其隆起的幅度是经过计算机模拟的，能最大程度上形成大楼内空气的自然流通，减少了对空调的依赖。屋顶种植了 170 万株当地植物，能吸引大批本地的蝴蝶、蜂鸟或其他鸟类和昆虫前来栖息，并且每年可吸取 757 万升的雨水，辅之以中水系统，最大程度地利用了水资源。在屋顶的四周敷设了超过 12000 片太阳能光伏电池板，为整个建筑提供了超过 10% 的照明电力。并且整个建筑尽量使用环保和可回收材料。原先 12 栋楼房被推倒后的建筑材料有 90% 得到了回收利用，其中包括 9000t 混凝土和 1.2 万吨钢筋。该建筑在可持续的场地（SS）、水资源利用（WE）和室内环境质量（IEQ）项上得到了满分，获得了 LEED-NC 的最高评级白金级，被誉为世界上最“绿色的”博物馆。

6.3 LEED 评价优秀实例：Rainshine 住宅

6.3.1 项目基本情况

建筑师：Robert M. Cain；建造地点：美国佐治亚州迪凯特市；建筑面积：294m²；建造及完成年份：2008 年。

Rainshine 住宅（The Rainshine House）占地面积 270m²，其业主是一对夫妇，功能十分简单，共两层，内有 3 个卧室、3 个浴室。整个平面呈 L 形布置，在南北向的一边是主卧室和两个浴室，这部分为一层；东西向的一边靠北侧为餐厅、厨房，其楼上是两个卧室和一组卫浴，还有一个面向客厅的工作平台，南侧为两层通高的起居室。该项目全景及其局部图如图 6-6 所示。

(a)

(b)

图 6-6　项目全景及其局部图

6.3.2 LEED 评级

Rainshine 住宅起居室、餐室、厨房和客房上面的蝶形屋顶，为整个住宅的最大亮点。屋顶使用钢梁结构，钢梁上铺有木质盖板。屋顶和墙壁中间装有侧天窗，能让室内获得充足的日照。侧天窗周围的轻质木架能将自然光线漫反射到室内各处。蝶形屋顶有助于雨水收集系统的良好运作，能让雨水收集更加简单，它不需要多余的屋顶檐槽和落水管系统，而且它还免去了令人头痛的维修问题，这些问题经常发生在山形屋顶和四坡屋顶住宅上，屋顶的雨水会被收集到地下室中，用于厕所冲洗和草坪灌溉。蝶形屋顶向南面倾斜，这样能让屋顶上的光电系统转化更多的太阳能。住宅四周装有隔热玻璃窗，能够遮挡阳光。住宅内还采用了“厚墙”设计，这样在墙壁中可以设计储藏间、书架、壁龛、壁橱、视听设备等。这是全美国最环保的新型独户住宅，是美国东南地区第一座现代住宅获得重量级别的 LEED 铂金认证。

6.4 中国北京奥运村

6.4.1 基本信息

建筑所在地：北京市；总建筑面积：52.44 万平方米，容积率为 1.5。

建筑结构：多、高层住宅采用大开洞剪力墙体系；大空间部分采用预应力空心板体系；车库、中心公建等采用框架、框架剪力墙结构体系；会所、景观等建筑采用钢结构体系。

建设承担单位：国奥投资发展有限公司、北京首都开发控股有限公司。

设计单位：北京城建设计院有限责任公司、北京天鸿圆方建筑设计有限责任公司（澳）、PTW 建筑设计公司。

设计时间：2005 年；项目竣工时间：2010 年 12 月（奥运之后，项目还需要改造，最后竣工时间晚于 2008 年）。

北京奥运村项目的鸟瞰图如图 6-7 所示，其中的低能耗幼儿园效果图如图 6-8 所示。

6.4.2 节能与能源利用设计

全小区采用集中式太阳能热水系统：奥运村住宅太阳能系统采用高效真空直流管技术，结合屋顶花架设置，有效集热面积为 4316m²，集热效率为 83.5%，大幅度降低能耗需求及二氧化碳排放，达到国内先进水平。

图 6-7 北京奥运村项目鸟瞰图

图 6-8 北京奥运村低能耗幼儿园效果图

① 根据建筑管理要求分为 4 个相对独立的区域，太阳能热水系统的规模适度，将 A 区分为两个区域，共 5 个太阳能集中集热、供热水系统。详细分区见表 6-2。

② 集热器采用直流式真空热管，其产品为模块拼装式，每个模块由 20 根管子组成。每个模块有吸热膜片，有效集热面积为 $2m^2$，占地面积约为 $3.6m^2$，集热效率为 83.5%。

③ 此工程为太阳能集中热水系统，燃气锅炉为辅助热源。太阳能设计系统是以赛后使用人数及标准设计，备用热源是以赛时使用人数及标准设计，见表 6-3。

赛后设计用水量 80L/(人·d)；赛时设计用水量 50L/(人·d)；热水温度以 60℃计算。

④ 此设计太阳能热水系统为闭式间接利用太阳能热水系统，是以太阳能热水为热媒，将冷水加热后使用。系统包括集热系统、储热系统、换热系统、生活热水系统。

表 6-2　太阳能分区设置

项　　目	AⅠ	AⅡ	B	C	D
设置集热器屋面	A1、A2、A3、A4号	A5、A9号	B2、B3、B6、B7号	C3、C4、C7、C8号	D1、D2、D5、D6号
供给	A1、A2、A3、A4、A6、A7、A10、A11号	A5、A8、A9、A12、A13号	B1～B10号		D1～D10号
设计耗热量/kW					
赛后	1137	619	1108	890	1052
赛时	1515	926	2484	1350	2358
集热器组数/组	510	256	432	540	420

注：单支直流式热管产热水量（以升温55℃计）为冬季平均5.05L/d，春季平均0.79L/d；夏季平均10.37L/d，秋季平均7.74L/d；设计采用春秋平均产热水量为设计水量7.74L/d。

表 6-3　赛后和赛时使用人数

项　目	AⅠ	AⅡ	B	C	D
赛后使用人数	1195	694	1478	1527(其中幼托240)	1381
赛时使用人数	2110	1166	3565	2775	3384

⑤ 集热系统中考虑了防过热措施和防冻措施。防过热措施：设置屋顶散热器、膨胀罐、板式换热器将过热部分热量排除。系统是以夏季北京地区1h的热量为设计散热量。防冻措施：冬季屋顶最不利点处温度低于5℃时启动储热部分循环泵将热水箱中的热水作热媒，与屋顶集热管内的水进行循环、防冻。屋顶设安全阀、泄水阀，长期不循环的管道设电加热。

⑥ 生活热水系统分区同生活给水。1～3层为低区系统，市政给水管网供水压力为0.18MPa；4～6层为高区系统，由给水泵房变频调速机组供水，供水压力为0.50MPa。

⑦ 生活热水系统采用全日制机械循环，交换站内设两台热水循环泵，互为备用；二次热水循环泵的启停根据设在热水循环泵之前的热水回水管上的电接点温度计控制，启泵温度为45℃，停泵温度为50℃。

⑧ 系统控制。太阳能热水系统采用自动控制系统，通过测量不同测点的温度、流量、日照强度等数据并反馈给循环泵、锅炉、电动阀等执行器以实现采集区域控制、水箱蓄热控制、热交换控制、热消毒控制、防冻控制、防过热控制。

a. 太阳能采集板环境温度低于5℃，启动防冻控制系统。

b. 太阳能采集板出口温度高于120℃、高低温水箱高位水温度高于95℃时，启动防过热保护系统。

c. 采集区域控制。太阳能传感器平均辐射值在100～200W/m^{2}之间，启动采集系统。

d. 水箱蓄热。当一级换热器一次侧进水温度高于水箱的低位水温，则开始向高低温水箱中蓄热。

e. 热交换系统。当水箱的高位水温高于预热罐温度时，则启动热交换系统。

f. 热消毒。预热水箱在最后一次太阳能加热后，温度不能达到60℃，则启动热消毒系统。

6.4.3 节材与资源利用

6.4.3.1 节省材料

(1) 采用纯剪力墙结构开大洞方式　多、高层住宅采用大开洞剪力墙体系，最大限度地降低了结构墙体的用量，可以减少施工耗材（模板）等。对于纯剪力墙的多、高层住宅，有两种常用做法：第一种是全部按建筑尺寸在内、外墙体上开设洞口，优点是可减少二次施工中填充砌体的工程量；第二种是根据结构受力分析，在内、外墙的适当部位增设结构洞。通过计算我们发现，纯剪力墙的多、高层住宅的墙体计算结果多数为构造配筋。我们可以通过巧妙、合理地设置结构洞口来降低结构刚度，从而进一步降低混凝土及钢筋用量。通过进一步的比较，更发现洞口大小与材料用量的多少也密切相关。以 6 层剪力墙结构、层高 3.1m、混凝土 C30、钢筋采用Ⅱ级钢为例，对洞口大小与不加结构洞口时钢筋的用量进行了比较，见表 6-4。

表 6-4 洞口大小与不加结构洞口时钢筋的用量比较

洞口宽度/mm	连梁钢筋量/kg	暗柱钢筋量/kg	有洞口时钢筋量/kg	无洞口时钢筋量/kg	有、无洞口钢筋量差值/kg
1000	8.28	41.84	234.19	226.13	8.06
2400	15.05	41.84	201.39	226.13	−24.74
3500	72.23	41.84	185.07	226.13	−41.06
4500	95.25	41.84	193.97	226.13	−32.16

注：1. 本表只列出某道墙体开洞的比较，且几种开洞方式均能满足计算要求。

2. 连梁高度均为 200～400mm，且均未超筋；墙体均为构造配筋，本段墙长 8m。

从表 6-4 及图 6-9 中不难发现，若洞口太小，会增加结构造价，但随着洞口跨度的增加，造价反而在减少，然而超过一定跨度（3.5m）时，造价又开始回升，主要是因为连梁钢筋用量的增长。可以预见，如果在能保证连梁配筋为构造配筋的前提下，洞口跨度越大，造价就越低。根据由此得出的结论，在奥运村的多、高层住宅中充分利用了此种方式，在内、外墙上尽可能多地增加了小于 3.5m 的结构洞，以降低结构刚度，从而达到了降低混凝土及钢筋用量的目的。

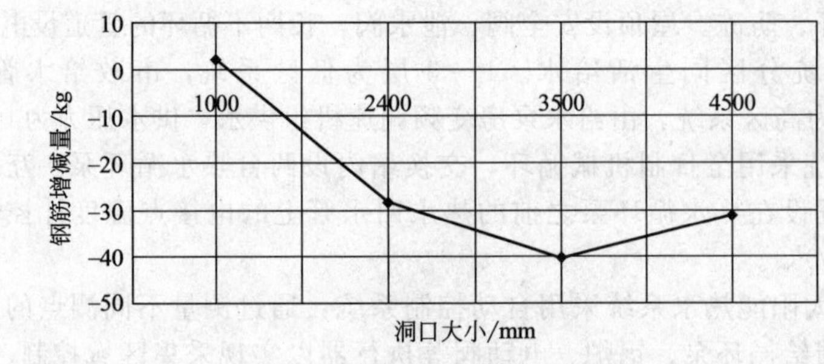

图 6-9 剪力墙开洞钢筋量比较

(2) 采用变标高条形基础形式　住宅基础第一次采用筏形基础与条形基础相结合的方式，根据实际情况，对条形基础采用了渐变基底标高的形式，最大限度地减少了土方量，取得了突破性成果。

设计初始阶段，设计者对基础设计进行了深入研究和多方案比较。对于多、高层住宅，常用的基础形式一般为两种：筏形基础或条形基础。筏形基础与条形基础的适用条件各不相同，造价相差很大。如果采用筏形基础，无论是设计还是施工都相对简便、快捷，但造价较高。以底板厚度 400mm 为例，仅构造配筋就需 Φ14@180，最大配筋需达到 Φ20@100，受力钢筋需双排双向配置。在否定了这种基础形式的情况下，又尝试采用墙下条形基础的形式，条形基础的优势是造价低廉，以条形基础最大截面高度 400mm 为例，最大配筋为 Φ16@150，最小配筋仅为 Φ12@200，受力筋为单排单向，经过此项对比，约节省底板钢筋 50%以上。尽管如此，仍感觉不尽完美，因为建筑的功能需要（车库与住宅同标高连通），条形基础的底标高需降至 −7.100m 时才能满足要求，而基础的持力层是在 −4.200m，两者相差 2.9m。单以奥运村 C2 楼为例，基础面积 $1728m^2$，若采用条形基础同标高形式，挖方量就增多了 $5011m^3$。另外，因墙体高度与基础深度密切相关，若增加 2.9m 基础埋深，墙体高度也需增加 2.9m，相当于一层层高的墙体造价，墙体埋在土里，不能充分利用。设计者们经过查阅多本资料及图集，从筏形基础集水坑的做法中得到启发，尝试采用变标高的条形基础形式。最终在奥运村住宅工程中

第一次采用条形基础、局部筏形加防水板取代筏形基础的结构形式。不仅如此，为提高舒适度，让住宅与车库有良好的连通关系，将楼梯、电梯井筒与车库地面标高取齐；为节省土方开挖量及工程造价，还采用了逐阶放台的基础形式。

6.4.3.2 使用绿色建材

使用高强钢和高性能混凝土，从而节约了大量的钢材和水泥，同时钢材和水泥的节约还减少了二氧化碳、二氧化硫等有害气体和废渣的排放。使用加气混凝土砌块、粉煤灰砌块、空心轻质墙板、复合墙板等新型建筑材料，减轻了结构自重，节约了土地资源，同时消化了粉煤灰等工业废料，为减排做出了贡献。

6.4.3.3 资源再利用

对施工过程中产生的废混凝土、废砌块、废砂浆等优先作为抗浮回填材料加以应用。同时根据抗浮水位，合理确定基础标高，尽可能做到土方的减量化，尽量减少施工垃圾的外运。

6.4.3.4 室内装修

在奥运村项目的建设中，所用建筑材料均符合《民用建筑室内环境污染控制规范》(GB 50325) 的规定，符合《室内装饰装修材料有害物质限量》中十项室内装饰装修材料有害物质限量标准。杜绝使用国家明确淘汰或禁止使用的材料和产品。奥运村采用的是一次性装修，以满足奥运会赛时的各项需求。作为赛后交付使用的住宅，在设计之初已充分考虑到赛后的拆改工作，并且提前预留条件，避免赛后的大量拆改，从而体现绿色奥运的宗旨。

根据赛时和赛后的不同功能要求，进行了功能转换的深度研究设计，确保拆改量最小化，以减少社会资源浪费。奥运村住宅部分隔断墙需要在赛后拆除改造，大部分隔断墙采用可回收再利用的石膏材料，拆除的隔断墙均做到可回收再利用。屋顶花园、首层花园及外立面遮阳中大量采用再生材料木塑条板，材料废物利用，有效节约资源，控制环境污染。所有建筑涂料、防水材料、建筑陶瓷等均无毒、无味、无污染，并且达到国家及国际检测标准。

6.4.4 专家点评

奥运村总建筑面积52万平方米，由42栋住宅楼及5栋配套公建组成。奥运会期间居住着来自世界200多个国家的16000多名运动员，要满足各国运动员的居住、生活、训练、休闲和娱乐的需要。设计单位以建设绿色奥运、科技奥运、人文奥运的平台为目标，统筹考虑赛后居民生活的需要，在规划设计、建筑技术、环境保护、人文景观和可持续发展理念上进行了卓有成效的探索，取得了巨大的成果。

纵观奥运村的建设，以下几个方面技术体现了先进成熟的绿色生态节能策略，对我国的住宅建设有很好的示范和引导作用。

① 采用了与建筑一体化的太阳能生活热水系统。奥运会期间为16800名运动员（悉尼奥运会时15300人）提供洗浴热水的预加热；奥运会后，供应全区近2000户居民的生活热水需求。奥运村的太阳能热水系统工程规模和技术先进程度达到了国际领先水平，为历届奥运会之最。特别是太阳能集热管水平安装在屋顶花园（共6000m^2），成为花架构件的组成部分，与屋顶花园浑然一体。

② 奥运村将利用清河污水处理厂的二级出水（再生水），建设“再生水源热泵系统”提取再生水中的温度，为奥运村提供冬季供暖和夏季制冷。经过污水处理的再生水，与热泵机组换热后再注入清河，再生水的温度在15～25℃之间，冬夏两季，与自然环境的温差约10℃以上，利用再生水自身蕴含的温差与热泵机组换热，是效率最高、稳定性最好的换热源，系统能效比达3.26，可以节约电能60%。利用再生水换热，不会影响河道水质，而水中蕴含的能量却被利用。当然，这么长的路程（几公里）是否会导致水泵能耗过高，应通过实测加以验证。

③ 景观与水处理花房相结合，在阳光花房中，组成植物及微生物的食物链处理生活污水，实现中水利用，为国际先进技术。景观绿化、广场地面科学搭配植物品种及相应昆虫的生态平

衡，取得了良好的景观效果和生态效益。奥运村的全部（42 栋）住宅建筑充分利用建筑屋顶进行绿化，进行无土栽培，四季常绿，达到了国内先进水平。奥运村设计了合理的雨水系统，用于道路洒水、绿地浇灌。综合考虑了污水处理及回用，处理（回用）量达 7.3 万吨/年。

④ 合理应用了木塑、钢渣砖和农作物秸秆制作的建材制品、水泥纤维复合井盖等再生材料，节约资源。整个奥运村生活垃圾处理，实现分类收集、压缩脱水，具有良好的示范作用。采用了高效的围护结构保温体系和高效节能的门窗，新风采用热回收技术，采暖空调负荷指标优于北京市节能 65%的标准。

⑤ 在奥运村的设计中，采用的整体小区无障碍设计，给居住者带来人性化关怀。也是充分关怀残奥会运动员的体现。

奥运村的规划设计保证了将奥运村建设成为一个充分满足奥运会使用要求，保证运动员得到充分休息并愉快度过赛间生活，感受中华民族璀璨文化的令人难忘的奥运村；并使得奥运村在科技创新和可持续发展方面成为居住社区的典范。

当然，奥运村所采取的技术体系和增量成本的特殊性，也是较难为其他居住项目所简单效仿的，这一点值得注意。

6.5 上海市某地块生态园区工程

6.5.1 基本信息

建筑所在地：上海市。

此生态园区一期模型效果图如图 6-10 所示。

图 6-10 某生态园区一期模型效果图

6.5.2 建筑方案

6.5.2.1 生态科研办公楼

该建筑主体体量分成上下两个部分，见图 6-11。

建筑主体上部是一个集中的不规则多面体，其内部的两层空间是公司的办公用房。它的表

图 6-11　生态科研办公楼效果图

面由双层可呼吸表皮构成的生态立面系统包裹，银色的金属板幕墙在开启与闭合的不同组合中为建筑塑造出丰富的立面形象，其灵动而富含寓意的形体彰显出园区高科技背景的内在韵律。

建筑主体下部是一个由绿色草坡覆盖的不规则体量，舒展的斜面草坡与周围的草地和绿化景观融为一体，建筑物犹如坐落在连续起伏的、优美的自然地形上。首层比室外地坪低 1.80m，一条坡度为 5.57％的舒缓坡道将人们从主入口广场自然引入绿坡环抱的门厅与中庭。

一个斜向的中庭自底层向上，贯通两个体量的各层空间。自然光线从顶部有选择地进入中庭，在建筑内部形成一个明亮怡人的中心。

6.5.2.2　中试厂房

中试厂房第一、二层的主体为通用厂房，部分设有配套办公用房，第三层全部为办公用房，整体建筑适用于多种清洁生产和科研实验，这些生态办公建筑的功能可以根据需要做出灵活分隔和组合使用。中试厂房效果图如图 6-12 所示。

图 6-12　中试厂房效果图

建筑物的造型与材料的选择体现节约、高效、现代、美观的原则。外墙选用横向肌理的蒸压混凝土板饰面，在条形窗洞的外侧设计有同样材质的通高竖向遮阳板，横竖肌理交织，在简洁之中蕴含丰富。包裹楼和电梯的U形玻璃体量拔出屋面，以通体的透明性和明晰的节奏感赋予建筑以现代感。

6.5.3 节能与能源利用

6.5.3.1 充分利用自然通风

园区所有建筑空间设计均支持过渡季节大换气量的自然通风。科研楼内部贯穿各层的中庭不仅是整个建筑的中心空间，也是自然通风系统的核心。在气候宜人的季节，新鲜空气从开启的门窗进入，利用热压通风和风压通风实现自然通风，排出的空气在中庭汇合，从顶部可开启天窗拔出。中庭顶部天窗可视为“玻璃烟囱”，利用积聚的太阳辐射热将空气加热强化自然通风。园区内建筑所有外窗和玻璃幕墙均有较大面积的可开启部分，科研楼外窗可开启面积为外窗总面积的31.5%，厂房外窗可开启面积为外窗总面积的30%。在设计阶段对自然通风进行建模评估分析，优化建筑布局和窗户位置，并且提出强化及改善自然通风效果对策以优化设计，从而达到最大程度利用自然通风的目的，见图6-13和图6-14。

图6-13 自然通风模拟图

图6-14 支持自然通风的空间结构

6.5.3.2 新型空调方式

科研楼一层采用独立新风空调系统（DOAS）+辐射供冷与采暖（选配）；二层为独立新风，地板变风量送风系统；三、四层为独立新风加无刷直流风机盘管系统。全楼以地源热泵作为热源机组，无须锅炉，机组能效比COP=5.273>2.64，采用的空调循环水泵的最大输送能效比 ER＝0.0216＜0.0241（夏季），符合现行国家标准《公共建筑节能设计标准》（GB 50189—2005）的相关条款要求。

6.5.3.3　自动控制系统

空调系统采用切实可靠的自动控制系统，同时满足舒适、节能和可管理的要求。采取系统联动策略和过程优化算法，如模糊控制算法还可以有效节省空调系统能耗达 30%。末端风盘设备采用无刷直流电机技术，不仅噪声低，而且能够达到设备的高效节能（较传统交流风机盘管平均节耗 40%），见图 6-15。

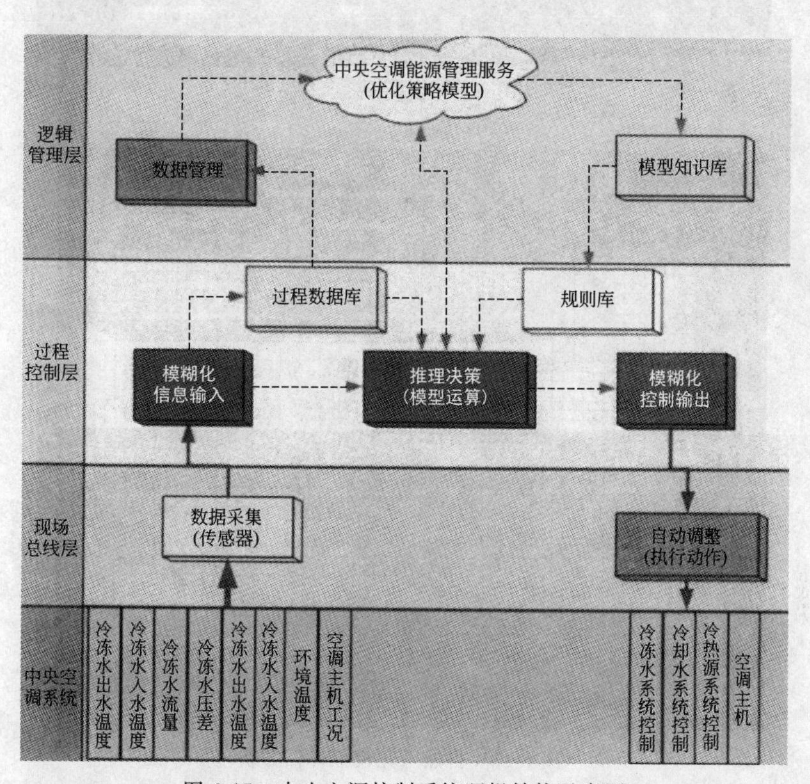

图 6-15　中央空调控制系统逻辑结构示意图

6.5.3.4　照明系统

照明采用高效节能灯，发光效率高，显色性好，使用寿命长，色温适宜并符合环保要求。此外，整合全楼设计设备的智能化楼宇控制系统使得建筑照明得以分区域、分时段控制，在满足功能需要的前提下节约照明用电。科研楼内部空间最大照明功率密度值（LPD）为 12.1/500 lx，厂房内部空间最大照明功率密度值（LPD）为 8/300 lx，低于《建筑照明设计标准》（GB 50034—2004）规定的目标值。经测算，照明部分能耗比常规系统减少 30%。

6.5.4　室内环境质量

6.5.4.1　自然采光

科研楼的全部使用空间围绕一个贯通四层的中庭，日光可以从中庭顶部的天窗直接照射到室内各层。建筑各主要功能空间内采光系数满足《建筑照明设计标准》（GB 50034—2004）的要求，充足的自然采光减少了白天室内空间的照明能耗。在设计阶段进行自然采光模拟评估分析，优化中庭天窗面积和开窗面积，保证各办公室获得充足的自然采光，见图 6-16 和图 6-17。

6.5.4.2　地板置换送风方式

科研楼的部分内部空间采用地板置换送风的方式，可以保证在地面附近形成新鲜空气区

图 6-16 自然采光与遮阳

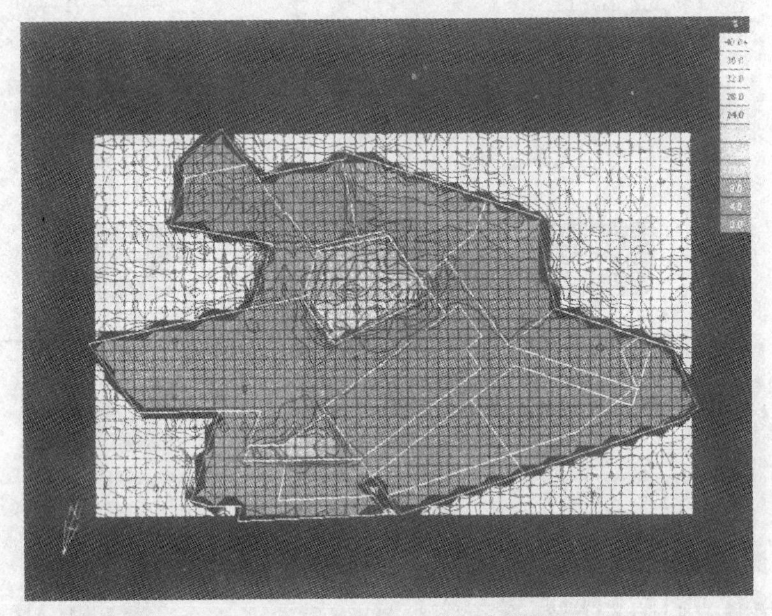

图 6-17 自然采光模拟评估分析

域，使人体周围的空气质量较好，空气温度还可以在室内沿高度分层，仅需控制人员活动区的温度，降低了能耗。并通过模块化的空调末端配置，根据房间实际使用需要调节室内温度、新风量等指标。

6.5.4.3 外遮阳系统

生态工业园区内所有建筑设计了完备高效的外遮阳系统。科研楼上部体量表面是由双层“可呼吸”表皮与调控系统构成“智能型”生态立面，能够自动适应气候条件与室内环境控制要求的变化。

双层表皮的内层由保温性能好的门窗和节能型外围护墙体组成，外层则是由统一模数的银色金属模板构成的幕墙。在与内层门窗对应的位置，外层遮阳叶片分组设置自控系统，分别根据采光、视野、遮阳、蓄热的不同区域功能要求进行控制调节，实现冬季最大限度地利用太阳能、夏季遮挡太阳辐射，同时满足室内自然采光的最佳设计。

中试厂房外立面所有开窗及落地玻璃处均设计有 600mm 宽蒸压混凝土竖向外遮阳板，以遮蔽太阳辐射，改善室内热环境。

6.5.5 运营管理

① 科研楼的智能控制设计包括照明系统智能控制、采暖与制冷节能控制、会议室智能控

制、门禁考勤控制等。整合全楼技术设备的智能化楼宇控制系统是该项目设计的一个重要技术策略。该系统将以组件标准化、系统集成化为特征，具有高度整合度和效率的综合性，可以涵盖能源、采暖、通风、水处理、照明、外遮阳调控等各方面的设备控制，以及信息、监控、安保、报警与疏散指示等方面的内容。

② 科研楼中将建立多项节能应用子系统，如智能外遮阳系统、智能照明系统、新型节能中央空调系统、楼宇网络化系统等，本期还将开发以整体建筑节能自动化管理功能为目标，实现上述各子系统程控联动的运营管理中心。通过此项目周期，也可为后续进一步研究采用人工智能技术，实现针对上述各子系统达到高度智能化的协调控制方式，实现安全、舒适、节能、智能的先进管理目标，建立和提供一个必要的基础平台。

③ IBMS 系统（智能建筑管理系统），其管理对象是生态科研楼的楼宇设备自控系统(BA)、新型空调管理系统、外遮阳监控管理系统、安全防范系统（SA）、智能卡系统、消防系统（FA）等；集成管理功能有集成监控、子系统间联动、设备运行历史数据存储、用户权限管理、集中监控应用平台、数据分析系统等，见图 6-18。

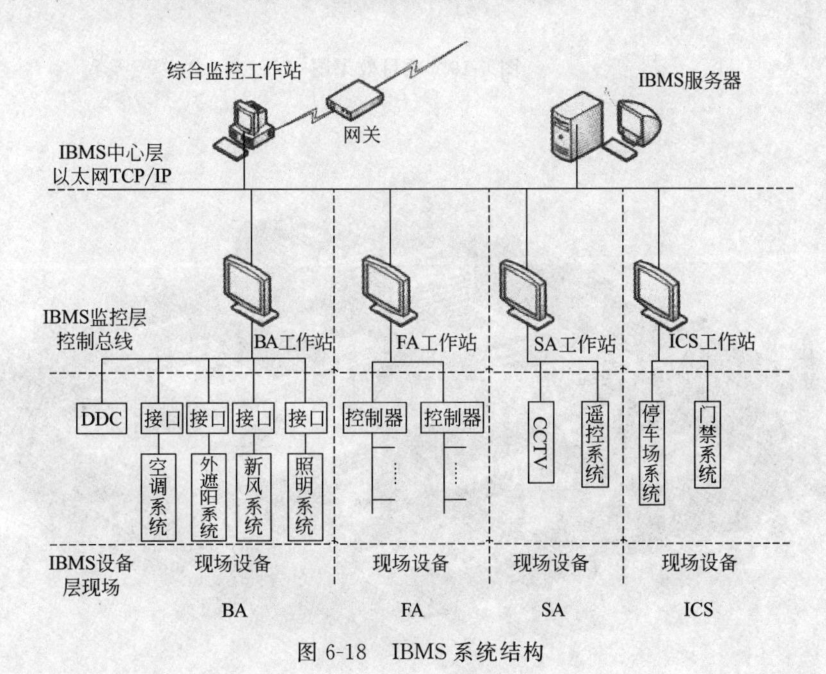

图 6-18　IBMS 系统结构

6.6　某图书馆改扩建项目

6.6.1　基本信息

项目名称：某图书馆改扩建项目。

建筑结构：A、B 栋为框架混凝土结构，C 栋为框剪混凝土结构。

此图书馆改扩建项目效果图见图 6-19，项目鸟瞰图见图 6-20。

6.6.2　外围护结构节能设计

6.6.2.1　简介

A 栋：23593m²。

B 栋：31859m²（其中地上 11 层，地下 1 层）。

图 6-19 项目效果图

图 6-20 项目鸟瞰图

C 栋：20859m² (其中地上 8 层，地下 3 层)。

(1) 体形系数 A 栋为地下停车场 (略)，B 栋为 0.168，C 栋为 0.2。

(2) 窗墙比

① A 栋：(略)——地下停车场。

② B 栋：东 0.32；南 0.40；西 0.26；北 0.35。

③ C 栋：东 0.29；南 0.26；西 0.33；北 0.32。

6.6.2.2 外墙材料及传热性能

A 栋为地下停车场。

B 栋为节能改造项目，原墙体材料为实心黏土砖，改造后在外墙内侧增加 30mm 厚的聚苯颗粒保温砂浆，热导率为 0.059W/(m·K)，加内保温层后墙体平均传热系数为 1.07W/(m²·K)。

C 栋为新建项目，用加气混凝土砌块，墙体平均传热系数为 0.9W/(m²·K)。

6.6.2.3　屋面材料及传热性能

B 栋、C 栋的屋面隔热层采用 25mm 厚挤塑聚苯乙烯板，热导率为 0.03W/(m·K)，再加上 500mm 厚的种植层，屋面传热系数达到 0.511W/(m^2·K)。

6.6.2.4　外窗材料及传热性能

外窗采用普通铝合金窗，单层（部分双层）隔热涂膜玻璃，遮阳系数达 0.5，传热系数为 4.7W/(m^2·K)，外窗气密性为 3 级。

6.6.3　采暖空调系统节能设计

该项目 B 栋采用中央空调系统，总空调冷负荷为 4200kW。为便于冷水机组的能量调节，在冷冻主机房设置 2 台制冷量为 2100kW 的水冷离心式冷水机组和 1 台制冷量为 1050kW 的水冷螺杆式冷水机组，作夏季空调冷源。

冷冻水系统采用二级泵系统，一级泵定流量，二级泵变频变流量控制。

冷却水系统采用一级泵系统，冷却泵与冷水机组相对应设置。

6.6.4　室内及景观照明节能设计

6.6.4.1　照明节能设计

因图书馆特殊的服务性质和社会地位，照明系统既要满足公共服务、行政办公、经营服务的普通照明需要，还要满足展览演示、景观造型等场景光效的要求，具体方案如下。

① 选择合适的照度。室内照度设计参考公共建筑节能细则，B 栋和 C 栋的照明功率密度为 9W/m^2。

② 充分利用自然采光的补偿。

③ 日间最大限度地使用太阳能光伏系统的发电量。

④ 尽量采用节能的照明设备。拟选用电子镇流器且反射率高的灯盘，TS 三基色灯管（部分可调光）。

⑤ 合理地采用智能照明控制。智能照明系统采取照度感应、减光等控制方式，可按不同场所设定照度，使照度控制在舒适的范围内。

⑥ 图书馆公共照明采用分布式智能安装总线进行集中监控，以达到方便管理和节能的目的。

⑦ 采用智能控制系统对图书馆内的展示厅、会议室、图书阅览室、藏书库及公共照明部分进行智能照明控制，与传统的安装系统相比，具有功能多样性、方便性、经济性、灵活性、安全性、兼容性等优点。系统同时具备限电压和轭流滤波等功能，能抑制电网的浪涌电压。采用软启动、软关断技术，避免了过电压、欠电压及冲击电压对光源的损害，通常能使光源寿命延长 2～4 倍。

6.6.4.2　150kW 太阳能光伏并网发电系统

根据该地区所处纬度，太阳能辐射强度属于我国三类地区，年日照时数约 1855h，日平均日照时数约 5.1h，考虑全天太阳角度、强度等变化影响，每天折合峰值发电功率运行时间约 3.5h，如果采用 150kW 的太阳能光伏发电系统（按日发电量 3.5h 计算），日发电量约 525 kW·h。而图书馆日间照明总用电量在 2000kW·h/d 左右，太阳能发电将可以节约日间照明用电的 26%，对照明总用电量的贡献率在 12.5%以上。综合考虑，选择 150kW 的设计功率。

太阳能系统分布方案如下。

设计安装在图书馆的 A 区读报廊、B 区 7 楼顶和 11 楼顶，共计 3 个子系统。

第一个子系统 30kW，主要是在读报廊上安装太阳能并网发电系统供阅报栏及 A 栋地下车库照明使用。实际可供安装面积为400m²，光电板面积为375m²（按照80W/m²计算），读报廊的方阵布置考虑其外观效果，采用平铺方式进行布置。阅报栏的日照条件不太好，选用弱光性能好的非晶硅组件。阅报栏的西侧不安装组件，只做造型处理，见图6-21。

图6-21 太阳能光伏发电效果图（一）

第二个子系统在B区南侧，实际可供安装面积为845m²，光电板的安装面积为481m²。设计采用额定功率大于200W的电池，组件装机容量为65kW。屋顶平面的安装方式为方位角正南（可根据建筑朝南方向作轻微调整），倾角20°，为阵列安装。

第三个子系统在B区楼顶平面安装电池组件。实际屋顶面积为42×18=756m²，光电板的面积为407m²（按照135W/m²计算），设计采用额定功率大于200W的电池组件，组件装机容量为55kW。屋顶平面的安装方式为方位角正南（可根据建筑朝南方向作轻微调整），倾角20°，为阵列安装，见图6-22。

图6-22 太阳能光伏发电效果图（二）

光伏并网系统将光伏发电系统与电网相连接。这种光伏系统的最大特点就是太阳能电池组件产生的直流电经过并网逆变器转换成符合市电电网要求的交流电之后接入公共电网，见图6-23。

与离网系统相比较，并网系统可以省去蓄电池储能环节。太阳能通过太阳能组件方阵将光能转化为直流电，再通过三相并网逆变器将直流电能转化为与电网同频率、同相位的正弦波电流，一部分给车站就近负荷供电，剩余电力馈入车站低压配电网。核心部件并网逆变器，主要用于将光电板的直流功率转换为交流功率（DC/AC），然后向电网提供电力。通过内部的功率调节器，在并网逆变器输出的正弦电流与电网的相电压同频和同相的条件下进行并网，将太阳能电池发出的电力最大限度地（采用MPPT最大功率跟踪技术）回馈给电网。

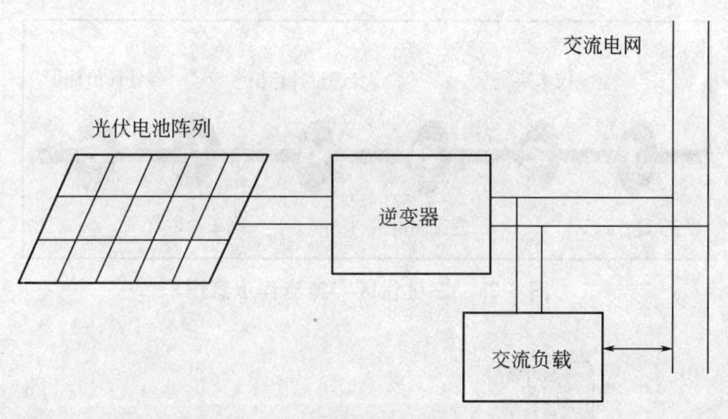

图 6-23　并网发电系统结构图

6.6.5　专家点评

该项目的主要特点如下。

① 在采暖空调系统的新风机组上设置了热回收装置，节能效果明显；全年可节约制冷量 129000kW·h，节约制冷系统用电量为 36900kW·h，年节约电费 27675 元。热回收装置后增加投资估算为 14 万元，静态投资回收期为 4.3 年。

② 充分利用可再生能源，提高建筑节能的水平，安装了太阳能并网光伏发电系统；并且根据不同的安装位置，选用不同类型的光伏电池，提高了系统效率；建筑一体化的太阳能光伏系统和并网光伏发电系统是示范的两大亮点。虽然目前太阳能光伏发电的成本较高，但作为未来的重要替代能源，仍应在经济发达地区积极开拓市场，所以，该项目的示范作用很大。

6.7　深圳某住宅项目

6.7.1　项目介绍

深圳某项目属于住宅类项目，其总体规划图如图 6-24 所示。该项目共分四期开发，由高层及低层住宅、小区配套设施和幼儿园组成，总建筑面积约 12.6 万平方米，住区绿地率 38.1%。该项目参加了 2008 年度第二批“绿色建筑设计评价标识”的评价，获得三星级“绿色建筑设计评价标识”。三星住区实施流程见图 6-25。该项目六个层面的关键目标及其指标见图 6-26。

图 6-24　深圳某项目总体规划图

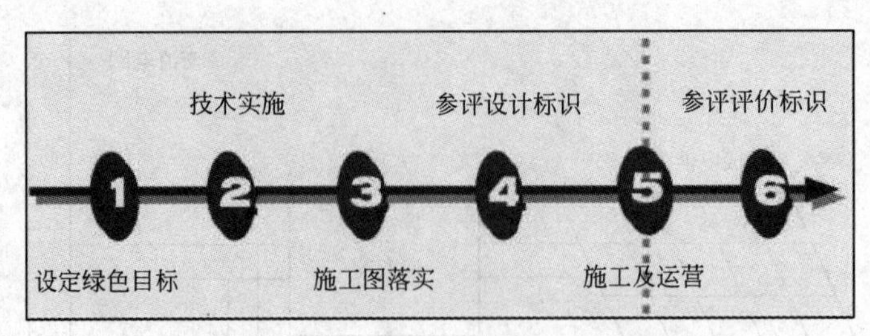

图 6-25　三星住区实施流程示意图

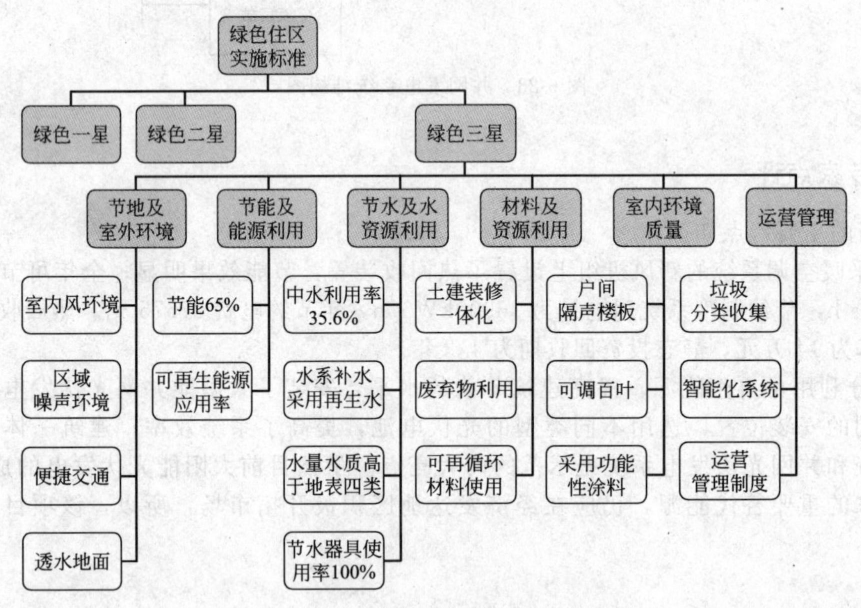

图 6-26　六个层面的关键目标及其指标

6.7.2 节地与室外环境评价

该项目场地的选址安全范围内无洪涝灾害、泥石流及含氡土壤的威胁，环境安全可靠，规划布局尊重原始地形，而且住宅日照、绿化指标、公共服务配套等均符合规范的要求。住区的绿化布局在满足绿地率的前提下，采用了乔、灌、草相结合的复层种植方式并种植了乡土植物，不仅有助于创造良好的室外环境，而且在一定程度上节约了灌溉用水。此外，建筑设计中能够合理利用地下空间作为停车场、设备用房、储藏间等，在一定程度上提高了土地使用率，节约了土地资源。

项目提交了较为完整的环评报告和场址检测报告，通过对原始地形图与规划图进行比较分析，判断该场地规划符合上层规划，所处原始地貌单元为低台地，没有破坏自然水系、湿地、基本农田、森林和其他保护区，原始场地内有自然台地、浅沟，而且在规划时利用浅沟作水系，并且依据地形布局建筑（图 6-27），故判定满足第 4.1.1 条的要求。

通过查看环评报告中有关场址周边环境及污染源的相关内容，综合地形图及其周边环境现状图，以及环境评估报告结论，判断此场地安全范围内无明显危险源，场地无洪涝灾害、泥石流及含氡土壤的威胁，满足第 4.1.2 条的要求。同时，通过查看环评报告，确定该住区内无排放超标的污染源，满足第 4.1.7 条的要求。此外，通过查看原始地形图，确定该场地内无旧建筑，故不参评第 4.1.10 条。

该项目初次提供的日照模拟报告仅针对参评范围内的建筑进行了日照模拟分析，而其南侧

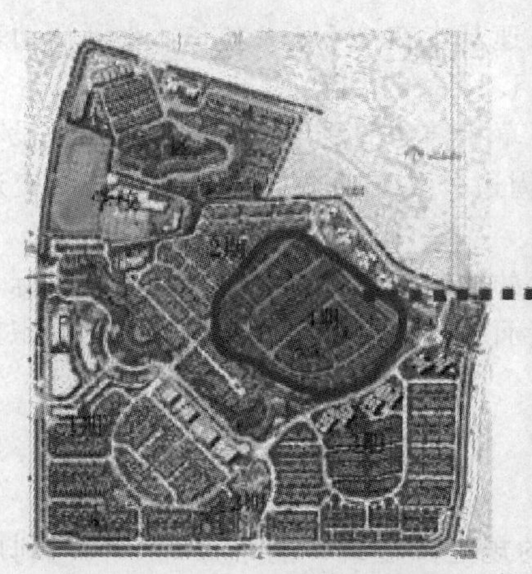

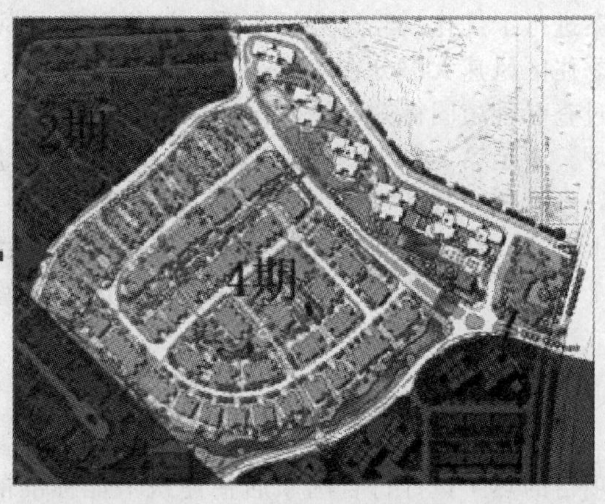

图 6-27 原始场地内有自然台地、浅沟和规划时依据地形布局建筑

高层建筑对参评范围内建筑的影响并没有在模拟报告中显示。后通过审查申报单位补充提交的完整日照分析报告，判断其满足第 4.1.4 条的要求。

该项目提交了较为完整的景观（园林）总平面图、设计说明、种植图和苗木表，通过核实可见，种植图与苗木表能够对应，而且场地内种植了凤凰木、香樟等乡土植物，故判定满足第 4.1.5 条的要求。

该项目提交了较为完整的景观（园林）施工图及设计说明，经过核实确定该住区的绿地面积、用地面积等基础数据与提交的自评估报告一致，计算得到该住区的绿地率为 38.1%，人均公共绿地面积为 1.51m²，满足第 4.1.6 条的要求。

该项目对住区内各类公共设施进行了分析，提交了较为详细的图纸，标明了住区内各类公共设施的分布。由此可知，社区内建有幼儿园，还配有文化体育设施、教育设施、金融设施、邮电设施、社区服务设施、医疗卫生设施等公共设施，符合第 4.1.9 条的要求。

该项目明确提出了噪声环境分析的结论（图 6-28），通过查看模拟报告及图纸，判定满足第 4.1.11 条的要求。此外，通过提交的对室外热岛进行的模拟分析报告，查看模拟过程、分析结论及相关图纸，判定满足第 4.1.12 条的要求。

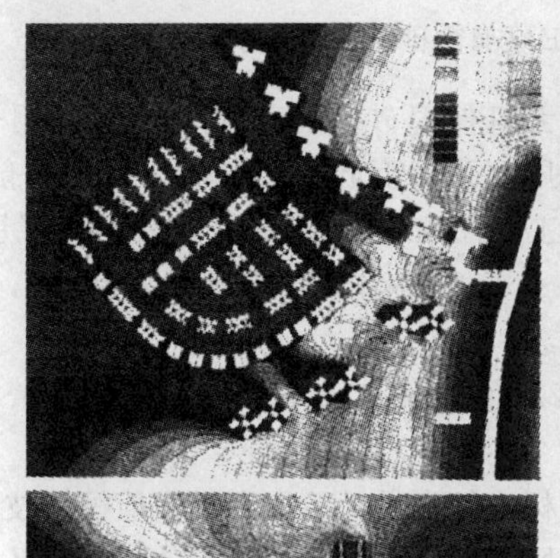

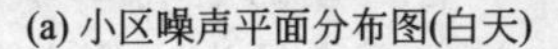

(a) 小区噪声平面分布图(白天)

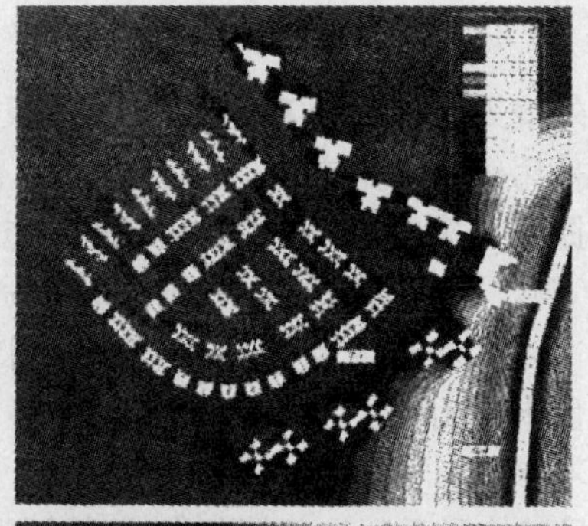

(b) 小区噪声平面分布图(夜间)

图 6-28 噪声环境分析的结论

[结论：受交通噪声影响最大的是东北角上临路的高层住宅。其环境噪声白天为 50～55dB（A），夜间为 40～45dB（A），满足住宅环境噪声要求的白天不大于 60dB（A），夜间不大于 50dB（A）]

该项目提交的室外风环境模拟分析报告中不仅对典型气象条件下的风环境进行了分析，而

且对方案进行了优化。经过分析表明，该住区夏季风速基本在2.5m/s左右，小区活动基本舒适；冬季住区风速大部分在1.5m/s左右，满足第4.1.13条的要求。

通过查看种植图得知，该住区内采用了乔、灌、草相结合的复层种植方式，而且没有大面积纯草坪，满足第4.1.14条的要求。该项目提交的周边公共交通线路图表明了公共交通站点及距离，经过核实判断符合第4.1.15条的要求。

综上所述，在节地与室外环境评价方面，该项目的控制项除1项不参评外全部达标，一般项达标7项，优选项达标1项，就其一般项达标数量而言，满足绿色建筑设计评价标识三星级要求。

6.7.3 节能与能源利用评价

该项目的热工设计符合国家居住建筑节能标准的规定，建筑节能率为61.0%，利用数值模拟技术进行了自然通风和采光模拟的优化设计，并且采取了照明节能控制措施，通过采用太阳能热水系统使可再生能源使用率大于5%，太阳能提供生活热水量占生活热水总用水量的44.7%。

该项目其低层住宅建筑主体节能率为62%～64%。外墙采用加气混凝土砌块填充墙体，屋顶采用XPS保温板，合理控制窗墙面积比，充分利用遮阳装置。空调房间外窗采用铝合金中空Low-E玻璃窗，主要房间采用百叶遮阳装置，如图6-29所示。

(a) (b)

图6-29 低层建筑Low-E玻璃窗和百叶遮阳装置

高层建筑外墙采用加气混凝土填充墙体及无机保温砂浆内保温，屋顶采用XPS保温板，空调房间外窗采用铝合金中空Low-E玻璃窗，局部采用百叶遮阳装置，实现节能率为61%～64%。该项目提交了建筑围护结构热工设计施工图纸和节能计算书，表明高层围护结构节能61.1%～63.46%，低层围护结构节能62.06%～63.24%，故判定满足控制项第4.2.1条的要求，并且同时达到了优选项第4.2.10条的要求。

由于该项目未采用集中空调系统，故第4.2.2条、第4.2.3条、第4.2.5条、第4.2.6条和第4.2.8条不参评。

尽管该项目的体形系数和部分朝向窗墙比超标，但在设计阶段利用数值模拟技术进行了自然通风、采光模拟优化设计。低层住宅室内自然通风模拟见图6-30。提交的室外风环境和自然通风模拟分析报告显示，该项目在全年平均风压差作用下，各户型的空气龄均小于180s，室内通风性能优异，自然通风节能贡献率可达6.6%～16%，其主要途径为：住宅多采用南北向，考虑前后开窗位置，形成穿堂风，窗开启扇面积达到房间地面面积10%以上；数值模拟分析结果显示，低层住宅单栋建筑平均自然通风贡献的节能率为6.6%，高层单栋住宅的平均自然通风贡献率为16%。通过查阅提交的室内采光分析计算报告，综合判定满足第4.2.4条的要求。

该项目的节电量为163×10^4kW·h/a，减排CO_2 532t/a，减排SO_2 1.22t/a。照明功率密

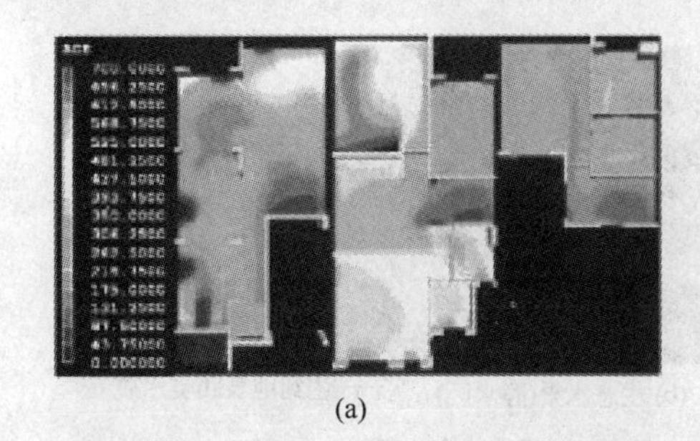
(a)

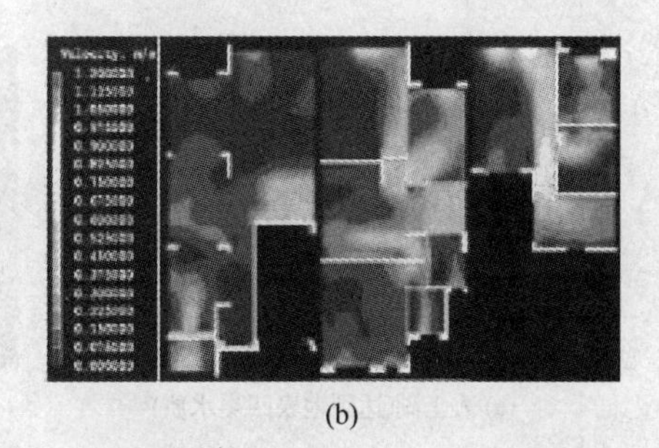
(b)

图 6-30　低层住宅室内自然通风模拟

度符合现行值要求，公共部位的照明采用高效光源、高效灯具，其节能措施包括：地下室采用 T5 节能灯，直管式荧光灯采用电子镇流器；电梯间采用光感声控开关控制，楼梯间采用红外线感应开关控制，其他场所采用跷板开关控制；电梯间与室外连通，利用自然采光；高层住宅地下车库及低层住宅地下储藏间开设天井，直接利用自然采光；小区路灯及庭院灯采用节能照明。综合考虑以上因素，判定满足第 4.2.7 条的要求。

深圳位于亚热带地区，日照条件好，全年总辐射量为 5225.1MJ/m^2，全年约 300d 具有采集太阳能的条件，尤其适合推广应用太阳能热水系统。该项目采用太阳能热水系统，全部住宅合计 227 户使用太阳能热水系统，占总户数的 27%（热水比例占到 44.7%），其可再生能源使用率大于 5%，满足第 4.2.9 条的要求。

综上所述，在节能与能源利用评价方面，该项目的控制项除 2 项不参评外全部达标，一般项除 3 项不参评外达标 3 项，优选项达标 1 项，就其一般项达标数量而言，满足绿色建筑设计评价标识三星级要求。

6.7.4　节水与水资源利用评价

该项目进行了详细的水系统规划设计，室内采用节水器具，绿化浇灌、道路喷洒、车库冲洗、垃圾房冲洗和水景补水等非饮用水全部采用非传统水源，每年节约用水 18 万吨，其中非传统水源利用以中水为主，利用 12.3 万吨，非传统水源利用率 35.6%，使用节水器具节约生活用水 5.7 万吨，雨水为辅，雨水利用量占总用水量的 20%，占雨水总量的 40%；且自建处理设施，以生活污水作为中水水源。每年可减少 13 万吨的污水排放量，减少排放污染物 COD 约 26t、SS 约 19.5t。

该项目具有较为完善的水系统规划方案，包括用水定额的确定、用水量估算、水量平衡、给水排水系统设置、污水处理、雨水蓄积利用、再生水利用等各方面内容，故判定满足第 4.3.1 条的要求。

该项目采取的避免管网漏损措施包括：使用符合现行产品行业标准要求的耐腐蚀、耐久性能好的 PPR 给水塑料管，干管采用衬塑钢管，室内热水管材采用专用热水 PPR 管，消火栓管采用内外热镀锌钢管，污水管采用 UPVC 管；选用了密闭性能好的截止阀、闸阀设备；在供水系统优化设计中避免供水压力过高和压力骤变，根据水平衡测试标准安装分级计量水表，安装率达到 100%，并且对管道基础和埋深进行了控制。综合考虑上述因素，判定满足第 4.3.2 条的要求。此外，该项目采用了节水水龙头、节水花洒和节水坐便器等节水器具，满足第 4.3.3 条的要求。

深圳市为缺水城市，该项目的生态水环境如图 6-31 所示，其景观水景约 10000m^3，补水量为 17950m^3/a，采用达标的中水及雨水补充。中水处理采用格栅＋A2/O＋絮凝沉淀工艺作为前处理，通过一级人工湿地进行再处理，出水经次氯酸钠杀菌消毒后进入清水池，一部分作为绿化及道路用水，一部分进入二级人工湿地进行深度处理，以用于景观水景补水，满足第

(a) 人工湖(达到地表四类水质)

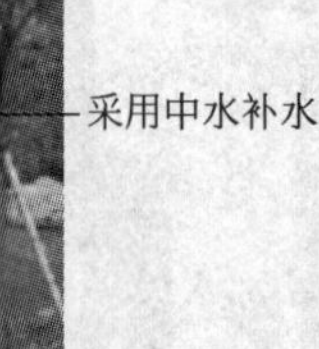

(b) 生态水景(静水区)

(c) 人工湿地(用于一期水质保障)

(d) 生态水景(动水区)

图 6-31 生态水环境

4.3.4 条的要求。

该项目以生活污水为中水水源，中水前处理池设在地下，实行定期加次氯酸钠消毒以保证再生水的消毒，水景则通过二级人工湿地进行循环、处理，并且始终保障地表四类水质标准；此外，通过种植水生植物和放养鱼类，及时消除了富营养化以及水体腐败的潜在因素，满足第 4.3.5 条的要求。

该项目为增加雨水渗透量而采取了增加绿地面积率、部分人行路面采用渗水路面、室外停车场地铺装采用植草砖、设计生态水渠及旱溪，并且对两侧多层坡屋面的干净雨水进行收集渗透等措施，满足第 4.3.6 条的要求。此外，小区中水一部分用于绿化浇灌及道路、地下车库、垃圾房的冲洗，一部分则进入二级人工湿地进行深度处理，以供水景补水，出水水质达到《城市污水再生利用景观环境用水水质》的要求，故判定满足第 4.3.7 条的要求。

深圳市尚无城市再生水厂，该项目在进行了技术经济比较及效果分析的基础上，采用生物接触氧化法＋人工湿地的工艺。该工艺以生活污水为中水水源，采用格栅＋A2/O＋絮凝沉淀的地埋式生物接触氧化法作为前处理。上述工艺满足第 4.3.9 条的要求。

深圳地区常年降雨量约 1924.7mm，蒸发量约 1759.8mm，降雨集中在 5～9 月且无规律。若采用钢筋混凝土的蓄水池，则建造代价高、收益低，水质不易维护。该项目所在地为低台地，最大高差为 16.81m，场址中有 2 条自然形成的冲沟，项目结合地形的自然冲沟设计生态水渠及旱溪，收集两侧多层坡屋面及绿地的干净雨水进入生态水渠及旱溪，生态水渠面积约 3000m^2，并且通过人工湿地（面积约 500m^2）收集部分雨水进入清水池，满足第 4.3.10 条的要求。此外，该项目在绿化浇灌、道路喷洒、景观补水、地下车库冲洗、垃圾房冲洗等方面利用了非传统水源，其利用率为 35.6%，满足第 4.3.11 条和第 4.3.12 条的要求。

综上所述，在节水与水资源利用评价方面，该项目的控制项全部达标，一般项达标 5 项，优选项达标 1 项，就其一般项达标数量而言，满足绿色建筑设计评价标识三星级要求。

6.7.5 节材与材料资源利用评价

该项目分为高层住宅和多层住宅两种住宅类型，造型简约，无大量装饰性构件，施工过程中现浇混凝土采用预拌混凝土，可再循环材料使用比例为 13.3%，采用菜单式装修方案，实现了土建与装修一体化设计和施工。即打造玄关整合系统、厨房便捷系统、卫浴集成系统、卧室收纳系统及客厅明亮系统，采用品牌家私，全面保障建材质量及整体品质。通过审核该项目提交的结构专业施工图和设计说明、装饰性构件造价比例计算书，该项目造型要素简约（图 6-32），无大量装饰性构件，装饰性构件造价占工程总造价的 0.42%，而且女儿墙最大高度为 1.2m，未使用双层外墙（含幕墙），故判定满足第 5.4.2 条的要求。

图 6-32　项目实景图

从提交的结构设计说明和预拌混凝土证明材料可见，该项目设计时要求现浇混凝土全部采用预拌混凝土，满足第 5.4.4 条的要求。此外，通过审核可再循环材料使用比例计算书，该项目的可再循环材料用量为 30188.13t，占该项目建筑材料总用量（227189.980t）的 13.3%，满足第 5.4.6 条的要求。

通过审核提交的结构专业施工图和装修方案，确定该项目采用菜单式装修方案，土建与装修采用一体化设计和施工，装修后交房，未破坏和拆除已有的建筑构件及设施，故判定满足第 4.4.8 条的要求。

综上所述，在节材与材料资源利用方面，该项目的控制项全部达标，一般项达标 3 项，不达标 1 项，就其一般项达标数量而言，满足绿色建筑设计评价标识三星级要求。

6.7.6 室内环境评价

该项目对区域内的日照情况、典型户型的采光情况、小区室外风环境以及室内自然通风效果进行了模拟分析，其居住空间日照及采光满足相关标准的要求，可开启窗地面积比均大于 8%，而且具备良好的通风效果。此外，该项目的各套住宅均设有明卫，在自然通风条件下房间的屋顶和东、西外墙内表面的最高温度均满足要求，东、南、西各朝向均设置外遮阳，部分区域设置多形式可调节活动百叶遮阳，外遮阳与建筑一体化设计，并且室内背景噪声情况符合标准要求。

在考虑周边建筑影响的情况下，该项目对整个区域内的日照情况进行了模拟计算，给出大寒日底层窗台面高度处的日照时数分析图，并且以户为单位对每套住宅内所有窗户满足日照标准的情况进行了列表说明。经计算分析，其 3 个居住空间的户型至少有 1 个居住空间满足日照标准，4 个居住空间的户型至少有 2 个居住空间满足日照标准，故判定满足第 4.5.1 条的要求。

根据门窗表等建筑施工图，该项目对各户型主要功能房间的窗地面积比和可开启窗地面积比进行了核算（表 6-5），与《建筑采光设计标准》对窗地面积比的要求进行了对比，满足标准要求，但该项目初次提供的材料未对厨房窗地面积比进行核算，后经补充核算满足要求，故判定第 4.5.2 条达标；因可开启窗地面积比均大于 8%，故判定第 4.5.4 条达标。此外，该项目还对典型户型进行了采光模拟分析［图 6-33(a)］，其采光系数满足标准要求；通过对小区室外风环境以及室内自然通风效果进行 CFD 模拟和分析［图 6-33(b)］显示，该项目的通风状况良好。

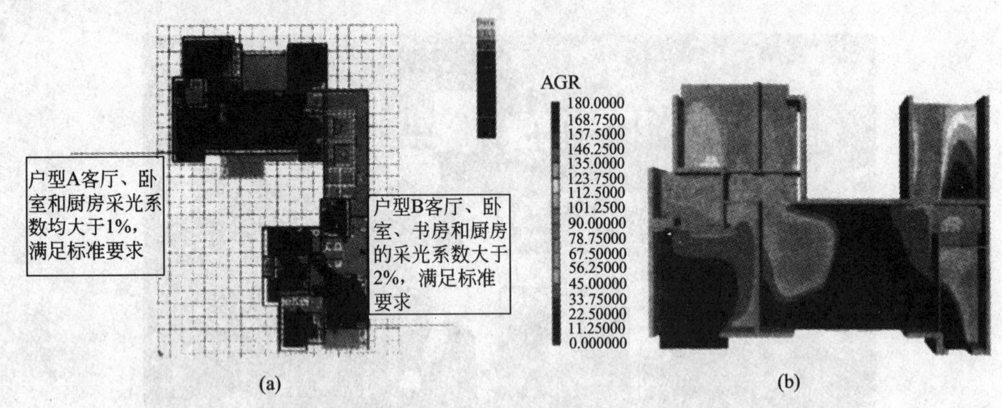

图 6-33　典型房间采光系数计算结果和典型房间通风空气龄计算结果

表 6-5　窗地面积比和可开启窗地面积比计算

户型	功能房间	功能房间面积 /m²	窗　号	窗洞面积 /m²	窗地面积比 /%	可开启面积 /m²	可开启窗地面积比 /%
TA	客厅	42.99	LC4×3、LC18、TLM4	20.92	48.66	5.15	11.98
	餐厅	23.1	LC2a×3、LC16	11.475	49.68	3.22	13.94
	卧室 1	17.48	TLM3、LC13a	8.79	50.29	4.54	25.97
	卧室 2	16.2	TLM3、LC13a	8.79	54.26	4.54	28.02
	书房	14.26	LC10、M7	4.525	31.73	2.71	19.00
	主卧室	27.62	TLM3、LC14	8.79	31.82	4.54	16.44
TB	客厅	34.77	LC6×2、LC18、TLM4	15.96	45.9	4.07	11.71
	餐厅	21.41	LC2a×3、LC15	8.16	38.11	2.8	13.08
	卧室 1	14.72	TLM1a、LC10	6.135	41.68	3.68	25.00
	卧室 2	16.85	TLM1	4.23	25.10	2.97	17.63
	书房	12.88	TC10、M7a	4.375	33.97	2.59	20.11
	主卧室	24.37	LC11a、LC13b	7.305	29.89	2.82	11.57

该项目外围护结构采用 200mm 厚钢筋混凝土剪力墙，填充墙采用 200mm 厚加气混凝土砌块，窗户采用铝合金中空 Low-E 玻璃窗，分户墙采用 200mm 厚加气混凝土砌块，户间楼板采用隔声楼板+复合木地板。其高层浮筑楼板实景图及精装修采用的实木地板如图 6-34 所示。对于门、窗等产品，根据厂家提供的产品隔声性能检测报告，对于其他围护结构，根据送第三方检测机构检测结果或参照类似构造做法的已有检测结果，对该项目围护结构的隔声性能进行了分析，日照时数结果满足要求。小区采用沥青路面，可以起到降噪作用，根据该项目所在区域的环境噪声情况，通过声环境模拟分析，选定其最不利楼栋，根据围护结构隔声性能计算其降噪量，得到室内背景噪声情况，结果满足要求，并且高层住宅分户层间采用隔声楼板，计权标准化撞击声压级小于 60dB，故判定第 4.5.3 条达标。

通过查阅该项目的建筑施工图纸，两住宅楼居住空间的水平视线距离最小为 9.8m，无明显视线干扰，而且各套住宅均设有明卫，故满足第 4.5.6 条的要求。鉴于该项目处于夏热冬暖地区，非采暖、空调建筑，故不参评第 4.5.8 条和第 4.5.9 条。

此外，根据该项目提交的围护结构内表面温度计算书，其在自然通风条件下房间的屋顶和

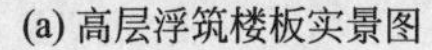

(a) 高层浮筑楼板实景图　　(b) 高层精装修采用实木地板

图 6-34　高层住宅的楼板及实木地板

东、西外墙内表面的最高温度均满足《民用建筑热工设计规范》的要求，故判定第 4.5.8 条达标。

根据提交的建筑图纸以及遮阳百叶施工图，东、南、西各朝向均设置外遮阳，部分区域设置多形式可调节活动百叶遮阳，包括平开可调百叶遮阳、平开折叠可调百叶遮阳、阳台门滑动折叠可调百叶遮阳、上旋可调百叶遮阳、固定可调百叶遮阳等，防止夏季太阳辐射透过玻璃直接进入室内，如图 6-35 所示。外遮阳与建筑一体化设计，满足第 4.5.10 条的要求。此外，因该项目未设置通风换气装置或室内空气质量监测装置，故判定第 4.5.11 条不达标。

(a) 低层可调百叶室内效果　　(b) 高层可调百叶装置

图 6-35　遮阳设置

综上所述，该项目在室内环境质量方面的控制项全部达标，6 项一般项中有 3 项达标，1 项不达标，2 项不参评，一般项达标数满足绿色建筑设计评价标识三星级要求。

6.7.7　运营管理评价

该项目达到《居住小区智能化系统建设要点与技术导则》二星级标准。其建筑智能化系统包括闭路电视监控系统及视频报警系统、周界防范报警系统、楼宇可视对讲系统、居家防盗报警系统、一卡通门禁管理系统、停车场自动管理系统、背景音乐紧急广播系统、防雷接地系统等，系统从项目总体规划的智能化功能要求出发，实现了“智能居住小区”为居民服务和“以人为本”的理念。

其智能化创新有德国进口 KABA 防尾随装置、刷卡布撤防系统和室外报警红外探测器等。

该项目的系统设计满足国家和地方的标准和规范性文件，考虑了技术的先进性、可靠性、开发性和可扩性，节能、生态环保可持续发展原则的建筑理念贯穿于智能化系统实施的全过程，满足第 4.6.6 条的要求。

根据提交的设计图纸可见，该项目的水、电、燃气等表具设置齐全，还能够实现分户、分类计量与收费，满足第 4.6.2 条的要求。此外，该项目的设备、管道布置合理，公共设备管道设置在公共部位以便于日常维修和更换，故判定满足第 4.6.11 条的要求。

在垃圾分类收集上，实现了对业主 100%进行有机垃圾分类收集的普及，通过小区严格的垃圾管理制度，分类收集有机垃圾并及时清运，保障实现洁净垃圾房，如图 6-36 所示。

(a) 小区垃圾分类收集(注明：可回收垃圾与其他垃圾的具体名称)

(b) 洁净垃圾房

图 6-36 垃圾管理

综上所述，在经营管理评价方面，该项目在设计阶段应参评的 3 项全部达标，满足绿色建筑设计评价标识三星级要求。

6.7.8 评价结论

根据《绿色建筑评价标准》对该住宅建筑项目进行了“绿色建筑设计评价标识”评价，其达标总情况见表 6-6。其中控制项除 3 项不参评外，其他 18 项全部达标；一般项达标 23 项，不达标 3 项，6 项不参评；优选项达标 3 项，不达标 3 项，达标总情况达到了绿色建筑设计评价标识三星级要求。

表 6-6 该项目设计阶段达标总情况

项 目	等级	节地与室外环境	节能与能源利用	节水与水资源利用	节材与材料资源利用	室内环境质量	运营管理
控制项共 21 项	总项数	7	3	5	1	4	1
	达标	6	1	5	1	4	1
	不达标	0	0	0	0	0	0
	不参评	1	2	0	0	0	0
一般项共 32 项	总项数	8	6	6	4	6	2
	达标	7	3	5	3	3	2
	不达标	0	0	1	1	1	0
	不参评	1	3	0	0	2	0
优选项共 6 项	总项数	2	2	1	1	0	0
	达标	1	1	1	0	0	0
	不达标	1	1	0	1	0	0
	不参评	0	0	0	0	0	0

6.8 山东某学院图书馆

6.8.1 项目介绍

山东某学院图书馆（图 6-37）位于山东省。该建筑总建筑面积约 1.6 万平方米，地下 1 层，地上 5 层，包括北阅览室、藏书室、报告厅、办公室、检索大厅等。作为国内较早探索绿色生态技术策略并得以实施的一个项目，该项目综合运用生态设计策略，在对垃圾彻底清理和

(a)

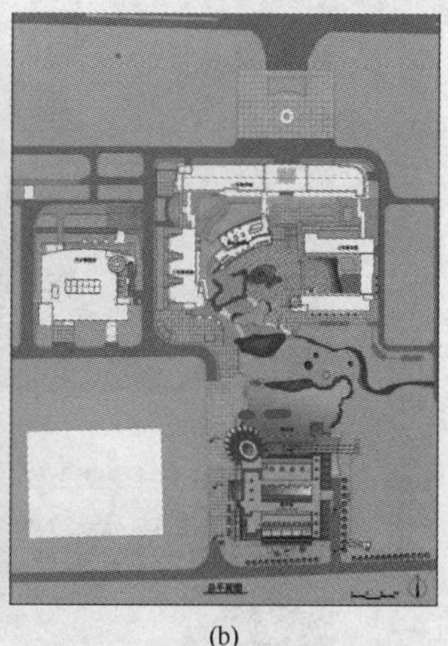
(b)

图6-37　山东某学院图书馆外观图及总平面布置图

对水塘改建后，开辟出面积为7000多平方米的建设用地，综合运用了遮阳、自然采光、中庭和边庭自然通风、围护结构高性能保温、水池替代冷却塔、地道风等多项节能技术，大幅度降低了建设资源消耗和运行能耗。该项目的采暖空调设计指标和运行能耗较同类建筑降低40%以上，年耗电量仅为14kW·h/(m^2·a)，采暖耗煤量为7.8kg标准煤/(m^2·a)。利用池塘周围的凹形地势，将多雨季节的水收集起来，可用于池塘的补充水，或者用于绿化浇灌。利用水塘自然水作为冷却水或水景用水，循环使用。柱子及地下室混凝土墙都尽量利用素混凝土面装饰效果，80%的建材来自当地，同时合理利用场地的巨石作为地面铺设和景观装饰，减少了材料耗费。在设计中尽量采用普通建筑材料和普通适宜技术，以降低材料与技术成本。最终建安费用为2150元/m^2。该项目建筑节能率高于50%，可再循环材料利用率10.7%。该项目于2009年参加了第一批“绿色建筑评价标识”评价，获得二星级“绿色建筑评价标识”。

6.8.2　节地与室外环境评价

该项目原有垃圾场堆积深度4～5m，北部低洼地段形成一个常年积水的水塘，地势北高南低，东高西低，植被状况很差，因此考虑将原有被污染的垃圾场改造为建设用地，新建图书馆，并且充分结合场地地形，采用复层绿化和屋顶绿化，充分合理地利用地下空间，利用水塘改善周围环境，调节微气候，营造了良好的室外环境。

通过查阅项目资料得知，该项目所处的原始场地为垃圾场，经过改造形成良好的建设用地(图6-38)，而且没有破坏当地文物、自然水系、湿地、基本农田、森林和其他保护区，满足第5.1.1条的要求。此外，该场地位于学校内部，场地周边无危险源，而且没有对周边建筑产生光污染，场地内无厨房、垃圾站等污染源，故满足第5.1.2条、第5.1.3条和第5.1.4条的要求。

通过查阅施工过程的相关文件，确定该项目在施工过程中制定并实施了保护环境的相关措施，满足第5.1.5条的要求。此外，该项目室外较为安静，噪声测试显示其室外场地噪声比标准值低3dB（A）以上，满足第5.1.6条的要求。通过对其室外的风环境进行模拟分析，结果表明其建筑周边风速最大4.8m/s，满足第5.1.7条的要求。

该项目室外种植了乡土植物，采用乔、灌木的复层绿化，并且在建筑屋顶采用了屋顶绿化的形式，形成了立体绿化的格局，如图6-39和图6-40所示，对于建筑节能起到辅助作用，满足第5.1.8条和第5.1.9条的要求。此外，该项目位于学校内部，周边以人行道路为主，场地内交通组织合理，校外公交站点距离图书馆出入口距离小于500m，满足第5.1.10条的要求。

(a)

(b)

图 6-38 将被污染的垃圾场改造为建设用地

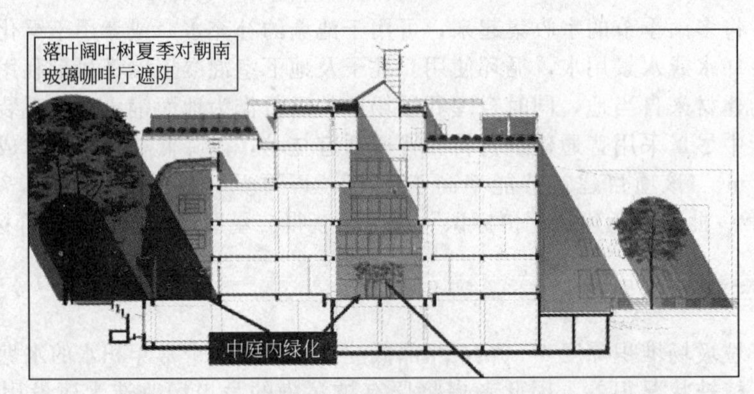

图 6-39 立体绿化技术、屋顶绿化和建筑周边绿化

(a) (b) (c) (d)

图 6-40 屋顶绿化和建筑周边绿化

该项目利用地下空间作为平战结合的人防工程地下室，还用于设备用房、密集书库、录像厅、视听阅览室、管理室、配电室和库房等，充分合理地利用了地下空间，故判定满足第 5.1.11 条的要求。

通过查阅提交的相关资料，该项目在对垃圾进行彻底清理后，回填自然土壤，保持土壤渗透率，充分利用水塘改善周围环境，不仅开辟出面积为700多平方米的建设用地，而且将臭水塘也改造成校园水景，其环境指标达到相关标准要求，故判定第5.1.12条达标。此外，该项目室外存在大面积绿地，而且改造后的水池采用生态池底，有利于雨水渗透，其室外透水面积比约65%，满足第5.1.14条的要求。

综上所述，在节地与室外环境评价方面，该项目的控制项全部达标，一般项达标6项，优选项达标2项，就其一般项达标数量而言，满足绿色建筑评价标识三星级要求。

6.8.3 节能与能源利用评价

该项目场地地下水位深达数百米，不具备利用地下水或土壤热的条件，因此其空调系统采用室外人工湖水作为冷却水天然冷却，冷机可变负荷调节及台数调节，节约了通风空调系统能耗，其围护结构热工性能指标符合相关建筑节能标准的规定。通过设计地道风蓄能构件，实现了新风预冷预热，实测蓄冷能力约90kW。此外，该项目的建筑总平面设计有利于自然通风，部分区域采用全空气系统，外窗可开启面积比例达到30%，并且充分利用该地区太阳能资源，结合自然采光，合理降低了照明功率。

该项目的围护结构热工性能指标符合现行国家和地方公共建筑节能标准的规定，优于国家2005年公共建筑的节能设计标准要求10%，外墙采用240mm混凝土砖+50mm膨胀珍珠岩，屋顶为加气混凝土保温屋面，外窗为中空塑钢窗，折合冷负荷指标为59W/m^2，低于普通图书馆冷负荷指标（约80～100W/m^2），热负荷指标为14W/m^2，远低于该地区冬季采暖期无新风时的国家规定采暖指标（20.4W/m^2），故判定满足第5.2.1条的要求。

通过查阅设计图纸，确定该项目的空调系统采用2台螺杆冷水机组，每台制冷量为471kW，而且不设冷却塔，采用室外人工湖水作为冷却水天然冷却。此外，该项目的地上部分主要采用内、外区分区的空调系统，外区为立式明装风机盘管系统，内区则采用一次回风的全空气系统。采暖由校区原有锅炉房提供冬季采暖热水，与空调系统共用水系统，冬、夏季切换，满足第5.2.2条的要求。此外，该项目未采用电热锅炉、电热水器作为直接采暖和空气调节系统的热源，故判定同时满足第5.2.3条的要求。

该项目的实际照明设计总负荷为170kW，按照1.57万平方米计算，照明功率密度为10.8W/m^2，主要结合自然采光，合理降低了照明功率，荧光灯采用电子镇流器，满足第5.2.4条的要求。此外，该项目照明、冷机、水泵、空调机房、电梯分别安装计量电表，对各类用电分别进行计量，通过现场核实，判定满足第5.2.5条的要求。

该项目的建筑布局正南正北，合理利用了中庭、边庭以及地道组织过渡季以及夏季夜间的自然通风降温，中庭空间上方设置可关闭的拔风烟囱，充分利用热压原理、烟囱效应，加强室内外空气交流，形成良好的自然通风。在天然采光方面，通过电子检索大厅的玻璃顶棚，将自然光引入中心区，形成中心区的顶光光照；边缘区通过合理的窗户设计，使自然光分布均匀；珍本阅览室也充分利用了顶光的光照，遮光光栅使顶光散射成均布光，避免眩光，如图6-41所示。通过查阅提交的自然通风模拟分析报告、设计图纸和实测报告，判定满足第5.2.6条的要求。此外，通过查阅建筑设计图纸、门窗个数及窗墙比、窗地比计算表，确定该项目外窗可开启面积比例为30%，故判定第5.2.7条达标。

通过查阅地道风模拟报告、实测报告及设计图纸并进行现场核实，该项目设计了3条45m长、截面尺寸为2.5m×2m、埋深1.5m的地道风蓄能构件，实现了新风预冷预热，实测蓄冷能力约90kW，满足第5.2.9条的要求。

通过查阅空调系统设计说明并现场核实新风机组和运行管理制度，该项目部分区域采用全空气系统，报告厅、录像厅、地下阅览室及密集书库等空间过渡季可全新风模式运行，空调季采用地道风预冷新风，判定第5.2.11条达标。

(a) 边庭自然采光

(b) 边缘区域利用自然采光

(c) 中庭自然采光

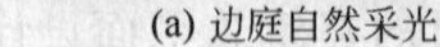

图 6-41　图书馆各区的自然采光

通过查阅设计资料并进行现场核实，该项目的冷机可变负荷调节及台数调节，过渡季可全新风运行，按照内外区设置空调系统，外区为风机盘管，冷机 IPLV 值达到 4.64，满足第 5.2.12 条的要求。此外，该项目的空调系统利用地表水源热泵，通过查阅地表水源热泵系统图及冷机性能实测分析报告，判定第 5.2.18 条达标。

综上所述，在节能与能源利用评价方面，该项目的控制项全部达标，一般项除 1 项不参评外达标 5 项，优选项达标 1 项，就其一般项达标数量而言，满足绿色建筑评价标识二星级要求。

6.8.4　节水与水资源利用评价

该项目进行了较为合理的水系统规划设计（图 6-42），建筑室内卫生间采用节水器具，同时利用景观湖积蓄雨水并将其用于室外绿化灌溉、道路浇洒和空调冷却水。

(a) 利用池水作冷却水

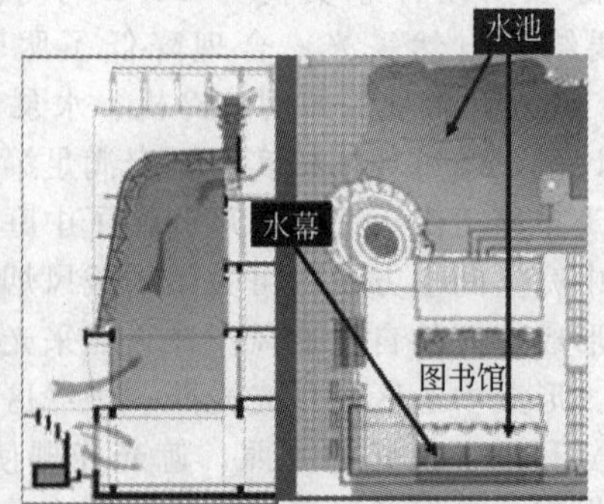

(b) 雨水收集及水循环使用

图 6-42　水资源利用

通过查阅提供的包括用水定额确定、用水量估算和给水排水系统设置等内容的水系统规划方案，判定满足第 5.3.1 条的要求。通过查阅设计文档并进行现场核实，确定该项目的给水排水系统设置合理，满足第 5.3.2 条的要求。此外，通过查阅图纸、设计说明并进行现场核实，确定该项目的给水排水管网采用了符合产品行业标准要求的耐腐蚀、耐久性能好的管材和密闭性能好的阀门，供水系统采用了变频给水系统，有效地采取了避免管网漏损的相应措施，满足第 5.3.3 条的要求。

通过查阅相关设计文档、产品说明并进行现场核实，确定该项目的建筑室内卫生间采用了节水便器等节水器具，满足第 5.3.4 条的要求。但由于该项目并未使用非传统水源，故第 5.3.5 条不参评。

通过查阅相关设计图纸并进行现场核实，确定该项目采取了屋顶绿化、场地绿化等提高绿化率的措施，以加强雨水渗透，满足第 5.3.6 条的要求。此外，该项目的部分绿化与道路浇洒使用室外水塘积蓄雨水，景观湖和空调用水采用雨水，满足第 5.3.7 条的要求。通过现场核实，确定该项目采用喷灌方式进行绿化灌溉，满足第 5.3.8 条的要求。

通过审阅相关设计图纸并进行现场核实，确定该项目对卫生间给水、开水器、绿化灌溉等，按用途分项设置水表，满足第 5.3.10 条的要求。

由于该项目的非饮用水没有采用再生水，而且该项目为非办公楼、商场和旅馆类建筑，故第 5.3.9 条、第 5.3.11 条和第 5.3.12 条不参评。

综上所述，在节水与水资源利用评价方面，该项目的控制项除 1 项不参评外 5 项全部达标，一般项达标 3 项，不参评 3 项，优选项不参评，就其一般项达标数量而言，满足绿色建筑评价标识二星级要求。

6.8.5　节材与材料资源利用评价

该项目造型简约（图 6-43），无大量装饰性构件，合理采用绿色建材，尽量直接利用柱子及地下室混凝土墙的素混凝土表面作为装饰，部分内墙采用外墙砖贴面，减少了对装饰材料的耗费。施工过程中的现浇混凝土采用预拌混凝土，利用现场发掘和废弃的石材作为挡土墙和铺路材料，实现了土建与装修一体化设计和施工，合理利用了可再循环材料和可再利用材料，为读者提供了简洁、高效、灵活的室内空间。

(a)

(b)

图 6-43　图书馆外部与内部构造

通过审核提交的管理测试分析报告，室内污染物测试结果显示该项目所采用的建筑材料中，有害物质的含量符合现行国家标准的要求，故判定满足第 5.4.1 条的要求。

通过查阅建筑效果图并进行现场考察，确定该项目的造型要素简约，无大量装饰性构件，而且女儿墙高度未超过规范要求的 2 倍，满足第 5.4.2 条的要求。

通过审核提交的建材用量汇总表和相关施工监理文件，确定该项目所采用的 500km 以内生产的建筑材料用量超过 60%，故判定满足 5.4.3 的要求。此外，该项目在施工过程中全部采用预拌混凝土，满足第 5.4.4 条的要求。因该项目为 6 层以下建筑，故第 5.4.5 条不参评。

通过审核提交的施工过程照片资料，确定该项目利用现场发掘和废弃的石材作为挡土墙和铺路材料，满足第 5.4.6 条的要求。此外，根据提交的建材用量汇总表计算得到，该项目采用的可再循环材料使用重量占所有建筑材料总重量的比例为 10.9%，满足第 5.4.7 条的要求；采用的可再利用材料使用重量占所有建筑材料总重量的比例为 9.4%，满足第 5.4.12 条的要求。

通过审核建筑设计和室内装修设计合同，同时经过现场审核，该项目实现了土建与装修一体化设计和施工，而且不破坏和拆除已有的建筑构件及设施，未出现重复装修的现象，故判定满足第 5.4.8 条的要求。但由于该项目属于非办公、商场类建筑，故第 5.4.9 条不参评。由于该项目未采用以废弃物为原料生产的建筑材料，其建筑结构体系采用钢筋混凝土结构，故不符合第 5.4.10 条和第 5.4.11 条的要求。

综上所述，在节材与材料资源利用方面，该项目的控制项全部达标，一般项达标 4 项，不参评 2 项，不达标 2 项，优选项达标 1 项，就其一般项达标数量而言，满足绿色建筑评价标识二星级要求。

6.8.6 室内环境评价

该项目的集中空调系统房间室内温度、湿度、风速、新风量参数均满足相关标准要求，其建筑平面布局和空间功能安排合理，规划布局注意朝向和风向，将玻璃大厅放在南部，构成玻璃温室，背景噪声水平满足要求，围护结构内表面无结露、发霉现象。该项目中庭和边庭进行了自然通风设计，并且与地道风相结合，采用落地风机盘管，可独立开启并进行温湿度调节。此外，该项目的室内照明指标和窗地面积比均满足标准要求，而且由于对地下室边缘区进行了合理的侧光井及窗户设计，保障了地下室自然光照度适宜、分布均匀。

根据提交的暖通设计说明和经过 CMA 认证的检测公司出具相关检测报告，该项目的集中空调系统房间室内温度、湿度、风速、新风量参数均满足相关标准要求，故判定第 5.5.1 条、第 5.5.3 条和第 5.5.4 条达标。

根据建筑设计说明和相关图纸，该项目外墙采用 240mm 混凝土砖＋50mm 膨胀珍珠岩保温，屋顶采用 355mm 加气混凝土保温屋面，外窗采用中空塑钢窗，现场核查建筑围护结构内表面无结露、发霉现象，满足第 5.5.2 条的要求。

根据环境噪声测试结果，该项目区域内昼间噪声不高于 50dB（A），夜间噪声不高于 41dB（A），环境噪声较小，室内主要功能空间的背景噪声检测报告表明其背景噪声水平满足要求，故判定第 5.5.5 条达标。

该项目的照明设计参数满足标准要求，运行过程中将一批破损灯具更换成更节能灯具，通过其提交的由检测公司出具的室内照度、统一眩光值等照明指标检测报告，确定其室内照明指标满足标准要求，故判定第 5.5.6 条达标。

根据提交的地道风、自然通风测试报告和模拟报告，该项目中庭和边庭进行了自然通风设计，而且与地道风相结合，运行过程中加强中庭通风和自然通风设计（图 6-44），所有窗户的开启面积及开启方向都经过计算设置；在中庭空间上方设置可关闭的拔风烟囱；在过渡季开启窗户，利用拔风烟囱引入室外新风，达到良好的自然通风效果；在夏季白天关闭窗户，将温度较低的地道风送入室内，利用拔风烟囱将中庭顶部热空气导出；夜间打开窗户引入温度较低的室外空气；冬季关闭通风口，积蓄太阳辐射热，产生温室效应。该项目地道风的降温技术如图 6-45 所示。充分考虑上述因素，判定第 5.5.7 条达标。建成后夏季地道风可降温 8℃以上，可解决新风负荷 60%～90%；实测夏季夜间自然通风可实现热压换气 2.5～3.5 次/h。

根据暖通空调设计说明和图纸并通过现场核实，该建筑外区采用落地风机盘管，可独立开启并进行温湿度调节，满足第 5.5.8 条的要求。因该项目为非宾馆类建筑，故第 5.5.9 条不参评。

根据建筑设计说明和图纸并通过现场核实，该项目机房布置于地下室和五层，并且具有良

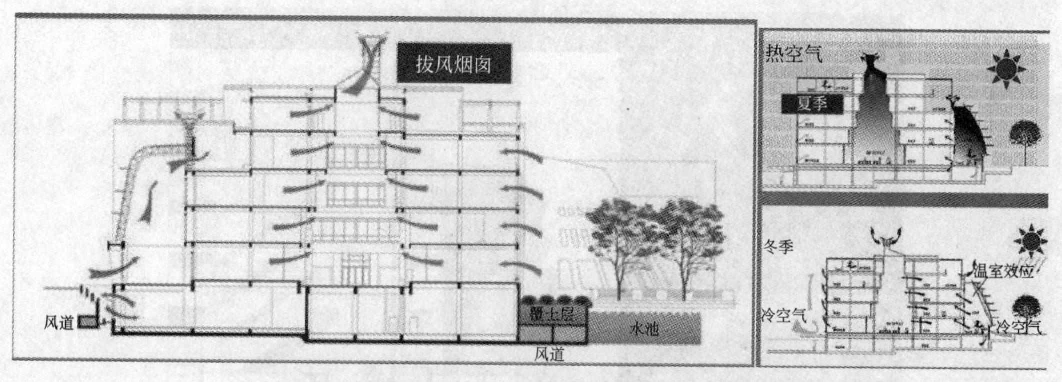

图 6-44　自然通风设计

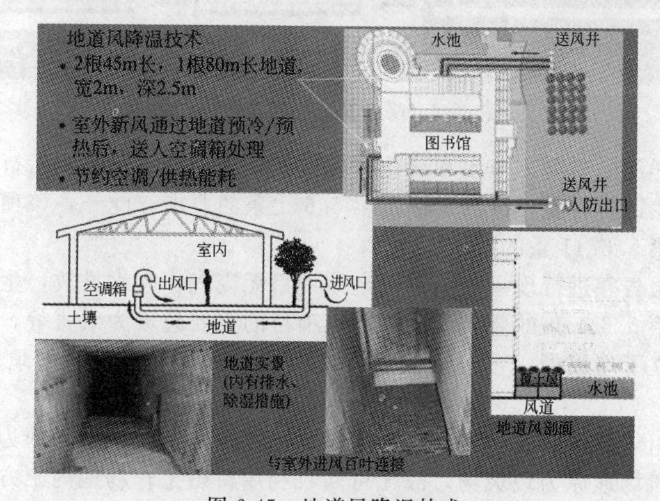

图 6-45　地道风降温技术

好的隔声、隔振措施，阅览室、自习室和办公室布置合理，保证噪声干扰降到最小，满足第 5.5.10 条要求。此外，根据提供的门窗表和窗地面积比计算表，该项目的窗地面积比满足标准要求，故判定第 5.5.11 条不达标。但因该项目设计时间较早，未设置无障碍设施，不能满足第 5.5.12 条的要求。

根据建筑设计相关说明和图纸，尽管该项目设有西向外墙遮阳、南向百叶遮阳（图6-46）、边庭内卷帘遮阳，但其形式较为简单，而且无可调节外遮阳，故判定第 5.5.13 条不达标。此外，该项目未设置室内空气质量监测装置，故判定第 5.5.14 条不达标。

根据建筑设计相关说明和图纸并通过现场核实，该项目地下室边缘区通过合理的侧光井及窗户设计，能够保障地下室自然光照度适宜、分布均匀，满足第 5.5.15 条的要求。

综上所述，该项目在室内环境质量方面的控制项全部达标，6 项一般项中有 3 项达标，2 项不达标，1 项不参评，优选项中有 1 项达标，一般项达标数满足绿色建筑评价标识二星级要求。

6.8.7　运营管理评价

该项目制定并实施了节能、节水等资源节约与绿化管理制度，运行过程中无不达标废气、废水排放，废弃物分类收集，施工过程中兼顾了土方平衡和施工道路等设施在运营过程中的使用，设备和管道的设置便于维修、改造和更换，空调通风系统能够进行定期检查和清洗。此外，该项目采用了智能集成控制管理系统，其定位合理，功能完善，运营高效。

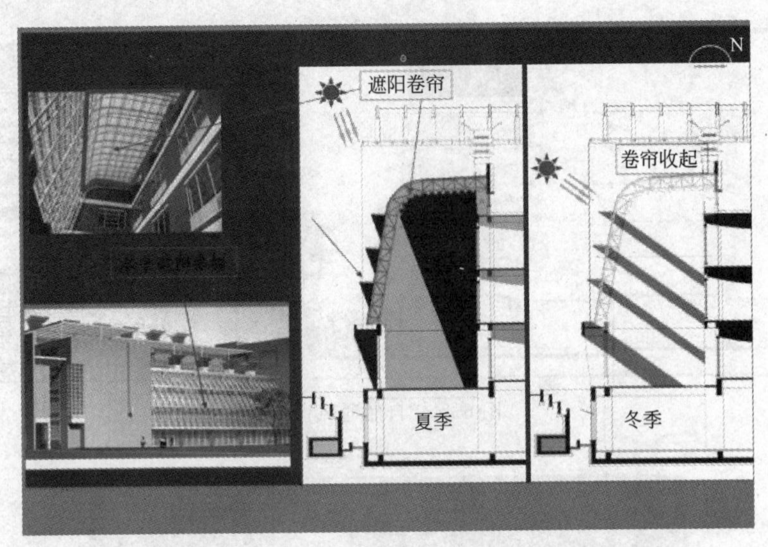

图 6-46 降低夏季能耗遮阳技术

该项目提供了详细的节能、节水和绿化管理制度，其中空调和照明运行节能主要针对学生并由勤工俭学的学生进行督促，故判定满足第 5.6.1 条的要求。此外，该项目的节约资源业绩与绩效挂钩，符合第 5.6.11 条的要求。

通过查阅环评报告并进行现场核实，确定该项目无废气、废水排放，生活污水排向污水系统集中处理，满足第 5.6.2 条的要求。此外，该项目的主要垃圾为纸张等，通过现场核实，学校在学生自习区设立了垃圾桶，可分别收集“可回收”和“不可回收”垃圾，故判定满足第 5.6.3 条的要求。

通过查阅施工组织设计资料，该项目的建筑位于校园内，施工道路即为现有道路，无场地内部道路；由于建筑场地原为垃圾场，故无可回收利用耕植土；场地内土方基本平衡，土方用于回填人工湖，垃圾开挖导致的土方量补充，由学校其他场地平整中调配，符合第 5.6.4 条的要求。此外，图书馆主要由少数后勤教师，电、水、暖工人以及学生勤工俭学完成管理工作，而且未通过 ISO 14001 环境管理体系认证，故判定第 5.6.5 条不达标。

通过查阅各专业的主要竣工资料，该项目的设备管道位于公共管井，消防等公用设备设置在走廊、大厅，便于维修、改造和更换，满足第 5.6.6 条的要求。此外，通过查阅提供的空调通风系统管理措施及维护记录，确定该项目的通风、空调系统能够定期检查和清洗，卫生满足标准要求，故判定第 5.6.7 条达标。

该项目针对图书馆的图书管理、防盗、防火及资料查阅等主要要求，采用了智能化系统，图书馆内安装了完善的摄像头自动监视系统，在监控室屏幕集中进行监测和观察；消防火灾自动监视，对各种火灾实施全时监控；完善的计算机网络布线系统等，方便学生访问互联网及查阅图书信息；故判定满足第 5.6.8 条的要求。此外，由于该项目无通风、空调、照明等设备自动监控系统，故判定第 5.6.9 条不达标。由于该项目为非办公、商场类建筑，故不参评第 5.6.10 条。

综上所述，该项目在运营管理方面的控制项全部达标，一般项达标 4 项，2 项不达标，1 项不参评，优选项达标 1 项，就其一般项达标数量而言，满足绿色建筑评价标识二星级要求。

6.8.8 评价结果

根据《绿色建筑评价标准》对公共建筑项目——山东某学院图书馆进行了“绿色建筑评价标识”评价，其达标总情况见表 6-7。其中 26 项控制项除 1 项不参评外，其他 25 项全部达标；

一般项达标25项，不达标10项，8项不参评；优选项达标6项，不达标7项，1项不参评，达标总情况达到了“绿色建筑评价标识”二星级要求。

表6-7 山东某学院图书馆运行阶段达标总情况

项 目	等级	节地与室外环境	节能与能源利用	节水与水资源利用	节材与材料资源利用	室内环境质量	运营管理
控制项共26项	总项数	5	5	5	2	6	3
	达标	5	5	4	2	6	3
	不达标	0	0	0	0	0	0
	不参评	0	0	1	0	0	0
一般项共43项	总项数	6	10	6	8	6	7
	达标	6	5	3	4	3	4
	不达标	0	4	0	2	2	2
	不参评	0	1	3	2	1	1
优选项共14项	总项数	3	4	1	2	3	1
	达标	2	1	0	1	1	1
	不达标	1	3	0	1	2	0
	不参评	0	0	1	0	0	0

6.8.9 使用后的不足与反思

① 设计中对中庭加烟囱后的通风效果估计不足，由于中庭的拔风能力很强，造成厕所的臭味被抽进中庭散发。

② 南向水平遮阳设置过稀，这样效果有限，东向退台式遮阳缺乏对种植植物的预设计，遮阳实效很差。

③ 铺设于水塘中的冷却水管在使用3年后管外壁上的附着物越积越厚，造成冷却效果大大降低，需要花费人力、物力进行清理。

④ 管理运营在建筑的维护上很重要，造成人工劳动较多，而管理不当会影响实际的通风节能效果。

第7章

绿色生态建筑的生态体系设计

7.1 城乡生态系统简介

生态系统是指生命有机体与其周围环境形成的一个不可分割的整体。在这一整体中，生命有机体与其非生物环境因素，通过错综复杂的能量流动和物质循环相互作用，从而构成一个相对稳定的自然体，这个自然体就称为生态系统。

生态系统分为两大类别：自然生态系统和人工生态系统。前者广泛存在于自然界中，如森林、草原、湖泊等；后者指人类对自然环境适应、加工、改造而建立起来的系统，如农田、果园、人工林等。

城乡生态系统由城市生态系统和乡村生态系统构成，并且共同构成人居生态系统。

7.1.1 城市生态系统

7.1.1.1 城市生态系统的概念

城市是人类最普遍的一种聚居场所，它在不同的时空概念上表现出不同的布局形态。人类在城市中的生产与生活活动，创造了城市特有的生活方式和多彩的文化传统，因此，城市是一种能体现不同人类群体特性的特殊生态系统。

城市存在于自然界中，由于城市环境与自然界的差异性较大，城市生态系统的概念和特点与自然生态系统有很大差别。

城市生态系统，既是以城市为中心、自然生态系统为基础、人的需要为目标的自然再生产和经济再生产相交织的经济生态系统，又是在城市范围内以人为主体的生命子系统、社会子系统和环境子系统等共同构成的有机生态巨系统（王克英，1998；Stearns，1974）。研究城市生态系统的目的就是通过研究城市内部子系统间各种有机联系，掌握城市生态系统的演变规律及其影响因素，对城市生态系统的现状进行评价，提出切实可行的生态规划方案，创造一个适宜居住的城市人居环境。

总的来说，城市生态系统是一个自然-经济-社会复合生态系统。马世俊等于1984年将之称为SENCE（social-economic-natural complex ecosystem），认为城市的自然及物理组分是其赖以生存的基础；城市各部门的经济活动和代谢过程是城市生存发展的活力和命脉；而人的社会行为及文化观念则是城市演替与进化的动力泵。

7.1.1.2 城市生态系统的特点

城市生态系统除了具有生态系统的共性，如有机性、相关性、有序性、动态性等特点以

外，还有如下独特之处。

(1) 以人为主体的生态系统　城市生态系统的主体是人类，而不是各种植物、动物和微生物，这是城市生态系统同其他类生态系统的根本区别。在自然生态系统中，食物链上各营养级的生物产量呈金字塔式递减（图7-1）。而在城市生态系统中，人类作为城市生态系统中消费的主体，远远超出作为初级生产者的绿色植物的数量。例如，据1997年统计，北京市区人口密度为每平方公里14000人，相当于1997年北京人口存量为840t/km^2，而绿色植物为130t/km^2，两者之比达6.5∶1。因此，绿色植物的生长难以满足人类日益增长的需求，城市自然环境难以分解各种废弃物，人类在城市生态系统中不得不同时担负生产、消费和分解等多种功能，城市生态系统的消费有机体和生产的物质来源——植物呈倒金字塔结构（图7-2），同自然生态系统的金字塔结构形成明显对比。自然生态系统中各组成部分的数量由生产者、低级消费者向高级消费者逐级递减，使生产供应与消费需求达到均衡，维持自然生态系统的动态平衡；而城市生态系统中人类的数量远远超过原始生产者——植物和低级消费者——动物的数量。与人类活动强度相比，动物的活动强度微乎其微，使城市生态系统的平衡状态主要依赖人力来维持。

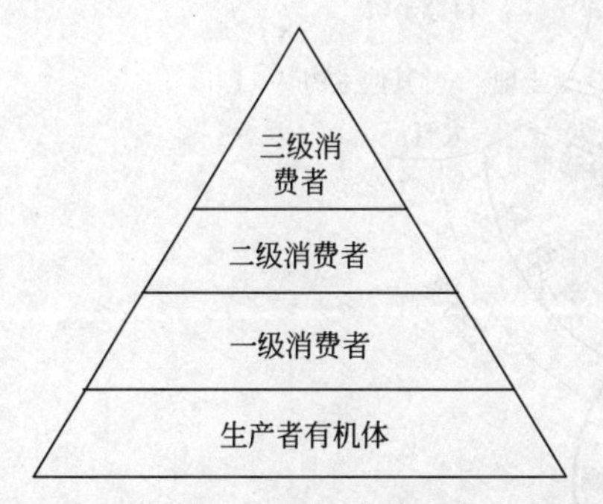

图7-1　自然生态系统中的生态金字塔

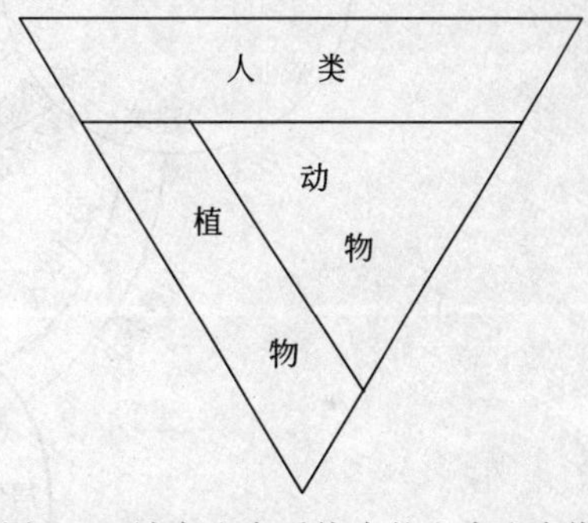

图7-2　城市生态系统中的生态金字塔

(2) 人工与自然生态复合系统　城市生态系统的载体——城市环境由人工与自然生态环境复合而成，其主要部分是人工环境系统，不仅表现在城市人口密度远远高于城市绿色植物和动物的密度，还表现在城市是人类创造或经人类改造而成的。人类的各种活动时刻影响城市的发展（王慧，1997）。城市居民为了生产、生活的需要，在自然环境的基础上，建造了大量的建筑物、交通、通信、电力、煤气、供排水系统以及医疗、文教、游览和文化体育等城市设施。这样，就使以人为主体的城市生态系统的生态环境，除具有阳光、空气、水、土地、地形地貌、地质、气候等自然环境条件外，还大量加进了人工环境的成分，不仅改变了地表下垫面的组成和性质，还增加了许多人工技术物质，影响了地面辐射性质及近地面层的热交换特征，从而形成城市“热岛效应”和“温室效应”等不良现象。

(3) 复杂开放的生态巨系统　城市是流量多、容量大、密度高、运转快的复杂开放巨系统，无论在时间还是空间范畴内城市都具有高速发展的特点（王疏云，1994）。城市生态系统包含的子系统很多，涉及的领域也很广泛，各个子系统之间的关系错综复杂。城市中最大的子系统是城市人类生态系统。不同人群的组合形成某种暂时的均衡状态，分别以家庭、单位、团体组织、公共场所、社区等集体形式来界定，成为城市人类生态系统中的二级、三级，甚至四级亚生态系统，其间人与人之间存在复杂的人际关系和生态关系，如竞争、垄断、控制、冲突、交流和合作等行为，都属于生态系统范畴，所以城市生态系统是复杂的、巨系统的。此外，城市是区域的组成成分，城市不仅在区域中担任一定的功能，而且与其他城市或区域环境之间具有物质、能量和信息的交流关系，所以城市生态系统又是开放的。

(4) 自适应的具有反馈特征的生态系统　城市生态系统具有自适应性，主要表现在它的依赖性很强，它依靠农田生态系统生产粮食，依靠草地生态系统制造肉、奶，依靠矿山生态系统输入燃料或原料，依靠河、湖、水库生态系统获取水源。此外，还依靠其他生态系统消纳它所排出的废物。在城市中，人类一方面为自身创造了方便、舒适的生活条件，以满足自己在生存、享受和发展上的许多需要；另一方面又抑制了其他生物的生长和活动，恶化了洁净的自然环境，反过来又影响人类的生存和发展，体现出城市生态系统的反馈功能。城市生态系统主要依靠调控体系来调节城市与自然的关系，城市的控制体系由各种城市机构组成，所以城市的发展对城市自然生态系统的破坏程度的大小，主要取决于由城市规划、建设、计划和管理等部门组成的调控组织对于城市生态系统内外关系的协调能力的高低（王如松，1992）。

7.1.1.3 城市生态系统的组成与结构

(1) 城市生态系统的组成　城市生态系统是一个以人为中心的自然、经济与社会复合起来的人工生态系统，因而其组成包括自然系统、经济系统与社会系统（图 7-3）。

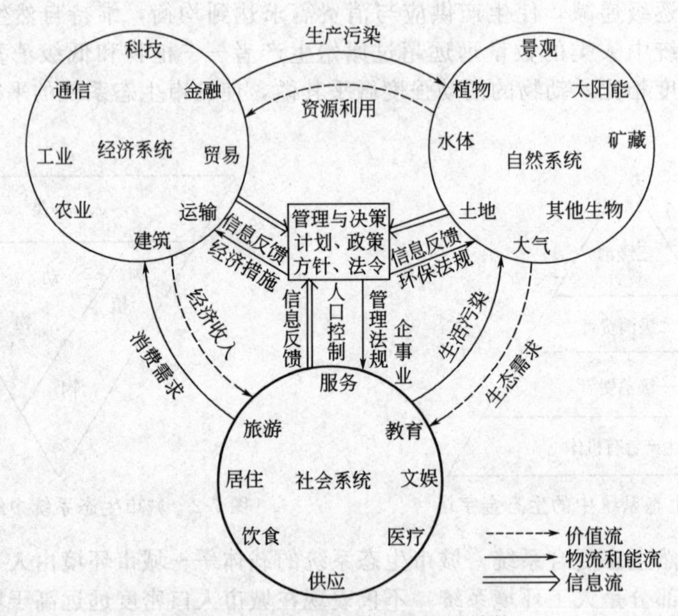

图 7-3　城市生态系统的组成结构

自然系统包括城市居民赖以生存的基本物质环境，如太阳、空气、淡水、森林、气候、岩石、土壤、动物、植物、微生物、矿藏以及自然景观等。它以生物与环境的协同共生及环境对城市活动的支持、容纳、缓冲及净化为特征。经济系统涉及生产、分配、流通与消费的各个环节，包括工业、农业、交通、运输、贸易、金融、建筑、通信、科技等。它以物资从分散向集中的高密度运转，能量从低质向高质的高强度集聚，信息从低序向高序的连续积累为特征。社会系统涉及城市居民及其物质生活与精神生活诸方面，它以高密度的人口和高强度的生活消费为特征，如居住、饮食、服务、供应、医疗、旅游以及人们的心理状态，还涉及文化、艺术、宗教、法律等上层建筑范畴。社会系统是人类在自身的活动中产生的，主要存在于人与人之间的关系上，存在于意识形态领域中。

(2) 城市生态系统的结构　城市生态系统的结构在很大程度上不同于自然生态系统。因为除了自然系统本身的结构外，还有以人类为主体的社会结构和经济结构。

① 空间结构　城市由各类建筑群、街道、绿地等构成，形成一定的空间结构，包括同心圆、辐射（扇形）、镶嵌三类结构。它们可能在不同的城市出现，也可能在同一城市的不同地点出现。城市空间结构往往取决于城市的地理条件、社会制度、经济状况、种族组成等因素。例如，社会经济规则引起了扇形结构的变化，家庭的变化导致了同心圆结构的变化，而种族的不同形成了多中心的镶嵌结构。又如依照自然条件（或依山或傍水）而发展起来的房屋建筑和城市基础设施决定了城市空间结构的外观。

② 社会结构　包括人口、劳动力结构和智力结构。城市人口是城市的主体，其数量往往决定城市的规模和等级。劳动力结构是指不同职业的劳动力各占多少的比例，它反映出城市的经济特点和主要职能。如工业城市产业工人多，商业城市商业人员多，文化城市科技和教学人员多等。智力结构是指具有一定专业知识和一定技术水平的那部分劳动力，它反映出城市的文化水平和现代化程度，也是决定城市经济发展的重要条件。

③ 经济结构　由生产系统、消费系统、流通系统几部分组成。各部分的比例因城市不同而异，主要取决于城市的性质和职能。

④ 营养结构　城市生态系统是以人类为中心成分的复合生态系统，系统中生产者绿色植物的量很少；主要消费者是人，而不是其他动物；分解者微生物亦少。因此，城市生态系统不能维持自给自足的状态，需要从外界供给物质和能量，从而形成不同于自然生态系统的倒三角形营养结构（图 7-2）。

在城市生态系统的结构研究中，最能反映系统内部运动规律的关键因素有城市人口、城市经济活动和城市土地利用。其中土地利用尤其重要，因为它是人类社会经济活动规模与水平的综合反映，是空间结构状况的实际反映。

7.1.1.4　城市生态系统的功能

城市人类生态系统组成成分的特殊性及其结构的复杂性，决定了城市生态系统特殊的系统功能，具体体现在以下几个方面。

(1) 能量转换功能　城市生态系统的主要能源是太阳能，它是人类生存的基本条件。此外，人类的生产和生活还需要多种形式的能量，必须通过转化原始能为实用能量的技术手段，将物质转化为能量或将一种存在形式的能量转化为另一种实用形式的能量。如水力和火力发电技术，水力发电即利用水流高度差产生的动力能转化为人类可直接利用的电能——电灯、电话、机器运作、电信等多种用途。火力发电是将多种燃料（石油、煤炭及其提炼物等）的热能转化为可用于多用途的电能。各项能量形式在使用中可继续转化成其他形式的能量存在，转化规律符合牛顿热力学的第一和第二定律。能量的生产、使用、流失和回收等过程是一个往复过程，城市生态系统中能量的流动遵循一定的程序，其流动过程如图 7-4 所示。此外，人类社会还存在一种特殊、无形的能量——精神动力，它驱使人类达到各项生存、生产和生活的目标（康慕谊，1997）。所以，人类的任何活动都是有计划、有目的的行为，这是一种特殊、只有人类具有的能量流动方式。

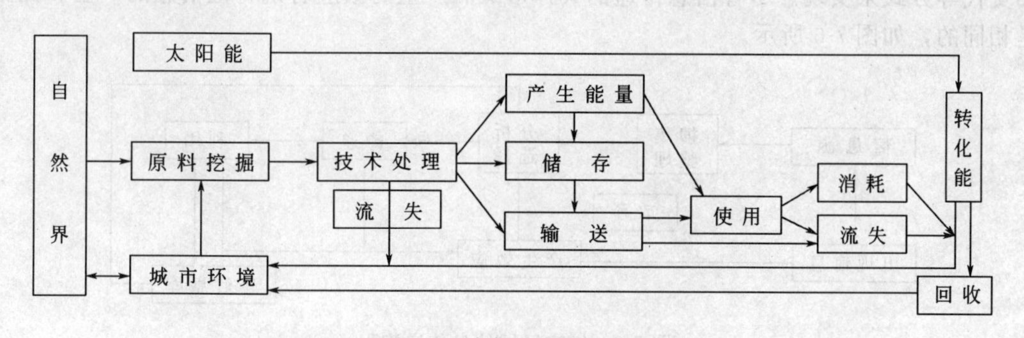

图 7-4　城市区域能量流程

图 7-4 表明，能量在自然界与城市之间的转换遵循牛顿的能量守恒定律，即在不同时间段内能量的总量维持不变而存在形式表现不同。人类利用不同形式的转化能，如热能、电能和机械能等，满足城市生态系统运作过程中的各种需求，如供暖、供电、照明和启动动力等。最终，能量以另一种形态扩散并回到自然界，完成一个转换—转换—再转换的循环过程。

(2) 物质循环功能　城市生态系统中的“生产者”从实体环境中不断汲取“营养物质”以维持生命的延续，“营养物质”在生态系统内不断补充形成物质循环过程。“营养物质”包括自然界原始物质和中间再创物质。前者主要指水、空气、无机元素等大自然的产物；后者主要指由现代人类文明所“包装”的各类饮食（如各大菜系、各类甜点、各种饮料等）、娱乐（如电影、电视、计算机游戏、游乐厅等）、调节生活环境用品（如空调、风扇、暖气、床等）等不同水准的消费品，它的循环过程见图 7-5。理想的物质循环过程是以其不给自然界造成污染为前提的，而城市人类生态系统作为一个庞大而复杂的社会体系难以实现理想的物质循环功能，其合理有序的运转有待科学的研究。

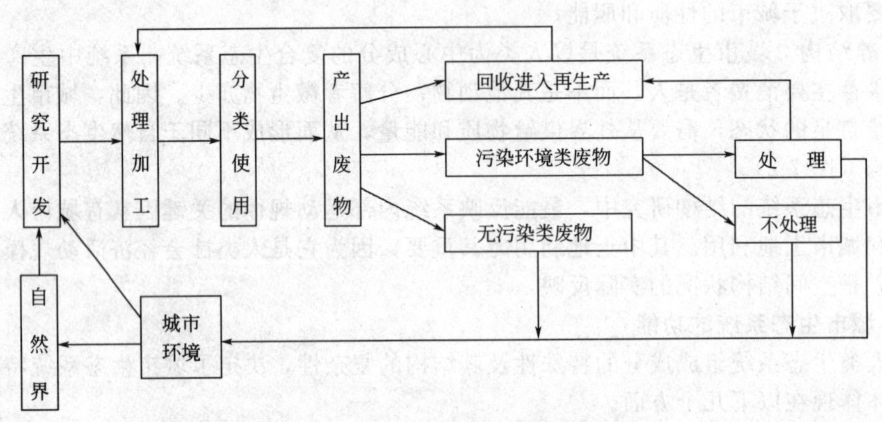

图 7-5　城市区域物质循环过程

图 7-5 表明，城市生态系统中物质的循环是按照人类的需要完成的，每一种物质的循环过程都起源于自然界，又以城市废物或城市垃圾的形态回到自然界，加重了自然界的自净负担。自然界难以消纳的物质在城市中长时间残留将会降低城市的生态调节功能，给人类造成不可逆转的损失。

(3) 信息传递功能　城市生态系统在实现其能量流动和物质循环功能的同时，有大量的物理、化学、营养等信息被传递（路力，1991)。信息的种类不同，传递的方式和执行的部门就不同。从城市机构的概念上讲，邮局和电信局是综合信息网络，可以传递各种广义信息，而其他专业信息的传递则通过专门的渠道。例如，文化信息由会议交流、学校学习等形式组成；商业信息由市场行情产生并猎取；各部门的有序工作则是通过上级向下级下达文件、发布命令、口头交代等方式来实现。尽管信息传递的具体形式和产生的效应有别，但信息的产生和交流过程是相同的，如图 7-6 所示。

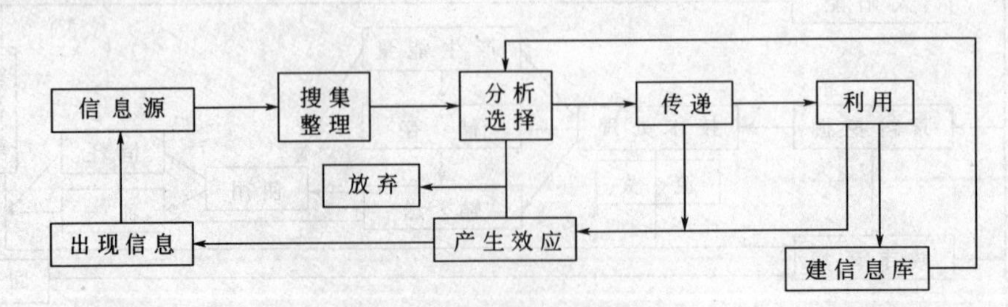

图 7-6　城市区域信息传递流程

信息的传递过程不同于能量的转换和物质的循环过程，主要表现在三个方面：一是信息的传递速度不断加快，由报纸、信件传递时代发展到电报、电话、电视、传真及电子网络时代，使信息传递的时间由用天数计时到不足以用分或秒计，因此信息具有很强的时效性，过期的信息很可能会一文不值；二是信息的影响效力大，由于信息的传递速度快，其传递的范围和覆盖面十分广泛，产生的效应巨大，但其作用时间的长短受新信息的影响将有不同的表现；三是信息的价值差别大，不仅表现在信息传递的速度上，还体现在信息内容的差别上，因此，信息不

仅有大众信息和机密信息之分，还有商业信息、工业技术信息、股票信息及环境信息等专业情报信息。一般而言，信息承载力的大小和传递速度的快慢反映了城市生态系统的开放程度。

(4) 人口流动功能　人口流动是实现物质交换、能量传递和信息交流的一种特殊的流动方式。人口流动是城市发展的必然趋势，是城市开放的象征（Albig，1933）。不同的经济条件和生活质量，激发了人口从农村向城市、从落后城市向发达城市的迁移（Ward，1970）。流动人口不仅促进了城市间文化的交流，缩小了城市间与城乡间各方面的差异，还对扩充城市的人才市场、加强市场的竞争机制具有重要作用。同时，人口流动在城市中也产生一些负面的影响，如不仅增加了人与人之间的摩擦、冲突与竞争，还加速了城市社会空间分异的过程，使城市规划内容面临新的挑战。

(5) 金融融通功能　金融是人类为方便物质交换和信息交流而实行的一种资金融通方式，是人们利用财务杠杆原理来实现最大投资利润目标的主要手段。在资金融通过程中，按融入和融出资金双方接触和联系方式上的不同，可以分为直接融资和间接融资两种。前者指融资双方直接接触，面对面协议融通；后者指融资双方通过中介服务机构实现金融的流动过程，中介机构一般由金融机构担任。金融融通是城市生态系统中主要的资金交流方式，是人类生产活动中逐渐建立的价值观念，以此来衡量人、物质及信息的价值。由于城市生态系统的动态特征，即产出与消费的不平衡、供给与需求的不协调，造成了物质价格在时空范畴的多变性，体现出金融流通方式的波动性。

7.1.2　乡村生态系统

7.1.2.1　乡村生态系统的概念

乡村生态系统是以自然为核心、人类生存于其间的生态系统，体现了人与自然共存的特点。绿色建筑是乡村生态系统非生物部分，与城市建筑相比，它存在于自然中，与自然有极为密切的联系。

7.1.2.2　乡村生态系统的特点

乡村生态系统是以自然生态系统与农田生态系统为主，以人居生态系统存在的系统融于乡村主导性生态系统循环之中为特性。乡村生态系统是由不同土地单元镶嵌而成的嵌块体，它既受自然环境条件的制约，又受人类经营活动和经营策略的影响。乡村生态系统既不同于城市生态系统，又不同于自然生态系统，其特点之一是大小不一的居民住宅和农田混杂分布；既有居民点、商业中心，又有农田、果园和自然风光，如图7-7所示。各类生态斑块的大小、形状和配置上具有较大的异质性，兼具经济价值、社会价值、生态价值和美学价值。村庄生态景观的优劣不仅是形式上的问题，更是建立在环境的秩序与生态系统的良性运转基础之上，体现生态系统结构和功能的有机结合。

(a)

(b)

图7-7　乡村生态系统

7.1.2.3 乡村生态系统的构成要素

乡村生态系统是在特定的自然条件以及人文历史发展的影响下逐渐形成的。从一般意义上讲，乡村生态系统的构成要素可以概括为两大类，即自然要素和人工要素。只有多样化的景观生态要素的有机结合，才能构成丰富多彩、各具特色、健康安全的乡村生态系统与景观风貌。

(1) 自然要素 自然要素由地形地貌、气候、土壤、水文、动植物等要素组成，它们共同形成了不同乡村生态系统的生态本底。

地形地貌是乡村生态系统构成的基本要素之一，它们形成了乡村生态景观的宏观面貌。

不同地形地貌形态反映了其下垫面物质和土壤的差异及所造成植被的区别，因而是进行生态分析与规划的重要依据。地形地貌不仅形成了乡村生态景观的空间特征，而且不同的海拔高度对自然景观、农业景观和村庄聚落景观都产生了很大影响。

① 海拔高度造成了自然生态系统的地带性规律，自然生态系统的气候、植被、土壤都随着海拔高度而变化，同时，村庄聚落的规模、密度、分布格局也与海拔高度的变化密切相关。

② 山地丘陵区域的用地紧张，可耕地面积少，农业生产通常结合地形地貌来进行，或依据等高线修山建田，或结合地形进行经济林木的种植，这样就产生了与平原完全不同的农业生产景观，如图 7-8 所示。

(a)

(b)

图 7-8 山区丘陵

③ 地形地貌对于村庄生态景观的影响也十分明显，尤其是在山区。中国传统村落的选址和民居的建设都与自然的地形地貌有机地融合在一起，相互因借、相互衬托，从而创造出地域特征突出、景观风貌多样的村庄景观。即使一个地域空间，一经与特定的地形地貌结合，便形成千姿百态的聚居形态，从而极大地丰富了村庄景观变化。

(2) 人工要素 人工要素主要包括各类建设用地、道路等。按照使用功能，乡村的各类建筑用地主要以村庄居住用地为主；乡村道路是乡村景观的骨架，是乡村廊道常见形式之一。根据生态带内的道路构成，道路可分为高速公路、铁路、国道、省道、县道、乡村道路等。

7.1.2.4 乡村生态系统的分类

乡村生态系统可分为乡村自然生态系统和乡村人居生态系统。

乡村自然生态系统是村庄周边人类活动较少介入的自然生态系统。乡村人居生态系统包括村庄周边人类从事生产活动，如农业、林业、畜牧业等的自然空间，及村庄社会、经济生态系统。二者同样分别由生物部分与非生物部分组成。乡村人居生态系统的非生物部分包括能源、水、光、大气、土壤、建筑物、公共设施及环境污染物等；生物部分包括人类、与人类的生产生活相关的农田、林地、草场等及人工饲养的动物。

7.1.2.5 乡村生态规划与建设的重点

乡村生态规划应注重乡村生态系统格局的整体保护。根据村庄建设与发展规划的具体特点，主要涉及村庄生态本底的保护以及整体生态结构的保护，具体保护措施的实施既需要空间规划的界限确定，也需要结合相关必要的生态工程建设。

7.1.2.6　乡村生态规划的目标

乡村生态规划是以景观生态学为理论基础，解决如何合理地安排乡村土地及物质和空间来为人们创造高效、安全、健康、舒适、优美的乡村环境的科学和艺术，其根本目标是创造一个社会经济可持续发展的乡村生态系统。在村庄生态系统规划中对其生态规划的目标体现了要从自然和社会两方面去创造一种充分融技术和自然于一体的最优环境，以维持生态平衡，确保生活和生产的方便。

7.1.2.7　乡村生态住宅规划设计的原则

(1) 整体规划，与自然环境共生　生态系统是具有一定结构和功能的整体，生态型村庄规划与设计需要运用多学科的知识，把乡村生态系统作为一个整体来思考和管理，达到整体最佳状态，实现优化利用。

① 要保护环境，即保护生态系统，重视气候条件和土地资源并保护建筑周边环境生态系统的平衡。要开发并使用符合当地条件的环境技术。由于我国耕地资源有限，在乡村生态住宅设计中，应充分重视节约用地，可适当增加建筑层数，加大建筑进深，合理降低层高，缩小面宽。在住宅室外使用透水性铺装，以保持地下水资源的平衡。同时，绿化布置与周边绿化体系应形成系统化、网络化关系。

② 要利用环境，即充分利用太阳能、风能和水资源，利用植物绿化和其他无害自然资源。应使用外窗自然采光，住宅应留有适当的可开口位置，以充分利用自然通风。尽可能设置水循环利用系统，收集雨水并充分利用。要充分考虑绿化配置以软化人工建筑环境。应充分利用太阳能和沼气能。太阳能是一种天然、无污染而又取之不尽的能源，应尽可能利用它。在乡村生态住宅中可使用被动式太阳房，采用集热储热墙体作为外墙，阳光充足而燃料匮乏的西北地区应推广采用。

③ 防御自然，即注重隔热、防寒和遮蔽直射阳光，进行建筑防灾规划。规划时应考虑合理的朝向与体形，改善住宅体形系数、窗地比，对受日晒过量的门窗设置有效的遮阳板，采用密闭性能良好的门窗等措施节约能源。特别提倡使用新型墙体材料，限制使用黏土砖。在寒冷地区应采用新型保温节能外围护结构，在炎热地区应做好墙体和屋盖的隔热措施。

(2) 节约自然能源，防止环境污染

① 降低能耗，即注重能源使用的高效节约化和能源的循环使用。注重对未使用能源的收集利用、排放回收，节水系统的使用以及对二次能源的利用等。

② 住宅的长寿命化。应使用耐久的建筑材料，在建筑面积、层高和荷载设计时留有发展余地，同时采用便于住宅保养、修缮和更新的设计。

③ 使用环境友好型材料，即无污染环境、可循环利用以及再生材料。对自然材料的使用强度应以不破坏其自然再生系统为前提，使用易于分别回收再利用的材料，应用地域性的自然建筑材料以及当地的建筑产品，提倡使用经无害化加工处理的再生材料。

(3) 建立各种良性再生循环系统

① 应注重住宅使用的经济性和无公害性。应采用易再生及长寿的建筑消耗品，建筑废水、废气应无害化处理后排出。农村规模偏小，居住密度也小。这给农村住宅从收集生活污水的管道设施、净化污水的污水处理措施到处理后的水资源和污泥的再利用设施等的建设带来很大困难。主要困难是建设和维护运行费用的解决。因此，因地制宜选择合理的处理方案，对乡村生活污染的治理极为重要。尤其是规模较小的村庄，必须考虑到住宅分散、污水负荷的时间变动大以及周围环境自净能力强的特点，用最经济合理的办法解决这些乡村生活污染问题，保持农村的生态环境。

② 要注重住宅的更新和再利用。要充分发挥住宅的使用可能性，通过技术设备手段更新利用旧住宅，对旧住宅进行节能化改造。

③ 住宅废弃时应注意无害化解体和解体材料的再利用。住宅的解体不应产生对环境的再

次污染，对复合建筑材料应进行分解处理，对不同种类的建筑材料分别解体回收，形成再资源化系统。

(4) 融入历史与地域的人文环境 融入历史与地域的人文环境，要注重对古村落的继承以及与乡土建筑的有机结合。应注重对古建筑的妥善保存，对传统历史景观的继承和发扬，对拥有历史风貌的古村落景观的保护，对传统民居的积极保护和再生，并且运用现代技术使其保持与环境的协调适应，继承地方传统的施工技术和生产技术。要保护村民原有出行、交往、生活和生产优良传统，保留村民对原有地域的认知特性，根据我国地域辽阔，各地的气候和地理条件、生活习惯等差别很大的特点，统一标准和各地适用的方案是不存在的。在乡村生态住宅设计中，既要反映时代精神，又要体现地方特色。即要把生活、生产的现代化与地方的乡土文脉相结合，创造出既有乡土文化底蕴，又具有时代精神的新型乡村生态住宅。

7.2 绿色生态建筑的生态系统构成

7.2.1 绿色生态建筑的生态系统

建筑自身应该是完整的生态系统。它与环境之间的能量流、物质流、信息流平衡。

建筑生态系统由自然系统、支撑系统、人类系统、社会系统和建筑物系统五个子系统组成，如图 7-9 所示。自然系统包含天然非生物因素和生物因素，即指气候、水、土地、植物、动物、地理、地形、资源等。它们是人类生存和发展的基础，是人类安身立命之本，是建筑物得以建造的根本，自然资源，特别是不可再生资源，具有不可替代性，自然环境变化具有不可逆性和不可弥补性。支撑系统是指除建筑物以外的人工因素，包括非建筑物的各种人造物、人工设备和家养动植物。它们对于建筑物的建造、使用，以及建筑生态系统各因素之间的联系，起到支撑、服务和保障作用。人类系统主要是指作为个体的生物人，具有生理和心理的各种需求。建筑活动必须从人的这种需求出发，并且以满足人的各种需要为目的。社会系统主要是指人的社会属性，即人们在相互交往和共同活动的过程中形成的各种关系。社会系统主要包含公共管理和法律、社会关系、人口趋势、文化特征、社会分化、经济发展、技术状况、健康和福利等。它涉及由人群组成的社会团体相互交往的体系，包括由不同的地域、阶层、社会关系等的人群组成的系统。

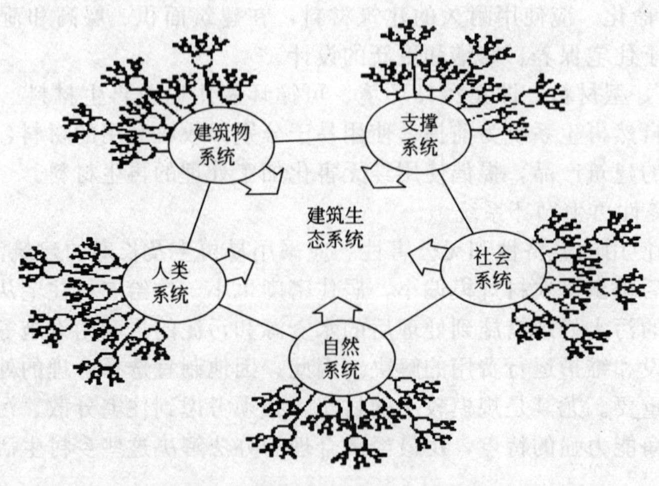

图 7-9 建筑生态系统的组成

上述五个系统的划分只是为了研究与讨论问题的方便而提出的，根据研究需要，还可以有多种划分法，每个系统又可分解为若干子系统。在五个系统中，人类系统与自然系统是两个基本系统，建筑物系统与支撑系统则是人为创造与建设的结果，而社会系统是由人与人之间的关系构成的。要使建筑、人、自然、社会的整体和各部分协调发展，在研究实际问题时，应善于分析，寻找各相关系统间的联系与结合。在任何一个建筑生态系统中，这五个系统都综合地存在着，五大系统也各有基础科学的内涵。

7.2.2　绿色生态建筑生态系统的构成与特点

7.2.2.1　绿色生态建筑生态系统的构成

绿色建筑生态系统的构成包括两部分，即绿色建筑的生物系统构成和绿色建筑的非生物系统构成。

① 绿色建筑的生物系统构成　人、绿色建筑的植物系统、绿色建筑的动物系统。

② 绿色建筑的非生物系统构成　能源系统、水环境系统、气环境系统、声环境系统、光环境系统、热环境系统、绿化系统、废弃物管理与处置系统、绿色建筑材料系统。

能源系统是日常生活所需的各种能源结构的总称。它有常规能源，如电能、天然气、煤气等；绿色能源，如太阳能、风能、地热能、废热资源等。

水环境系统要在保障居民日常生活用水的前提下，使用各种适用技术、先进技术与集成技术，达到节水、改善水环境的效果。它由给水、管道直饮水、中水、雨水收集、污水处理、排水等子系统组成。

热系统是指采用符合节能、环保、卫生、安全原则的住宅供暖、空调技术，使室内热环境达到一定的温湿度，并且能根据气象条件和居住功能变化进行调节，满足人体健康性、舒适性要求的室内热环境系统。

绿化系统是指由水体、地形和硬质的道路、园林小品、休憩设施等内容组成的，按中心绿地、组团绿地、宅间绿地、宅旁绿地等级划分的绿色开放空间。

废弃物管理与处置系统是指对日常生活所产生的生活垃圾进行收集、管理、储存并进行处理的措施与设施。

绿色建筑材料系统是指在建设过程中所采用的各种材料或产品，须符合国家绿色建筑材料的相关标准。

7.2.2.2　绿色生态建筑生态系统的特点

绿色建筑，通俗一点讲，是一种环保型建筑。绿色建筑处于大自然相互作用而联系起来的统一体中，在它的内部以及外部联系上，都有系统的自我调节功能。绿色建筑生态系统不仅蕴藏着极为深刻的含义和特点，而且还具有极为鲜明的性质和特征。

① 从城市层面的理解，绿色建筑的生态系统是城市生态系统的子系统之一。

② 绿色建筑的自身是完整的生态系统。

③ 绿色建筑室内是其生态系统的延伸。

④ 绿色建筑生态系统以人为核心，具有人的生物属性和社会属性。

⑤ 建筑的实体不仅是绿色建筑特有的物质系统，同时兼具文化属性及社会属性。

⑥ 绿色建筑生态系统是复合人工生态系统，不能自给自足，需靠外力维持。

⑦ 绿色建筑生态系统自我调节能力极差。

7.3　绿色生态建筑的生态体系设计

7.3.1　基于城市生态规划的绿色生态建筑的体系设计

7.3.1.1　城市生态规划概念

城市生态规划（urban ecological planning）是运用系统分析手段、生态经济学知识和各种社会、自然信息、经验，规划、调节和改造城市各种复杂的系统关系，在城市现有的各种有利和不利条件下寻找扩大效益、减少风险的可行性对策所进行的规划，如图 7-10 所示。包括界定问题、辨识组分及之间关系、适宜度分析、行为模拟、方案选择、可行性分析、运行跟踪及效果评审等步骤。最终结果应给城市有关部门提供有效的参考决策支持。

图 7-10　城市生态规划图

简而言之，城市生态规划即是遵循生态学原理和城市规划原则，对城市生态系统的各项开发与建设做出科学合理的决策，从而能动地调控城市居民与城市环境的关系。城市生态规划的科学内涵强调规划的能动性、协调性、整体性和层次性，倡导社会的开放性、经济的高效性和生态环境的和谐性。

7.3.1.2　城市生态规划目标

(1) 致力于城市人类与自然环境的和谐共处，建立城市人类与环境的协调有序结构　其主要内容如下。

① 人口的增殖要与社会经济和自然环境相适应，抑制过猛的人口增长，以减轻环境负荷。

② 土地利用类型与利用强度要与区域环境条件相适应并符合生态法则。

③ 城市人工化环境结构比例要协调。

(2) 致力于城市与区域发展的同步化　城市发展离不开一定的区域背景，城市的活动有赖于区域的支持。从生态角度看，城市生态系统与区域生态系统息息相关，密不可分，原因如下。

① 城市生态环境问题的发生和发展都离不开一定的区域。

② 调节城市生态系统活性，增强城市生态系统的稳定性，也离不开一定的区域。

③ 人工化环境建设与自然环境的和谐结构的建立也需要一定的区域空间。

(3) 致力于城市经济、社会、生态的可持续发展　城市生态规划的目的并不仅是为城市人类提供一个良好的生活、工作环境，而是通过这一过程使城市的经济、社会系统在环境承载力允许的范围之内，在一 定的可接受的人类生存质量的前提下得到不断的发展，并且通过城市经济、社会系统的发展为城市生态系统质量的提高和进步提供源源不断的经济和社会推力，最终促进城市整体意义上的可持续发展。城市生态规划不能理解为限制、妨碍了城市经济、社会系统的发展，而应将三者看成是相辅相成、缺一不可的整体。

7.3.1.3　城市生态规划内容

城市生态规划的目的是利用城市的各种自然环境信息、人口与社会文化经济信息，根据城市土地利用生态适宜度的原则，为城市土地利用决策提供可供选择的方案。它以城市生态学和生态经济学的理论为指导，以实现城市的生态和环境目标值为宗旨，采取行政、立法、经济、科技等手段，提供城市生态调控方案，以维持城市系统动态平衡，促使系统向更有序、稳定的方向发展。因此它的出发点和归宿点均为维持和恢复城市的生态平衡。

城市生态规划在内容上大致可以分成以下几个子规划：人口适宜容量规划；土地利用适宜度规划；环境污染防治规划；生物保护与绿化规划；资源利用保护规划等。

城市土地既是形成城市空间格局的地域要素，又成为人类活动及其影响的载体，它的利用方式成为城市生态结构的关键环节，同时决定了城市生态系统的状态和功能。因此，城市土地成为连接城市人口、经济、生态环境、资源诸要素的核心。而通过对城市土地利用进行生态适宜度分析，确定对各种土地利用的适宜度，并且根据选定方案调整产业布局，以调控系统内物质流、能量流和信息流的生态效用与经济功能，达到维持城市的生态平衡和经济高效的目的，便成为城市生态规划的首要内容。它包括以下几个方面。

① 根据城市生态适宜度，制定城市经济战略方针，确定相适宜的产业结构，进行合理有效的产业布局（特别是工业布局），以避免因土地利用不适宜和布局不合理而造成的生态与环境问题。

② 根据土地评价结果，搞好城市基础设施和住宅的建设与布局，提供不同功能区内的人口密度、建筑密度、容积率大小和基础设施密度的方案。

③ 根据城市气候效应特征和居民生存环境质量要求，搞好园林绿化布局并进行城市绿化系统设计，提出城市功能区绿地面积分配、品种配置、种群或群落类型方案。

④ 根据生态功能区建设理论，建立环境生态调节区。在此区中，自然生态系统的特征和过程应被保持、维护。

⑤ 根据生态经济学基本原理，研究城市社会、地域分工特点，进行城市空间的生态分区，并且揭示各区经济专业发展方向和生态特征。

城市生态美景图如图7-11所示。

(a)

(b)

图7-11　城市生态美景图

7.3.1.4　城市生态规划原则

城市生态规划的研究对象是城市生态系统，它既是一个复杂的人工生态系统，又是一个社会-经济-自然复合生态系统，它绝非三部分的简单加和，而是一种融合与综合，是自然科学与社会科学的交叉，又是时间（历史）和空间（地理）的交叉。因此进行城市生态规划，既要遵守三生态要素原则，又要遵循复合系统原则。

（1）自然原则　又称自然生态原则。城市的自然及物理组分是城市赖以生存的基础，又往往成为城市发展的限制因素。为此，在进行城市生态规划时，首先要摸清自然本底状况，通过城市人类活动对城市气候的影响、城市化进程对生物的影响、自然生态要素的自净能力等方面的研究，提出维护自然环境基本要素再生能力和结构多样性、功能持续性和状态复杂性的方案。同时根据城市发展总目标及阶段战略，制定不同阶段的生态规划方案。

(2) 经济原则　又称经济生态原则。城市各部门的经济活动和代谢过程是城市生存和发展的活力和命脉，也是搞好城市生态规划的物质基础。因此城市生态规划应促进经济发展，而绝不能抑制生产，生态规划应体现经济发展的目标要求，而经济计划目标要受环境生态目标的制约。从这一原则出发进行生态规划，可从城市高强度能量流研究入手，分析各部门间能量流动规律、对外界依赖性、时空变化趋势等，并且由此提出提高各生态区内能量利用效率的办法。

(3) 社会原则　又称社会生态原则。这一原则存在的理论前提在于城市是人类集聚的结果，是人性的产物，人的社会行为及文化观念是城市演替与进化的动力泵。这一原则要求进行城市生态规划时，以人类对生态的需求值为出发点，规划方案应被公众所接受和支持。

(4) 系统原则　又称复合生态原则。由于城市是区域环境中的一个特殊生产综合体，城市生态系统是自然生态系统中的一个特殊组分，因此进行城市生态规划，必须把城市生态系统与区域生态系统视为一个有机体，把城市内各小系统视为城市生态系统内相联系的单元，对城市生态系统和共生态扩散区（如生态腹地）进行综合规划，如在城市远郊建立森林生态系统，这是实现城市生态稳定性的重要举措之一。

7.3.1.5　城市生态规划步骤

目前，国内外城市生态规划还没有统一的编制方法和工作规范，但不少专家对此做过不同层次的研究。

(1) 美国宾夕法尼亚大学 Lan Mchnarg 的地区生态规划步骤　他提出了如下的地区生态规划步骤。

① 制定规划研究的目标　确定所提出的问题。

② 区域资料的生态细目与生态分析　确定系统的各个部分，指明它们之间的相互关系。

③ 区域的适宜度分析　确定对各种土地利用的适宜度，例如住房、农业、林业、娱乐、工商业发展和交通。

④ 方案选择　在适宜度分析的基础上建立不同的环境组织，研究不同的计划，以便实现理想的方案。

⑤ 方案的实施　应用各种战略、策略和选定的步骤去实现理想的方案。

⑥ 执行　执行规划。

⑦ 评价　经过一段时间，评价规划执行的结果，然后做出必要的调整。

(2) 我国学者王祥荣的城市生态规划工作程序　城市生态规划的目的是在生态学原理的指导下，将自然与人工生态要素按照人的意志进行有序的组合，保证各项建设的合理布局，能动地调控人与自然、人与环境的关系。为了达到这个目的，城市生态规划应采取特定的工作程序，如图 7-12 所示。

7.3.1.6　基于城市生态规划的绿色生态建筑的体系设计

建设部科技委员会副主任聂梅生认为，绿色建筑或生态住宅的意义，不仅体现在种花种草这些感官的“绿色”上，更重要的是体现在其“可持续发展”的内涵中。

① 房地产业的资源消耗非常厉害，在所有产业中名列第一。建设绿色建筑或生态住宅，固然是为了给广大市民提供舒适健康的生活条件，但还有一个不可忽视的、更重要的目的，那就是节地、节水、节能和治污。而且在我们这样一个生态环境已十分脆弱的国家进行大规模的住宅建设，如何走可持续发展之路不能不被提上重要议事日程。

② 欧美等发达国家纷纷发展绿色生态住宅，其目的是在保护生态环境和节约资源的基础上，在住宅寿命的各个环节（材料生产及运输、建造、使用、维修、改造、拆除）体现节约资源、减少污染，创造健康、舒适的居住环境，以及与周围生态环境相融合这三大主题。而在我国许多以绿色、生态、健康为理念建设起来的小区却只停留在小区绿化、美化的层面上，并未涉及绿色生态住宅的主题内涵。建一个喷水池，留一大片草地，发展商就大吹特吹是绿色楼

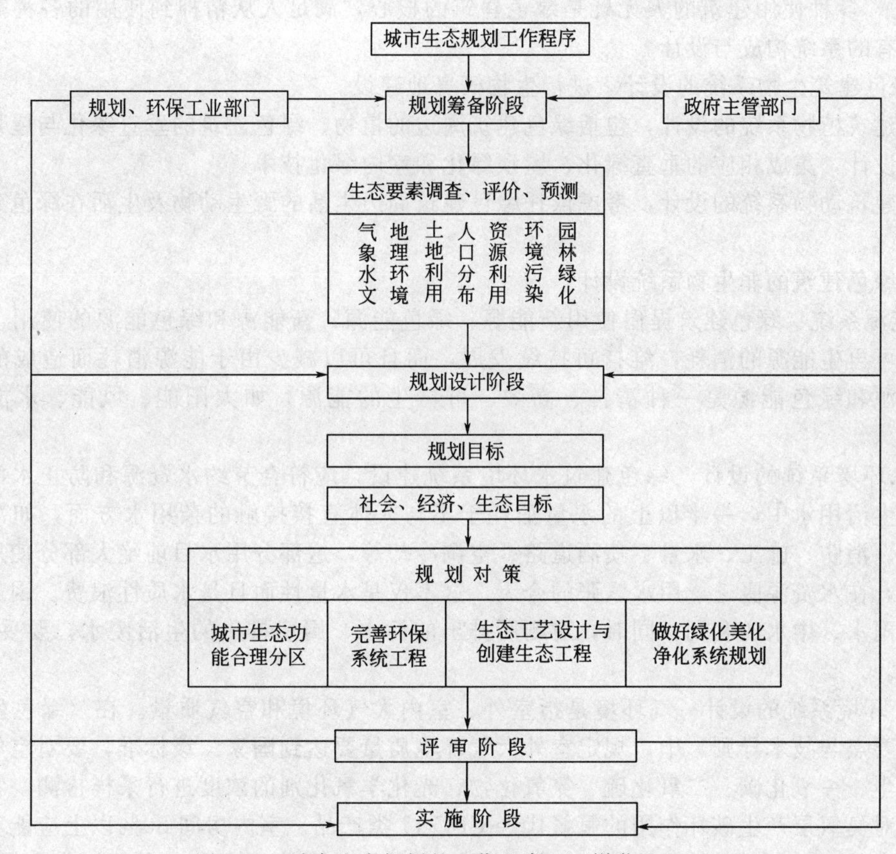

图 7-12　城市生态规划的工作程序（王祥荣，1995）

盘、生态小区。这是概念上的模糊、认识上的混乱造成的。比如，有些小区，占地规模在几千亩以上，留下大片大片的草地，不但对小区的空气质量没有多大作用，还占用了很多的土地，浪费了很多的水资源，与真正意义上的绿色生态住宅实际上是背道而驰的。

要实现真正意义上的绿色建筑、生态住宅，关键是做到基于城市生态规划的绿色建筑的体系设计。基于城市生态规划的绿色建筑的体系设计是指从城市规划、场地规划阶段为绿色建筑的选址、规模容量提供依据；在详细规划及城市设计阶段不断深入，具体落实到绿色建筑的场地，并且在城市规划的指标控制下，进行生态设计，成为单栋绿色建筑的设计前提。其步骤如下。

① 根据城市规划要求的规模容量，进行绿色建筑体系规划，确定生态景观设计的体系结构、功能布局，体现其生态功能。

② 绿色建筑的场地生态体系设计，包括土地的集约使用、生态景观体系的建立、场地生态技术的集成、场地污染的控制、注重场地的生态体系、生态交通体系的建立、重视生态基础设施，以上设计应明确提出生态技术的系统要求和具体的指标要求。

③ 约定绿色建筑的社会行为模式，对使用提出要求。

7.3.2　绿色生态建筑的生态体系设计内容

绿色建筑的生态体系设计从构成生态系统的生态因子出发。绿色建筑的生态因子是指与绿色建筑相关的直接或间接影响的因素，核心是人，涉及植物、动物、地质、土壤、地形、气候、能源、光、风、水、声、材料等因子。

（1）绿色建筑的生物系统设计

① 人　各种使用建筑的人无疑是绿色建筑的核心，满足人从精神到使用的各种需求是绿色建筑特有的系统构成与设计。

② 绿色建筑生物系统的设计　进行生物栖息地建设。

绿色建筑植物系统的设计，包括绿色建筑周边的植物、绿色建筑的垂直绿化与屋顶绿化和室内植物设计，集成相应的垂直绿化、屋顶绿化和室内绿化技术。

绿色建筑动物系统的设计，考虑依托绿色建筑周边生活的野生动物及生活在绿色建筑中的家养动物。

(2) 绿色建筑的非生物系统设计

① 能源系统　绿色建筑提倡使用新能源、绿色能源，新能源和绿色能源的使用，不但可以减少不可再生能源的消耗，维持可持续发展，而且可以减少由于能源消耗而造成的环境污染。新能源和绿色能源是一种清洁、高效、可再生的能源，如太阳能、风能、水能、地热能等。

② 水环境系统的设计　绿色建筑水环境系统建设，应符合节约水资源和防止水污染两个原则。在生活用水中，一半以上的水量消耗于不与人体直接接触的杂用水方面，如冲厕、洗车、绿化、消防、施工、水景、喷洒道路、空调冷却等，这部分用水目前绝大部分使用的是市政自来水，在水资源匮乏、用水紧张的今天，这不仅是水量性而且是水质性浪费。因此，绿色建筑提倡雨水、中水的利用；同时，对厕所排出的污水、厨房排出的生活废水，要妥善处理，达标排放。

③ 气环境系统的设计　气环境是指室外、室内大气环境和空气质量。在《绿色生态住宅小区建设要点与技术导则》中，规定室外大气环境质量要达到国家二级标准，要对空气中的悬浮物、飘尘、一氧化碳、二氧化硫、氮氧化物、光化学氧化剂的浓度进行采样检测，特别强调禁止使用对臭氧层产生破坏作用的氟氯代烃 CFC-11 类产品。室内房间 80%以上应能实现自然通风，室内外空气可以自然交换，卫生间应设置通风换气设施，厨房应有烟气集中排放系统。室内装修应考虑装修材料的环保性，防止装修材料中挥发有毒、有害气体对室内气环境的影响，危害人体健康。

④ 声环境系统的设计　声环境是指室外、室内噪声环境。在生态住宅小区中，“技术导则”规定：室外声环境，白天<35dB、夜间<30dB。建设项目开发前期在选址及场地设计中，应考虑居住区与噪声源的距离，如不能满足要求，则应采取建隔声屏或种植树木等措施进行人工降噪。在建筑结构与构造中应采取隔声降噪措施，如外墙构造结合保温层做隔声处理；门、分户墙、楼板等，要选用隔声性能好的材料并在结构上采取隔声措施；窗采用双层玻璃。公用设备、室内管道要进行减振、消声，如安装衬垫、加装消声器等。

⑤ 光环境系统的设计　光环境指的是室内、室外都能充分利用自然光，光照宜人，没有光污染。光污染指的是眩光、阴影等视觉污染，当亮度过高或亮度比过大时，容易造成人们视觉疲劳、身体不适。为保证室内自然采光要求，窗地比宜大于 1∶7，室内照明应大于 120 lx；住宅 80%的房间均能自然采光，所有房间无光污染；楼梯间的公共照明应使用声控或定时开关；高档住宅常设置智能化灯光调控系统；提倡使用节能灯具，落实照明节约用电措施。室外道路、广场以及公共场所照明宜采用绿色照明；道路识别系统宜采用反光指标牌、反光道钉、反光门牌等。

⑥ 热环境系统的设计　热环境指的是为住户提供采暖、空调、生活热水等设施，创造一个温暖适宜、室内热环境舒适的生活条件。冬季供暖的室内温度宜保持在 20～24℃，夏季空调制冷的室内温度宜保持在 22～27℃，垂直温差宜小于 4℃，地面温度宜保持在 17～31℃。为降低能耗，建筑结构的外窗宜采用双层玻璃，外窗的保温性能符合规范要求，严寒地区保温等级不低于Ⅱ级，寒冷地区不低于Ⅲ级，其他地区不低于Ⅳ级。住宅的采暖、空调及热水供给应充分利用太阳能、地热能、风能等绿色能源。

⑦ 绿化系统的设计　绿化系统具有生态环境功能、休闲欣赏功能、景观文化功能，具备防尘、降温、防晒、降噪、改善空气质量、保持水土湿度等多种功能。能提供景色优美、整洁舒适的室外休闲场所，通过植物配置、人造景观，能提供优雅环境，达到最佳的欣赏效果。

绿地是绿化系统的基础。居住区绿地应与规划同步进行，保持建筑群与绿地合理配置，使得绿地在通风、阳光、防护隔离、景观等方面起到更好的作用。

绿地种植设计要有一定的丰实度。绿化植物要体现多样性，以乔木为绿化骨架，乔木、灌木、草本、藤本等多种植物搭配。形成具有一定面积的立体种植，使设计具有最佳的自然性与生态效益。

要倡导立体绿化。立体绿化，即屋顶、阳台、山墙的绿化。立体绿化可以遮挡骄阳、降温增湿、净化空气、美化环境。实践证明，立体绿化可以降暑避暑，夏季能降低室内温度，尤其在午后高温时降温特别显著，一般可达6℃，而且以西侧绿化、屋顶绿化降温效果最为显著。

绿化具有丰富的观赏性。在种植设计中，要搭配选择一些开花结果的植物，能引蝶招鸟，增加人工群落的生物丰富性。

⑧ 废弃物管理与处置系统　绿色建筑必须具有严格而科学的废弃物管理与处置系统，该系统的建立和有效运行，对于维护生态、保护环境具有重要作用。住户的生活垃圾应全部实行袋装、密闭容器存放、集中处理或外运，多层建筑按单元收集，高层建筑分层收集。生活垃圾收集率、收运密闭率、处理处置率均应达到100%，分类处理率应达70%，回收利用率应达50%。生态小区应设垃圾收集间、垃圾转运车、垃圾储运站。生活垃圾规范化的收集可以避免垃圾处理的无序凌乱状态，保障住区具有良好的卫生环境。

⑨ 绿色建筑材料系统　在绿色建筑的设计、施工、建造、装修中，应选用生产能耗低、技术含量高、能集约生产、无毒、无害、无放射性、无挥发性有机物、对环境污染小、有益于人体健康，已取得环境标志认可委员会批准并授予环境标志的绿色建筑材料或产品。在选用建筑材料时，关键的、重要的、大量使用的材料或产品，要使用专门的智能化仪器、仪表进行定量检测，如天然石材产品用于室内，其放射性镭当量浓度应小于200Bq/kg，用于室外应小于1000Bq/kg。在绿色建材的推广使用中，要认真贯彻《民用建筑工程室内环境污染控制规范》的各项要求。

第8章

绿色生态建筑的生态策略设计

8.1 绿色生态建筑的生态策略设计概况

8.1.1 绿色生态建筑生态策略理念的建立

自 20 世纪 60 年代以来，对于未来能源的关注使得人们对可再生能源产生了巨大的兴趣，诸如太阳能、风能、水能及生物质废弃物的利用。当美籍意大利建筑师保罗·索勒瑞把生态学和建筑学的概念结合在一起，创造了全新的“生态建筑学”理念后，促成了不同文化、不同种族、不同职业的人们的共同思考和行动：从人本中心论转向了人与自然和谐共生，用新的符合生态原则的城市模式取代现有模式；设计一种高度综合、集中式的三维尺度的城市，以提高能源、资源利用率，减少能耗，消除因城市无限扩张而产生的各种城市问题的负面影响。

1969 年，生物学家约翰·托德明确提出，把“地球作为活的机器”的生态设计原则。

① 体现地域性特点，同周围自然环境协同发展，具有可持续性。

② 利用可再生能源，减少不可再生能源的耗费。

③ 建设过程中减少对自然的破坏，尊重自然界的各种生命体。

众所周知，“可持续性”和所谓“生态持续性”概念最初是由生物学家、生态学家提出的。1991 年，国际生态学联合会和国际生物科学联合会从生态属性、生物圈概念出发，认为可持续发展是寻求最佳生态系统以支持生态的完整性和人类愿望的实现，使人类的生存环境得以持续。1993 年，国际建筑协会主题为《为了可持续未来的设计》的大会确认了注重生态、可持续建筑设计的基本内容如下。

① 重视对设计地段的地方性、地域性理解，延续地方场所的文化脉络。

② 增强适用技术的公众意识，结合建筑功能要求，采用简单合适的技术。

③ 树立建筑材料蕴涵能量和循环使用的意识，在最大范围内使用可再生的地方性建筑材料，避免使用高蕴能量、破坏环境、产生废物以及带有放射性的建筑材料，争取重新利用旧的建筑材料和旧的建筑构件。

④ 针对当地的气候条件，采用被动式能源策略，尽量应用可再生能源。

⑤ 完善建筑空间使用的灵活性，以便减小建筑体量，将建设所需的资源降至最少。

⑥ 减少建造过程对环境的损害，避免破坏环境、资源浪费以及建筑材料的浪费。

当代我国建筑师正置身在我国全面建设小康社会的历史洪流中，面对严峻的生态环境问题和能源资源问题，一直在孜孜以求地进行各类探索。建筑师李道增在 1982 年就发表了《重视生态原则在规划中的运用》，指出人们不当开发造成了水土流失、生态失衡、人体健康下降、能源过度消费、地下水位下降、森林耕地减少等一系列问题，强调生态原则在规划中的运用，引起普遍重视。自此之后，从生态学出发探索建筑科学、把建筑视为“有生命的有机体”的观念，已成了众多学者和建筑师的共识。建筑是人与自然环境相互关系中的重要因素，是人类实现可持续发展的重要环节。建筑作为人类进化的外部显露特征，是一个有机的活性系统，在适应环境的同时，随人类社会发展不断进化。当前，建筑的进化在可持续发展方针的指导下，已进入了一个自觉的生态建筑时期。在这个生态建筑时期里，建筑师要做好以下几个方面。

① 牢固树立“可持续发展”观念，掌握一切有关环境设计的知识和方法。

② 坚持并改善各种建筑节能的措施，提高建筑物的能源利用率。

③ 妥善选择建筑及装饰材料，配合建材部门发展各种无害材料。

④ 在建筑设计中，推行合理的多功能组合、防止片面强调单一功能分区的做法，在建筑内部空间处理上，也要根据需要和可能，尽量安排利于人们生活的多功能化措施。

⑤ 做好绿化设计，保护原有的自然生态环境。发挥绿化作为一种生物性手段，在对环境进行生态补偿、提高建筑物外围护结构节能效果和改善室内环境质量方面的独特作用。

⑥ 制定切实可行、更加完善的室内外环境保护及建筑节能规范。

8.1.2 绿色生态建筑的生态策略设计

传统、常规的建筑设计是依据现实条件（使用功能）和环境限制（规划要求）进行选择布置的，绿色建筑（也称“生态建筑”或“可持续建筑”）的设计仅仅满足于现实条件（使用功能）和环境限制（规划要求）是远远不够的，绿色建筑的生态策略设计是通过各种高效集成的技术手段，充分利用自然环境的潜能，以符合地域气候特征的建筑物本身设计，来控制能量、光照、空气的流动，减少对地球环境的负荷，营建安全、舒适、健康的室内环境，实现绿色建筑的功能，使建筑本体成为人与自然、人与建筑、建筑与环境、生态与建筑构成的有机的运行使用体，因此，绿色建筑的技术体系是多专业、跨学科专家团队交叉合作的科学体系，绿色建筑的生态策略设计分两个层面进行：一是绿色建筑的生态体系设计；二是绿色建筑的生态策略设计。

(1) 绿色建筑的生态体系设计　由构成生态系统的生物系统设计和非生物系统设计组成。

① 绿色建筑的生物系统设计

a. 使用建筑的各色人群是绿色建筑生物系统的核心，满足各色人群从精神到各种使用需求是绿色建筑特有的系统构成与设计。

b. 野生动物栖息地建设、家养动物安置及植物绿化系统设计。

② 绿色建筑的非生物系统设计

a. 地质系统。工程地质、土壤和拟建场地的地形地貌，是绿色建筑存在的基础。

b. 气候环境系统控制。室外大气中的温湿度和建筑室内的温湿度。

c. 能源系统设计。建筑消耗的化石能源系统，利用可再生的太阳能、土壤能、生物能、风能、潮汐能的能源系统设计及相应的技术集成。

d. 光系统设计。太阳光的光环境设计和绿色照明系统设计。

e. 风系统设计。是城市风环境在建筑中的延伸，建筑中形成特有的风压通风系统、热压通风系统、机械通风系统和设备通风系统。

f. 水系统设计。饮用水系统、可利用的中水系统、雨水系统和污水系统的设计及技术集成。

g. 声系统控制。自然声系统、借助设备的传输系统的设计及防噪声系统的控制。

h. 材料系统应用。各种建筑材料、相关基础设施的应用是绿色建筑存在的物质基础。

i. 环境污染控制。需控制的物理性污染、化学性污染、生物性污染以及固体废弃物污染。

(2) 绿色建筑的生态策略设计　绿色建筑的生态策略设计由构成绿色建筑的能源、植物系统、水环境、风环境、光环境、声环境和生态交通道路系统等子系统组成，包括能源的生态策略设计、植物系统的生态策略设计、水环境系统的生态策略设计、风环境系统的生态策略设计、光环境系统的生态策略设计、声环境系统的生态策略设计以及生态交通道路系统的策略设计。

绿色建筑的生态策略设计主要有主动式设计与被动式设计两种。主动式设计是指通过各种高效集成的技术手段，实现绿色建筑的功能。被动式设计是指在适应和利用自然环境的同时对其潜能通过设计灵活应用，即根据符合地域气候的建筑物本身的设计，来控制能量、光、空气等的流动，在减少地球环境负荷的同时，考虑获得舒适的室内环境的设计方法，并且用机械设施，即技术手段补充不足部分。简单地说被动式设计就是以纯建筑手法来达到与自然界抗衡的做法，也就是所谓的“低技术”倾向，它能够提高建筑物的安全性、健康性，也能获得综合考虑了地区、风土的设计构思；而主动式设计是用机械、设备的运作来达到与自然抗衡的做法，即所谓的“高技术”倾向。主动式与被动式两个词汇的微细差别，可以理解为两种姿态的不同，在本质上是不同的。

上海世界博览会里“世博实践区”所展示的建筑大部分是“主动式”建筑的范例，这与世界博览会的主题有关系，强调的是工业产品的应用。在世界各地，“被动式”建筑比比皆是，这是建筑学传统中的精华，如何有效利用这些办法是建筑师们所应思考的问题；只见工业产品的堆砌，而完全反自然的做法在有些建筑中已经被运用到了极致，德国汉堡馆便是一例。在医院的病房里对重症患者所提供的恒温、恒湿、恒氧、除菌、除尘等机械设备环境是一个“主动式”建筑的缩影，把它放大到整栋建筑里，便产生了汉堡馆这样的例子，这种全封闭的环境是反自然的做法，把普通人当成患者，长年生活、工作在这样的环境中，人对自然的适应能力就会逐步下降，大部分参观者到了汉堡馆内会有一种并不舒适的感受，因为建筑缺乏与自然的交流。这些“重症病房”式建筑目前在建筑市场被大量效仿，推动了机械设备产品的销路，但对人的健康和自然适应性却完全被忽视了。

8.2　绿色生态建筑能源的生态策略设计

时代的进步、经济的飞速发展、人民生活水平的提高使得人们对物质生活的质量要求越来越高，其中之一便是对人们居住、使用的建筑的环境舒适度的要求。因此，建筑的高能耗便成为了必然。建筑能耗，广义上包括建筑材料生产、建筑施工和建筑运行过程中的直接或间接的能耗；狭义上是指民用建筑（包括居住建筑、公共建筑以及服务业）在使用过程中的能耗，主要包括采暖、空调、通风、热水、照明、炊事、家用电器等方面的能耗。

而绿色建筑不仅仅能够最高效地利用各种能源，最大限度减少能源的消耗，达到节约能源的目的，还能够充分利用自然可再生能源替代常规能源，非但不会降低建筑环境的舒适度，反而减少了污染，达到了保护环境的目的。绿色建筑能源的生态策略设计并不是简单地进行节约能源、提高能源利用效率的设计，而是以尊重自然、享受自然、以人为本为原则，进行减少能源使用、充分利用可再生能源、尽量多地利用低品位能源、减少环境污染的生态设计。通常，绿色建筑能够节约30%～50%的能源，而优秀的设计能够节约70%～90%的能源。

绿色建筑的能源系统是绿色建筑的核心，也是绿色建筑生态策略设计的重要部分，大致可以划分为建筑主体节能系统、常规能源节能系统和可再生能源利用系统三大系统，其中，常规能源节能系统又可划分为冷热源和能源转换系统、能源输配系统、照明系统、热水供应系统等节能系统。笔者认为，常规能源节能系统并不是真正意义上的绿色建筑能源系统，减少能源使用、提高能源利用效率的常规能源节能系统只能称其为节能建筑的能源系统；真正意义上的绿色能源节能系统应尽可能少地使用常规能源，更多地利用可再生能源，这才符合世界各国大力推广的“低能耗建筑”和“零能耗建筑”初衷。另外，能耗对环境的影响也是绿色建筑能源系统必须充分考虑并妥善解决的。

绿色建筑的能源策略设计方法，大都是通过建筑智能控制手段，针对气候环境、资源利用、能源效率和环境保护四个方面，充分利用和开发新的材料与构造技术，可总结为以下几点：充分利用自然采光、智能化遮阳系统、改善隔热保温性能、充分的自然通风、设置热量收集系统、采取降温隔热措施、隔离噪声的干扰、太阳能发电材料的应用、利用压力和温差的作用。如图8-1所示的羊八井地热发电厂和图8-2所示的太阳能路灯就是成功的能源应用例子。本节将从外窗节能技术、外墙节能技术、屋面节能技术、主动式太阳能利用系统、地热能利用系统、其他可再生能源利用技术来讨论，充分利用天然光的采光技术和高效人工光照明技术将在本章其他章节中讨论。

图8-1 羊八井地热发电厂

图8-2 太阳能路灯

8.2.1 建筑节能

一般来讲，绿色建筑的“节能”应包括以下两层含义：一是指在所处的地理气候、技术经济条件下，在规划和设计阶段充分考虑可再生能源的被动式利用，将对主动式设备的需求减少到最低限度；二是在必须采用主动式设备的情况下，尽量提高设备的能源利用效率，将主动式设备的耗能降到最低。事实上，室内的采暖、制冷、照明设备是当室内环境达不到人的要求时，所采用的一种辅助手段，这种辅助手段耗能的多少，取决于在规划和设计阶段对节能的考虑。因此，在规划和设计阶段将建筑能耗控制在最低，是实现建筑节能的关键。

实现绿色建筑节能有三个层面，如图8-3所示。第一层面是指在建筑的场址选择和规划阶段考虑节能，包括场地设计和建筑群总体布局，这一层次对于建筑节能的影响最大，这一层面的决策会影响以后的各个层面。第二层面是指在建筑的设计阶段考虑节能，包括通过单体建筑的朝向和体形选择、被动式自然能源利用等手段减少建筑采暖、降温和采光等方面的能耗需求。这一阶段的决策失当最终会使建筑机械设备耗能成倍增加。第三层面是建筑外围护结构节能和机械设备系统本身节能。

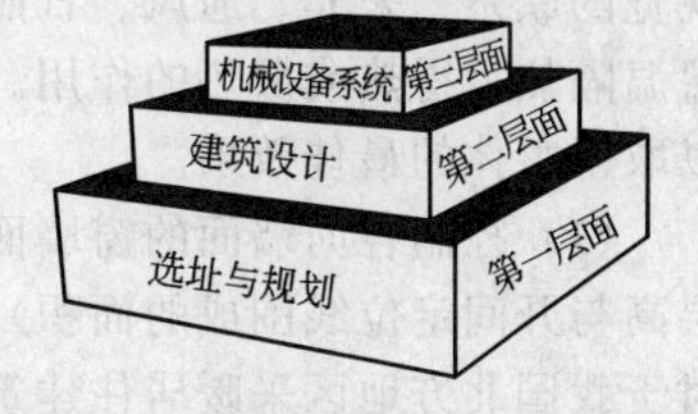

图8-3 绿色建筑节能的三个层面

在建筑设计中，只有综合考虑了以上三个层面的节能策略和措施，才能产生舒适、经济、节能的生态可持续建筑。不幸的是，由于技术的进步，大多数规划师、建筑师对于前两个层面的建筑节能意识淡薄了，而将责任完全推给了工程师们，依赖他们在第三层面上进行节能，例如，在酷热或严寒地区设计带有大片玻璃窗的建筑，使工程师们不得不采用吞噬大量能源的采暖或降温设备来创造舒适的室内热环境。

事实上，第一层面的节能措施，是建筑节能的根本前提和保证，而第二层面的节能措施也是建筑节能的关键所在，通过第一和第二层面的综合设计，有时可以使建筑完全不使用机械设备系统，即使是在必须使用机械设备的情况下，也可轻而易举地使其规模及投资降低 50%，甚至 90%，当然，第三层面的措施也不能忽视，当以上三个层面成为节能设计不可分割的组成部分时，建筑物在各个方面将变得更为协调。例如，由于建筑对机械和能源的需求减少，可以节约投资，由于采用被动式设计，建筑环境可以更加舒适。此外，可将花费在机械设备上的投资转移到建筑元素上，使建筑形式更加丰富有趣，因为不同于被隐藏起来的机械设备，像遮阳这样的建筑构件对室外视觉效果而言是有相当大的审美价值的。表 8-1 显示出了不同层面节能需要考虑的主要因素。

表 8-1 绿色建筑节能三个层面需要考虑的问题

<table>
<tr><th>层面层次</th><th colspan="2">采暖</th><th>降温</th><th>照明</th></tr>
<tr><td rowspan="3">第一层面:选址与规划</td><td colspan="2">地理位置</td><td>地理位置</td><td>地形地貌</td></tr>
<tr><td colspan="2">保温与日照</td><td>防晒与遮阴</td><td>光气候</td></tr>
<tr><td colspan="2">冬季避风</td><td>夏季通风</td><td>对天空的遮挡状况</td></tr>
<tr><td rowspan="7">第二层面:建筑设计</td><td rowspan="3">基本建筑设计</td><td>体形系数</td><td>遮阳</td><td>窗</td></tr>
<tr><td>保温</td><td>室外色彩</td><td>玻璃种类</td></tr>
<tr><td>冷风渗透</td><td>隔热</td><td>内部装修</td></tr>
<tr><td rowspan="4">被动式自然能源利用</td><td>被动式采暖</td><td>被动式降温</td><td>昼光照明</td></tr>
<tr><td>直接受益</td><td>通风降温</td><td>天窗</td></tr>
<tr><td>特隆布墙保温墙</td><td>蒸发降温</td><td>高侧窗</td></tr>
<tr><td>日光间</td><td>辐射降温</td><td>反光板</td></tr>
<tr><td rowspan="4">第三层面:机械设备和电气系统</td><td colspan="2">加热设备</td><td>降温设备</td><td>电灯</td></tr>
<tr><td colspan="2">锅炉</td><td>制冷机</td><td>灯泡</td></tr>
<tr><td colspan="2">管道</td><td>管道</td><td>灯具</td></tr>
<tr><td colspan="2">燃料</td><td>散热器</td><td>灯具位置</td></tr>
</table>

8.2.2 外窗节能技术

建筑围护结构主要由门窗、外墙和屋顶构成。窗在建筑上的作用是多方面的，除需要满足视觉的联系、采光、通风、日照及建筑造型等功能要求外，作为围护结构的一部分应同样具有保温隔热、得热或散热的作用。因此，外窗的大小、形式、材料和构造需兼顾各方面的要求，以取得整体的最佳效果。

（1）控制各向墙面的窗墙面积比　窗墙面积比是指窗口面积与房间立面单元面积（即房间层高与开间定位线围成的面积）的比值。控制建筑的窗墙面积比是外窗节能的重要措施之一。对于我国北方地区采暖居住建筑，规定北向窗墙面积比不能超过 0.25，东西向不能超过 0.30，南向不能超过 0.35。对于夏热冬冷地区与夏热冬暖地区，由于既要考虑冬季日照，又要考虑夏季防热，因此，窗墙面积比的规定受到墙与窗的传热系数以及遮阳系数大小的影响。关于建筑热工分区中各区的具体限制值，应参阅相关的规范和标准。

（2）提高外窗的气密性　窗的空气渗透，是通过玻璃与窗扇、窗扇与窗框、窗框与窗洞之间的缝隙产生的。透过门窗的空气渗透量，是指门窗试件两侧空气压力差为 10Pa 条件下，每小时通过每米缝长的空气渗透量。按照这一指标，窗户气密性分为 5 级，见表 8-2。在我国的建筑节能设计标准中规定：设计中应采用密封性良好的窗户（包括阳台门），1～6 层的低层和多层居住建筑中，应等于或优于 3 级，7～30 层的高层和中高层居住建筑中，应等于或优于 4 级；当窗的密封性能不能达到规定要求时，应加强密封措施，保证达到规定要求。对于不同地区、不同建筑类型，门窗的气密性要求可能有所不同，具体的规定可参考相关规范。

表 8-2　窗户气密性分级

分级	1	2	3	4	5
单位缝长分级指标 q_1/[m³/(m·h)]	$6 \geqslant q_1 \geqslant 4$	$4 \geqslant q_1 \geqslant 2.5$	$2.5 \geqslant q_1 \geqslant 1.5$	$1.5 \geqslant q_1 \geqslant 0.5$	$0.5 \geqslant q_1$
单位面积分级指标 q_2/[m³/(m²·h)]	$18 \geqslant q_2 \geqslant 12$	$12 \geqslant q_2 \geqslant 7.5$	$7.5 \geqslant q_2 \geqslant 4.5$	$4.5 \geqslant q_2 \geqslant 1.5$	$1.5 \geqslant q_2$

(3) 减少外窗的传热耗热　首先要提高窗框的保温隔热性能。窗框的保温隔热性能取决于其热导率的大小，目前主要窗框材料及热导率有：铝框 174.5W/(m·℃)，松和杉木 0.17～0.35 W/(m·℃)，塑料（PVC）0.13～0.29W/(m·℃)。用绝热材料或空气腔层截断金属框扇的热桥制成断桥式窗，可提高其保温隔热能力。其次是提高玻璃的保温隔热性能。低辐射玻璃又称 Low-E 玻璃，是在普通玻璃的表面上贴有一层看不见的金属（或金属氧化物）膜，与普通玻璃相比，它可反射太阳光谱中 40%～70%的红外长波热辐射，同时只遮挡少量（一般在 20%左右）的可见光。Low-E 玻璃一般与普通玻璃配合使用，由一层 Low-E 玻璃和一层普通玻璃组成的双层中空窗，在冬季室内温度比室外温度高时，它将长波热辐射反射回室内，在夏季室外温度比室内温度高时，它将室外长波热辐射反射回室外。采用双层窗或双层玻璃，中间设置封闭空气间层可提高窗的保温隔热能力。一般双层窗间的空气层厚度在 50～150mm 之间。双层玻璃中间空气层厚度，一般不超过 20mm。采用双层玻璃窗时，要注意空气层的密封以及空气层中的结露问题。中空玻璃是在双层玻璃之间充入干燥的空气，解决了其中结露问题，可有效降低窗的传热系数，还可以在双层玻璃之间充入惰性气体如氩气、氪气等。充氩气时最佳厚度为 11～13mm，充氪气时最佳厚度为 6mm。

(4) 采用活动保温隔热装置　活动装置有窗帘、窗盖板等构件，目前较成熟的一种活动窗帘是由多层铝箔—密闭空气层—铝箔构成的，具有很好的保温隔热性能，不足之处是价格昂贵。采用平开或推拉式窗盖板，内填沥青珍珠岩、沥青蛭石或沥青麦草、沥青谷壳等可获得较高的隔热性能及较经济的效果。现在正在试验阶段的另一种功能性窗盖板，是采用相变储热材料的填充材料。这种材料白天可储存太阳能，夜晚关窗的同时关紧盖板，该盖板不仅有高隔热特性，能阻止室内失热，同时还能向室内放热。这样，整个窗户当按 24h 周期计算时，就成为真正的得热构件。但这种窗只有在解决了其四周的耐久密封性及相变材料的高造价等问题之后才有望商品化。夜墙（night wall）是国外一些实验性建筑中采用过的装置，它将膨胀聚苯板装于窗户两侧或四周，夜间可用电动或磁性手段将其推至窗户处，以大幅度提高窗的保温性能。另外一些组合设计是在双层玻璃间用自动填充轻质聚苯球的方法提高窗的保温能力，白天这些小球可通过负压装置自动收回，以便恢复窗的采光功能。

(5) 窗户的日照与遮阳　在寒冷的冬季争取日照，不仅可增进人的健康，减少疾病，而且可以大大节约能源。在我国的建筑设计规范标准中，根据气候类型和城市规模，对建筑的日照时间做了规定，见表 8-3。建筑的日照时间取决于建筑物之间的间距和其所处的位置，可以用棒影图、太阳轨迹图进行确定，也可用公式或软件进行计算。

表 8-3　不同气候类型和城市的日照时间要求

<table>
<tr><td rowspan="2">建筑气候</td><td colspan="2">Ⅰ、Ⅱ、Ⅲ区</td><td colspan="2">Ⅳ区</td><td rowspan="2">Ⅴ、Ⅵ、Ⅶ区</td></tr>
<tr><td>大城市</td><td>中小城市</td><td>大城市</td><td>中小城市</td></tr>
<tr><td>日照标准日</td><td colspan="3">大寒日</td><td colspan="2">冬至日</td></tr>
<tr><td>日照时数</td><td>≥2h</td><td colspan="2">≥3h</td><td colspan="2">≥1h</td></tr>
<tr><td>有效日照时</td><td colspan="3">8～16 时</td><td colspan="2">9～15 时</td></tr>
<tr><td>计算点</td><td colspan="5">底层窗台面</td></tr>
</table>

窗户的遮阳是炎热地区实现窗户节能的重要技术手段。窗户遮阳分为窗本身的遮阳、构件

遮阳及绿化遮阳。窗本身的遮阳与玻璃类型和窗框占窗总面积的百分比有关，遮阳效果体现在遮阳系数上。图 8-4 给出了几种玻璃的隔热效果。Low-E 玻璃可反射太阳光谱中大部分红外热辐射，而只遮挡少量可见光，目前已开发出了能满足不同透光要求的 Low-E 玻璃。吸热玻璃是指有色玻璃，例如青铜色或灰色，可以减小太阳辐射，同时也可以减少可见光。热反射玻璃是在玻璃表面镀膜，反射太阳辐射。由于热反射玻璃主要反射太阳光谱中的可见光部分，仍要吸收长波辐射热，因此，主要用于夏季并有可能造成光污染。

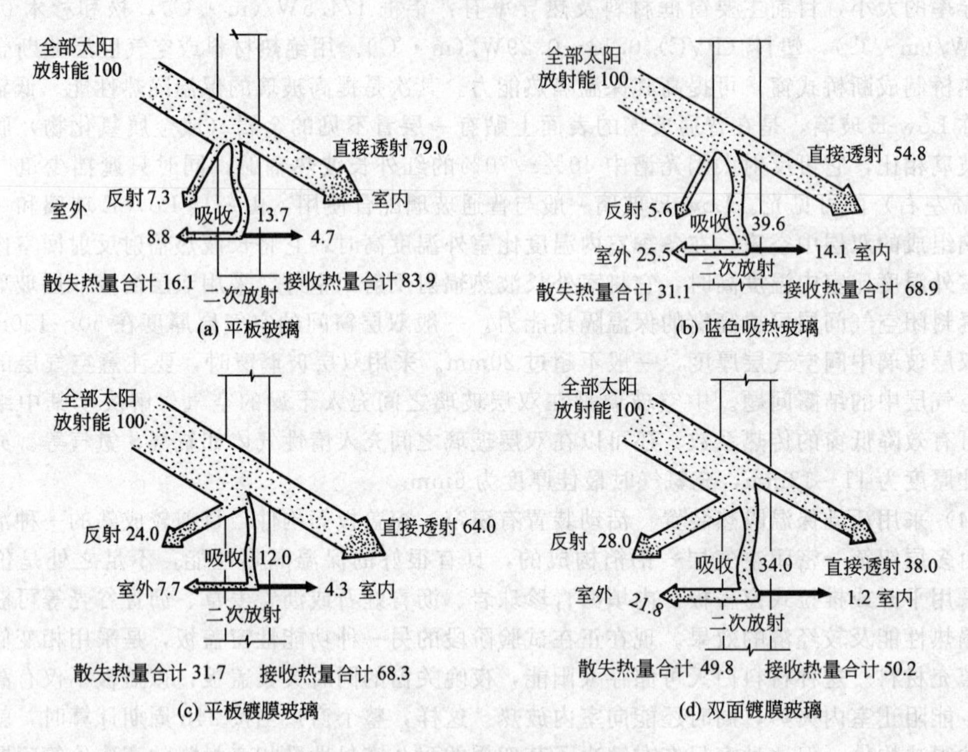

图 8-4 几种玻璃的隔热效果

构件遮阳按位置不同可分为内遮阳、中间遮阳和外遮阳。从节能的角度讲，外遮阳是防止太阳辐射热进入室内效果最好的遮阳做法，因为它吸收或反射的太阳辐射热绝大部分散发在室外。内遮阳的效果最差，中间遮阳的效果位于外遮阳与内遮阳二者之间。内遮阳和中间遮阳虽然在防止太阳辐射方面效果较差，但在保温方面效果较好。构件遮阳的基本形式有三种，即水平遮阳、垂直遮阳、挡板遮阳，如图 8-5 所示。

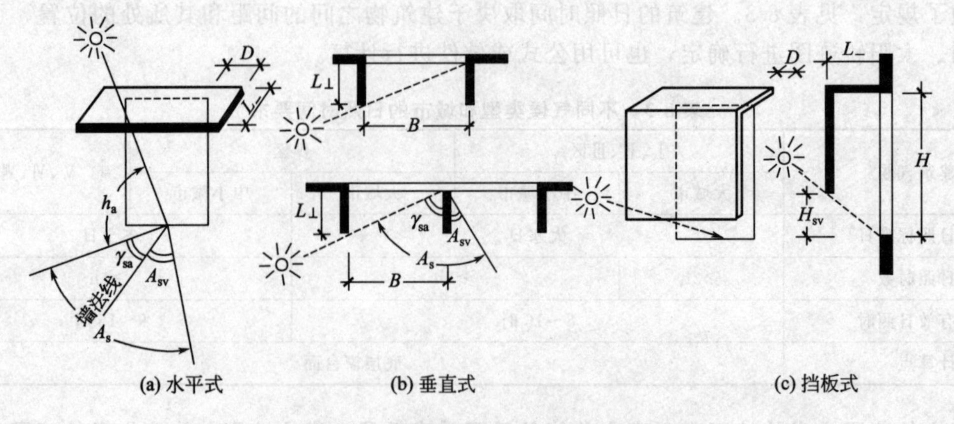

图 8-5 构件遮阳的三种基本形式

窗户的绿化遮阳可以采用攀缘植物或树木，但与外墙或屋面绿化遮阳不同的是，窗户绿化遮阳还要考虑夏季的采光和通风以及窗的开启与关闭，因此，一般不用攀缘植物直接沿窗面遮阳，而用攀缘藤架或用树木对太阳直射光进行遮挡，植物最好为落叶植物，以便冬季得到光照。

值得注意的是，传统窗户遮阳只考虑对太阳直射光的遮挡，这是不全面的。事实上，在某些地区（如重庆、东南沿海等）漫射光及散射光所占的比例几乎与直射光所占比例相当，直射光进入窗户引起的得热不可忽视。另外，由于太阳的高度角在变化，当高度角较高时，直射光易于被遮挡不能完全进入室内，在这种情况下，散射光的影响可能比直射光影响更大，因此，窗户遮阳不仅应考虑遮挡直射光，也应考虑遮挡散射光。

(6) 窗户的通风　窗户的通风按照其所起的作用不同，可分为健康通风、舒适通风和降温通风等。健康通风是利用室外新鲜空气代替室内污染空气，提高室内空气品质；舒适通风是利用空气流过热体促进人体散热、散湿，提高夏季热舒适感；降温通风是利用室外低温空气对建筑物内的构件降温。从减少建筑物能耗的角度看，后两种通风都具有节能作用。由于通风能提高人体热舒适感，所以可以推迟机械制冷设备的启动时间。此外，对室内构件降温，可以结合蓄冷体蓄冷，从而减少对机械制冷设备的使用。

窗户自然通风节能的多少与自然通风的类型、窗口大小、位置以及窗扇导风性等有关。无论是热压通风还是风压通风，都必须设有供空气进出的通风口。自然通风节能设计的原则是：①使通风流经的区域尽可能大；②尽量减少通风的阻力；③维持室内舒适的风速。表 8-4 为四种可用的通风窗的形式。

表 8-4　窗口平面布置对通风的影响

平面类型	图例	说明	建议
垂直型		气流走向直角转弯，有较大阻力；室内涡流区明显，通风质量下降	少量采用
错位型		有较大的通风覆盖面；室内涡流较小，阻力较小，通风覆盖面较小	建议采用
侧穿型		通风直接、流畅；室内一侧涡流区明显，涡流区通风质量不佳，通风覆盖面较小	少量采取
穿堂型		有较大的通风覆盖面；通风直接、流畅；室内涡流区较小，通风质量佳	建议采取

进出风口相对位置的高低以及挑檐对室内空气流速都有影响，其中使用挑檐或翼墙以及树木等能起到很好的导风作用。进出风口的相对大小对室内风速有影响，在进风口面积一定的情况下，出风口面积增加会使进风速度增加。在建筑中有时也采用专门的导风物进行导风，可分为集风型、挡风型、百叶型和双重型。

8.2.3　外墙节能技术

(1) 外墙的复合保温隔热　外墙的保温隔热按照保温隔热材料放置的位置分为外保温隔热、内保温隔热和中间保温隔热三种，它们都是使用热导率较小的材料［<0.05W/(m·℃)］

来增加墙体对热量的阻隔能力。目前主要使用的保温隔热材料及其热导率见表 8-5，三种保温隔热各有优缺点，但外保温隔热得到了更为广泛的应用，内保温次之，中间保温则很少使用。

表 8-5　主要使用的保温隔热材料及其热导率

材料	热导率/[W/(m·℃)]	材料	热导率/[W/(m·℃)]
聚苯板	0.035～0.04	软木	0.04～0.045
挤塑聚苯板	0.03～0.035	泡沫塑料	0.04～0.05
聚氨酯	0.03～0.035	膨胀珍珠岩	0.045～0.05
矿物纤维	0.035～0.045		

① 外墙外保温隔热技术　外保温隔热，可以避免产生热桥，减少主体结构温差开裂，增加房间和外墙的热稳定性，不会减少房间的使用空间，有利于室内二次装修和管道装设，还可减少墙体内部结露的可能性，施工时无须搬动室内陈设，对室内正常工作影响不大。但外保温隔热必须满足水密性、抗风压以及温湿度变化的要求，不至于产生裂缝，并且要求能抵抗外界可能产生的碰撞作用，还能与相邻部位（如门窗洞口、穿墙管等）之间有良好的连接，在边角处、面层装饰等方面得到适当的处理。外保温隔热在我国得到了较为广泛的使用，它主要由基层墙体、绝热层、保护层或饰面层以及固定物组成。以下是几种常用的外保温隔热体系。

a. BT 型外保温隔热板　BT 型外保温隔热板是以普通水泥砂浆为基材，以镀锌钢网和钢筋加强的小板块预制盒形成刚性骨架结构（一般尺寸为 600mm×600mm×65mm），内部填充聚苯板。由于 BT 型外保温隔热板是小板块预制件，在生产制作过程中可得到充分养护，故从根本上避免了那种整体式围护层因大面积抹灰造成的易裂、易渗问题，预制件重约 10kg，便于上墙安装，避免了大面积湿作业量大和施工难的弊病。经测试 BT 型外保温隔热板热导率小于 0.12W/(m·℃)。

b. 纤维增强聚苯外保温隔热饰面体系　该体系是美国专威特公司推出的“专威特外墙绝热与装饰体”系列之一，是集保温隔热、防水与装饰为一体的体系。1990 年后，我国引进该技术。表 8-6 给出了不同聚苯板厚用于不同的基底墙及其厚度复合时的热阻。

表 8-6　专威特体系与不同基底墙体复合的热阻　　单位：m·℃/W

保温板厚度	基墙									
	黏土实心砖		钢筋混凝土			混凝土砌块		灰砂砖		炉渣砖
	240mm	370mm	140mm	180mm	250mm	190mm 单排孔	240mm 三排孔	240mm	370mm	190mm	240mm
30mm	1.18	1.34	0.97	0.99	1.03	1.06	1.17	1.11	1.22	1.12	1.18
40mm	1.42	1.58	1.21	1.23	1.27	1.30	1.41	1.34	1.46	1.36	1.42
50mm	1.66	1.82	1.44	1.47	1.51	1.53	1.64	1.58	1.70	1.60	1.66

c. 水泥聚苯外保温隔热板　水泥聚苯外保温隔热板是以废旧聚苯乙烯泡沫塑料板破碎后的颗粒为骨料，以普通硅酸盐水泥为胶结料，外加预先制备的泡沫经搅拌后浇筑成型的。水泥聚苯外保温隔热板常见规格为长 90mm、宽 60mm、厚 60～80mm，容重为（300±20）kg/m^3，热导率小于 0.09W/(m·℃)。

d. GRC 外保温隔热板　GRC 是英文 glassfiber reinforced cement 的缩写，中文称为“玻璃纤维增强低碱度水泥”。用这种材料作面层与高效保温材料预制复合而成的外墙外保温隔热板，称为 GRC 外保温隔热板。该板有单面板与双面板之分，将绝热材料置于 GRC 槽形板内的是单面板，而将绝热材料夹在上下两层 GRC 板中间的是双面板。

e. ZL聚苯颗粒复合硅酸盐绝热材料　这种外墙绝热材料由绝热层和抗裂罩面层组成，绝热层由复合硅酸盐胶凝粉料与聚苯颗粒轻骨料两部分分别包装组成。复合硅酸盐胶凝粉料采用预混合干拌技术，在工厂将复合硅酸盐胶凝材料与各种外加剂均混包装，将回收的废聚苯板粉碎均匀、混合装袋，使用时将一包净重35kg的胶凝粉料与水按1∶1的比例混合，在砂浆搅拌机中搅拌成胶浆，之后将200L一袋的聚苯颗粒加入搅拌机中，3min后可形成塑性很好的膏状浆料。将该浆料喷抹于墙体上，干燥后可形成绝热性能优良的保温隔热层。

f. 挤塑聚苯乙烯泡沫保温隔热板　挤塑聚苯乙烯泡沫保温隔热板（XPS）是一种先进的硬质板材，它不仅具有极低的热导率、轻质高强等优点，更具有优越的抗湿性能。XPS所特有的微细闭孔蜂窝状结构，使其能够不吸收水分。试验显示，在长期高湿环境中XPS板材两年后仍能保持80%以上的热阻。在历经浸水、冰冻及解冻过程后，XPS板材能保持其结构的完整和高强度，其抗压强度仍在规格强度以上。

② 外墙内保温隔热技术　外墙内保温一般用于间歇式采暖与空调房间，这样可以保证房间在短时间内所需的温度升高或降低。

内保温隔热一般由隔热板和空气间层组成。空气间层厚度一般为20mm，一方面起到增加热阻的作用，另一方面可防止保温隔热材料受潮。

（2）外墙的遮阳通风防热　通风墙主要利用通风间层排除一部分热量。例如，空斗砖墙或空心圆孔板墙之类的墙体。在墙上、下部分别开排气口和进风口，利用风压与热压的综合作用，使间层内空气流通排除热量。通风遮阳墙是将通风与遮阳相结合，既遮挡阳光直射，减少房间辐射得热，又通过间层的空气流动带走部分热量。

我国南方地区通风墙或遮阳墙还可起到防雨作用，不仅可应用在住宅中，亦可用在半敞开式的公共活动场所，形式多种多样。无论是通风墙或是防晒墙，墙体的外表面应涂浅色以加强对日光辐射的反射。建筑设计师可在墙上设计不同形式或色泽的花格，构成各种图案，并且可利用阳光照射所起到的阴影变化创造别具一格的艺术效果。

除了利用遮阳构件使外墙免受太阳直接辐射外，还可以采用绿化遮阳的方法。外墙绿化遮阳既可采用攀缘植物，如牵牛花、爆竹花或五爪金龙等品种，也可采用树木。使用攀缘植物时可以让攀缘植物直接沿墙面或通风遮阳墙爬升，但由于植物的根系会扎入墙中，引起墙裂缝，所以，这种遮阳方式适于不易受到破坏的外墙，在离外墙一定距离处，设置专门的植物棚架，可以避免植物根系对外墙的破坏，棚架要能承受植物重量以及各种风负荷。

采用树木遮阳时，要注意树的高度和形状。从需要遮阳的时节以及建筑所处的地理位置出发，根据建筑墙面的方位和大小，可以确定树木遮阳的高度和形状。通常，南侧宜种高大伞形落叶树，夏季对南墙和部分屋顶有遮阳作用，同时有导风作用，又不会遮挡窗口视线，能得到较好的扩散光，冬季允许日照；西侧宜采用密实的锥形常青树，夏季遮挡从西边投射来的直射阳光，冬季可抵御寒冷的西北风。

（3）双层皮玻璃幕墙技术　玻璃幕墙曾一度被视为建筑国际式风格的代表，但普通玻璃幕墙要消耗大量的采暖或制冷能耗，为了解决这一问题，国外最近几年发展了一种多层皮外墙，又称“呼吸墙”，它其实是双层或三层玻璃幕墙，只不过外层玻璃距内层（单层或双层）玻璃之间的距离较大，通常在50cm以上。在多层皮外墙中，双层皮玻璃幕墙使用最为广泛，其外层玻璃一般是固定的，内层玻璃是可以开启或部分开启的。在夏季，外层玻璃的上下通风口打开，室外空气通过下部通风口进入间层空腔，由于热压作用沿间层空腔上升，从上部通风口排出；气流一方面带走热量，降低空腔的温度，另一方面，内窗开启可以将室内温度较高的空气引出排走，起到自然通风的作用。在冬季，可以将上下通风口关闭，由于外层玻璃的温室作用使空腔内空气温度升高，减少室内散热量；也可以将上下通风口打开，引入室外新风，如果将上部通风口连接到空调新风入口，则等于对新风预热，可以减少新风的加热能耗。双层皮玻璃幕墙按间层的贯通性分为全楼贯通式和楼层贯通式两种。全楼贯通式热压作用大，结构复杂，楼层间的支撑和通道都要采用一些特殊的构件；楼层贯通式结构简单，易于实施，但热压小。

8.2.4 屋面节能技术

（1）屋面的保温隔热　屋面的保温隔热节能设计，主要关系到保温隔热材料的选取以及屋面的构造方式。作为屋面保温隔热材料，要求材料吸水率低或不吸水，热导率小，轻质，性能稳定，寿命长，常用的屋面保温隔热材料见表 8-7。

表 8-7　常用的屋面保温隔热材料

材料名称	容重/(kg/m³)	厚度/mm	热导率/[W/(m·℃)]
聚苯板	20	50	0.04
再生聚苯板	100	50	0.07
岩棉板	80	45	0.052
玻璃棉板	32	40	0.047
浮石砂	600	170	0.22
加气混凝土	400	150	0.26
挤塑型聚苯板	35	25	0.03

屋面构造方式对于保温隔热层的保护有重要意义，通常的屋面保温隔热做法是将防水层放在外表层，如表 8-8 中图例所示。这种保温隔热构造方式，防水层会因受到太阳直接辐射而加速老化，会因较大的温度波动而易破坏，常因湿气不易排除而使防水层鼓泡。目前，较为先进的屋面保温隔热做法是采用挤塑型聚苯板作保温隔热层的倒置式屋面。

表 8-8　几种屋面保温隔热的构造法

项目	名称			
	聚苯板保温隔热屋面	架空型岩棉板绝热屋面	架空型聚苯板绝热屋面	集保温和找坡于一体屋面
构造示意	防水层 找平层 找坡层 保温层 结构层	防水层 找平层 保温层 找坡层 结构层	防水层 找平层 保温层 找坡层 结构层	防水层 找平层 保温层 找坡层 结构层
防水层	改性沥青柔性油毡	改性沥青柔性油毡	改性沥青柔性油毡	改性沥青柔性油毡
找平层	20mm 厚水泥砂浆	20mm 厚水泥砂浆	20mm 厚水泥砂浆	20mm 厚水泥砂浆
保温层	50mm 厚聚苯板（为了防止找坡时聚苯板错位，应先将聚苯板点粘在结构层上）	500mm×500mm×35mm 钢筋混凝土板以 1∶5∶10 水泥白灰砂浆卧砌于砖墩上，板勾缝用 1∶3 的水泥砂浆，1∶5∶10 水泥白灰砂浆卧砌 115mm×115mm×120mm 砖墩，500mm 纵横中距 45mm 厚岩棉板，其上为 75mm 厚空气间层	500mm×500mm×35mm 钢筋混凝土板以 1∶5∶10 水泥白灰砂浆卧砌于砖墩上，板勾缝用 1∶3 的水泥砂浆，1∶5∶10 水泥白灰砂浆卧砌 115mm×115mm×120mm 砖墩，500mm 纵横中距 40mm 厚聚苯板，其上为 80mm 厚空气间层	平均 170mm 厚（2%坡度），600kg/m³ 容重浮石砂，分层碾压振捣，压缩比 1∶1.2
找坡层	平均 100mm 厚（最薄处 30mm 厚）1∶6 水泥焦渣，振捣密实，表面抹光	平均 100mm 厚（最薄处 30mm 厚）1∶6 水泥焦渣，振捣密实，表面抹光	平均 100mm 厚（最薄处 30mm 厚）1∶6 水泥焦渣，振捣密实，表面抹光	

续表

项目	名　　称			
	聚苯板保温隔热屋面	架空型岩棉板绝热屋面	架空型聚苯板绝热屋面	集保温和找坡于一体屋面
结构层	130mm 厚混凝土圆孔板(平放)	130mm 厚混凝土圆孔板(平放)	130mm 厚混凝土圆孔板(平放)	130mm 厚混凝土圆孔板(平放)
	180mm 厚混凝土圆孔板(平放)	180mm 厚混凝土圆孔板(平放)	180mm 厚混凝土圆孔板(平放)	180mm 厚混凝土圆孔板(平放)
	110mm 厚混凝土大楼板(平放)	110mm 厚混凝土大楼板(平放)	110mm 厚混凝土大楼板(平放)	

(2) 屋面的通风防热　屋面通风是我国南方湿热地区普遍采用的一种防热方式，其原理是利用风压或热压产生的动力，驱动室内外空气流过通风间层，将热量带走（图 8-6）。

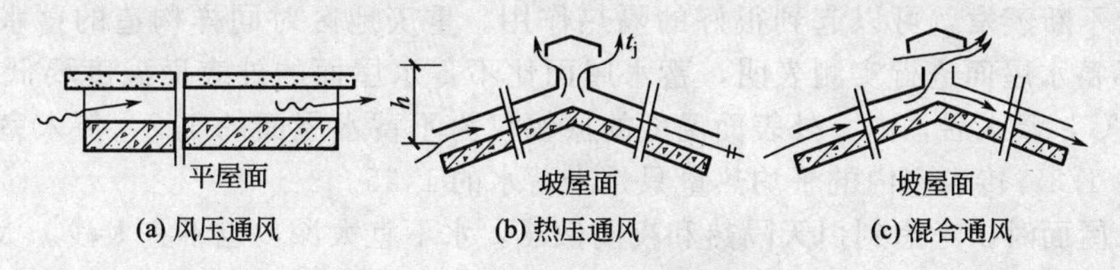

图 8-6　屋面的通风散热原理

通风屋面的构造方式多种多样，当通风间层两端完全敞开且通风口面对夏季风主导风向时，通风口面积越大，通风效果越好。但是，由于屋面构造关系，通风口的宽度往往受到结构限制，在同样宽度下，通风口大小只能通过调节其高度来控制，在一般情况下，通风间层高度以 20～24cm 为宜，对于采用矩形截面通风口，房间进深在 9～12m 的双坡屋面或平屋面，其间层高度可考虑取 20～24cm，坡屋面可用其下限，平屋面可用其上限。对于拱形或三角形截面的通风口，其间层高度要酌量增加，平均高度不宜低于 20cm。

屋面通风的组织方式可以是外进气、内进气或混合进气。有时为了增加热压通风效果，使用排风帽，并且在风帽顶涂上黑色，以增加对太阳辐射的吸收，如图 8-7 所示。

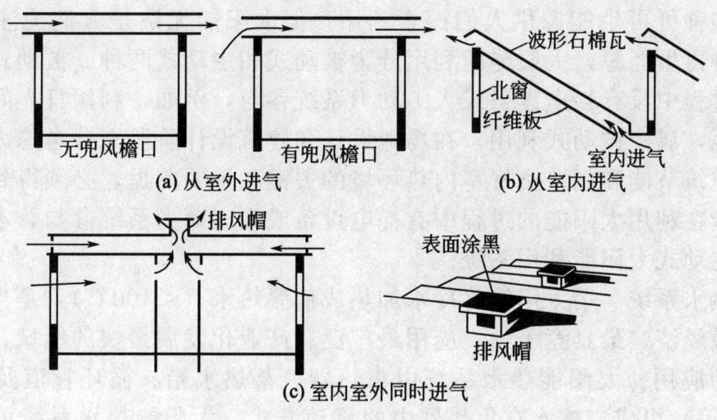

图 8-7　屋面通风的组织方式

(3) 屋面的植被绿化防热　屋面的植被绿化防热是利用植物的光合作用、叶面的蒸腾作用以及对太阳辐射的遮挡作用，来减少太阳辐射热对屋面的影响。另外，土层也有一定的蓄热能力并能保持一定水分，通过水的蒸发作用对屋面进行降温。

屋面植被绿化分为覆土植被绿化和无土植被绿化两种。覆土植被绿化是在钢筋混凝土屋顶上覆盖 10～12cm 厚黏土，在其上种植草等植物。无土植被绿化是采用水渣、蛭石或者木屑等代替土壤，具有自重轻、屋面温差小，有利于防水、防渗的特点，隔热性能也有所提高，而且对屋面构造没有特殊要求，只是在檐口和走道板处须防止蛭石或木屑在雨水外溢时被冲走。根据实践经验，植被屋面的隔热性能与植被覆盖密度、培植基质（蛭石或木屑）的厚度和基层的构造等因素有关。种植红薯、蔬菜或其他农作物，有一定的经济收益，但培植基质较厚，所需水肥较多，需经常管理。草被屋面由于草的生长力强，耐气候变化，可粗放管理，基本可依赖自然条件生长。植被品种宜就地选用，可采用耐旱草种或其他观赏花木。

在屋面上植草栽花，甚至在屋面种植灌木、堆假山、设喷水池，形成“草场屋顶”或“花园屋顶”，不仅起到防热作用，而且在城市绿化，调节气候，净化空气，降低噪声，美化环境，解决建房与农田之争，减少来自屋面的眩光，增加自然景观和保护生态平衡等方面，都有积极作用，是一项值得推广应用的措施。

(4) 屋面蓄水与被动蒸发冷却　水的比热容较大，常温下为 4.186kJ/(kg·℃)，蒸发潜热也大，为 2428kJ/kg。因此，若在平屋顶上蓄一定厚度的水层，或让屋面时时保持一层水膜，以便水分不断蒸发，可以起到很好的隔热作用。重庆地区对同样构造的蓄水屋面（水厚 100mm）与不蓄水屋面进行实测表明，蓄水屋面比不蓄水屋面的外表面温度要低 15℃，内表面温度要低 8℃，蓄水后，内、外表面温度的振幅仅为不蓄水屋面的 1/2，传入室内的最大热量是未蓄水的 1/3，传入室内的平均热量只是未蓄水的 1/35。

设计蓄水屋面时，考虑到白天隔热和夜间散热，水不宜太深，也不宜太浅。太深会增加结构负荷且水的蓄热也会增加；太浅容易蒸发，需要经常补充自来水，造成管理麻烦。从理论上讲，水深 50mm 即可满足隔热和蒸发的要求。对于有工业废水利用、可经常换水的地区，采用 50mm 左右较薄的水层即可。对于以天然雨水、自来水补充为主的地区，为了避免水层成为蚊蝇滋生地，宜在水中养殖浅水鱼或栽培浅水植物，水层深度一般在 150～200mm 之间。

如果不在屋面蓄水，只是让屋面一直保持一层薄薄的水膜或处于润湿状态，依靠水的蒸发，就可以对屋面起到良好的降温作用。有研究表明，定时洒水的屋面较同条件下的干屋面，屋面温度可降低 22～25℃。

8.2.5 主动式太阳能利用系统

太阳能是一种用之不尽的最清洁的能源，可以说地球上所有的生命都是太阳能恩惠的结果。尽管目前有多种可再生能源供人们探索利用，但太阳能无疑是人们关注最长久、最有希望、最有潜力的可再生能源，太阳能的利用分为被动式和主动式两种。被动式太阳能利用是指在利用太阳能的过程中没有耗电设备或人工动力系统参与，例如，利用日光间或蓄热墙等收集太阳能在冬季采暖，属于被动式利用。在场地设计和建筑设计阶段充分考虑太阳能的被动式利用，是实现绿色建筑节能和创造良好室内热环境的关键和重要前提，必须得到足够重视。主动式太阳能利用是指在利用太阳能的过程中有耗电设备或人工动力系统参与，本部分主要介绍绿色建筑中常用的主动式太阳能利用系统。

(1) 太阳能热水系统　用太阳能将冷水加热成低温热水（<100℃），是当前太阳能热利用中技术最成熟、最经济、最具竞争力、应用最广泛、产业化发展最快的领域，目前在建筑中已得到了较为普遍的应用。太阳能热水系统由集热器、蓄热水箱、循环管道及相关装置、设备（水泵、控制部件等）组成。按水在集热器中的流动方式，太阳能热水系统可分为三大类：循环式、直流式和闷晒式。

① 循环式分为自然循环和强制循环。自然循环式［图 8-8(a)］是指水在系统中仅靠热虹吸效应进行循环，水箱中的水经过集热器被不断加热，其结构简单、运行安全、管理方便，是目前大量推广应用的一种系统。为防止系统中热水倒流及维持一定的热虹吸压头，蓄水箱必须置于集热器的上方。强制循环式［图 8-8(b)］是指水在系统中依靠水泵驱动进行循环。由于在蓄水箱与集热器之间装有水泵，集热器出口与水箱底部之间水的温差控制水泵启动或停止，水箱不必置于集热器上方，系统布置较灵活，而且水泵压力大，可用于大型系统。

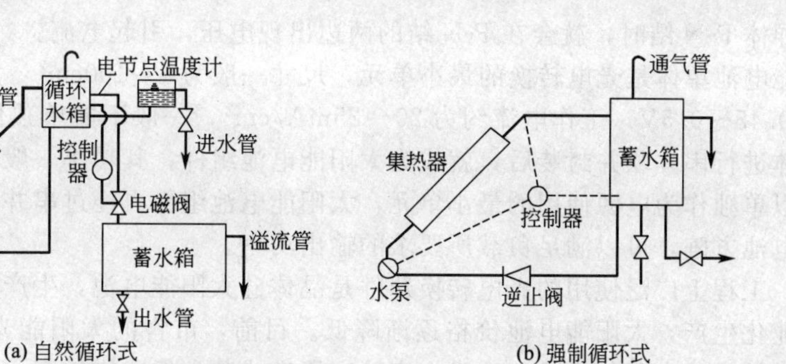

图 8-8　自然循环式和强制循环式热水系统

② 直流式，亦称一次式。水在系统中不是循环地被加热，而是一次性被加热到所需温度，然后使用。在集热器出口装有电节点温度计，以控制集热器入口的电动调节阀，从而调节系统流量的大小，使出水温度恒定。直流式系统水箱不必架于集热器之上，可灵活布置，适用于集热器分散在各个点的大型系统。

③ 闷晒式，又称整体式，分为闷晒定温放水式和圆筒式两种。在闷晒定温放水式中，集热器中的水不流动，当水闷晒到预定的温度上限时，集热器出口的电节点温度计控制集热器入口的电磁阀全部开启，自来水进入集热器并同时将其中的热水送至蓄水箱。当集热器出口温度逐渐下降到预定温度下限时，电磁阀被控制成关闭状态，进入集热器中的水被重新闷晒。该系统适用于集热器分散在各个点的大型系统。圆筒式是用两个或多个涂黑的镀锌铁板圆筒作为储水筒，南北向置于发泡聚苯乙烯的箱体中，上面用弧形玻璃钢做盖层。

集热器是太阳能热水系统中的关键部件，其性能优劣直接影响太阳能热水系统的性能。在一般情况下，集热器的造价是太阳能热水系统造价的一半，集热器吸热体的造价是集热器价格的一半。集热器按形状不同分为平板型集热器、全玻璃真空管集热器、热管式玻璃-金属真空管集热器。

平板型集热器一般由吸热板、盖板、保温层和外壳四部分组成，其工作过程是阳光透过玻璃盖板照射在表面有涂层的吸热板上，吸热板吸收太阳辐射能量后温度升高，一方面将热量传递给集热器内的工质，另一方面向四周散热；盖板则起温室效应，防止热量散失即提高集热器的热效率。

全玻璃真空管集热器由内外两层玻璃管组成，内玻璃管外表面利用真空镀膜机镀选择性吸收膜后，再把内管与外管之间空隙抽成真空，这样就消除了对流、辐射与传导造成的热损失，使总热损降到最低，由于全玻璃真空管集热器采用了高真空技术和优质选择性吸收涂层，大大降低了集热器的总热损，因而可以在中高温下运行，也能在寒冷的冬季及低日照与天气多变的地区运行，尤其在阴天及每天早晚和冬季，具有比一般平板型集热器高得多的集热效率。全玻璃真空管集热器的缺点是，在运行过程中若有一根管损坏，整个系统就要停止工作，为了改善此缺陷，人们又在全玻璃真空管集热器的基础上，采用热管直接插入管内和应用 U 形管吸热板插入管内两种方式进行改进。

热管式玻璃-金属真空管集热器同样由多根同种类型的真空集热管组合而成。根据集热管集热、取热的不同结构，可以分为内聚光式、同轴套管式、直通式、口形管式、热管式、储热式等。

影响太阳能热水系统性能的因素有当地太阳辐射资源和气候条件、热负荷特性、集热器类型、集热面积与蓄热水箱容积的配比、管道大小、安装位置和场地条件、当地水压和供电情况以及管理水平等。

(2) 太阳能光伏发电系统　用太阳能光伏电池将太阳辐射能转换为电能的发电系统称为太阳能光伏发电系统，其工作原理基础是所谓的半导体 P-N 结的光生伏打效应，也就是当太阳光照射半导体 P-N 结时，就会在 P-N 结的两边出现电压，引起电流。

太阳能电池单体是光电转换的最小单元，尺寸一般为 4～100cm²，太阳能电池单体的工作电压约为 0.45～0.5V，工作电流约为 20～25mA/cm²，一般不能单独作为电源使用，将太阳能电池单体进行串并联并封装后，就成为太阳能电池组件，其功率一般为几瓦至几十瓦、百余瓦，是可以单独作为电源使用的最小单元，太阳能电池组件再经过串并联装在支架上，就构成了太阳能电池方阵，可以满足负载所要求的输出功率。

目前，工程上广泛使用的光电转换器件是晶体硅太阳能电池，生产工艺技术成熟，已进入大规模产业化生产，太阳能电池价格逐渐降低。目前，市售的太阳能光电效率在 12%～20%之间，更高效率的太阳能光伏电池已在实验室研究成功，但成本较高，推广时机尚未成熟。

太阳能光伏发电系统有独立式系统和联网式系统两种。独立式系统主要由太阳能电池方阵、控制器、蓄电池组、直流/交流逆变器等部分组成。联网式系统主要由太阳能电池方阵、联网逆变器、控制器等组成。在我国，典型的光伏发电系统有 1997 年 3 月完成的辽宁建昌贫困无电山区独立家用太阳能光伏电源系统示范工程，共计 353 套独立家用太阳能光伏电源系统；还有于 1995 年 10 月完成的西藏措勒 20kW 独立光伏电站。

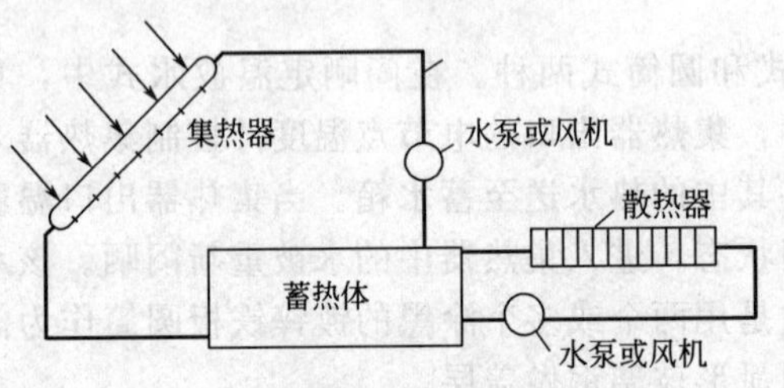

图 8-9 主动式太阳能供暖系统组成

(3) 主动式太阳能供暖系统 主动式太阳能供暖系统是指需要机械动力驱动才能达到供暖目的的系统（图 8-9）。系统主要由集热器、蓄热体、散热设备、管道、动力设备组成。集热器一般采用温度低的平板式太阳能集热器。蓄热体既可是某种装置，也可是某种构造。蓄热材料通常有水、岩石、混凝土、土壤和相变材料（$Na_2SO_4 \cdot 10H_2O$ 等），当热媒为液体水或防冻液时，动力设备是水泵，常在集热器和蓄热体之间采用液-液式换热器，蓄热水箱的容积为 1m² 集热面积对应 50～100L 水。

当热媒是空气时，动力设备是风机或风扇，如果用卵石作为蓄热体，则 1m² 集热面积对应 0.15～0.35m² 卵石面积。在这种系统中集热部分与蓄热部分相互分开，太阳能在集热器中转化为热能，随着介质（一般为水或空气）的流动从集热器送到蓄热器，再从蓄热器通过管道与散热设备送到室内，在这种供暖系统中，常补以辅助采暖设备，作用是在阴天或太阳辐射不足时，进行辅助采暖。

(4) 主动式太阳能制冷系统 主动式太阳能制冷系统主要有吸收式制冷系统、吸附式制冷系统、除湿式制冷系统、蒸汽压缩式制冷系统和蒸汽喷射式制冷系统。

① 太阳能吸收式制冷系统由发生器、冷凝器、节流阀、蒸发器、吸收器和其他附属设备组成，是利用两种物质所组成的二元溶液作为工质来运行的。这两种物质在相同压力下有不同的沸点，其中高沸点的组分称为吸收剂，低沸点的组分称为制冷剂。常用的吸收剂-制冷剂组合有：溴化锂-水，适用于大中型中央空调；水-氨，适用于小型家用空调。

② 太阳能吸附式制冷系统由太阳能吸附集热器、冷凝器、蒸发储液器、风机盘管部分组成。与吸收式制冷系统工作原理类似，需要吸附剂-制冷剂工质对。用于太阳能吸附式制冷的工质对主要有沸石-水、活性炭-甲醇等。这些物质均无毒、无害，也不会破坏大气臭氧层。系统的运行原理叙述如下：白天太阳辐照充足时，太阳能吸附集热器吸收太阳辐射能后，吸附床温度升高，使制冷剂从吸附剂中脱附，太阳能吸附集热器内压力升高，脱附出来的制冷剂进入冷凝器，经冷却介质（水或空气）冷却后凝结为液态，进入蒸发储液器。夜间或太阳辐照不足时，环境温度降低，太阳能吸附集热器通过自然冷却后，吸附床温度下降，吸附剂开始吸附制冷剂，产生制冷效果。产生的冷量一部分通过冷媒水从风机盘管（或空调箱）输出，另一部分储存在蒸发储液器中，可在需要时根据实际情况调节制冷量。

③ 太阳能除湿式制冷系统主要由太阳能集热器、除湿器、换热器、冷却器、再生器等几部分组成。它是利用除湿剂先对空气进行除湿，使其达到一定的干燥程度，然后再对其降温或加湿降温，达到要求后直接将冷却的空气送入室内。除湿剂有固态除湿剂（如硅胶）和液态除湿剂（如氯化钙、氯化锂）两类。对于固态除湿剂，除湿器可以采用蜂窝转轮形式；对于液态除湿剂，可采用填料塔形式。

④ 太阳能蒸汽压缩式制冷系统主要由太阳能集热器、蒸汽轮机和蒸汽压缩式制冷机三大部分组成。系统运行时，水或其他工质在集热器中被太阳能加热至高温状态，先后通过汽液分离器、锅炉、预热器放热后回到集热器，形成热源工质循环。低沸点工质由汽液分离器出来时，压力和温度升高，成为高压蒸汽，推动蒸汽轮机旋转而对外做功，然后进入热交换器被冷却，再通过冷凝器而被冷凝成液体。该液态的低沸点工质又先后通过预热器、锅炉、汽液分离器，再次被加热成高压蒸汽，形成热机工质循环。

蒸汽轮机的旋转带动了制冷压缩机的旋转，制冷工质经过压缩、冷凝、节流、汽化等过程，形成制冷循环。三个循环过程共同实现了制冷的目的。

⑤ 太阳能蒸汽喷射式制冷系统主要由太阳能集热器和蒸汽喷射式制冷机两大部分组成。它们分别依照太阳能集热器循环和蒸汽喷射式制冷机循环的规律运行。

在太阳能集热器循环中，水或其他工质被太阳能集热器和锅炉先后加热，温度升高，再去加热低沸点工质至高压状态，然后又回到太阳能集热器再被加热。在蒸汽喷射式制冷机循环中，低沸点工质的高压蒸汽通过蒸汽喷射器的喷嘴，因流出速度高，就抽吸蒸发器内生成的低压蒸汽，进入混合室。此混合蒸汽流经扩压室后，速度降低，压力增加，然后进入冷凝器被冷凝成液体。该液态的低沸点工质在蒸发器内蒸发，吸收冷媒水的热量，从而达到制冷的目的。如此周而复始，使太阳能集热器成为蒸汽喷射式制冷机循环的热源。

8.2.6 地热能利用系统

地球由外向内可分为地壳、地幔和地核。在地壳层中从外到内又分为变温层、恒温层和增温层，变温层由于受太阳辐射的影响，其温度有昼夜、年份周期性变化，深度一般在 20m 范围内。恒温层温度变化幅度几乎等于 0，深度一般为 20～30m。增温层在恒温层以下，温度随深度增加而升高，其热量的主要来源是地球内部的热能。地球表面年平均温度通常保持在 15℃左右，这是因为在地球每年接受到的 2.6×10^{24} J 太阳能中，约有 50%被地球吸收。这其中有一半能量以长波形式辐射出去，余下的作为水循环、空气循环、植物生长的动力，通常把地下 400m 范围内土壤层中或地下水中蓄存的相对稳定的低温热能定义为地表热能。

（1）地热直接供暖系统及间接供暖系统　地热供暖系统是利用 50～90℃的低温地热资源，主要由地热井（包括生产井、井泵和井口装置等）、换热站、调峰加热设施（锅炉、电热或热泵）、输送分配管网（包括循环泵、输送管线）、用户终端（供暖散热器）、地热水排放或回灌等部分组成，分为直接供暖系统和间接供暖系统。地热直接供暖系统是指将地热水直接送入用户终端散热器进行供暖，降温后的地热水再进行综合利用、回灌或排放，如图 8-10(a) 所示，具有设备简单、投资较少及地热水热量利用充分等优点。地热间接供暖系统是指采用中间换热的方式。地热水为一次水，供暖循环水为二次水，两路水通过中间换热器换热，供暖循环水将热量送往用户，地热水经换热降温后，再进行综合利用、回灌或排放，如图 8-10(b) 所示。

（2）地源热泵系统　地源热泵系统类似于普通的制冷空调和热泵装置系统，它是利用地表恒温层中土壤低品位热能，通过输入少量的高品位能（如电能），实现低温热源向高温热源的转移。地表土壤浅层（包括地下水）分别在冬季和夏季作为低温和高温冷源，使能量在一定程度上得到了循环利用，符合节能建筑的基本要求和发展方向，是最有希望在住宅、商业和其他公用建筑供热制冷空调领域发挥重要作用的新技术。

在冬季，地源热泵系统通过埋在地下或沉浸在池塘、湖泊中的封闭管路，或者直接利用地

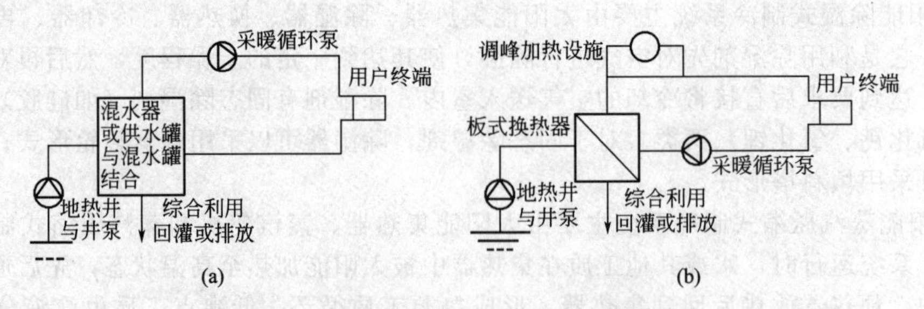

图 8-10 地热直接供暖系统及间接供暖系统

下水，从大地中收集热量，由装在室内机房或室内各房间区域中的水源热泵装置通过电驱动的压缩机和热交换器，把大地的能量集中并以较高的温度释放到室内，如图 8-11 所示。在夏季，地表层为冷源，地源热泵系统将室内多余的热量不断地排出而为大地所吸收，使建筑物内保持适当的温湿度。其过程类似于电冰箱，不断地从冰箱内部抽出热量并将它排出箱外，使箱内保持低温。因此，不管是冬季还是夏季，地源热泵系统都可以产生生活热水，满足用户常年的需要。

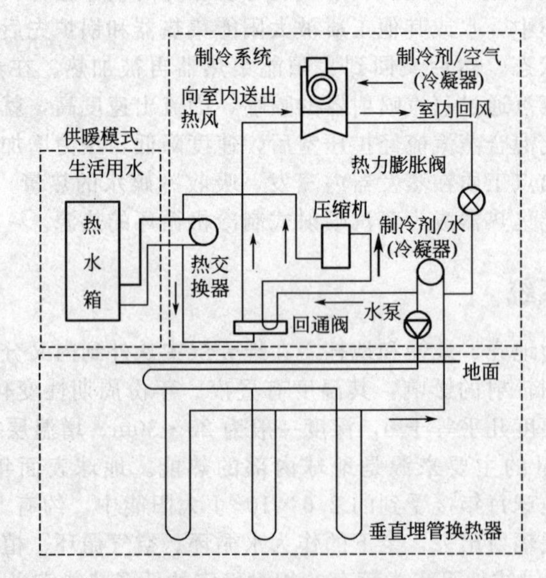

图 8-11 地源热泵系统

(3) 地道风空气调节系统　众所周知，地层温度在夏季较外界空气温度低，而在冬季较外界空气温度高。如果在地层中存在具有上下通风口高差的通道，那么，在“热虹吸”作用下，夏季热空气就会自动地从上通风口进入，受大地冷却后，从下通风口流出，因此，可以直接或间接地利用冷空气创造凉爽的环境；冬季冷空气又会自动地从下通风口进入，受大地加热后，从上通风口流出，因此，可以直接或间接地利用热空气采暖。

上述自然空调系统依靠热压作用自然运行，它要求有足够的通道长度和进出口高差，空气才能被充分加热或冷却。如果条件不能满足，则可以用机械通风系统。

图 8-12 是日本九州大学研发的一种双层空气层住宅。在夏季，室外热空气由风机抽入地下被大地冷却后进入地下热交换器，冷却室内循环空气。同时，利用太阳能在南墙产生烟囱效应，将热量从屋顶抽出，而双层空气间层起到隔热作用。在冬季，太阳能加热空气，该空气被引入到地下热交换器，加热室内循环空气；也可以让加热空气先被地层加热，再被太阳能加热；最后用于加热室内循环空气。双层空气间层起到了保温作用。研究表明，该系统在夏季能节能 35%，而在冬季可节能 37%左右。

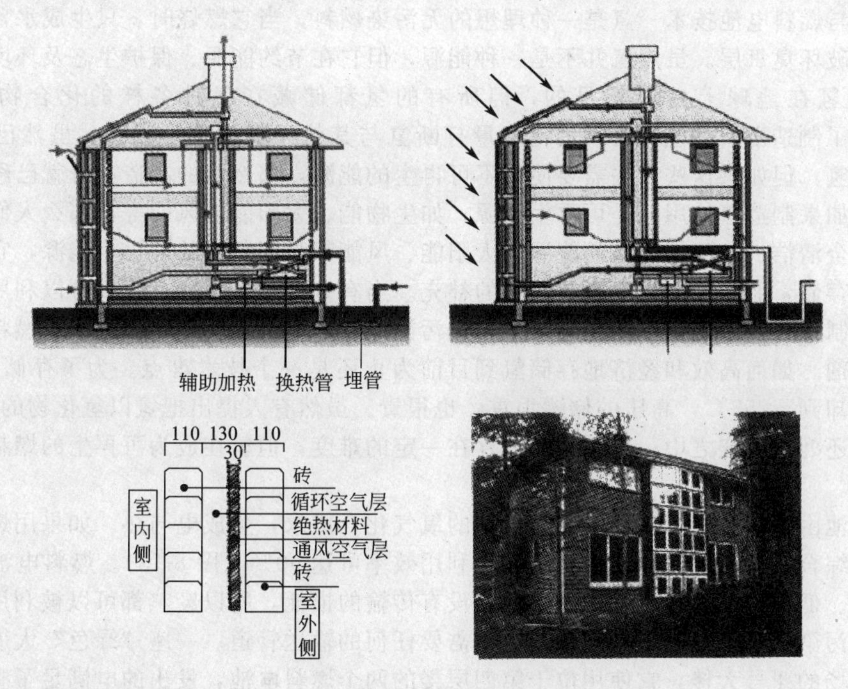

图 8-12　日本九州大学研发的双层空气层住宅

8.2.7　其他可再生能源利用技术

（1）风力发电技术　风能是太阳辐射造成地球各部分受热不均匀，引起各地温差和气压不同，导致空气运动而产生的能量，利用风力机可将风能转换成机械能、电能和热能等。传统的风能利用主要是用于研磨谷物、抽取井水、风力制热以及风帆助航等。

风力发电的原理，是利用风的能量驱动风轮机的叶片转动，从而带动发电机的转子转动切割磁力线而发电的。在电价较高或是偏僻缺电地区，如果风力资源充足，风能是最好的发电能源，它占地面积小，清洁无污染，取之不尽，用之不竭。一般来讲，风力条件较好的地区，多位于山脉顶部、山麓和海岸线一带。为了获得良好的经济效益，风速至少应大于 4m/s，风能发电输出的功率，近似与风速 v 的立方成正比，与叶片直径 D 的平方成正比，即 $P \approx v^3 D^2$。因此，风力发电一般建在多风或高地上较好，也可以建在高的屋顶上，风力发电的最大弱点是其不稳定性，但如果与电网并联或用蓄电池，可以解决这一问题。风力发电系统如果与太阳能光伏发电系统混合使用，则它们之间可以互补，这是因为在大多数情况下，冬季阳光较弱，风力较大，而在夏季风力弱，太阳辐射较大。

（2）生物质能利用技术　生物质能是蕴藏在生物质中的能量，是绿色植物通过叶绿素将太阳能转化为化学能而储存在生物质内部的能量。有机物中除矿物燃料以外，所有来源于动植物的能源物质均属于生物质能，通常包括木材、森林废弃物、农业废弃物、水生植物、油料植物、城市和工业有机废弃物、动物粪便等，生物质能的利用主要有直接燃烧、热化学转换和生物化学转换三种途径，生物质能的直接燃烧在我国农村广为使用，因此，改造热效率仅为10%左右的传统烧柴灶，推广技术简单、效益明显、热效率可达 20%～30%的节材灶，对于我国农村能源建设有重要意义。

生物质能的热化学转换是指在一定温度和条件下，使生物质气化、炭化、热解和催化液化，以生产气、液态燃料和化学物质的技术。生物质能的生物化学转换包括生物质的沼气转换和生物质的乙醇转换等。沼气转换是有机物质在厌氧环境中，通过做生物发酵产生一种以甲烷为主要成分的可燃性混合气体，即沼气。乙醇转换是利用糖质、淀粉和纤维素等原料经发酵制成乙醇。

(3) 氢与燃料电池技术　氢是一种理想的无污染燃料，当它燃烧时，只生成水，不会加剧全球变暖和破坏臭氧层。虽然氢并不是一种能源，但它在节约能源、保护生态及环境方面有重要的作用。氢在地球上是很充足的，但所有的氢都储藏在各种各样的化合物中，如水(H_2O)。为了制造游离的氢，必须消耗能量打断氢与其他元素的化学联结。虽然已有数种方法可以制造氢，但如果这些方法需要使用不可再生的能源，那么氢的制造本身就已经是不可持续的了。但如果制造氢使用的是可再生能源，如生物能、太阳能或风能等，那么人们就真正拥有了一种完全清洁的、可持续性的能源。太阳能、风能都是间断性的可再生能源，它们的最大弱点是不便存储，而氢在这方面则是很好的补充。当有多余的电力时，我们可以利用它来电解水，从水中制造氢，以后氢可以在燃料室中无污染地制造电力。氢还可作为锅炉燃料和汽车的发动机燃烧剂。如何高效和经济地存储氢到目前为止还是一个技术难点。为了存储液态的氢，它必须被冷却到$-253℃$，高压的储罐很重，也很贵。虽然有人提出把氢以氢化物的形式保存，但这种技术还处于研究之中。尽管存储氢存在一定的难度，但氢在成为可再生的燃料方面仍有巨大的潜力。

燃料电池由氢气燃烧驱动，它与空气中的氧气化合成水，生成电与热。如果用燃料电池发电的话，则综合热力、电力的效率会更高，利用效率可达90%（图8-13）。燃料电池安全、清洁、无噪声、低维护，而且很紧凑，因而它没有传输的损耗，所以废热都可以被利用。它不释放任何导致污染和全球变暖的副产品，也不需要任何的输送管道。一座“绿色”大厦的实例是纽约时代广场的4号大楼，它使用位于第四层楼的两个燃料电池，发出的电满足了整栋大楼需求的相当大一部分。虽然在生产氢的过程中需要用到天然气，从而也会生成一些二氧化碳，但当用氢来发电时，由于它的高效性，比传统发电方式释放的二氧化碳要少得多。燃料电池在建筑的可持续发展方面的最大潜力是用那些可再生的能源来制造氢，如风能或太阳能。

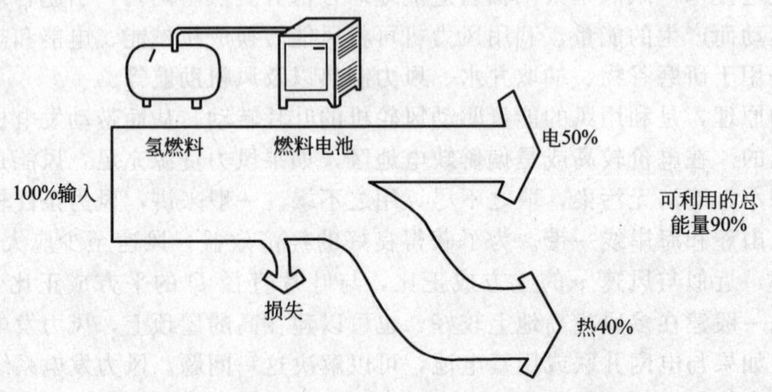

图8-13　燃料电池有的能量利用效率很高

8.3 绿色生态建筑水环境系统的生态策略设计

水是生命之源、生产之要、生态之基。2011年的中央一号文件《中共中央国务院关于加快水利改革发展的决定》无疑将水利和水资源提高到了关系经济安全、生态安全、国家安全的国家战略高度，水资源的严峻形势终于不再只是书面的白纸黑字，而将要得到实质性的关注和解决。“一号文件”定义了“三条红线”，即水资源开发利用总量的控制红线、水效率控制红线、水功能区限制纳污红线，而与绿色建筑息息相关的是水效率控制红线、水功能区限制纳污红线这两条红线。

绿色建筑水环境系统的生态策略设计要实现节水目标，提高水资源利用率，把污水、废水、雨水、地表水、再生水回收利用，使“供给—用户—排放”和“雨水、地表水—径流—排放”这种一次性低利用率的线性模式改造成“供给—排放—储存—处理—回用”循环利用模式，同时维护“降雨—渗透/调蓄—蒸发—降雨”的自然水循环，改善“净水—污水—净化—回用”的区域水循环。

8.3.1 制定合理的用水规划

水环境规划是绿色住宅小区规划的重要内容之一。水环境在住宅小区中占有重要地位，在住宅内要有室内给水排水系统，以供给合格的用水和能及时通畅地排水；住宅小区内也应有适当的室外给水排水系统和雨水系统。人们常说的亲水型住宅，在小区内还必须有景观水体，以及水景等娱乐或观赏性水面。大面积的绿地及区内道路也需要用大量的水来养护。这些系统和设施是保证住宅小区具备优美、清洁、舒适环境的重要物质条件。

为了使水资源的利用效率达到最佳，改善绿色住宅小区水环境，在对绿色住宅小区进行给水排水设计前，必须结合所在区域内的总体水资源和水环境规划，对小区的用水进行合理规划。住宅小区的供水设施应该采用先进的智能化管理，并且应该具有远程控制、故障自动报警等系统，这样既能将住宅小区的水资源进行统一的调度和管理，又能安全可靠地运行。用水规划总的原则应采取高质高用、低质低用。除利用市政供水以外，还应充分利用其他水资源，如雨水、生活污水，按照相关标准处理后进行回收与再利用。绿色住宅小区水环境规划应妥善处理如下几个方面的问题。

(1) 水量平衡　水环境规划中的水量平衡旨在确定小区每日所需供应的自来水水量、生活污水排放量、中水系统规模及回用目标、景观水体补水量、水质的保证措施以及补水来源等，并且估算出小区节水率及污水回用率，为提出小区水环境总体规划方案打下可靠的基础。参照相关设计规范，通过水量平衡估算出住宅小区各种水系统的需水量及排水量，同时找出各水系统间水资源的相互依赖关系，计算小区的各种用水量、排水量以及雨水收集量。在考虑污水、雨水回用的同时，还需要根据市政提供的水量进行合理的安排。

(2) 节水率和回用率的指标　绿色住宅应该按照高质高用、低质低用的原则，确定合理的分户计量收费标准，通过控制水龙头的出水压力、生活污水和雨水回收再利用、优先选用节水器具和设备（如绿色管材、高效节水洗衣机、节水喷头）等措施，减少市政提供的水量，达到节约用水的目的。按照《绿色生态住宅小区建设要点与技术导则》的规定，要求节水率不低于20%，中水和雨水的使用量达到小区用水量的30%。

(3) 技术经济比较　为了实现节水减排的目的，就必须对水资源进行经济、合理的利用，既要对绿色住宅小区常规的市政用水不同方案进行比较，还要对生活污水和雨水不同回用目的和工艺方案做出全面的经济评价。在进行技术经济比较时，通过技术经济比较分析确定出最佳方案，应当注意采用适合当地情况、节能降耗、操作方便、运行安全可靠、投资低廉的水系统和处理工艺，来提高节水效益。经比较后推荐最佳的方案对绿色住宅小区水环境系统的各个子系统进行统一的设计和施工。

8.3.2 管道直饮水子系统设计中应注意的问题

管道直饮水子系统属于分质给水排水系统，在设计中应注意以下问题。

(1) 水质标准　在进行绿色住宅小区水环境规划时，水环境工程设施必须达到国家或地方制定的相应的水质标准，《绿色住宅小区建设要点与技术导则》中规定：绿色住宅小区中的管道直饮水水质应该符合《饮用净水水质标准》(CJ 94—1999)。

(2) 用水标准　目前，管道直饮水系统无规范可循，根据《全国民用建筑设计技术措施——给水排水》(以下简称《措施》) 中所提供的数据，用于饮用的用水标准为2～3L/(人·d)；用于饮用和烹饪的用水标准为3～6L/(人·d)。对于住宅小区，用水量标准建议取3～

5L/(人·d)，经济发达地区可适当提高至 7～8L/(人·d)，办公楼为 2～3L/(人·d)。

(3) 流量的确定　至今为止，国内在管道直饮水的室内管道设计方面还缺乏规范性的公式。现在规范中所提到的建筑生活给水管道秒流量计算公式，其结果既不合理又不准确，为了解决这个问题，李玉荣提出了直饮水管道设计秒流量的方法，其计算公式如下：

$$g=0.049\sqrt{q_d N}$$

式中，g 为设计秒流量，L/s；q_d 为直饮水用水标准，L/(人·d)；N 为直饮水水龙头的当量系数，每个直饮水水龙头的当量系数为 0.25。

在对流量进行确定后，为了确保管道直饮水的水质新鲜，除了进户直饮水水表至水龙头之间的管道之外，其余的各路主管均应保证直饮水的循环回流。

8.3.3 中水回用系统

中水原水通过中水处理设施，使其达到生活杂用水水质标准，再通过回用供水管路供给室外绿化、洗车、浇洒路面或进入室内供给厕所便器、拖布池等用水点。

(1) 水源　绿色住宅小区中水水源的选择要依据技术经济的比较来确定。不同小区的场地环境和水文地质条件千差万别，可利用的水源各不相同，应因地制宜地选择适用水源。当有不同水源可供选择时，应通过技术经济分析比较，择优确定，应优先选择水量充足，水温适度，水质适宜，供水稳定，安全且居民易接受的中水水源。住宅小区中水可选择的水源有：①城市生活污水处理厂的出水；②相对洁净的工业排水；③市政排水；④建筑小区内的雨水；⑤住宅小区内建筑物各种排水；⑥天然水资源（包括江、河、湖、海水等)；⑦地下水。

当中水水源采用建筑物各种排水时，其原水量可按取用排水项目的给水量及占总水量的百分率计算，其相关参数可参考《建筑中水设计规范》，也可按住户排水器具的实际排水量和器具数计算。此外，建筑物排水量可按建筑物用水量的 80%～90%计算，用于中水水源的水量宜为中水回用水量的 110%～115%。

(2) 中水原水水质与中水水质标准　在通常情况下，中水原水水质应以实测资料为准。如果没有实测资料，各类建筑物各种排水的污染浓度可参照最新的《建筑中水设计规范》加以确定。当中水用于冲厕以及室内外环境清洗时，其水质标准应符合《生活杂用水水质标准》。当用于蔬菜浇灌用水、洗车用水、空调系统冷却水和采暖系统补水等其他用途时，其水质标准应该达到相应的规范要求，而对于多种用途的中水水质标准应按最高要求确定。

(3) 中水设计时应注意的几个问题　中水系统的设计总体上应根据小区原排水的水质、水量、中水用途和水源的位置来确定中水系统的处理工艺；中水水源宜采用优质排水。应按下列顺序取舍：淋浴排水、盥洗排水、洗衣排水、厨房排水、厕所排水。中水使用必须确保安全，严禁中水进入生活饮用水系统。中水系统设计时应注意以下若干问题。

① 中水系统应具有一定的规模，在国家住宅与居住环境工程中心制定的《健康住宅建设技术要点》中规定：规模达到 5 万平方米的住宅小区应设置中水（复用水）系统。中水系统的规模原则上以中水成本价不大于自来水水价为宜。

② 中水供水管道不得采用非镀锌钢管，宜采用承压的复合管、塑料管和其他给水管材。

③ 建筑中水供水系统管道水力计算按《建筑给水排水设计规范》中给水部分执行。

④ 中水供水系统必须独立设置，严禁中水进入生活饮用水的给水系统。

⑤ 中水储存池（箱）宜采用耐腐蚀、易清垢的材料制作。钢板池（箱）内壁应采取防腐处理。

⑥ 在中水供水系统上，应根据使用要求安装计量装置。

⑦ 充分注意中水处理给建筑环境带来的臭味和噪声的危害，对处理站中构筑物产生的臭味和机电设备所产生的噪声和振动应采取有效的除臭、降噪和减振措施。

⑧ 中水管道外壁应该涂上浅绿色标志；水池（箱）、阀门、水表及给水栓均应标有明显的“中水”标志。

⑨ 中水管道上一般不得装设取水龙头。当装有取水龙头时，应采取严格的防护措施。

⑩ 选用定型设备，尤其是一体化设备时，应注意其功能和技术指标，确保出水水质。

8.3.4 雨水利用系统

(1) 屋面雨水收集利用　屋面雨水收集利用系统有两种：单体建筑分散式系统和建筑群或小区集中系统。两者的工艺流程基本相同。其工艺流程见图 8-14。

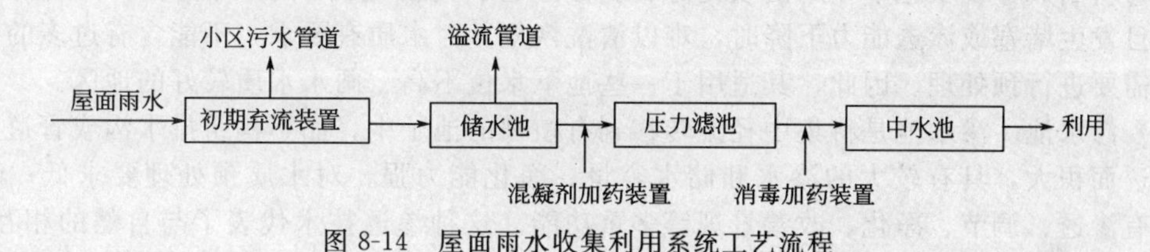

图 8-14　屋面雨水收集利用系统工艺流程

雨水初期弃流装置能够降低雨水利用的难度，提高净化系统效率，降低运行成本。一般可将初期弃流量定为 2mm。

国内外许多专家都提出了储水池的体积确定方法，本书介绍晏中华提出的计算方法：

$$Q_M = 3.33 \times 10^{-5} kAh$$

$$V = (10 \sim 20) Q_M$$

式中，Q_M 为最大降雨月的日集水量，m^3/d；k 为流出系数，可取 0.9；A 为实际的屋面集水面积，m^2；h 为最大降雨月的月降水量，mm/月；V 为储水池体积，m^3。

屋面雨水水质受大气质量、屋面材料、降雨量、降雨间隔等因素的影响。因此，屋面材料成为绿色建筑设计中必须考虑的问题，集水最佳屋顶材料是金属、陶瓦和以混凝土为基面的材料（如瓦片或纤维接合剂），不允许采用含铅材料（如塑料）作为集水屋顶。

试验研究表明，屋面雨水水质的可生化性差，屋面雨水处理不宜采用生化方法，宜使用物化方法，即接触过滤加消毒的方法。初期弃流的屋面雨水，在最佳投药条件下经接触过滤，COD 一般可去除 65%左右，SS 可去除 90%以上，色度可去除 55%左右，水质可满足生活杂用水水质标准。

(2) 屋面花园雨水收集利用　屋面花园是指在各种建筑物的屋顶上进行绿化、种植花草的统称，可用于平屋面和坡屋面。屋面花园各构造层次自上而下一般可分为植被层、基质层、隔离过滤层、排（蓄）水层、隔根层、分离滑动层等。

植被层是屋面花园的关键，植物和土壤的选择是植被层的关键。植被层土壤必须有一定渗透性并能满足植被生长的需要，植被必须适应当地的气候条件和植被层土壤性质相匹配。植物品种要合理搭配，尽量采用多种植物。另外，由于屋顶承重所限，要求植被层应具有自重轻、不板结、保水保肥、适宜植物培育生长、施工方便和经济环保等性能。

屋面花园有很多优点：夏天防晒，改善屋顶隔热性能；冬天保温；植被层的覆盖可延长防水层寿命；降低屋面雨水径流系数；可增加对雨水的利用量；可以作为休闲放松之地。

(3) 渗透地面　渗透地面分为天然渗透地面和人工渗透地面两种。天然渗透地面以绿地为主，人工渗透地面是人为铺装透水性地面，如多孔嵌草砖、碎石地面、多孔混凝土或多孔沥青路面等。人工渗透地面的目的是使水渗透接近水源来保持和恢复自然循环。

绿地是天然渗透地面，优点是：透水性能好；在小区或建筑物周围分布，便于雨水的引入和利用；减少绿化用水实现节水；对雨水中的一些污染物具有较强的截流和净化作用。缺点是：渗透量受土壤性质的限制；雨水中如果含有较多的杂质和悬浮物，影响绿地质量和渗透性能。为了增加渗透量，在绿地中做浅沟可以达到降雨时临时储水的目的，但要避免溢流，避免绿地过度积水而破坏植被。

人工渗透地面的优点是：利用表层土壤对雨水的净化能力，对雨水的预处理要求相对较低；技术简单，便于管理；建筑物周围或小区内的道路、停车场、人行道等都可以充分利用。缺点是：渗透能力受土质限制，需要较大的透水面积；对雨水径流量调蓄能力差。

低于周围地面适当深度，能够接受周边地面雨水径流的绿地成为下凹绿地，研究表明，绿地低于周围路面 0.1～0.2m，其入渗量是绿地高于或平于路面时的 3～4 倍。

(4) 渗透管、沟　渗透管、沟是传统雨水管的良好替代装置，它是由无砂混凝土或穿孔管等透水材料制成，设于地下，周围填充砾石。渗透管、沟占地面积小，投资少，调蓄能力强，但是一旦发生堵塞或渗透能力下降时，难以清洗恢复。对水质有要求，不能含有过多的固体悬浮物，需要进行预处理。因此，其适用于一些地下水位不高、雨水水质较好的地区。

(5) 渗水池　渗水池是将集中径流转移到有植被的池子中，而不构筑排水沟或管道。渗水池的渗透面积大，具有较大的渗水和储水容量；净化能力强，对水质预处理要求低；管理方便，具有渗透、调节、净化、改善景观等多重功能。这种渗透技术代表了与自然的相互作用，基本不需要维护。但其通常需占用大面积土地，设计管理不当会造成水质恶化、渗透能力下降等负面影响。渗水池对于在绿色住宅小区中改善生态环境、提供水景、节水、水资源高效利用方面效果十分显著。

(6) 渗水盆地　渗水盆地与渗水池的功能基本相同，水唯一的出路是渗入土壤。渗透可以使雨水通过土壤滤掉污染物，因此是对径流最理想的管理和保护。修建渗水盆地时，应注意以下问题。

① 按照敞开系统或封闭系统设计渗水盆地。有些渗水盆地敞开且长有植被，起到了维护多孔土壤结构的作用。另外一些建在地面以下，其表面被改造为停车场或其他用途。建设地下渗水盆地的材料费用高昂，因此只有在土地非常紧张，迫切需要将该地表建成双重用途时，才倾向于采用地下渗水盆地。

② 靠近径流源设置渗水盆地最为经济有效。

③ 应避免使渗水盆地靠近建筑的基础，也应避免建在陡峭不稳的坡地。

8.3.5 节水设施、器具和绿色管材

(1) 节水设施　《中华人民共和国水法》规定，国家厉行节约用水，大力推行节约用水措施，推广节约用水新技术、新工艺，发展节水型工业、农业和服务业，建立节水型社会。在绿色住宅小区内，节水设施应与主体工程的设计、施工、使用同时进行。国内的某项发明专利曾介绍：一种廉价的节水设施与方法是把洗涤池、储水箱、过滤管、液压式压管、便器等进行构造与连接，其特点如下。

把洗涤池和浴澡地基过水池提高并高出储水箱，再用过滤管连通，这种采用落差原理的方式，在没有动力和人为因素的情况下，能够将使用过的水自动流经过滤管成为清洁水并储入储水箱内，储水箱内有一个可产生压力的液压式压管伸出储水箱并延伸至洗涤池，这种采用液压式原理的方式，可以在没有动力和人为往返提水困扰的情况下，实现循环地把过滤后的水再次加以利用的目的。

储水箱与便器连通，便器不再与自来水管连通。这种不直接使用自来水，而只使用已多次使用过的又经过滤过的清洁水冲便、拖地的方式，可以得到使用的是自来水，但又不支付自来水费用的效果，实现水的最大使用价值。

这种节水设施可使水多次重复过滤使用，能满足大部分清洗物的多次清洗用水及冲便、拖地的用水。整个设计、施工造价极其低廉，而且可以使住宅楼的水消耗量降至为现在住宅楼水消耗量的几分之一，因此，除了在绿色住宅小区大规模运用国家所规定的节水设施外，其他优

秀的节水设施和方法也应该推广。

游泳池应按照《游泳场所卫生标准》(GB 9662—1996) 的要求，建设和使用技术先进的游泳池循环水处理设备，禁止采用浪费水资源和不卫生的换水方式。

(2) 节水器具（图 8-15） 在绿色住宅水环境设计中，应优先选用中华人民共和国国家经济贸易委员会 2001 年第 5 号公告《当前国家鼓励发展的节水设备》(产品) 目录中公布的以及满足国家建设部《节水型生活用水器具标准》的设备、器材和器具。具体要求如下。

① 水嘴应使用节水型水嘴，产品应在水压 0.1MPa 和管径 15mm 下，最大流量不大于 0.15L/s，其他要求应符合《陶瓷片密封水嘴》(GB/T 18145—2000) 等有关标准。根据用水场合的不同，可分别选用：延时自动关闭（延时自闭）式、水力式、光电感应式和电容感应式等类型水嘴；停水自动关闭式水嘴；脚踏、手压、肘动式水嘴；陶瓷片防漏水嘴等节流水嘴。

② 坐便器应使用节水型便器，产品宜采用大小便分挡冲洗的结构。每次冲洗周期，大便冲洗用水量不大于 6L；如采用大小便分挡冲洗的配件，小便冲洗用水量不大于 4.5L。对于在极度缺水的地区可试用无水真空抽吸坐便器。

③ 淋浴器具应采用接触或非接触控制方式启闭并有水温调节和流量限制功能的节水型淋浴器。淋浴阀应符合《淋浴用机械式脚踏阀门》(CJ/T 3008—1993)；淋浴器喷头应选用在水压 0.1MPa 和管径 15mm 下，最大流量不大于 0.15L/s 的产品。

④ 用水家用电器（包括洗衣机和洗碗机等）应使用节水型用水家用电器。比如，洗衣机的额定洗涤水量与额定洗涤容量之比应符合《家用电动洗衣机》(GB/T 4288—2003) 的要求。

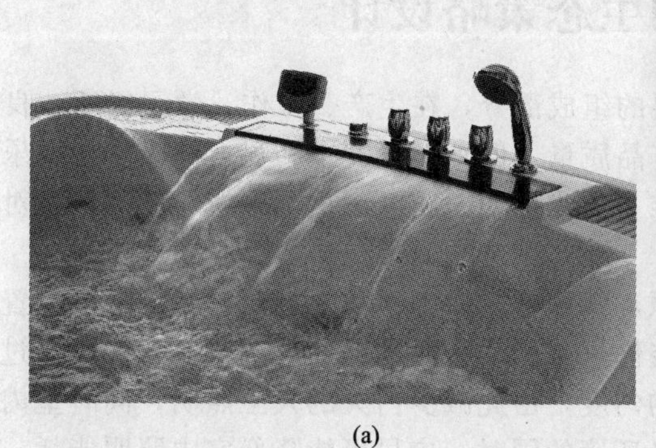
(a)

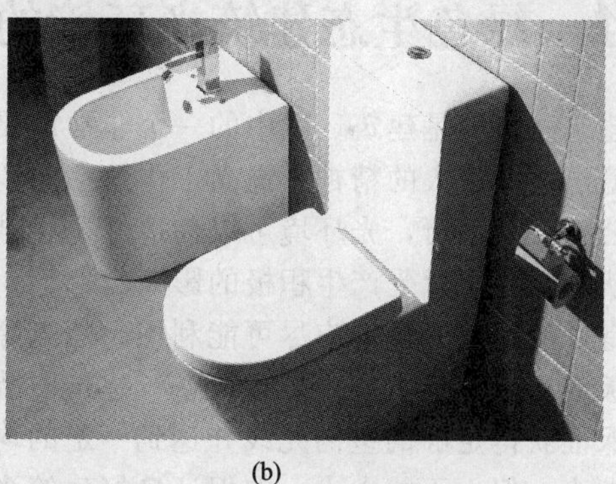
(b)

图 8-15　节水器具

(3) 绿色管材　常用的金属管材有四大致命弱点，即易生锈、易腐蚀、易渗漏、易结垢。镀锌钢管被腐蚀后将滋生各种微生物，污染管道中的自来水。这些受污染的自来水携带的细菌像无形杀手，时时威胁人们的健康。近 10 多年来，一些发达国家已先后立法或建立行业规章禁止使用镀锌钢管作为饮水输送管，并且提出全面使用以绿色管道为主体的不生锈、无腐蚀、无渗漏、无结垢的优质管材。

绿色管材具有五大特征，即安全可靠性、经济性、卫生性、节能和可持续发展。我国生产的绿色管材主要有聚乙烯管、聚丙烯管、聚丁烯管及铝塑复合管，这些管材 80%以上用于建筑给水和辐射采暖。相对于其他塑料管材，这些管材更适合用于室内小口径供水管、辐射采暖和地板采暖用管以及室内低压燃气用管等。在绿色住宅小区的规划设计中，应当全面使用以塑料管为主体的优质绿色管材。

8.3.6 人工水环境系统

(1) 绿化用水要求

① 用相关的政策对市政供水用于浇灌进行有效限制或禁止，并且尽可能使用收集的雨水、

废水或经过小区处理的废水。

② 水中余氯的含量不低于 0.5mg/L 或更高，以清除臭味、黏膜及细菌。

③ 水质应达到用于灌溉的水质标准。

④ 采用喷灌时，SS（固体悬浮物）应小于 30mg/L，以防喷头堵塞。

(2) 景观用水要求

① 根据小区地形特点，提出合理、美观的小区水景规划方案。

② 景观用水应设置循环系统，并且应结合中水系统进行优化设计以保证水质。

③ 建立水景工程的池水、流水、喷水、涌水等设施。

④ 景观用水水质应达到《再生水回用于景观水体的水质标准》(CJ/T 95—2000) 和《景观娱乐用水水质标准》(GB 12941—1991)，同时，为了保护水生动物，避免藻类繁殖，水体应该保持清澈、无毒、无臭，不含致病菌。为此，当再生污水用于景观用水时，需要进行脱氯以及去除营养物的处理。

总而言之，要建立良好的绿色建筑的水环境，就必须合理地规划和建设小区水环境，提供安全、有效的供水系统以及污水处理、回用系统，节约用水，还应建立完善的给水系统，保证供水水质符合卫生要求，水量稳定，水压可靠。还应建立完善的排水系统，确保排污通畅且不会污染环境。当雨水或生活污水经处理后回用作为生活杂用水等各种用途时，水质应达到国家规定的相应标准，以保证回用水的安全和适用。

8.4 绿色生态建筑光环境的生态策略设计

建筑光环境是建筑环境中的一个非常重要的组成部分，在生产、工作、学习场所，良好的光环境可以振奋人的精神，提高工作效率和产品质量，保障人身安全和视力健康。在娱乐、休息、公共活动场所，光环境可以创造舒适优雅、活泼生动，或者庄重严肃的环境气氛，对人的情绪状态、心理感受产生积极的影响。

良好的建筑光环境应尽可能利用天然光源，仔细考虑窗的面积及方位，必要时可设置反射阳光板或光导管等天然光导入设备；建筑内装修可采用浅色调，增加二次反射光线，通过这些手段保证获得足够的室内光线并达到一定的均匀度，由此减少白天的人工照明，同时室内照度不可太小，但也不能太大，在保证良好建筑光环境的同时，应尽可能降低室内照明能耗。

8.4.1 天然采光设计

在良好的光照条件下，人眼才能进行有效的视觉工作。良好光环境可利用天然光和人工光创造，但单纯依靠人工光源（通常多为电光源）需要耗费大量常规能源，间接造成环境污染，不利于生态环境的可持续发展；而自然采光则是对自然能源的利用，是实现可持续建筑的路径之一。窗户在完成自然采光的同时，还可以满足室内人员的室内外视觉沟通的心理需求，这种心理需求是否得到满足，直接影响工作效率和产品质量。无窗建筑虽易于达到房间内的洁净标准，并且可以节约空调能耗，但不能为工作人员提供愉快而舒适的工作环境，无法满足人对日光、景观以及与外界环境接触的需要。据此，建筑光环境采光设计应当从两方面进行评价，即是否节能和是否改善了建筑内部环境的质量。

(1) 天然光与人工光的视觉效果　电光源的诞生和使用仅一百余年，在人类生产、生活与进化过程中，天然光是长期依赖的唯一光源。不同照明方式及照度分布如图 8-16 所示。人眼已习惯于在天然光下视看物体，图 8-17 为辨别概率在 95%时的视功效曲线。由图中曲线可知，人眼在天然光下比在人工光下有更高的灵敏度，尤其在低照度下或视看小物体时，这种视觉区别更加显著。图 8-18 给出了在天然光与人工光条件下视觉工作能力与照度的关系比较。从图

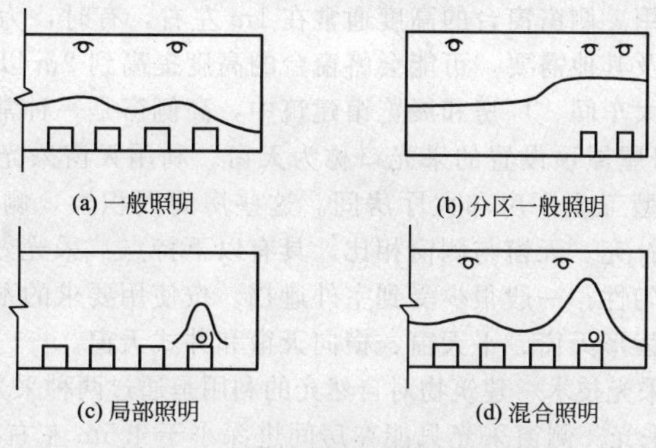

图 8-16　不同照明方式及照度分布

中可知，在相同照度条件下，天然光的视觉工作能力高于人工光，照度在 100～5000 lx 范围内高 4%～10%。这一结果同样表明天然光的视觉效果优于人工光。这些研究结果不仅说明了人眼对天然光比较习惯和适应，也说明天然光的光质好，形成的照明质量高。

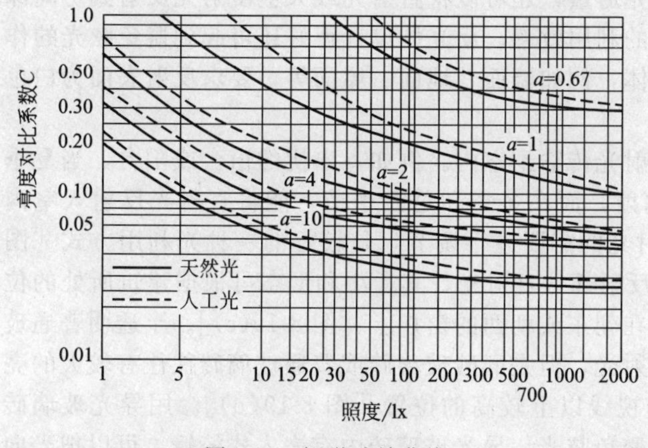

图 8-17　视觉功效曲线

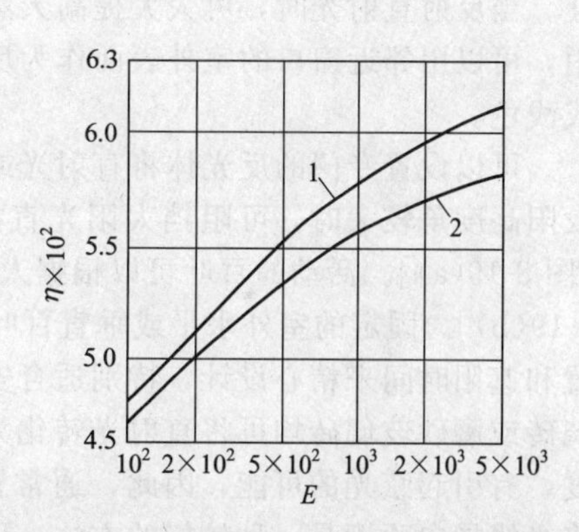

图 8-18　天然光与人工光的视觉工作能力
1—天然光；2—人工光

(2) 光气候分区　影响室外地面照度的气象因素主要有太阳高度角、云状、日照率等。我国地域辽阔，同一时刻南北方的太阳高度角相差很大。从日照率来看，由北、西北往东南方向逐渐减少，而以四川盆地一带为最低。从云量来看，自北向南逐渐增多，四川盆地最多；从云状来看，南方以低云为主，向北逐渐以高、中云为主。这些均说明，南方以天空扩散光照度较大，北方以太阳直射光为主，并且南北方室外平均照度差异较大，若在采光设计中采用同一标准值，显然是不合理的。为此，在采光设计标准中将全国划分为五个光气候区，实际应用中分别取相应的采光设计标准。

(3) 不同采光口形式　为了获得天然光，通常在建筑外围护结构上（如墙和屋顶等处）设计各种形式的洞口，并且在其外装上透明材料，如玻璃或有机玻璃等。这些透明的孔洞统称为采光口。可按采光口所处的位置将它们分为侧窗和天窗两类。最常见的采光口形式是侧窗，它可以用于任何有外墙的建筑物，但由于它的照射范围有限，故一般只用于进深不大的房间采光。这种以侧窗进行采光的形式称为侧窗采光。任何具有屋顶的室内空间均可使用天窗采光。由于天窗位于屋顶上，在开窗形式、面积、位置等方面受到的限制较少。同时采用前述两类采光方式时，称为混合采光。

① 侧窗采光　侧窗可以开在两侧墙上，透过侧窗的光线有强烈的方向性，有利于形成阴影，对观看立体物件特别适宜并可以直接看到外界景物，视野宽阔，满足了建筑通透感的要

求，故得到了普遍的使用。侧窗窗台的高度通常在1m左右，有时，为获得更多的可用墙面或提高房间深处的照度以及其他需要，可能会将窗台的高度提高到2m以上靠近天花板处，这种窗口称为高侧窗。在高大车间、厂房和展览馆建筑中，高侧窗是一种常见的采光口形式。

② 天窗采光　在房屋屋顶设置的采光口称为天窗。利用天窗采光的方式称为天窗采光或顶部采光，一般用于大型工业厂房和大厅房间。这些房间面积大，侧窗采光不能满足视觉要求，故需用顶部采光来补充。天窗与侧窗相比，具有以下特点：采光效率较高，约为侧窗的8倍；具有较好的照度均匀性；一般很少受到室外遮挡。按使用要求的不同，天窗又可分为多种形式，如矩形天窗、锯齿形天窗、平天窗、横向天窗和井式天窗。

(4) 利用反光体的采光技术　建筑物对自然光的利用是通过两种采光方式进行的：一种是侧窗采光；另一种是天窗采光。侧窗采光只能在房间进深小于4.5m左右才有效，进深再增加后，内部采光就达不到要求。天窗采光虽然可以提供较为均匀的室内照明，但其所起作用范围只对建筑物顶层有效。无论是侧窗采光还是天窗采光，当利用直射光时，都有可能产生眩光，因此，要充分利用自然光来进行照明，除了做好场地和建筑的整体布局、正确安排开窗的方位、采用合理的结构形式、处理好内部空间布置和颜色外，还必须采取相应的一些技术措施解决这些问题。

利用反光体不仅可以增加进入室内的光通量，还可以将直射光或天空漫射光反射到房间深处。当反射直射光时，可大大提高天然光的利用效率。反光体设计得好还可起到避免眩光的作用，可以用邻近窗口的室外表面作为反光体，例如墙面、地面、屋面等，要求反射表面为白色或浅色。

可以设置专门的反光体将直射光或散射光传输到室内。例如，出挑的窗台或阳台，当夏季太阳高度角较大时，可阻挡太阳光直接辐射，而在冬季和过渡季节，能将直射光反射入室内[图8-19(a)]。活动的百叶可以根据人体对光的需要进行调节，是较好的一种光利用方式[图8-19(b)]。固定的室外水平或垂直百叶能反射部分直射光，其大小和形态可根据建筑所处的位置和遮阳时间来精心设计，特别适合安装在朝东或朝西的窗户上[图8-19(c)]。半透明普通玻璃砖或磨砂玻璃砖均可将直射光转化为散射光，但是磨砂玻璃砖或普通玻璃砖往往有较大的亮度，有引起眩光的可能，因此，通常置于视线以上较高的位置[图8-19(d)]。用导光玻璃砖将光线导向顶棚是一种较好的方法，可以避免眩光。导光玻璃砖内有嵌入式棱镜，可以把光向上折射[图8-19(e)]。在高于视线的侧窗中部或中上部加设反光板，既能防止太阳光直接照射和眩光，又能将光线反射到顶棚形成室内良好光环境。在这种方法中，常将反光板向室内伸进，还可与遮阳百叶结合，发挥更好的作用[图8-19(f)]。美国北卡罗来纳州艾瑞山市艾瑞山公众图书馆的南窗采用了这种做法（图8-20）。

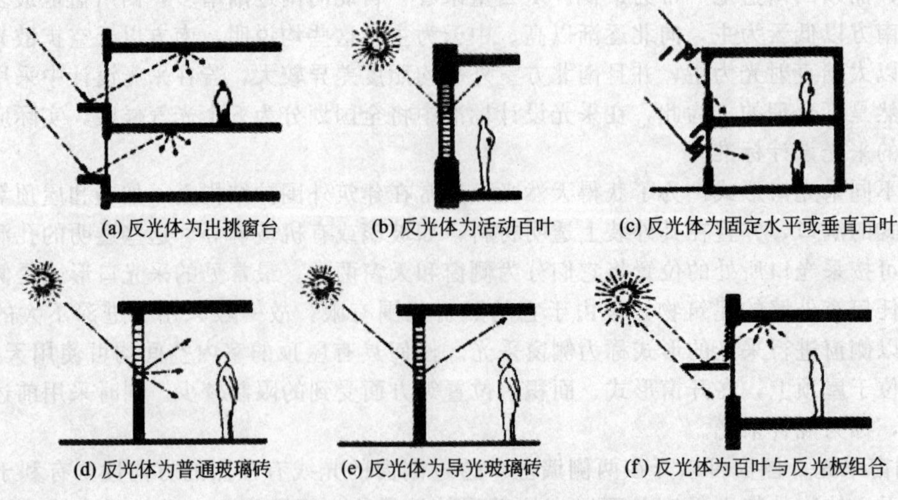

(a) 反光体为出挑窗台　(b) 反光体为活动百叶　(c) 反光体为固定水平或垂直百叶

(d) 反光体为普通玻璃砖　(e) 反光体为导光玻璃砖　(f) 反光体为百叶与反光板组合

图8-19　侧面反射采光的几种形式

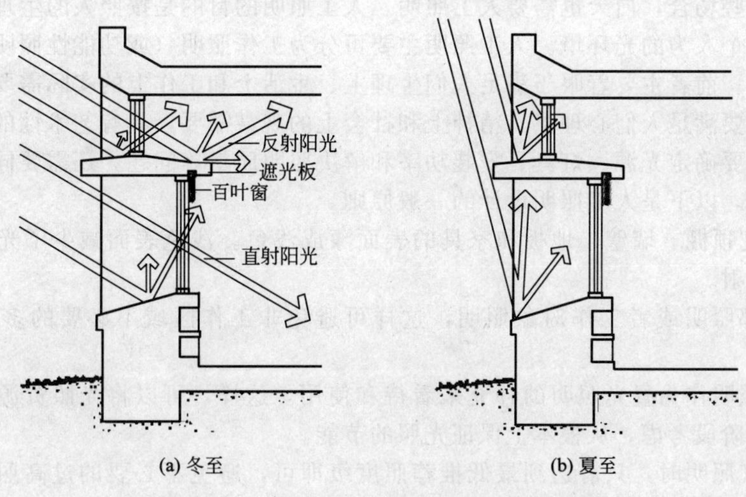

图 8-20　美国艾瑞山公众图书馆的南窗反光

反光板用于天窗中，同样可以反射直射光和消除眩光，对于南北向开矩形天窗的房间，可在北窗北侧设置反光体，以反射从南侧来的直射光，南窗需要进行适当的夏季遮阳处理［图 8-21(a)］。对于东西向开矩形天窗的房间，可设置如图 8-21(b) 所示的反光体。在上午，东边的反光体防止直射阳光直接进入室内，而西边的反光体反射直射光进入室内；在下午，西边的反光体阻挡直射光进入室内，此时，东边的反光体反射直射光进入室内。

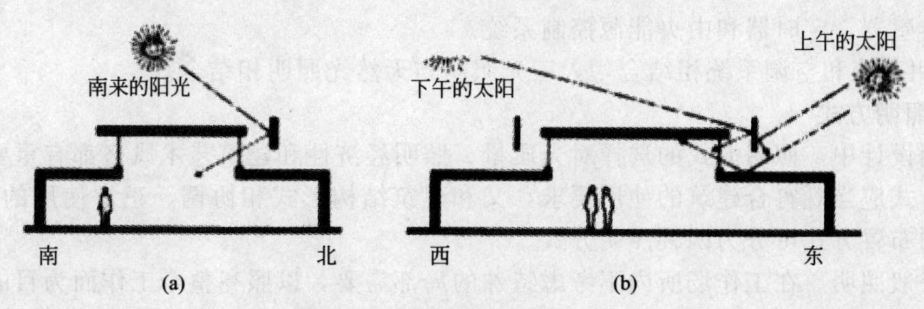

图 8-21　天窗加反光体示意图

对于锯齿形天窗，通常结合倾斜屋面进行反光设计，既可以避免眩光，也可以同时保证室内有较好的均匀照度。图 8-22 是美国北卡罗来纳州艾瑞山市艾瑞山公众图书馆锯齿形天窗的做法。

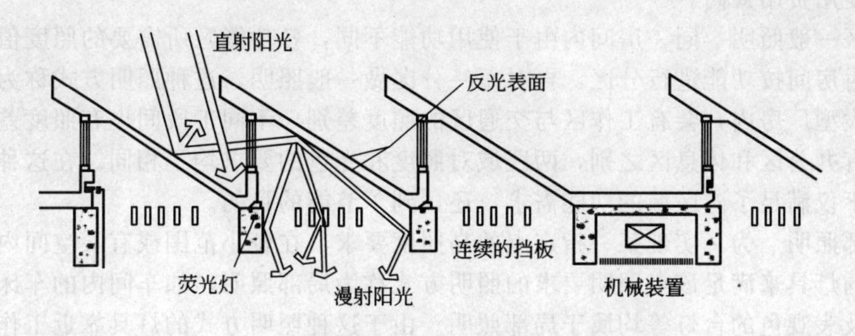

图 8-22　美国艾瑞山公众图书馆锯齿形天窗的做法

8.4.2　人工照明设计

天然光具有很多优点，但它的应用受到时间和地点的限制。建筑物内不仅在夜间必须采用人工照明，在某些场合，白天也需要人工照明。人工照明的目的是按照人的生理、心理和社会的需求，创造一个人为的光环境。人工照明主要可分为工作照明（或功能性照明）和装饰照明（或艺术性照明）。前者主要着眼于满足人们生理上、生活上和工作上的实际需要，具有实用性的目的；后者主要满足人们心理上、精神上和社会上的观赏需要，具有艺术性的目的，在考虑人工照明时，既要确定光源、灯具、安装功率和解决照明质量等问题，还需要同时考虑相应的供电线路和设备。以下是人工照明设计的一般原则。

① 尽可能把顶棚、墙壁、地板和家具的表面漆成浅色。浅色表面减少了光线的吸收，有助于光的多次反射。

② 使用局部照明或者工作对象照明，这样可避免非工作区域不必要的多余照明或过度照明。

③ 把电气照明作为昼光照明的补充来看待和使用。这样，可以将光照资源的利用重点放在建筑设计方案阶段考虑，从根本上保证光照的节能。

④ 使用电气照明时，只需达到最低推荐照度级即可，避免不必要的过高照度。但对昼光照明而言，在夏天可以比推荐值稍高一点，而在需要供暖的冬天，则可以比推荐值高得多。

⑤ 精心控制光源的方向，以避免产生眩光。少量高质的光线，可以达到与大量低质光线一样的效果。

⑥ 使用发光效率高、能避免眩光的灯具。例如金属卤化物灯、荧光灯、节能灯。

⑦ 使用高效的照明器材。例如，避免使用装有黑色挡板的照明器材以及在容易脏污的区域安装间接照射的灯具。定期清洁照明器具和室内表面，建立换灯和维护制度。

⑧ 尽量充分利用人工和自动开关及光线调节装置，以节约能源和费用，尽可能使用探测器、光电传感器、定时器和中央能源控制系统。

⑨ 照明系统和空调系统相结合，人工光照明与天然光照明相结合。

8.4.2.1 照明方式

在照明设计中，照明方式的选择对光质量、照明经济性和建筑艺术风格都有重要影响。合理的照明方式应当既符合建筑的使用要求，又和建筑结构形式相协调。正常使用的照明系统，按其灯具的布置方式可分为四种照明方式。

（1）一般照明　在工作场所内不考虑特殊的局部需要，以照亮整个工作面为目的的照明方式称为一般照明方式。一般照明时，灯具均匀分布在被照面上空，在工作面形成均匀的照度。这种照明方式适合用于工作人员的视看对象位置频繁变换的场所，以及对光的投射方向没有特殊要求或在工作面内没有特别需要提高视度的工作点或工作点很密的场合。但当工作精度较高，要求的照度很高或房间高度较大时，单独采用一般照明，就会造成灯具过多，功率过大，导致投资和使用费用太高。

（2）分区一般照明　同一房间内由于使用功能不同，各功能区所需要的照度值不相同。采光设计时先对房间按功能进行分区，再对每一分区做一般照明，这种照明方式称为分区一般照明。例如在大型厂房内，会有工作区与交通区的照度差别，不同工段间也有照度差异；在开敞式办公室内有办公区和休息区之别，两区域对照度和光色的要求均不相同。在这种情况下，分区一般照明不仅满足了各区域的功能需求，还达到了节能的目的。

（3）局部照明　为了实现某一指定点的高照度要求，在较小范围或有限空间内，采用距离视看对象近的灯具来满足该点照明要求的照明方式称为局部照明。如车间内的车床灯、商店里的点射灯以及表观色的台灯等均属于局部照明。由于这种照明方式的灯具靠近工作面，故可以在少耗费电能的条件下获得较高的照度。为避免直接眩光，局部照明灯具通常都具有较大的保护角，照射范围非常有限。由于这个原因，在大空间单独使用局部照明时，整个环境得不到必要的照度，造成工作面与周围环境之间的亮度对比过大，人眼一离开工作面就处于黑暗之中，易引起视觉疲劳，因而是不适宜的。

(4) 混合照明 工作面上的照度由一般照明和局部照明合成的照明方式称为混合照明。为保证工作面与周围环境的亮度比不致过大，获得较好的视觉舒适性，一般照明提供的照度占总照度的比例不能太小。在车间内，一般照明提供的照度占总照度的比例应不小于10%并不得小于20 lx。在办公室中，一般照明提供的照度占总照度的比例在33%～50%时比较合适。混合照明是一种分工合理的照明方式，在工作区需要很高照度的情况下其常常是一种经济的照明方法。这种照明方式适合用于要求高照度或要求有一定的投光方向，或工作面上的固定工作点分布稀疏的场所。

8.4.2.2 人工光源

人工光源按其发光机理可分为热辐射光源和气体放电光源。前者靠通电加热钨丝，使其处于炽热状态而发光；后者靠放电产生的气体离子发光。下面介绍几种常用光源的构造和发光原理。

(1) 热辐射光源

① 普通白炽灯 白炽灯是一种利用电流通过细钨丝所产生的高温而发光的热辐射光源（图8-23）。它发出的可见光以长波辐射为主，与天然光相比，其光色偏红。因此，白炽灯不适合用于需要仔细分辨颜色的场所。此外，白炽灯灯丝亮度很高，易形成眩光。

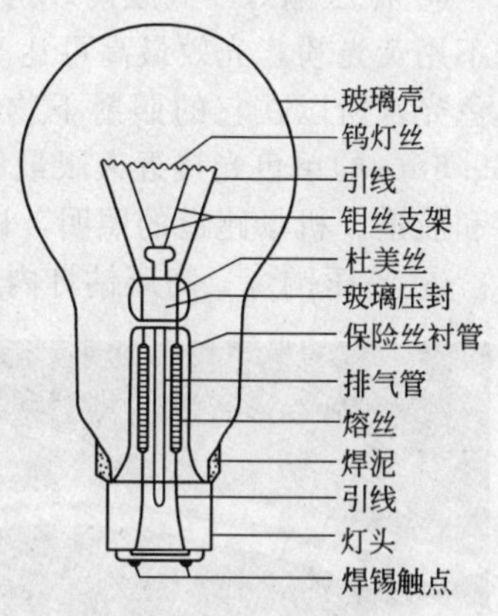

图8-23 普通白炽灯

白炽灯也具有其他一些光源所不具备的优点：无频闪现象，适用于不允许有频闪现象的场合；高度的集光性，便于光的再分配；良好的调光性，有利于光的调节；开关频繁程度对寿命影响小，适用于频繁开关的场所；体积小，构造简单，价格便宜，使用方便。基于上述一系列优点，所以白炽灯仍是一种广泛使用的光源。

② 卤钨灯 普通白炽灯的灯丝在高温下会造成钨的气化，气化后的钨粒子附着在灯的外玻璃壳内表面，使之透光率下降。将卤族元素，如碘、溴等充入灯泡内，它能和游离态的钨化合成气态的卤化钨。这种化合物很不稳定，在靠近高温的灯丝时会发生分解，分解出的钨重新附着在灯丝上，而卤族元素又继续进行新的循环。这种卤钨循环作用消除了灯泡的黑化，延缓了灯丝的蒸发，将灯的发光效率提高到20 lm/W以上，寿命也延长到1500h左右。卤钨循环必须在高温下进行，要求灯泡内保持高温，因此，卤钨灯要比普通白炽灯体积小得多。碘钨灯呈管状，使用时灯管必须水平放置，以免卤素在一端积聚（图8-24）。

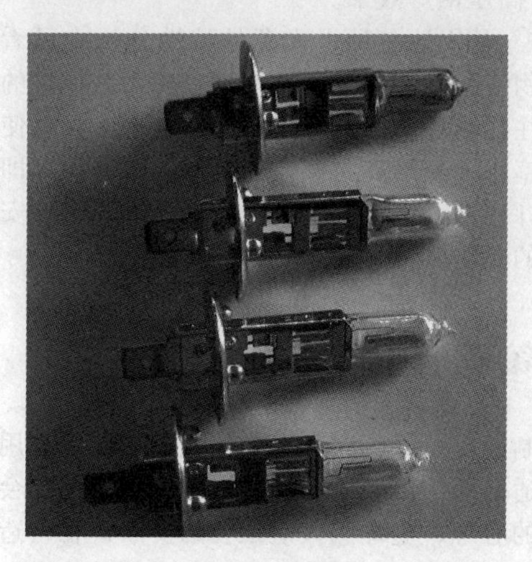
图8-24 卤钨灯

(2) 气体放电光源

① 荧光灯 荧光灯是一种低压汞放电灯。直管形荧光灯灯管的两端各有一个密封的电极，管内充有低压汞蒸气和少量帮助启燃的氩气。灯管内壁涂有一层荧光粉，当灯管两极加上电压后，由于气体放电产生紫外线，紫外线激发荧光粉发出可见光。荧光粉的成分决定荧光灯的光效和颜色。根据不同的荧光粉成分，产生不同的光色，故可制成接近天然光光色且显色性良好的荧光灯，荧光灯的光效高，一般可达45lm/W，有的甚至可达80lm/W乃至更高。荧光灯发光面积大，管壁负荷小，表面亮度低，寿命长，广泛用于办公室、教室、商店、医院和部分工业厂房，不过，荧光灯与所有气体放电光源一样，其光通量随

着交流电压的变化而产生周期性的强弱变化，使人眼观察旋转物体时产生不转动或倒转、慢速旋转的错觉，这种现象称为频闪现象。因此，在视看对象为高速旋转体的场合不能使用。

② 荧光高压汞灯　荧光高压汞灯发光原理与荧光灯相同，只是构造不同，灯泡壳有两层，分为透明泡壳和涂荧光粉层，因其内管中汞蒸气的压力高达 0.1～0.5MPa 而得名。荧光高压汞灯具有光效高（一般可达 50lm/W）、寿命长（可达 5000h）的优点，其主要缺点是显色性差，主要发绿、蓝色光，在这种灯的照射下，物体都增加了绿、蓝色调，使人不能正确分辨颜色，故该灯通常用于街道、施工现场和不需要认真分辨颜色的大面积照明场所。

③ 金属卤化物灯　金属卤化物灯的构造和发光原理与荧光高压汞灯相似，区别在于灯的内管充有碘化铟、碘化铊、碘化钠等金属卤化物、汞蒸气、惰性气体等，外壳和内管之间充氮气或惰性气体，外壳不涂荧光粉。由电子激发金属原子，直接发出与天然光相近的可见光，光效可达 80lm/W 以上。金属卤化物灯与汞灯相比，不仅提高了光效，显色性也有很大改进，但寿命较短，一般不超过 1000h。由于其光效高，光色好，单灯功率大，适用于高大厂房和室外运动场照明。

④ 低压钠灯　低压钠灯是钠原子在激发状态下发出 589.0nm 和 589.6nm 的单色可见光，故不用荧光粉，光效最高可达 300 lm/W，市售产品约为 140 lm/W。由于低压钠灯发出的是单色光，所以在它的照射下物体没有颜色感，不能用于区别颜色的场所。不过 589.0nm 和 589.6nm 的单色光接近人眼最敏感的 555.0nm 的黄绿光，透雾性很强，故常用于灯塔的指示灯和航道、机场跑道的照明，以获得很高的能见度和节能效果。

⑤ 高压钠灯　高压钠灯内管中含 99%的多晶氧化铝半透明材料，有很好的抗钠腐蚀能力。管内充钠、汞蒸气和氙气，汞量是钠量的 2～3 倍。氙气的作用是起弧，汞蒸气则起缓冲剂和增加放电电抗的作用，仍然是由钠蒸气发出可见光。随着钠蒸气气压的增高，单色谱线辐射能减小，谱带变宽，光色改善。高压钠灯已成为目前一般照明应用的电光源中光效最高、寿命最长的灯。除了上述优点，高压钠灯的透雾能力也很强，因此在街道照明方面，高压钠灯的应用非常普及；在高大厂房中也有应用高压钠灯的实例。图 8-25 为天津天石舫景观项目高压钠灯效果。

图 8-25　天津天石舫景观项目高压钠灯效果

从上述各种电光源的特性分析中可看出，光效与显色性之间是相互矛盾的，除了金属卤化物灯的光效与显色性均好以外，其他灯的高光效是以牺牲显色性为代价的。另外，光效高的灯往往单灯功率大，因而光通量也大，这使它们无法在小空间使用。为此，近年来出现了一些功率小、光效高、显色性较好的新光源，即所谓的节能灯。这些光源体积小，和 100W 普通白炽灯相近，灯头也做成白炽灯那样，附件安装在灯内，可以直接替换白炽灯，很适合用于小空间的照明。

8.5 绿色生态建筑声环境的生态策略设计

建筑声环境是指室内音质问题以及振动和噪声控制问题。绿色声环境来自人们有效地利用自然声，并且通过现代科技手段，营造亲近自然、舒适健康的声环境，绿色声环境是人类社会与自然和谐共生的又一创举，它充分满足了各色人群的心理、生理和大众社会的要求。在营造绿色声环境的工程实践中，适应当地气候、利用场区地形地貌及植被、行道树降噪是策略设计的要点。

8.5.1　噪声控制基本原理和方法

(1) 房间的吸声减噪　室内有噪声源的房间，人耳听到的噪声为直达声和房间壁面多次反射形成的混响声的叠加。房间吸声减噪量的确定方法是：当室内有噪声源时，噪声的声压级大小与分布取决于房间的形状、各界面材料和家具的吸声特性，以及噪声源的性质和位置等因素。如果在吸声减噪处理前、后室内的声压级为 L_{p_1} 和 L_{p_2}，房间的平均吸声系数是$\overline{\alpha_1}$和$\overline{\alpha_2}$，则室内噪声级的降低值为：

$$\Delta L_p = 10\lg\left(\frac{\overline{\alpha_1}}{\overline{\alpha_2}} \times \frac{1-\overline{\alpha_1}}{1-\overline{\alpha_2}}\right)\text{dB}$$

当$\overline{\alpha_1}=\overline{\alpha_2}$时，可得到更简单的形式：

$$\Delta L_p = 10\lg\left(\frac{\overline{\alpha_1}}{\overline{\alpha_2}}\right)\text{dB}$$

房间吸声减噪法的使用原则如下。

① 室内原有平均吸声系数较小时，应用吸声减噪法收效最大，对于室内原有吸声量较大的房间，该法应用效果则不大。

② 吸声减噪法仅能减少反射声，因此吸声处理一般只能取得 4～12dB 的降噪效果，试图通过吸声处理得到更大的减噪效果是不现实的。

③ 在靠近声源且直达声占支配地位的场所，采用吸声减噪法将不会得到理想的降噪效果。

(2) 减振和隔振

① 振动对人的影响　振动的干扰对人体、建筑物和设备都会带来直接的危害。振动对人体的影响可分为全身振动和局部振动。全身振动是指人体直接位于振动物体上时所受到的振动；局部振动是指手持振动物体时引起的人体局部振动。人体能感觉到的振动按频率范围分为低频振动（30Hz 以下）、中频振动（30～100Hz）和高频振动（1000Hz 以上）。对于人体最有害的振动频率是与人体某些器官固有频率相吻合的频率，这些固有频率为：内脏器官在 8Hz 附近；头部在 25Hz 附近；神经中枢在 250Hz 附近。

对于振动的控制，除了对振动源进行改进，减弱振动强度外，还可以在振动传播途径上采取隔离措施，用阻尼材料消耗振动的能量并减弱振动向空间的辐射。因此，振动的控制方法可分为隔振和阻尼减振两大类。

② 振动的隔离　机器设备运转时，其振动一方面可以通过基础向地面四周传播，从而对人体和设备造成影响；另一方面，由于地面或桌子的振动传给精密仪器而导致工作精密度下降。为了降低振动的影响，可在仪器设备与基础之间插入弹性元件，以减弱振动的传递。隔离振动源（机器）的振动向基础的传递，称为积极隔振；隔离基础的振动向仪器设备甚至是房屋（如消声室）的传递，称为消极隔振。隔振的主要措施是在设备上安装隔振器或隔振材料，使设备与基础之间的刚性连接变成弹性连接，从而避免振动造成的危害。隔振器主要包括金属弹簧、橡胶隔振器、空气弹簧等。隔振垫主要有橡胶隔振垫、软木、酚醛树脂玻璃纤维板和毛毡。其中，由于金属螺旋弹簧有较大的静态压缩量（2mm 以上），能承受较大的负荷，弹性稳定且经久耐用，因而在工程实践中得到广泛应用。

③ 阻尼减振　金属薄板本身阻尼很小，而声辐射效率很高，降低这种振动和噪声，普遍采用的方法是在金属薄板结构上喷涂或粘贴一层高内阻的黏弹性材料，如沥青、软橡胶或高分子材料，让薄板振动的能量尽可能多地耗散在阻尼层中。这种由于阻尼作用，将一部分振动能量转变为热能而使振动和噪声降低的方法称为阻尼减振。

阻尼材料和阻尼减振措施是：用于阻尼减振的材料，必须是具有很高的损耗因子的材料，如上述的沥青、天然橡胶、合成橡胶、涂料和很多高分子材料。在振动板件上附加阻尼的常用方法有自由阻尼层结构和约束阻尼层结构两种。

(3) 隔声原理和隔声措施　在许多情况下，可以把发声的物体或把需要安静的场所封闭在一个小的空间内，使其与周围环境隔离，这种方法称为隔声。例如，可以把鼓风机、空压机、球磨机和发电机等设备放置于隔声性能良好的控制室或操作室内，使其与其他房间分隔开来，以使操作人员免受噪声的危害。此外，还可以采用隔声性能良好的隔声墙、隔声楼板和隔声门、窗等，使高噪声车间与周围的办公室及住宅区等隔开，以避免噪声对人们正常生活与休息的干扰。

在噪声控制设计中，针对车间内某些独立的强声源（如风机、空压机、柴油机、电动机和变压器等动力设备，以及制钉机、抛光机和球磨机等机械加工设备），当其难以从声源本身降噪，而生产操作又允许将声源全部或局部封闭起来，隔声罩便是经常采用的一种手段。

8.5.2 噪声控制的途径

随着现代工业和交通的发展，噪声污染已成为重要的公害之一，为了创造一个安静的生活环境和不影响健康的工作条件，就需要进行噪声控制。噪声控制的措施可以在噪声（振动）源、传播途径和接受者三个层次上实施。

(1) 降低声源噪声　降低声源噪声辐射是控制噪声根本和有效的措施。在声源处即使只是局部地减弱了辐射强度，也可使在中间传播途径中接收处的噪声控制工作大大简化。

(2) 在传播途径上降低噪声　如果由于技术上或经济上的原因，无法有效降低声源的噪声时，就必须在噪声的传播途径上采取适当措施。隔声的基本原理如图 8-26 所示。首先，在总图设计中应按照“闹静分开”的原则，对强噪声源的位置合理布置；其次，改变噪声传播的方向或途径也是很重要的一种控制措施，另外，充分利用天然地形如山冈、土坡和已有建筑物的声屏障作用和绿化带的吸声降噪作用，也可以收到可观的降噪效果。控制噪声的最后一环是在接收点进行防护。假如在声源及其声波传播途径上采取的噪声控制措施不能有效实现，或只有少数人在吵闹的环境中工作时，个人防护则是一种经济有效的方法。常用的防护用具有耳塞、耳罩、头盔三种形式。当然，这些个人防护措施也还存在一些问题，比如耳塞长期佩戴，会有耳道中出水（汗）或其他生理反应；耳罩不易和头部紧贴而影响隔声效果；而头盔因为比较笨重，所以只在特殊情况下采用。

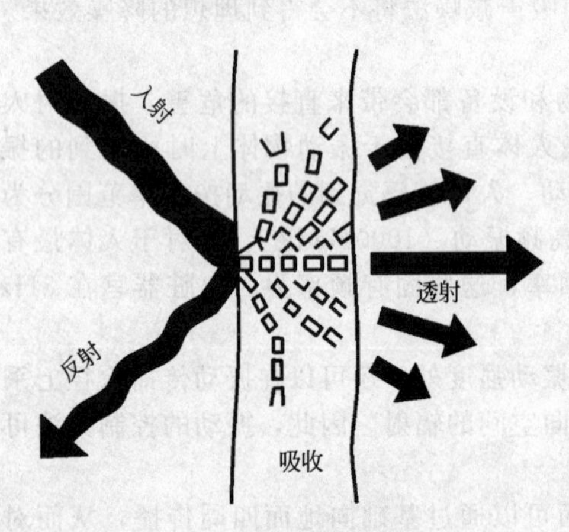

图 8-26　隔声基本原理

(3) 掩蔽噪声　在许多情况下，可以利用电子设备产生的背景噪声来掩蔽令人讨厌的噪声，以解决噪声控制问题。这种人工噪声通常被比喻为“声学香料”或“声学除臭剂”，它可以有效地抑制突然干扰人们宁静气氛的声音。通风系统、均匀的交通流量或办公楼内正常活动所产生的噪声，都可以成为人工掩蔽噪声。

在有园林的办公室内，利用通风系统产生的相对较高而又使人易于接受的背景噪声，对掩蔽打字机、电话、办公用机器或响亮的谈话声等不希望听到的办公噪声是很有好处的，同时有助于创造一种适宜的宁静环境。

在分组教学的教室里几个学习小组发出的声音，向各个方向扩散，因而在一定程度上彼此互相干扰抵消，也可以成为一种特别的掩蔽噪声。如果有条件，还可以适当地增加分布均匀的背景音乐，使其成为更有效的掩蔽噪声。

第9章

建筑的生态化改造

目前，我们面临的已经不仅仅是进行城市产业结构的调整，而是面对发展需要，通过合理的资源调配，对以建筑为主的城市物质基础设施进行更新，达到提高城市生活环境品质的目的。在城市物质结构更新过程中，推倒重建在很长一段时期被认为是更新建设中行之有效的方法，但是经过多年的实践与反思我们开始认识到，推倒重建只不过是一种代价昂贵的改建方式，通过扩大建筑容量满足功能要求的方式只是单纯的形体更新，并不能解决实际问题。就建筑本身而言，抛开旧建筑所形成的经济、文化历史价值不谈，仅仅从生态环境的角度考虑，新建筑的建设需要耗费大量的能源与资源，同时会积累大量废弃的建筑垃圾，直接对环境造成破坏。我们必须把由此引发的环境意识，提升到思想观念——可持续发展的高度来加以重视。由此可见，旧建筑的生态改造是大势所趋。

9.1 建筑生态化改造的意义

9.1.1 建筑生态化改造与利用的目标

（1）响应环境型的场地重整和建筑调节　场地重整的目的是识别现有场地的环境特性，确定能否通过设想方法使建筑更好地融入现有场地，从而优化建筑的使用性能。不是根据建筑的需要而大量随意改变地形、植被和建筑所在地的生态景观，而是根据地形地貌的需要决定建筑的形式。建筑可以通过合理的调节，使建筑的空间布局为充分利用太阳能、天然采光、自然通风创造条件。

（2）合理使用可再生能源　生态化建筑要求建筑在诸如能源利用方面减少对环境施加不必要的负担，可再生能源可以称为可持续能源，是不破坏自然资源的能源，包括太阳能、风能、地热能、水能和生物能等。那么，积极合理地采用各种无污染的可再生自然能源，放弃使用不可再生能源是旧建筑生态化改造与利用过程中必不可少的。

（3）高效循环利用物质资源　将物质资源的循环速度放缓提高利用效率的视点、为了适应功能要求提高空间资源循环速度以及利用效率的视点都是在今后旧建筑生态化改造与利用中所不可缺的。具体有以下几种做法。

① 通过利用被动式太阳能技术来采暖、制冷。

② 通过采用自然采光和自然通风以及利用高效电子照明和电气设备来提高能效。

③ 通过使用地域材料和回收从旧建筑上拆卸下来的建筑材料如钢材、铝材等，经过简单

现场加工，利用于新建筑，实现物质资源在建筑区域内的小循环，节约了运输成本和再加工成本，达到提高物质资源利用效率的目的。

④ 通过自身消化全部或大部分建筑废弃物减少废弃物排放量，并且采用各种生态技术实现废水、废物等资源生态化改造与利用。

(4) 环境健康友好、生物多样化　建筑影响自然环境，自然环境反过来也对建筑施加影响。在建筑的使用过程中，不应当影响周边动植物生物圈，甚至应该采取有利于恢复已遭破坏的生态平衡的做法，最终实现环境健康友好、生物多样化的发展模式。否则，将导致灾难性的恶性循环：恶化的自然环境将对人工环境提出更高要求，而为保证人工环境质量所需要的能源和材料消耗又将导致自然环境更加恶化。

9.1.2 建筑生态化改造与利用的原则

9.1.2.1 气候适应性原则

(1) 气候概述　“气候”是指某一地区多年的气候特征，由太阳辐射、大气环流、地面性质等相互作用决定。表征气候的参数有气温、风向、风速、降雨、湿度、太阳辐射、气压、雷暴、云量、蒸发等。

建筑是人类为了抵御自然气候的不利影响而建造的避风避雨、防暑避寒的“遮蔽所”，以使室内的微气候适合人类的生存。

气候作用于建筑有三个层次。

① 日照、降水、风、温度、湿度等气候因素直接影响建筑的功能、形式、围护结构等。

② 气候因素影响水源、土壤、植被等其他地理因素，并且与之共同作用于建筑。

③ 气候影响人的生理、心理因素，并且体现为不同地域在风俗习惯、宗教信仰、社会审美等方面的差异性，最终直接影响建筑本身。

(2) 旧建筑改造中气候分区策略　我国气候类型多样，大部分地区位于北温带和亚热带，四季分明，冬冷夏热，属于大陆性季风气候区。气候呈现三大特点，即显著的季风特点、明显的大陆性气候和多样的气候类型。

《民用建筑设计通则》(GB 5032—2005) 规定我国热工设计划分为5个热工分区：严寒地区Ⅰ、寒冷地区Ⅱ、夏热冬冷地区Ⅲ、夏热冬暖地区Ⅳ和温和区Ⅴ。由于地理环境和气候差异性较大，不同气候分区下的建筑有不同的要求。旧建筑生态化改造与利用设计要十分注意区分不同气候区对建筑的影响，针对各类气候区分别采取应对性的生态化策略。通过对特定地点的太阳、风和自然光等资源的了解，明确问题的前后联系或语境，有助于设计者判断旧建筑需要改造的是什么样的问题：采暖、降温还是采光问题？这些问题在一天之间和季节之间如何变化以及建筑形式与外围护构造的变换对这些问题会产生怎样的影响？通过这些信息，设计者就可以对什么样的生态化策略可能是重要的形成一种改造思路。这种方法可以用于场地中旧建筑扩建的选址，也可以用于研究现存建筑周围的小气候状况的调查研究，以便针对特定的环境状况采取合适的生态化改造与利用的手段。表9-1是根据不同区域的气候特点列出的旧建筑生态化改造与利用策略的推荐值，以便后面做出合理的选择组合。

表9-1中列出的生态化改造与利用的策略可以有表9-2中的四种组合：①阳光＋风＝阳光和风都接受的状态；②遮阳＋风＝阳光被阻挡而风被接受的状态；③阳光＋避风＝阳光被接受而风被阻挡的状态；④遮阳＋避风＝阳光和风都被阻挡的状态。

首先，分析不同区域太阳辐射和风能综合利用的可能性；然后，根据太阳的位置、风向、场地地貌、植被以及现存建筑的因素，分析太阳辐射和风所有四个状态的组合可能发生在场地的哪些位置上，然后根据表9-2选择具体的组合方式。

表 9-1　气候变量推荐值

气候类型	遮阳			太阳辐射			避风			风		
	冬	秋/春	夏	冬	秋/春	夏	冬	秋/春	夏	冬	秋/春	夏
寒冷	0	0	0	3	3	3	2	2	2	1	1	1
冷	0	0	2	3	3	1	2	2	0	1	1	3
温和	0	0	2	3	3	1	2	2	0	1	3	3
干热	0	2	2	3	1	1	2	2	0	1	3	3
湿热	0	2	2	3	1	1	2	2	0	1	1	3
炎热干燥	2	2	2	1	1	1	2	2	2	1	1	1
炎热潮湿	2	2	2	1	1	1	0	0	0	3	3	3

注：1. 数值等级：0 表示最不利状况下，阻隔了所需要的外部气候要素；1 表示引进了不需要的外部气候要素；2 表示阻隔了不需要的外部气候要素；3 表示最有利状况下，引进了所需要的外部气候要素。

2. 来源：根据［美］布朗 G Z，马克·德凯著．太阳辐射·风·自然光．常志刚，刘毅军，朱宏涛译．北京：中国建筑工业出版社，2008。

表 9-2　根据气候变量推荐值优化的改造手段

气候类型	阳光＋风			阳光＋避风			遮阳＋风			遮阳＋避风		
	冬	秋/春	夏	冬	秋/春	夏	冬	秋/春	夏	冬	秋/春	夏
寒冷	4	4	4	5	5	5	1	1	1	2	2	2
冷	4	4	4	5	5	1	1	1	5	2	2	2
温和	4	6	4	5	5	1	1	1	5	2	2	2
干热	4	2	4	5	3	1	1	3	5	2	4	2
湿热	4	4	4	5	1	1	1	5	5	2	2	2
炎热干燥	2	2	2	3	3	3	3	3	3	4	4	4
炎热潮湿	4	4	4	1	1	1	5	5	5	2	2	2

注：来源：根据［美］布朗 G Z，马克·德凯著．太阳辐射·风·自然光．常志刚，刘毅军，朱宏涛译．北京：中国建筑工业出版社，2008。

9.1.2.2　资源利用最大化原则

建筑从最初的规划设计，随后的施工、运行，到最终的拆除、报废，形成了一个完整的寿命周期。“寿命周期是指从事物的产生直至消亡的过程所经历的时间。对建筑而言，其寿命周期意义在于从能源和环境角度理解建筑材料与构件的生产（含材料的开采）、规划与设计、建造与运输、运行与维护直到拆除与处理的全循环过程。”

建筑如同人一样经历生老病死的各个阶段，但与人所不同的是，人的身体是由各个器官共同组成的，通过心脏的能源供给、大脑的中心控制共同完成生命活动，这种有机的生命机能基本是在共同的寿命周期中工作的，当某一部分的机能终结后，很快会带来连锁影响，最终导致整个生命的结束。建筑则不然，一般建筑的功能寿命十分短暂，但是建筑的物质寿命往往大于其功能寿命，虽然其功能寿命完结可能其物质寿命依存。正是建筑材料、空间、结构等元素的寿命长短不一致，为建筑的再生提供了很大的可能性，此时建筑仍然处在其经济寿命周期之内，可以通过改造更新使整体寿命得到延续，为旧建筑生态化改造与利用提供了可能，此时建筑拥有的潜在效益是不言而喻的。因此，对旧建筑的开发利用应该采取积极的策略和态度，创造适宜的转化条件和手段，例如功能转化、内部空间改造、外观更新、新旧建筑的衔接，使其从消极状态转化为积极状态，达到资源利用的最大化。

一个比较好的实例就是，维也纳煤气储罐的改建（图 9-1）。这些被改建的煤气罐建于 19

图 9-1 维也纳煤气罐大楼

世纪末，每个直径 60m，高 65m，覆盖着金属结构的圆顶，由于城市用气向天然气的转换，这些储罐先后被废弃，内部设施已拆除，仅留下外皮。根据开发需要，将其改造成具有居住、配套办公、娱乐、商业完善功能的大型综合体。整个设计以保护煤气罐外观为出发点，通过内部的改造和加建彻底改变了原有的功能，改造后阳光和空气能透过储罐顶上的玻璃穹顶及塔楼缝隙很好地导入建筑的腹部，最终达到了提高物质资源和自然资源的双重目的。

当建筑的寿命周期完结，建筑资源脱离建筑本身后再发挥作用是资源最大化利用的另外一种形式。在寿命终结后，建筑组成部分，如废弃的混凝土、钢筋，甚至室内建筑机械等，可以重新加工处理成为新的建筑材料用于建设或者其他用途，拆除的木质材料可以经过二次加工，制造成纤维板、活性炭等材料。比如，上海城市雕塑艺术中心（红坊）中的雕塑，都是由原来钢材工厂废弃的材料制作而成，延续了“废物”的使用价值（图 9-2）。

(a) (b)

图 9-2 上海城市雕塑艺术中心（红坊）中的雕塑

总之，只要有资源再利用最大化的观念存在，我们所接触的许许多多“废物”都可以通过一定的形式转换变成“宝贝”继续发挥其使用价值。

9.1.2.3 主被动相结合的原则

一般来说，被动式系统也就是指被动式太阳能系统，其实质就是利用太阳能及太阳能作用下产生的其他自然能源的一种综合利用的模式。被动式太阳能设计是针对具体环境和气候处理建筑各个组成和细部，使它们能够最大限度地利用有利的自然条件，同时也能规避不利的自然条件。

被动式设计原则具有以下多方面的优势。

① 被动式系统可以提供清洁、可靠的舒适环境。

② 被动式系统具有明显的经济优势。

③ 被动式系统是一个相对独立的方式，适合用于世界各地。

④ 被动式系统可以结合美学的处理，使建筑在获得舒适生活环境的同时，不仅具有功能性，还具有较强的吸引力。把被动式系统原则应用到设计中，也即把被动原则转化为设计方法。被动式设计涉及建筑的基地设计、平面布局、空间形态以及细部设计等众多方面，它并不是纯粹的技术问题，它应该是作为一种能统筹全局的设计方法而出现。

利用被动式太阳能技术采暖、降温应该遵循一定的设计原则，具体如下：①选择良好的朝向；②方位控制在正南偏东或偏西 10°范围内；③建筑南向开窗；④减少东西向照射；⑤设计挑檐和遮阳板调节阳光入射量；⑥合理设置蓄热板用于采暖、降温；⑦屋顶、墙体、楼板和基础保温；⑧防止保温层受潮；⑨使房间直接受热，获得最佳自然热量分配；⑩创造太阳漫射区域用于计算机工作和看电视；⑪填补漏洞和裂缝以减少空气渗透，同时保证良好通风使室内有充足的新鲜空气；⑫提供效率高、尺寸适宜、对环境影响小的备用采暖、制冷系统；⑬通过景观设计、覆土和其他措施保护房子免受冬季风侵袭；⑭设计适于获得阳光和方便生活的内部空间。

被动式系统转化为设计方法见表 9-3。

表 9-3　被动式系统转化为设计方法

被动式系统	被动式设计方法
被动式制冷系统	建筑保温隔热、建筑体形
被动式制热系统	建筑朝向、建筑保温隔热、建筑体形
被动式日光系统	建筑遮阳、建筑自然采光、建筑朝向、建筑最佳窗墙比、建筑体形
被动式通风系统	建筑自然通风、建筑朝向、建筑体形

从对被动式太阳能系统的分析，主动式太阳能系统则不言而喻，是通过建筑设计本身不能维持建筑室内空间的舒适度，而需要通过利用设备，才能达到合适的建筑照明、建筑采暖、制冷及通风等环境。主动设计原则的优势就是自主性比较强，不受地理位置和气候等外界因素的影响。它的缺点就是造价高，浪费能源和资源，造成对自然的过分攫取。

在旧建筑生态化改造与利用过程中，被动式设计方法并不能完全达到舒适和健康生活的标准，这就需要用主动系统加以补充，因此应该遵循“被动模式最大化、混合模式最优化和主动模式智能化”的原则。

9.1.2.4　技术多层次原则

在旧建筑生态化改造与利用中，应当在适宜、适度的情况下，积极发展高技术，主要推广适宜的中间技术，达到经济效益和生态效益的最优组合。事实上，适宜技术的运用已经成为地区建筑和生态建筑领域广泛认同的原则。吴良镛先生也在人居环境科学中提倡多层次技术的建构，“技术对人类社会的进步起了促进的作用，但是技术的革新、接受和推广都是一个缓慢的过程，所以并不表明在任何地区、技术条件下一味地追求高技术”。在旧建筑生态化改造与利用过程中，我们应该强调技术的多层次性，在普遍情况下建筑更新不仅仅是为了给建筑加上一层现代技术造就的表皮。《北京宪章》指出：“技术的高与新，并不在于技术手段的繁复，而是在于是否符合人类文明可持续发展的要求。”

适宜技术的概念是由 W. 沙赫特提出，简而言之，适宜技术就是能够适应本国本地条件并发挥最大效益的多种技术。它是指从促进发展的观点来考虑各种类型的技术，技术的选择不仅仅只考虑技术的论证，也应包括经济、文化、环境、能源和社会条件的标准。适宜技术在经济不发达地区常常是以“低技术”形式出现的，比如选择造价低、不需附加设备的技术，尽可能地运用当地材料，最大限度地发挥材料的物质再循环利用率。中间技术是解决建筑更新问题的另一种方式。1973 年，英国学者 E. 舒马赫在《小的是美好的》一书中提出“中间技术”的概念，书中指出人类生存和进步不能够离开技术的发展，但技术的发展不能与自然相对抗。“中间技术”要求科学技术应该适应生态学的规律，缓和地使用稀少的资源。从技术角度讲，中间技术是介于镰刀和联合收割机之间的技术，它的根本特征是：经济可行、良好的环境性能以及符合人性的需求。面对我国现阶段发展需求，要想实现旧建筑生态化改造的效果，“中间技术”未尝不是物美价廉的选择。

适宜技术和中间技术均是相对概念，事实上无法孤立地判断某种技术是否有适宜性，它随着对象的改变而变化。具体到某一地区的建筑，这种“适宜性”与“中间性”则表现为地区化技术。在实践中这些技术策略是相互统一的，不能够割裂地看待“适宜性”与“中间性”。中间技术是一种大众化的生产路线，使现有的知识经验更有效地服务于人类，而不是使人成为机器或技术的奴隶。适宜技术相对于具体地区而言，强调技术的融入性、地方性。随着建筑更新实践的普遍展开，从长远看来，不论是适宜技术还是中间技术，这些方式在实践运用中的地位将越来越高，所产生的综合效益也会明显起来。适宜技术和中间技术对于旧建筑生态化改造与利用的一个重要贡献表现在改善建筑内部环境品质上，即对通过技术措施在建筑内部与外部环境之间寻求一个平衡关系，提供高品质的室内外功能空间来满足用户对健康和舒适的要求，同时保持在最省的资源与能源消耗状态下运行的状态。在旧建筑生态化改造与利用过程中，这两种路线为综合全面的生态化改造与利用研究和实践提供了技术发展方向。具体指导原则就是经过实例调查分析以及评估权衡分析，保留和发展既有适宜技术和中间技术，并且借鉴国外经验适当地使用高技术来形成多层次技术体系。

9.1.2.5 经济合理性原则

在旧建筑生态化改造与利用的过程中，经济因素是首要的和深层次的，这是改造与利用实现的重要内容。不同地区经济水平不平衡是明显的事实，建筑作为一项物质生产，它的发展一方面取决于自身的生产水平，另一方面还取决于社会的消费水平。

(1) 建立全寿命周期成本的观念　新陈代谢是不可抗拒的客观规律，建筑本身作为一种既有物质资源处于大自然的循环体系之中，将整个“建筑生命周期”作为依据已成为不可缺少的设计内容之一。旧建筑作为建筑生命周期中的一个状态片段仍具有使用的可能性，3R（Reduce，Reuse，Recycle）的准则就是要求我们充分发挥这种可能性，重视建筑生命循环过程的研究，通过各种技术手段来提高旧建筑本身的利用效率。

采取技术措施和新技术往往会带来初始投资的提高。所增加的初始投资如能在短时间内回收，则在寿命周期余下时间内所节省的运行费用成为收益，从而可大大降低年均寿命周期成本。但是，有的业主往往只注重初始投资，而不太考虑全寿命周期的综合成本。

(2) 建立系统效率的观念　可持续发展理论及实践要求在方案设计阶段就选择系统效率高的解决方案。但是在实践中，人们往往只注重工程局部或者设备单机效率的高低，忽视系统效率的高低。寿命周期成本评价要求建立系统效率的观点，将设备或工程集成为相互匹配、相互制约的系统。

(3) 建立能量效率的观念　近年来，国外建筑节能观念已发生深刻的变化。建筑能源管理已从单纯的抑制需求、减少耗能转变为提高能量效率。主要原因是：第一，近年来随着智能化建筑的兴建，用户对舒适度的要求提高。保证良好的室内环境已成为提高生产率的重要手段，尤其对室内空气品质给予特别的重视。这就必须在节能和室内环境之间寻找一个平衡点。第二，按照“终端节能”的概念，在能源消费的终端设备或系统上采取节能措施投资的效率远远高于对能源生产投资效率。因此，在保证用户舒适健康和效率的前提下，提高能源的使用标准，而不增加或少增加能耗，就意味着可以少建电厂、减少大气污染。美国所大力推广的“能量之星”计划充分体现了提高能量效率的思想。

9.1.3 建筑生态化改造与利用的意义

9.1.3.1 物质潜能的再利用

当我们发现地球自然资源有限且不可再生时，现有资源的利用效率引起了人们的注意，“改造与利用”无疑是一种提高建筑资源利用效率的可靠方式。旧建筑改造可以被视为对原有建筑的“修理”，往往具有节约性和很强的可操作性等特点。旧建筑生态化改造与利用强调的是物质资源的可循环利用，即把有价值的物质资源重新利用起来。旧建筑生态化改造与利用实现建筑的物质潜能，一方面体现在保存旧建筑的结构、构造，为业主节约大量的建设资金避免浪费，另一方面体现在避免了拆除旧建筑带来的不可降解的城市垃圾，减轻对城市和生态环境的负荷。

9.1.3.2 提高经济、社会和环境效益

可持续发展观追求的是人与自然的和谐，其核心思想是关注各种经济活动的生态合理性。功能适应性和经济效益实现性是普通旧建筑生态化改造与利用不可回避的两个问题，这两个问题本身是相辅相成、互为因果的。另外，从建筑的生产环节上看，社会成本体现在资源消耗、环境污染两个方面，新建工程必然消耗更多的自然资源，同时产生新的建筑废料和垃圾。随着环境科学的发展，过去无法用金钱衡量的环境损失指标逐渐得以量化，这些因素共同促成了人们对环境的更加重视。经济效益、社会效益、环境效益是建筑资源再利用的三大利益取向，三大利益取向的实现是评判旧建筑生态化改造与利用成功与否的重要衡量标准。

9.1.3.3 生活需求及舒适度的提高

随着时代的变迁，人们的生活方式也在发生着巨大的变化。一些旧建筑已经不能够满足人们日新月异的生活与生产要求，而处于一种衰败或濒临衰败的状态。建筑的衰败是指当建筑的自身与环境质量标准下降，不能提供正常的功能而被废弃或面临废弃的状态。建筑物的衰败原因可分为三种：物质性老化（构筑物和设施有一定的使用年限，随着时间的推移，建筑物的结构将变得破损、设施陈旧、无法使用、自然老化）、功能性衰落（随着城市的经济、社会结构的变迁，要求建筑的功能、结构和布局随之变化，原有的建筑已不适应这种发展变化，导致建筑出现衰败的状况）、结构性衰退（城市发展过程中，随着城市的膨胀，规模的扩展，合理的城市环境容量被突破，从而城市一些地区、地段超负荷运转，整体机能下降而使得该地区建筑衰败）。物质性的衰败往往是有形衰落，绝对老化，后两种衰退则是无形衰落。

旧建筑的衰败不仅影响建筑自身的使用，还会严重影响周边地区环境质量的提升，甚至带来一些不可忽视的社会问题，这就向人们提出了对其进行功能更新的客观要求，也就是我们所说的，旧建筑生态化改造与利用的一个重要目的：对现有建筑使用状态的改善，并且满足人们日益提高的生活需求，以及人们不断提高的舒适度的要求。

9.1.3.4 建筑环境的延续

挪威建筑理论家诺伯格·舒尔茨在其《场所精神——迈向建筑现象学》一书中认为，环境最基本的说法是场所，一般的说法就是行为和事件的发生。环境的特征也就是场所的本质，而场所精神主要由环境的认同感和环境蕴涵的意义构成。场所精神的形成就是利用建筑物赋予场所的意义，并且使这些特质和人产生亲密的关系。一个场所通常具有一个可以影响人的力场。建筑是场所的结晶，场所—建筑—自然是用来创造建筑的基本因素。

建筑是历史的限定，是特定历史条件下社会、政治、经济、文化等因素的投影，每一个建筑都承载了一段历史，也承载了人的存在方式，就如人们常说的建筑是“时代的缩影”、“文化的镜子”，建筑不是材料和空间的简单堆砌，它的构成反映了社会深层的文化和环境意识形态。在旧建筑生态化改造与利用中，强调建筑环境价值的重要性，强调单体建筑是作为群体建筑乃

至于整个区域建筑的一部分。深刻理解、把握所需改造地区的环境状况有助于我们处理好新老建筑的文化连续性，视觉、心理、环境上的沿袭性。一栋建筑的功能意义，要通过空间与时间的文脉来体现，反过来又支配文脉，建筑的人文价值也是环境意识的追求目标之一。

9.1.3.5 资源的可持续发展

说到可持续发展，人们首先会想到物质和自然资源，毕竟“可持续”英文原意“sustainable”指的就是物质可以继续的、可以支撑的永续发展。随着可持续发展理论体系的发展和完善，这一全新价值观逐渐深入人心，许多行业和领域纷纷展开行动，把可持续发展理念贯彻于具体实践之中。可持续发展理论同样也影响旧建筑生态化改造与利用的理论，进一步使人们发现了充分改造与利用旧建筑的重要意义，促进了旧建筑生态化改造与利用在全世界范围内推广和应用。

1993 年美国国家公园出版社出版的《可持续发展设计指导原则》中列出了“可持续的建筑设计细则”，在某种程度上其实也是对旧建筑生态化改造与利用在可持续发展方面的阐述。

① 重视设计地段的地方性、地域性理解，延续地域场所的文化脉络。

② 增强适用技术的公众意识，结合建筑功能要求，采用适宜的技术。

③ 树立建筑材料的低耗能量和循环使用的意识，在最大范围内使用可再生的地方性建筑材料，避免使用高能耗、破坏环境、产生废物以及带有放射性的材料。

④ 针对当地气候条件，采用被动式能源策略，尽量使用可再生能源。

⑤ 完善建筑空间使用的灵活性，以减小建筑的体重，将建设所需资源降至最小。

⑥ 减少营建过程中对环境的破坏，避免破坏环境、资源及浪费材料。

旧建筑生态化改造与利用，摒弃了过去“零增长”（过分强调环保）和过分强调经济增长的偏激思想，主张“既要生存、又要发展”，力图把人与自然、当代与后代、区域与全球有力地统一起来。旧建筑生态化改造与利用是一个完善建筑生命的过程，改造与利用建筑乃是一种动态生长的行为，是为了适应时代的生活方式和审美情趣。大空间中可以生长出小空间，小空间中亦可以生长出大空间，通过合理的整合，使新旧建筑要素充分结合，最终更好地实现建筑和使用者的契合。这种契合也只能是阶段性的、暂时性的，今天的改造也会被明天的改造所取代，如此循环生生不息新陈代谢下去。做到了不大拆大建，而是通过城市的“新陈代谢”，进行循序渐进式的有机更新，保护城市文化，清除“死亡细胞”，更生“新细胞”，恢复城市的“微循环”，做好旧建筑生态化改造与利用。

9.2 实现建筑生态化改造的技术可能性

9.2.1 可再生自然能源的利用

可再生自然能源的利用方式列于表 9-4 中。

表 9-4 可再生自然能源的利用

可再生能源	利用方式
太阳能	太阳能发电
	太阳能供暖与热水
	太阳能光利用(不含采光)于干燥、炊事等较高温用途热量的供给
	太阳能制冷
地热(100%回灌)	地热发电＋梯级利用
	地热梯级利用技术(地热直接供暖-热泵供暖联合利用)
	地热供暖技术

续表

可再生能源	利 用 方 式
风能	风能发电技术
生物质能	生物质能发电
	生物质能转换热利用
其他	地源热泵技术
	污水和废水热泵技术
	地表水水源热泵技术
	浅层地下水热泵技术(100%回灌)
	浅层地下水直接供冷技术(100%回灌)
	地道风空调

9.2.1.1 太阳能

太阳能（图 9-3）的利用可以分为热利用和光利用。

图 9-3 太阳能示意图

(1) 太阳能的热利用 太阳能热利用分为三大类：80℃以下为低温太阳能利用系统；80～350℃为中温太阳能利用系统；350℃以上为高温太阳能利用系统。

① 低温太阳能利用系统 主要应用于太阳能热水器、被动式太阳能建筑、太阳能干燥器。

太阳能热水器是利用太阳辐射通过温室效应把水加热的装置，可为居民生活及工农业生产提供热水。

太阳能干燥器一般以空气为工作介质，空气在太阳能集热器中被加热，在干燥器内与被干燥的湿物料接触，热空气把热量传给湿物料，使其水分汽化，从而使物料干燥。

被动式太阳能建筑是依靠太阳能自然采暖的建筑物。

被动式太阳能建筑是指不用任何其他机械动力，只依靠太阳能自然供暖的建筑。白天的一段时间直接依靠太阳能供暖，多余的热量被微热容量大的建筑物构件、蓄热槽的卵石、水等吸收，夜间通过自然的对流放热，使室内保持一定的稳定，达到采暖的目的。其优点是就地取材、建筑技术简单、便宜舒适，以及较少地耗费其他常规能源；但其缺点是在冬季平均供暖温度偏低的地区，特别是连阴天或下雨天，必须采取其他的简易供暖方式。

被动式太阳能建筑可分为间接得热式和直接得热式两种。

间接得热式可有如下几种形式。

a. 特朗伯集热墙

(a) 离外表面10cm左右处装上玻璃或透明塑料，白天有太阳时，主要靠空气间层被加热的空气通过墙顶与底部通风孔向室内对流供暖，如图9-4所示；夜间则关闭气孔，玻璃和墙之间设置保温窗帘，主要靠墙体本身的储热向室内供暖，如图9-5所示。

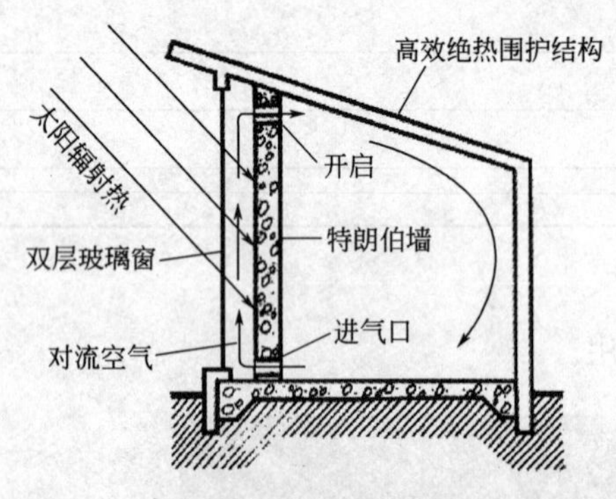

图9-4 特朗伯墙间接得热供暖（冬季白天）

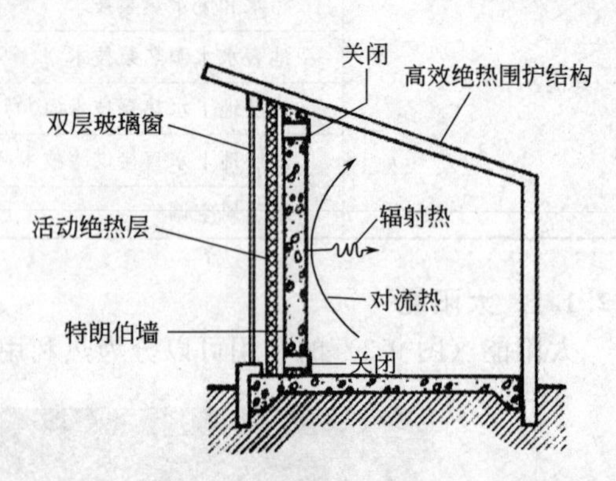

图9-5 特朗伯墙间接得热供暖（冬季夜间）

(b) 将集热墙向阳外表面涂以深色的选择性涂层加强吸热并减少辐射散热，使该墙体成为集热和储热器，待需要时成为放热体。

(c) 混凝土是重质围护结构，热惰性较大，温度波动的时间延迟较长，这对于围护结构表面辐射传热有利。

b. 水墙　水墙太阳能房剖面如图9-6所示，二层住宅毗邻温室太阳房剖面如图9-7所示。

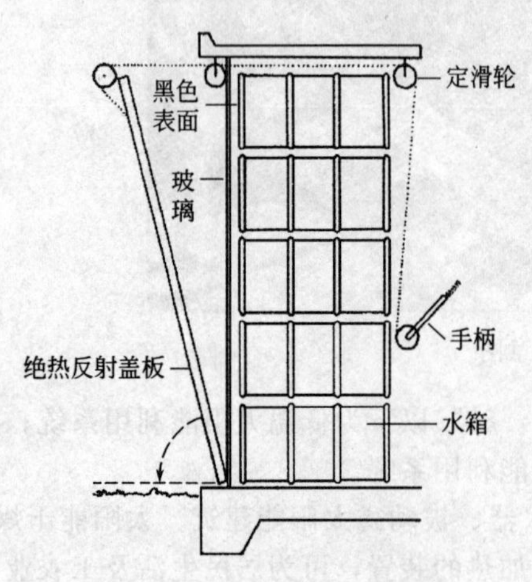

图9-6 水墙太阳能房剖面

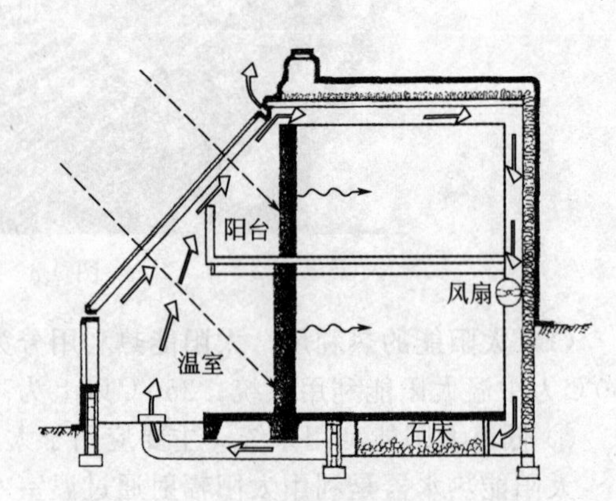

图9-7 二层住宅毗邻温室太阳房剖面

(a) 水盛于铁桶内，桶外表面涂成黑色吸热面，桶前为玻璃层，玻璃窗外设隔热盖板，通过滑轮，用手柄可操作其上下。

(b) 在冬季，白天将板平放作为反射板，将太阳辐射热反射到水桶增加吸热；夜晚，使板立起，减少热损失。夏季的操作过程则相反。

(c) 水是理想的显热储热物质，其比热容较大，储存同样多的热量，用水比用其他建材的质量要轻。

c. 附加阳光间　为了增加集热量，墙面采用玻璃，夏季如无适当的隔热设施，阳光间内的气温将变得过高；冬季，由于玻璃墙的保温能力差，如无适当的附加保温设施，则日落后的室内气温则会大幅度下降。

直接得热式的太阳能建筑，在冬季白天，让太阳从南面窗直接射入房间内部，用楼板层、墙及家具作为吸热和储热体，当室温低于储热体表面温度时，物体放热，如图 9-8 所示；冬季夜间，辐射传热，为减少热损失，需用保温窗帘或窗盖板将窗户覆盖，如图 9-9 所示。

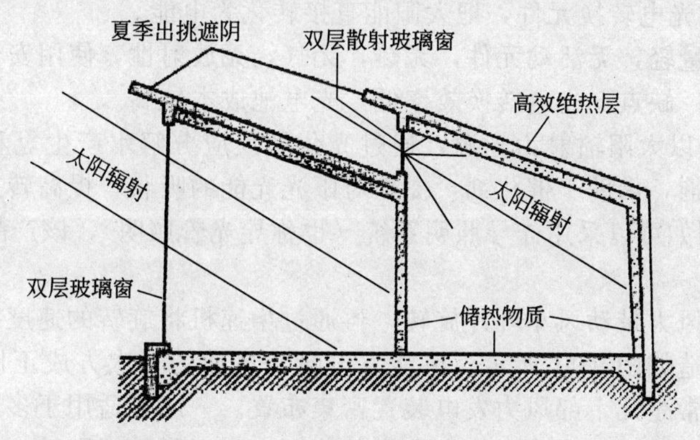

图 9-8　直接得热供暖太阳能建筑（冬季白天）

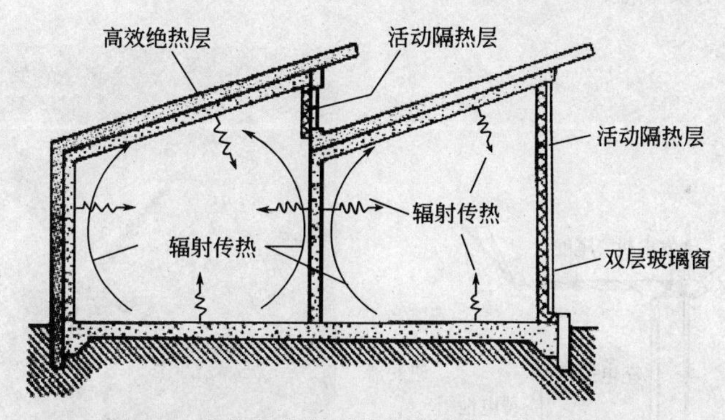

图 9-9　直接得热供暖太阳能建筑（冬季夜间）

主动式太阳能建筑是指需要一定的动力进行循环，其主要由集热器、管道、储热装置、循环泵、散热器等组成，如图 9-10 所示。其优点为能够较好地满足住户的要求，可以保证室内采暖和供热水，甚至制冷空调。缺点是设备复杂，投资大，需要辅助能源和电功率，而且所有的热水集热系统都需要设置防冻设施。

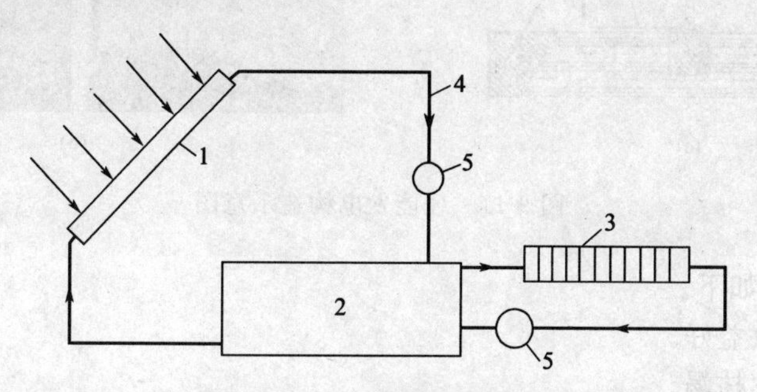

图 9-10　主动系统供暖示意图

1—集热器；2—储热装置；3—散热器；4—管道；5—水泵或风机

② 中温太阳能利用系统　主要应用于太阳能工业利用和太阳能热动力系统。

③ 高温太阳能利用系统　主要应用于太阳能热力发电、太阳能制氢、太阳灶。

a. 太阳能热力发电。用集热器把太阳能变换为热能，再靠热能使朗肯循环机工作而发出电力。但需要蓄热装置。

b. 太阳能制氢。利用太阳能分解水制氢，将太阳能转化为氢的化学自由能。

c. 太阳灶。利用太阳辐射热烹调食物的装置。

(2) 太阳能的光利用

① 光发电 通过光电转换元件，把太阳能直接转化为电能。

优点：光电池质量轻，无活动元件，无热，无气，无放射性，使用安全，功率输出大，适用于大型或小型发电。缺点：光电转换效率低，光电池成本较高。

② 光化学制氢 以太阳辐射为光源，通过光化学反应分解水产生氢和氧。但要在水中增加光敏物质作为催化剂，借助于催化剂，提高对阳光光能的吸收，提高转换效率。

③ 自然采光 例如可以采用光导照明系统（也称导光管照明），该产品无须用电。

9.2.1.2 风能发电

风能发电是利用风力带动风车叶片旋转，再通过增速机将旋转的速度提升，来促使发电机发电。风能发电的构造如图 9-11 所示。风能发电量与风速的三次方成正比，故风场宜建立在风速最大的区域，通常是几十部风力发电装置密集布置。一般较适用于多风海岸线和山区，另外，高层建筑引起的强风也可作为风能发电机的能源。由于风的间歇性，风能发电还应当提供储藏的方法或发电备用设备。

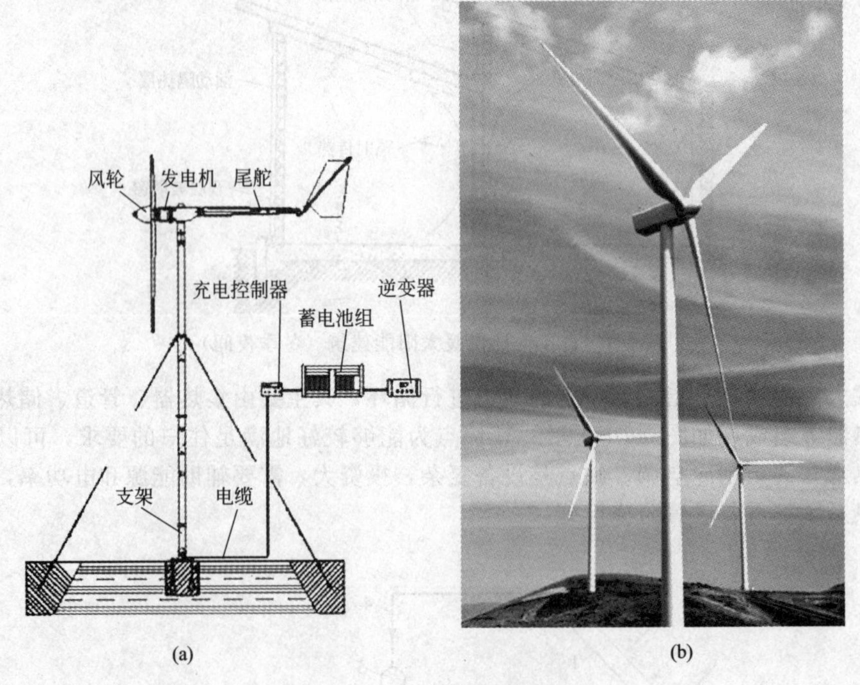

图 9-11 风能发电构造示意图

风能发电的优点如下。

① 清洁，环境效益好。

② 可再生，永不枯竭。

③ 基建周期短，年平均投资小。

④ 装机规模灵活。

风能发电的缺点如下。

① 噪声，视觉污染。

② 占用大片土地。

③ 不稳定，不可控。

④ 目前成本仍然很高。

9.2.1.3　地源热泵

地源热泵是利用地球表面浅层水源（如地下水、河流和湖泊）和土壤源中吸收的太阳能和地热能，并且采用热泵原理，既可供热又可制冷的高效节能空调系统。

在冬季，把地能中的热量取出来，提高温度后，供给室内采暖；在夏季，把室内的热量取出来，释放到地下去。

地源热泵具有以下优点。

① 环境效益和经济效益显著。地源热泵机组运行时，不消耗水，也不污染水，不需要锅炉，不需要冷却塔，也不需要堆放燃料废物的场地，环保效益显著。

② 一机多用，应用广泛。地源热泵系统可供暖、空调制冷，还可提供生活热水，一机多用。

③ 自动运行，自动控制程度高。

9.2.2　建筑节能技术

9.2.2.1　墙体节能

在墙体节能中采用复合墙体，一般用砖或钢筋混凝土做承重墙并与绝热材料复合；或者用钢或钢筋混凝土框架结构，用薄壁材料夹以绝热材料做墙体。绝热材料主要为岩棉、矿渣棉、玻璃棉、泡沫聚苯乙烯、膨胀珍珠岩、加气混凝土。墙体节能的种类有内保温、中间保温、外保温，如图9-12所示。

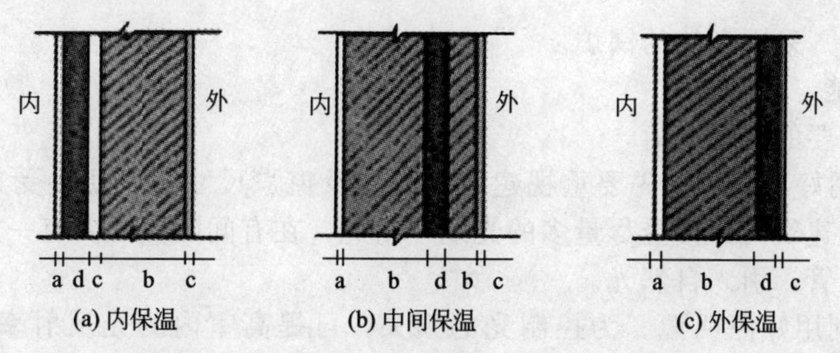

图9-12　内保温、中间保温、外保温示意图

(1) 内保温　保温材料放置在室内一侧，结构层在室外一侧。其具有室温对外界反应灵敏、施工方便、面层要求不高、保温效果较差、热桥难处理的特点。

(2) 中间保温　施工较方便，但需考虑保温材料的受潮问题。

(3) 外保温　保温材料放置在室外一侧。此种结构热稳定性好，可减少热桥处的热损失，还可提高结构的耐久性，但施工较麻烦，并且要防止保温材料受潮。

9.2.2.2　门窗节能

为了增大采光通风面积或表现现代建筑的性格特征，建筑物的门窗面积越来越大，更有全玻璃的幕墙建筑，以至于门窗的热损失占建筑总热损失的40%以上，门窗节能是建筑节能的关键，门窗既是能源得失的敏感部位，又关系到采光、通风、隔声、立面造型。这就对门窗的节能提出了更高的要求，其节能处理主要是改善材料的保温隔热性能和提高门窗的密闭性能。

(1) 控制窗墙比　窗的传热系数一般大于同朝向外墙传热系数，因此在满足采光的条件下控制窗墙比，以及夜间设保温窗帘、窗板。窗墙比一般为：南朝向35%，北朝向25%，东、西朝向30%；在北京，南（全天有日照）朝向50%，东南朝向35%，其他朝向30%。

(2) 改善窗的保温效果　增加窗户玻璃层数，在内外层玻璃之间形成密闭的空气层，可大

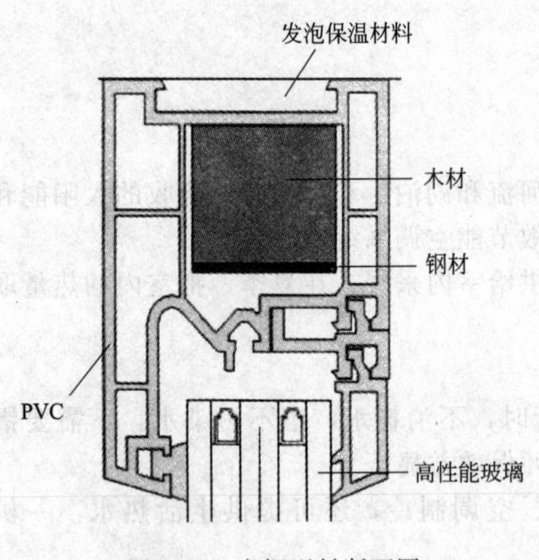

图 9-13 窗框型材断面图

大改善窗的保温性能。还可使用中空玻璃、隔热玻璃、断桥铝合金窗框等。

(3) 减少冷风渗透　提高门窗制作的质量，增加密封条是提高门窗气密性的重要手段，仅此一项可节约采暖能耗的10%～15%。

(4) 提高窗框保温能力　在窗框空腹中填充保温材料、绝热材料。图 9-13 为窗框型材断面图。

9.2.2.3　屋顶节能

在屋顶节能方面，可使用以下两种方法。

(1) 在屋面上应用高效保温材料

① 正铺法　防水层设置在保温材料上。

② 倒铺法　保温材料设置在防水层上，以保护防水层，延缓老化。

(2) 立体绿化　屋面无土栽培、种植屋面，既可防止夏季室内温度过高，以节约空调能耗，又可在土地紧张的情况下增大绿化面积。

9.2.2.4　供暖系统

(1) 平衡调节　用计算机对全系统进行水力平衡调试，采用以平衡法及专用智能仪表为核心的管网水力平衡技术，可实现管网流量的合理分配，做到静态调节，既使供暖质量大为改善，又节约了能源。

(2) 室温控制调节　在散热器端部设恒温调节阀，以达到热舒适和节能的双重效果。

(3) 管道保温　使用预制保温管，内管为钢管，外套聚乙烯或玻璃钢管，中间用泡沫聚氨酯保温。

(4) 采用锅炉　采用高效的锅炉。

9.2.2.5　照明节能

(1) 减少不必要的照明负荷

① 白天要利用好日光。首先要重视建筑物朝向及窗户尺寸，以便接受充足的日照量；其次要使进深较大的建筑内部接受尽量多的光线，为此，在有间隔墙时要有一定的开口面积，也可采用天然光导光管，引入自然光。

② 晚上充分利用好照明源。为控制光的损失，可提高室内的光反射率，应采用不透明、光反射性能良好的窗帘或百叶。

(2) 推行绿色照明工程　推广使用高效节能照明灯具，尽可能减少照明用电。

9.2.3 新型建筑材料的应用

新型墙体材料指的是用混凝土、水泥、砂等硅酸质材料，有的再掺加部分粉煤灰、煤矸石、炉渣等工业废料或建筑垃圾，经过压制或烧结、蒸压等制成的非黏土砖、建筑砌块及建筑板材，一般具有保温、隔热、轻质、高强、节土、节能、利废、保护环境、改善建筑功能和增加房屋使用面积等一系列优点，其中相当一部分品种属于绿色建材。

新型墙体材料具有以下特点：①节约或少量使用天然原材料，特别是不可再生资源，如水泥、石灰、石膏、黏土等；②大量利用工业废渣（煤矸石、粉煤灰、炉渣等）代替部分或全部天然资源生产墙体材料产品；③尽量使用具有潜在水硬性的工业废渣代替部分水泥等胶凝材料；④生产过程中尽可能地节约能源，如煤、电、天然气、油料等；⑤生产过程中尽可能少排放或不排放有害的废渣、废气、废水等；⑥生产的墙材产品要具有较高的质量、较好的多功能性和长期的使用寿命；⑦施工性好、施工便捷、施工的效率高、施工的劳动强度低、施工技术成熟、施工配套机具齐全、施工质量可得到保证；⑧外墙采用复合保温技术，在长期的使用过程中起到节能降耗的作用；⑨墙材产品使用寿命终结后，可循环利用，或废弃产品可加工回收利用。

(1) 加气混凝土砌块　加气混凝土砌块(图 9-14) 是一种轻质多孔、保温隔热、防火性能良好、可钉、可锯、可刨和具有一定抗震能力的新型建筑材料。

其具有以下优点：①质量轻；②保温隔热性能好；③强度高；④抗震性能好；⑤加工性能好；⑥具有一定耐高温性能；⑦隔声性能好；⑧有利于机械化施工；⑨适应性强。

图 9-14　加气混凝土砌块

(2) 陶粒空心砌块　陶粒空心砌块（图 9-15）的特点是质量轻，陶粒的特殊结构发泡性能、耐高温性能、保温性能优良，其保温节能效果可以达到节能的 50%以上。随着国家整体政策的不断改进，环保新型节能的概念是我们未来的发展趋势，国家大力提倡环保节能，这就需要我们在建筑结构方面采取更先进的技术来提高节能效果。

图 9-15　陶粒空心砌块

(3) 纤维石膏板　纤维石膏板（或称石膏纤维板、无纸石膏板）是一种以建筑石膏粉为主要原料，以各种纤维为增强材料的新型建筑板材。纤维石膏板具有防火、防潮、抗冲击性能。

纤维石膏板十分便于搬运，不易损坏。由于纵横向强度相同，故可以垂直及水平安装。纤维石膏板的安装及固定，与纸面石膏板一样用螺钉、圆钉固定，使施工更为快捷与方便。一般的纸面石膏板的安装系统均可用于纤维石膏板。纤维石膏板的装饰可用各类墙纸、墙布、各类涂料及各种墙砖等。在板的上表面，可做成光洁平滑或经机械加工成各种图案形状，或经印刷成各种花纹，或经压花成带凹凸不平的花纹图样。图 9-16 为纤维石膏板实际安装。

纤维石膏板因为具有以上的诸多优势，作为纸面石膏板的升级换代产品，必然会得到一个更为广阔的发展空间。

9.2.4 节能设备

9.2.4.1 节能

蓄冰式空调系统（图 9-17）是利用午夜的富余电力制冷蓄冰，尖峰时段不制冷或减少制冷即可均衡用电负荷，有利于安全、经济地供电，尤其在分时计价情况下，蓄冰式空调的运行既省时又省电。

9.2.4.2 节水

(1) 节水马桶　节水有两种方式：一种是节约用水量；另一种是通过废水再利用达到节水。节水马桶与普通马桶功能一样，必须兼具省水、维持洗净功能及输送排泄物的功能。

常见的节水马桶主要有以下几种。

① 气压节水马桶。它是利用进水的动能推动叶轮转动压气装置对气体进行压缩，利用进

图 9-16 纤维石膏板实际安装

图 9-17 蓄冰式空调系统

水的压能对压力容器中的气体进行压缩，带有较高压力的气体和水先对厕所进行强冲洗，然后再用水冲净，以实现节水的目的，容器内还有一个浮球阀，浮球阀用于控制容器内的水量不超过一定值。

② 无水箱节水马桶。其马桶内部呈漏斗状，无接水口、冲水管腔及防臭弯管。马桶的排污口直接与下水道相通。马桶排污口处有一个气球，内充介质为液体或气体。脚踏马桶外部的压吸泵使气球膨胀或收缩，借此将马桶排污口打开或关闭。利用马桶上方的射流器将残余污物冲刷干净。此种马桶节水，体积小，成本低，不堵塞，无跑冒滴漏现象，适合节水型社会的需要。

③ 废水再利用式节水马桶。主要是将生活废水再次利用，同时注重马桶的清洁程度不减，所有功能不变的一种马桶。

(2) 节水器 常见的节水器主要有：机械式，即传统的手动开关、手动按钮式开关、手动延时开关；全自动式，即电场感应式开关、磁场感应式开关、红外检测控制开关。

节水器由红外线热敏探测器、微型计算机程控器、低压直流电磁阀组成，它的工作原理是通过红外线人体感应来完成工作的，当有人在探测器前活动，探测器立即闪烁红色灯光，表示已经感应到人，同时探测器将感应信号传送给微型计算机程控器，由控制器控制电磁阀打开放水，注水时间可以自由调节。来人放水，无人停水，特别适用于学校、机关、商场、工厂等单位的沟槽式厕所，节水效率高，安全省电。人体红外线感应100%识别，可以识别不同颜色、不同材质的物体（衣物），漏冲率为零。

9.2.5　改进规划设计

（1）建筑选址　住宅建筑应选在向阳地段，以最佳的建筑朝向、间距等争取更多的日照；应避风建宅，减少热损失。

（2）建筑布局　利用建筑的布局，形成优化微气候的良好界面，建立气候防护单元，以达到节能目的。

（3）建筑形态　节能建筑的形态不仅要求体形系数小，而且需要冬日辐射热多、避风有利。

（4）建筑间距　阳光不仅是热源、光源，还对人的健康、精神、心理都有影响，所以必须保证室内具有一定的日照量，从而确定住宅建筑的最小间距。

（5）建筑朝向　冬季应有适量并有一定质量的阳光射入室内；炎热季节尽量减少阳光直射室内；夏季有良好通风，冬季避开冷风；充分利用地形，节约用地；照顾建筑组合的需要。

（6）建造高层建筑　适度建造高层建筑，在有限的地面空间中争取更多的建筑面积，不但有利于节约市政设施，而且也有利于节约土地。节约的土地可用于绿化等用地，或为城市开放空间，将使城市人居环境大为改善。

（7）开发地下空间　建造地下建筑，对节省城市用地、节约能源、改善城市交通、减轻城市污染、扩大城市空间容量、提高城市生活质量，都起到重要的作用。另外，地下建筑具有良好的防护性能，较好的热稳定性和密闭性，由于地下建筑处在周围比较稳定的温度场内，受到外界气候的影响较小。地下建筑处在一定厚度的岩层或土层的覆盖下，可免遭或减少核武器在内的各种武器的破坏作用，同时也能较有效地抗御地震、飓风等自然灾害。

9.3　生态化改造过程中需注意的几个问题

虽然我国对旧工业建筑改造的探索和研究已经有很多，整体上从所处的不同地段，单体上从不同的建筑形式、建筑功能、改造技术等多方面都有了丰富的成果，但是我国旧工业建筑的改造基本上是从艺术角度、文化角度出发的，缺乏从整体环境和绿色生态角度的研究与实践，存在建筑细部粗糙、能耗较大、污染环境等众多问题。总体来看，由于我国旧工业建筑改造的研究起步较晚，还没有形成完整的理论体系，从而导致我国旧工业建筑改造存在以下一些问题。

① 改造范围小，设计类型少。

② 对改造目的考虑不全，有些仅以单纯的经济、外观、功能为考虑主体。

③ 整体改造的项目对整个环境的可持续后续发展考虑不周。

④ 对旧工业建筑厂房的价值缺乏深刻的认识，保护不足，缺乏对历史文脉和人文因素的呼应。

⑤ 旧工业建筑改造中围护结构热工性能较差，建筑设计中缺乏对节能、节水设计的考虑。

⑥ 在改造过程中没有注意采用适宜的技术，为将来的再次改造留出空间，保证改造利用的可持续性。

⑦ 在拆除阶段没有合理规划拆卸、更换下来的建材、设备的走向，不注意实现资源化利用、避免对环境的不利影响。

⑧ 在改造施工过程中没有控制噪声、粉尘、污水和废弃物的排放。

⑨ 改造后没有进行项目移交后的必要评估和管理跟踪。

⑩ 在旧工业建筑的改造利用中存在跟风、摆阔和政绩工程等短期短视建筑行为，很难确保改造以后建筑的长期后续使用。

9.4 国外生态修复的实践

国外生态修复的实践主要表现在以下两条原则。

(1) 宁留不拆的做法　一方面是为了缓解拆除旧建筑产生的建筑垃圾对环境的压力；另一方面也是为了保存其中的生态价值。比如，德国国会大厦改建工程，可以称为成功的生态改造项目；又如，西雅图市的万斯大厦和斯特林大厦；再如，马里兰州的巴尔的摩市的克里普尔钢铁厂进行的绿色改造，将其改造成为集办公、零售和居住于一体的多功能商贸中心。

(2) 对人性的尊重　除了对建筑功能的研究之外，还表现出对建筑精神意念的塑造，以及对人性的尊重。比较典型的代表是努美亚的让·马力·吉芭欧文化中心，改造后的建筑呈现了浓郁的卡纳克文明艺术特色。

9.4.1 贝丁顿生态村

项目的亮点是碳平衡。

贝丁顿生态村（图 9-18）位于伦敦西南外围城镇萨顿，赫利俄斯大街边上，这是未来道路的一个样板。贝丁顿生态村完成于 2002 年，是英国第一个，也是最大的碳平衡生态社区，全称是贝丁顿零能源发展社区，英文缩写为 BedZED。

图 9-18　贝丁顿生态村

几年来，贝丁顿生态村已经为“可持续生活”，即在不降低生活质量的同时把握好环境界限。贝丁顿生态村建筑在一片废弃的土地上，从这里到伦敦市中心要坐 20min 的火车。如今这里共有 99 户人家，既有公寓又有联排别墅，另外还有一个 1405m^2 的工作区，共有 200 位居民和 60 位工人在这里工作。生态村实现了高度节能，用的都是可持续的建筑材料：自然的、回收利用的以及在生态村半径 35mile（1mile＝1609.344m）之内任何地方找到的材料。尽管离公共交通设施很近，贝丁顿生态村仍然拥有伦敦最早的公用汽车俱乐部以及可再充电车辆的太阳能充电站。

(1) 技术应用　贝丁顿生态村的建筑屋顶（图 9-19）颜色鲜艳，风动通风帽在微风中转

图 9-19　贝丁顿生态村的建筑屋顶

动，不断引入新鲜空气，同时将屋内的污浊空气排出。鸟儿们在上面筑巢，偶尔也下来到屋顶的植物丛中寻找虫子。太阳能光伏电池板吸收太阳光线（即使在阴天也行），为总体复合能源提供能量。

贝丁顿生态村所有的公寓都是朝南的，为的是最大限度地利用太阳光，并且加厚隔温，以保持冬暖夏凉，其俯瞰图如图 9-20 所示。居民们有小型的温室和私家花园，其房屋内部的照明和其他装置都是节能型的，厨房和卫生间也都是节水装置。贝丁顿生态村的统计显示，节水装置已经把人均公共供水用量减少到每天 91L，而英国的平均水平是 150L。

贝丁顿积极鼓励远距离办公、回收利用、拼车，以及利用本地有机食品配送服务等“绿色

图 9-20　贝丁顿生态村的俯瞰图

生活方式”行为，但居民们并没有受到强制。

(2) 缺点　在生物量方面却一直存在问题。贝丁顿的热电联产设施（CHP）技术上的麻烦层出不穷。热电联产设施的燃料是树木修剪下来的枝叶，就是在发电的同时也提供副产品——供热。在常规的发电中这些热量都白白流失了，而热电联产也可以通过超隔热管提供热水。CHP所使用的木柴是一种碳平衡燃料，因为燃烧所产生的二氧化碳和当初树木所吸收的量是一样的。然而，不断的技术问题意味着贝丁顿要更多地依赖室内热水储罐，而这可以兼作暖气片。因此，贝丁顿的可再生能源比例已经从2003年的80%锐减到目前的11%。和伦敦的其他住宅区一样，这里也要依赖国家电网的供电。供水的情况也一样，在降水稀少的雨季——比如某年夏天，贝丁顿几乎没有存储和再利用的冲厕用水，因此不得不依靠公共供水。

贝丁顿的另一个关键技术“生活机器”也已经失灵了。所谓“生活机器”就是生活污水处理设施，利用芦苇湿地对生活污水进行过滤，然后再次用来冲厕所和浇灌花园。事实证明，它的运行和维护成本很高，并不经济。尽管在情况良好的时候，“生活机器”和雨水收集装置可以实现每人每天15L的节约用水。

(3) 改善　负责此项目的生态建筑师比尔·邓斯特说：“建起贝丁顿生态村的时候，我们并没有预料到气候变化会来得这么快。如果当时知道的话，我们肯定会进行被动降温，设置更多的遮阳设施、太阳热能采集器和微型风力发电机。不要热电联产设施，而代之以燃烧木屑的锅炉。我们还会让这些居民们完全参与到设计过程中来。这样就会消除自然和那些希望与之和睦相处的人们之间的敌意。”

9.4.2 瑞典马尔默市Bo01住宅示范区

项目的亮点是四节一环保。

2001年在瑞典马尔默市举办了一次面向可持续发展的住宅展览，同期启动了一个住宅示范区项目，名为Bo01明日之城（city of tomorrow）住宅示范区（图9-21）。Bo01住宅示范区局部建筑结构见图9-22。

图9-21　Bo01住宅示范区

图 9-22　Bo01 住宅示范区局部建筑结构

(1) 技术应用——节能　减少能源特别是化石能源的消耗，促进可再生能源的生产供应，提高能源使用效率，一直是西方发达国家所致力研究的课题。具体到 Bo01 项目，其最重要的成果之一，就是实现了 Bo01 小区 1000 多户住宅单元 100％依靠可再生能源，并且已达到自给自足。

① 能源供应　在能源供应上，100％利用当地的可再生能源，包括风能、太阳能、地热能、生物能等，如图 9-23 所示。

图 9-23　可再生能源利用示意图

a. 风能。依靠风力发电，主要来自距小区以北 3km 处的一个 2MW 风力发电站，能够满足 Bo01 小区所有住户的家庭用电、热泵及小区电力机车的用电。

b. 太阳能。用于发电和供热。在 Bo01 小区一栋楼顶安装有约 120m² 的太阳能光伏电池系统，年发电量估计为 12000kW·h，可满足 5 户住宅单元的年需电量。此外，还设有 1400m² 的太阳能板，分别安装在 8 个楼宇，年产热能约为 525MW·h，可满足小区 15％的供热需求。

c. 地热资源。采用地源热泵技术，通过埋在地下土层的管线，把地下热量“取”出来，然后用少量电能使之升温，供室内暖气或提供生活热水等。另外，这些房子大多安装了温度传感器。它可以使供暖系统随时感知室内外的温度变化，自动调整锅炉或热泵的供热效率，避免浪费能源。以上措施可满足 Bo01 住宅示范区 85%的供热需求。

d. 生物能。住宅区的生活垃圾和废弃物，通过马尔默市的市政处理站可以将生产的电力和热力回用于小区。

② 能源消耗　在能源消耗上，由于地理原因，瑞典所有建筑物最主要的能源消耗就是取暖。建筑供暖占瑞典全国总能耗的 1/4，占建筑能耗的 87%。Bo01 住宅示范区能源的消耗主要集中在暖通空调和家庭用电方面，小部分用于驱动热泵、小区电瓶车的充电，以及其他公共设施的运转。

a. 限制能耗。Bo01 严格规定每户的能源使用消耗不能超过 $105kW \cdot h/(m^2 \cdot a)$，在满足使用需要和保障舒适度的同时，体现了节约能源的原则。

b. 提高能效。Bo01 采取多种措施，如“质量宪章（quality charter）”，要求从楼面设计、建材选择到户内电器的配套上都力求实现能源效率高、日常能耗少。

c. 充分利用 IT 信息技术，加速了可持续发展理念的普及和认知，使居住者不再仅仅是被动的参与者。为小区每个住户提供了以下的动态信息服务：可以随时查询和比较每月所用水、电、暖的状况，并且可将建议和意见进行反馈；可以提供垃圾回收处理的反馈；可以提供动态停车和公共交通时刻表；可通过宽带网实现在家办公。

③ 能源供求平衡　在能源供求平衡方面，Bo01 的做法是引入“大循环周期的概念”，即小区的电网、热网与市政电网、热网是串联的，保证了小区可再生能源在生产高峰时可将多余电量输给城市公共网而不浪费；反之，在低谷时可从公共电网获得补充。使得 Bo01 示范区在以年为周期的测评中，实现了小区能源的自给自足和供求平衡。此外，瑞典政府也采取一些经济措施鼓励可再生能源的生产和使用，如富余的可再生能源的售价可以高于市场价，居民使用时可以获得补贴等。

(2) 技术应用——节水　瑞典国土因为冰川纪的原因，使得国内湖泊众多，淡水资源丰富，所以在水利用方面更注重污水排放对生态环境的影响。

① 给排水系统　Bo01 小区的给排水系统与市政管网相连。

② 雨水处理系统　主要针对瑞典南部多雨的特点，将雨水排放系统设计为：雨水首先经过屋顶绿化系统过滤处理，补充绿化系统水分，其余雨水经过路面两侧开放式排水道汇集，经简单过滤处理后最终排入大海。考察中未见到雨水被再加工回用的例子。

图 9-24　整个住宅示范区的北面节地高层塔楼

③ 节水器具　住宅单元中普遍采用节水器具，例如两挡，甚至三挡的节水马桶，部分单元还安装了节水水龙头。

(3) 技术应用——节地　主要通过合理的规划和设计提高小区的土地利用率，同时增加小区的美学观赏性。

① 在土地利用上，沿袭了瑞典传统的低密度、紧凑、私密、高效的用地原则。Bo01 规划以多层为主（3～6 层），容积率较本地区其他住宅小区高。在设计上，得益于 30 多位建筑设计师的共同参与，各个住宅楼从外观立面到平面构图，乃至装饰装修都精彩纷呈、各具特色，在体现多样性的同时，又很好地实现了和谐统一，并且突出展示了以人为本的功能性原则。

② 高层塔楼（turning torso）。图 9-24 为整

个住宅示范区的北面节地高层塔楼。

③ 此外，还有充分利用地下停车场、鼓励自行车和公共汽车、在小区使用电瓶车等。

(4) 技术应用——节材

① 主要通过合理的规划、设计和采用先进的住宅建造技术，达到节约建筑材料的目的，如部分住宅楼采用钢结构体系。

② 在小区招投标阶段，就提前公布建材选用指南，明确列出对环境和人体健康有害的材料清单，要求所有工程承包单位必须遵循。

③ 小区公共部分尽量应用使用寿命较长、可再生利用的材料（木材、石料等），并且对未来可再用于铺设道路的底料加以考虑。

(5) 技术应用——环保

① 生物多样性保护　在 Bo01 项目启动伊始，先由当地的环保和科研机构对住宅示范区进行地毯式的物种搜索以及土质和水文测试，务求在项目开工之前，对那些曾在当地出现的物种进行妥善的移植和保护，并且在项目后期进行景观设计时再移植回来。

② 植被屋顶　在 Bo01 小区中穿行，碧绿色的屋顶很容易在空间转换时闯入你的眼帘，并且构成该住宅示范区的一道风景（图 9-25）。其主要的功能是调节降水，由于马尔默临近海洋，年降水较多，通过植被屋顶，可以将 60％的年降水量通过蒸发再参与到大气水循环，其余的水经过植被吸收后再进入雨水收集系统；此外，这样还有利于屋面的保温隔热，如一般屋顶的温度在冬季和夏季分别达到－30℃和 80℃，但经过植被屋顶的调节，冬季和夏季的温度分别为－5℃和 25℃（图9-26）。

图 9-25　植被屋顶

(a)

(b)

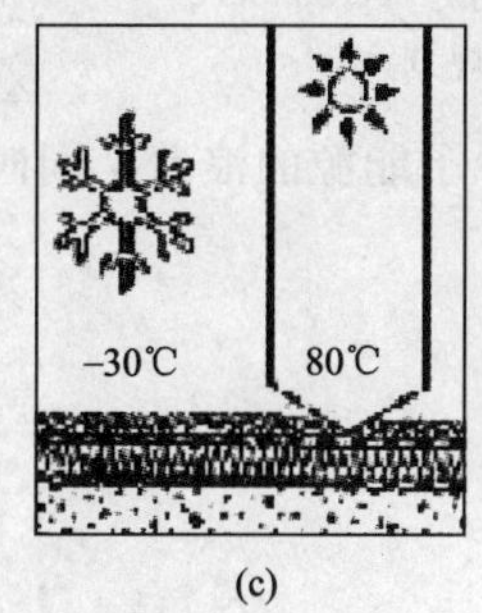

(c)

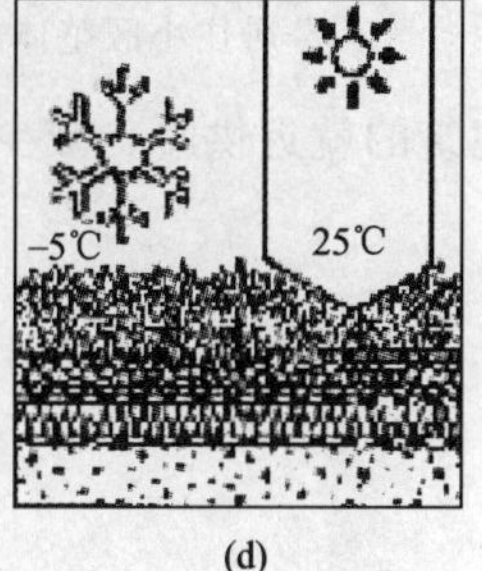

(d)

图 9-26　植被屋顶对屋面的保温隔热作用

(6) 固体废弃物处理

① 生活垃圾的处理　Bo01 小区的做法是按照 3R 原则，遵循分类、磨碎处理、再利用的程序。居民首先将生活垃圾分为食物类垃圾和其他类干燥垃圾，然后把分类后的垃圾通过小区内两个地下真空管道，连接到市政相应处理站，通常食物类垃圾经过市政生物能反应器，可转

化生成甲烷、二氧化碳和有机肥；其他类干燥垃圾经焚化产生热能和电能。据测算，垃圾发电可为住区每户居民提供 290kW·h/a 的电量，足够满足每户公寓全年的正常照明用电。

② 建筑垃圾的处理　Bo01 小区将建筑工地的垃圾细分为 17 类，大大提高了垃圾回收利用的效率。此外，很多开发单位采用工厂预制的方式生产住宅建筑的部品，减少了现场的建筑垃圾量。

(7) 污水处理　Bo01 小区的污水通过市政管网并入市政污水处理系统。其中有两个厂房的功能值得一提：一个厂房负责将收集的污水进行发酵处理从而生产沼气（biogas），经净化后可以达到天然气的品质；还有一个厂房的功能是对污水中磷等富营养化学物质进行回收再利用，如制造化肥，以减少其对生态系统的破坏。

(8) 清洁能源　垃圾处理后的沼气发电可用于小区内电瓶机车的充电。

9.4.3 德国汉诺威市 Kronsberg 生态城区

(1) 简介　康斯柏格（Kronsberg）居住小区位于德国萨克森州首府汉诺威市东南，由于地理位置优越，从 20 世纪 60 年代开始就被列为城市发展的重点地段，为此，州市政府讨论了许多规划方案，可是直到为 2000 年世界博览会在汉诺威的召开，才最终促成了紧邻世界博览会区的 Kronsberg 城区规划的真正实施和完成。该小区总面积 150hm²。博览会期间用于接待参会人员，会后销售给当地居民，该小区是采用全新概念建设的绿色环保小区，其整体规划见图 9-27。

图 9-27　汉诺威市康斯柏格（Kronsberg）居住小区整体规划

Kronsberg 城区作为欧洲住宅模范区，体现在以下三点。

① 生态最佳化。

② 城市作为园林。

③ 城市作为社会化的生存空间。

(2) 技术特性及性能

① 能源利用　图 9-28 为区域供暖中心和建在地下太阳能蓄电站顶上的儿童活动场。

Kronsberg 城区的能源优化方案最大程度体现在就近供暖系统，使二氧化碳释放比普通居民区的标准减少了 60%。两个分开的供暖站保证了所有建筑的就近供暖，减少了能源的浪费。同时，太阳能供暖系统、太阳能发电和共 3.6MW

(a)

(b)

图 9-28　区域供暖中心和建在地下太阳能蓄电站顶上的儿童活动场

的 3 个风力发电机的投入使用又使二氧化碳释放量减少了 20%。

部分新型的节能房屋（passive house）还采用了先进的隔热技术，3 层玻璃的窗户提供了极好的隔热密封层。室内污浊空气在排出之前，先吸收空气中储藏的热量，再释放给进入室内的新鲜空气，使 90%以上的热量保留在室内。当室外温度低至－8℃时，室内在没有供暖的情况下仍然可以保持 21℃。这种房屋吸热装置的设计能使冬天几乎可以不用暖气（房屋带有不与区域供暖站相连的特别供暖系统，以应付特殊情况）。

同时，该小区的居民自身也有很强的节约能源的意识，除安装节水水龙头和节能灯以外，还在购买电冰箱、洗碗机时选择节能型电器。

② 雨水收集　由于当地地下水位较高，Kronsberg 城区是汉诺威重要的地下水储存地，这也是汉诺威政府一直迟迟没有在 Kronsberg 城区进行建设的原因之一，因为一旦在这一地区建住宅区，必将对地下水产生影响。

但在系统的生态设计中，虽然进行了大面积的施工，Kronsberg 城区的自然水位仍得到保持，整个区域的降水几乎完全不流失，极其接近 1994 年未开发时自然状态下的情况，即 14mm/a。和普通居民区雨水 165mm/a 的流失量相比，Kronsberg 城区的流失量仅为 19mm/a。

街道两侧的排水沟系统（图 9-29）能在最短的时间收集街道上的降雨，公共和私人用地上的雨水也同样被收集起来，这些雨水会被作为重要的景观用水再利用，水景大大提高了环境的居住质量。同时雨水再利用的可视化过程也使人们从直观上对生态概念有了了解，加强了保护资源的意识。

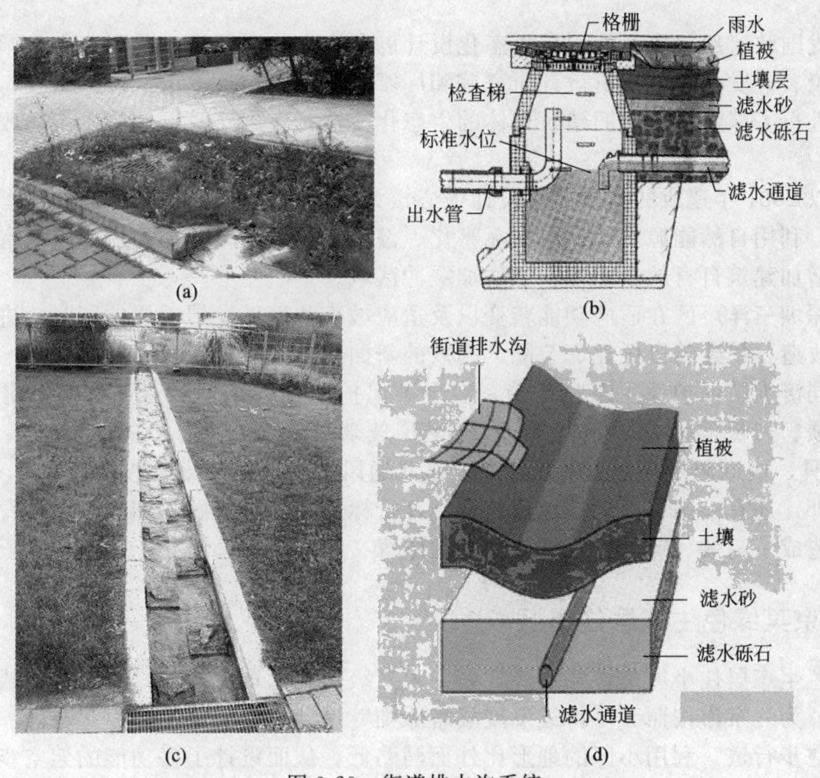

图 9-29　街道排水沟系统

③ 垃圾处理　汉诺威市政府就减少建筑垃圾和建筑垃圾再利用问题与施工单位达成了协议，在 Kronsberg 城区只利用健康、环保型的建筑材料，建筑垃圾采取分类处理。Kronsberg 城区的垃圾处理系统早在小区设计施工阶段就开始运作了。图 9-30 为绿荫掩映的垃圾站。

建筑设计也考虑到了垃圾分类的问题，加上小区内的分类垃圾桶，减少了垃圾处理的程序，节约了人力和物力。此外，小区还鼓励居民在自家花园里处理生物垃圾，把垃圾转化成肥

图 9-30 绿荫掩映的垃圾站

料。小区管理机构为自行处理生物垃圾的居民和单位提供相应的技术咨询和帮助，以达到最佳的处理效果。

9.5 中国生态修复的实践

近期，我国政府部门也开始倡导生态化设计以及生态化改造等一系列工作，国内的一些科研机构、院校、开发企业、建筑设计研究院和厂家企业在该类技术的设计、研究、开发、生产和应用上，进行了探索。小到旧建筑单体的生态化改造，大到建筑群体的生态化改造都取得了丰硕成果。

比如，以 2001 年建成的清华大学设计中心楼为代表的生态化改造形成了一些初步的技术策略，比如，利用自然能源策略；应用无害化、健康化技术策略，如将绿化引入室内，建筑材料生态化；增加建筑自身的生态性，如增加缓冲区域。

又如，深圳三洋厂区在适应功能转变以及适应城市和区域发展需要的同时，进行了节能以及生态化的改造，使建筑以低耗、节能、高效的新面貌重新投入使用。

再如，同济大学保护性生态化改造，实现了保护和可持续发展双重目的。使用了地源热泵、辐射吊顶、内保温系统、节能窗及 Low-E 玻璃、屋顶花园、太阳能发电、雨水收集、LED 节能灯具、内遮阳系统、智能化控制、多元通风策略等生态化改造技术手段。

除此之外，还有中国首获“绿色建筑设计评价标示”三星级的深圳华侨城体育中心扩建工程，将其改造成了高效、节能、经济、绿色的体育文化休闲中心。

9.5.1 北京某绿色生态居住小区

这座绿色生态居住小区是住宅设计规划专家高级建筑师黄汇的新作，已经建成。该小区环境优美宜人，为北京市按照“可持续发展战略原则”设计建成的第一座生态小区。

(1) 架空步行道　利用小区的地形比外面马路低，从而设计了多功能的架空步行道。虽然花了些钱，但节省了大量填土费用，又使家家户户的汽车不必停在露天，而且年龄小的孩子在步行道上嬉戏游玩比较安全。此做法使小区增添了建筑特色，避免了一般化的手法。

(2) 采暖　每家每户采暖和做饭在天然气尚未进入时都用经混气处理的液化气。每户安装了一个壁挂式燃气炉，挂在后阳台的侧墙上，实行饮水、采暖及供应热水一体化，户户可自选温度。这种做法有利于采暖体制改革，否则只增加外墙的保温性能，节约下来的能源全被居民开窗放掉了，起不到真正节能的效果。这样做同时还省去了集中锅炉房的设施，省掉了总图上

暖气管网的建设投资，这符合采暖的改革方向，每家每户的暖气热水管道从楼板里走，可减少许多不必要的装修费用。

(3) 中水系统　中水系统有利于节水。我国未来水资源形势严峻。该小区的水处理，最后决定处理为中水，因为这个小区住户的汽车可能比较多，洗车用水与浇灌草地绿化可以用中水，虽然成本较高，但比用自来水低得多。小区采用清华大学环境系和北京节水办公室合作研制出的以内循环三相生物流化床为主体的工艺，在用地及处理质量方面有明显优点，科技投入使节水愿望变成现实。小区每天产生的760t生活污水全部经中水站处理而成为可再次利用的中水，实现污水资源化目标。

(4) 垃圾焚化　在中水站旁边，建了一座垃圾焚化炉，选择再燃式多用焚烧炉，采用焚烧效率最高的悬浮燃烧技术。此焚烧炉温度可为800～1100℃。因温度高不会产生二噁英，它是一种一级致癌物。

(5) 对内外环境的调节

① 混凝土防晒墙壁　在西向设计一个大尺度的、独立的混凝土防晒墙壁，可有效地防止西晒。此建筑的主入口设在西向，因此如何解决西晒成为对环境调节的一个重要方面。设计者曾考虑采用三层夹膜Low-E玻璃作为建筑全部外墙和幕墙，它的热阻为普通双层真空玻璃的8倍，但由于其价格也昂贵了近10倍且维护不方便而放弃。后选择在建筑主体前4.5m宽处设一个防晒墙，它在夏季可遮阳并形成拔风效果，在冬季可遮挡西北风并蓄热而成为一个热保护层。

② 设计遮阳板系统　由于可自动调节的遮阳装置不易维护，并且造价十分昂贵，因此在此设计中采用了非机械的固定遮阳板。

③ 绿化中庭　在建筑南部设计一个体积较大的绿化中庭（实际上处于建筑的南侧）。在冬季，它是一个全封闭的暖房，可以有效地改善办公室热环境并节省供暖的能耗；在过渡季节，它是一个开敞空间，形成良好的空气流通，改善工作室的小气候；在夏季，借助南窗的百叶遮阳板来遮蔽直射阳光，使其成为一个巨大的凉棚。

(6) 对自然能源的利用

① 太阳能的利用　这里采用的是太阳能光电板发电技术，拟选用普通型太阳能光电板，架设在建筑屋顶上。

② 自然通风的利用　这是针对以往办公楼设计往往采用全封闭的外围护系统，使建筑内部环境的舒适度完全依赖空调系统，这样风机能耗在整个办公建筑能耗中占了很大的比重。如果在建筑设计中能够尽量利用自然通风，不但可以节省大量的空调能耗，还能够塑造一个更加健康的工作环境。

③ 深井水的利用　目前在对大地能量的运用中，深井水的回灌技术是一种比较成熟的方案。它的基本概念是利用地下水温一般保持在7～10℃的特性，通过深掘水井（80～100m），将水抽到地面，经过热泵的交换后将冷却水再回灌至地下。这种做法与常规电制冷空调相比，可节能15%，而造价基本相当。但由于80m左右的地下水标高正好是清华大学校内饮用水的水层标高，最终设计者放弃了这一方案。

(7) 整体节能方案

① 绿色照明　此设计希望通过设计与选择照明灯具，来避免以往办公建筑中的照度不适、电浪费严重和计算机屏幕眩光等问题，主要采取了如下的基本策略：分级设计，提供背景照明与工作照明两种方式；分区集控，对背景照明灯具进行分区的开关控制；场景设置，提供几种常见的场景照明控制面板；工作照明个人调节；选用节能灯具。

② 暖通方案的绿色化探索　采用水-水热泵机组，使冬季的采暖热负荷减少20%；在全空气系统和新风系统中设置转轮除湿机，解决空调系统的细菌污染。

③ 楼宇自动控制系统　其内容包括消防泵自动巡检、配电柜容量可现场调节、联合等电

位处理、照明与空调系统的可调节、红外线保安监控系统等。

9.5.2 上海世界博览会

在2010年举行的上海世界博览会的主题是“城市，让生活更美好”，这也是首次以城市为世界博览会主题的世界博览会，因此，其选址尤为重要。场地位于城市重点改造地区，在空间上和开发时序上与城市的发展规划紧密结合，并且让用于世界博览会的设施在日后得到有效的使用。这块场地不是空地，而是根据总体规划需要进行旧城改造的建成区，世界博览会的举办有利于推动旧城改造。地块内有众多的历史遗留建筑，文化内涵丰富，可以提升世界博览会的精神境界。由于老工业区的存在，长期以来，场地是严重的污染源，世界博览会的举办有利于推动环境改造，创造适宜的人居环境。场址选择无论对其周边地区，还是场内对老工业基地的改造，都可以全面地诠释世界博览会主题的内涵，反映城市中多元文化的融合、经济的繁荣、科技的创新、和谐社区的建设以及城市郊区的互动等主题内容。其中的南市发电厂改建工程也堪称成功的生态化改造项目，实现了对工业遗迹的尊重保护，同时充分体现了节能减排、节约办博及可持续发展的理念。改造后的南市发电厂主厂房将作为2010年上海世界博览会的主题展馆之一“城市未来探索馆”及城市最佳实践案例报告厅，独特的展示内容和方式，向人们诠释全新的生态城市生活方式与发展模式，可谓是时间轴线“足迹—城市—梦想”的完美演绎。

南市发电厂主厂房和烟囱（图9-31）改建工程是中国2010年上海世界博览会城市最佳实践区一期工程，基地位于原南市发电厂内。主厂房将被改造为城市未来探索馆。烟囱为钢筋混凝土结构，1985年建成，设计寿命50年，现状高度165m，底部最大直径16.4m，顶部直径5.6m，拟被改造为具有观光和标志功能的2010年世界博览会和谐塔（以下简称世博和谐塔）。

(a) (b)

图9-31 南市发电厂主厂房和烟囱原貌

2006年底，通过南市发电厂改建工程国际方案征集，提出烟囱改建为世博和谐塔的设计理念。世博和谐塔方案是在完整保留烟囱的基础上，外部加建四条螺旋形钢桁架，每条钢桁架通过数个水平桁架与烟囱原结构连接，共同承担水平和竖向荷载，形成新旧结合的建筑形态。在每条螺旋形钢桁架上架设轨道，轨道在烟囱顶部和底部与螺旋形钢桁架分离并两两相连，形成两组闭合的曲线轨道。每组轨道从烟囱底部起，旋转两圈后到达顶部并再旋转两圈后到达底部。在每组轨道上，有25个载人太空舱前后串联，可自带动力沿轨道运行。太空舱运行速度为0.3m/s，相当于自动扶梯的速度，每一周的运行时间约在30min以内。每个太空舱可乘坐6人，总共50个同时运行，最多可乘坐300人，每小时运客量预计可达600人以上，这个观光机械系统属于游乐设施。

南市发电厂的主厂房改建后，成为世界博览园区内大规模的区域能源中心（图9-32）。南市发电厂主厂房至地面的两段输煤栈桥，以及连接两者的中转站，改建为延伸至江边绿地的休

(a)

(b)

图 9-32 改建后的南市发电厂主厂房（日景和夜景）

闲观景长廊。夜幕降临，世博和谐塔在四周灯光的照射下，以时尚动感的华美身姿，矗立在黄浦江畔，点亮上海的夜空。

世博和谐塔创造性地将动态观光的理念与改造设计相结合，它既是一个标志塔，又是一个观光塔，人们既可以通过极具感染力的建筑形象领略世界博览会的独特魅力，又可以到塔顶眺望黄浦江两岸的美景。会后，它将成为城市的地标之一，是世界博览会留给城市的礼物，并且将给人们留下对 2010 年上海世界博览会的美好回忆。

9.5.3 沪上·生态家

位于上海世界博览园浦西区的“沪上·生态家”馆（图 9-33）是唯一代表上海参展 2010 年上海世界博览会的实物案例项目。“沪上”代表着这个项目立足上海本土，专为上海的地理、气候条件量身打造，项目由现代设计集团承担总承包，联手同济大学、上海建筑科学院等共同打造。比同类建筑节能 60%以上，让“生态”二字名至实归，而“家”则代表着设计团队将给观众带来的感觉，使“生态技术”优化下的“屋里厢”生活得自在、温馨和舒适。

图 9-33 “沪上·生态家”效果图

作为上海的生态示范建筑楼，“沪上·生态家”立足“沪上”城市、人文、气候特征，遵循“天和——节能减排、环境共生，地和——因地制宜、本土特色，人和——以人为本、健康舒适，乐活——健康可持续价值观”的案例主题，通过“风（自然通风和风能利用）、光（自然采光和太阳能利用）、影（建筑遮阳、构造遮阳、绿化遮阳和新能源构件遮阳）、绿（环境净化、屋面绿化、整体拼装和微藻发电）、废（拆迁材料回用、城市固体废弃物再生、可再循环材料选用和设备高效节能）”五种主要“生态”元素的构造，与技术设施的一体化设计，尤其关注节能环保，倡导乐活人生 LOHAS (lifestyles of health and sustainability)。

“沪上·生态家”项目运用70%的既有成熟技术和30%的未来前瞻技术示范来体现生态建筑的技术亮点，主要采用绿色、环保、节能、低技手法等生态技术。包括：太阳能一体化建筑技术；天然采光和LED照明技术；雨污水综合利用；工业化施工；智能集成管理中心；自然通风技术；夏热冬冷地区节能体系；浅层地热利用；热湿独立空调系统等。

(1) 看点1：“沪上” 建筑以灰、青、白为主色调的外立面（图9-34），让参观者第一眼就感受到浓郁的江南建筑韵味和典型的上海元素。兼以绿墙、砖墙、玻璃幕墙和景观水池等点缀，里弄、老虎窗、石库门、花窗等上海地域传统建筑元素，加上夏三伏、冬三九、梅雨天等本土气候特征，描绘出“沪上”映像。据了解，该建筑本身使用了近15万块来自石库门的旧门砖，都是年轻的建筑设计师们在上海老城厢的旧房拆迁中一块块找回来并回收利用，变废为宝，体现了未来人居注重“环保”的理念。

图9-34 “沪上·生态家”建筑外观

(2) 看点2：“生态” 该案例对“风、光、影、绿、废”五种生态元素进行一体化设计，“呼吸窗”、“导风墙”等自然通风技术、智能化控光系统、自遮阳系统，以及薄膜光伏发电、垂直绿化、LED照明和再生材料的综合设计选用等，让参观者充分体验上海未来人居的都市绿色住宅。

“沪上·生态家”馆的建筑材料源于“垃圾”。立面乃至楼梯踏面铺砌的砖，是上海旧城改造时拖走的石库门砖头。内部的大量用砖是用“长江口淤积细沙”生产的淤泥空心砖和用工厂废料“蒸压粉煤灰”制造的砖头；石膏板是用工业废料制作的脱硫石膏板。此外，屋面是用竹子压制而成，竹子生长周期短，容易取材，可以避免木材资源的耗费。“聪明屋”的阳台制作也采取了“工厂预制、整体吊装”的方式，以把建造污染降到最低。“沪上·生态家”的楼内所有能源消耗均可自给，看似平滑简洁的南面屋顶，其实安放了薄膜式太阳能光伏发电系统，收集阳光转为电能；在几十米深的地下，地源热泵也可将地热转换为电能，而燃料电池则向房屋提供干净无污染的能源。这些能源使得“沪上·生态家”比普通住宅节能75%。

而在另一侧的追光百叶则会“追”着太阳调节角度，既能遮阴纳凉，又可以反射阳光，提高室内亮度。当室内光线达不到照明标准时，窗帘百叶会自动调整，同时室内灯光会自动亮起。另外，利用旧砖砌筑的“呼吸墙”的先进设计，也为建筑墙面穿上一层“空气流动”内衣，可以降低墙面的辐射温度，起到调节室内温度的作用。图 9-35 为“沪上·生态家”建筑的再生墙壁和外立面独特的节能设计。

(a)

(b)

图 9-35　“沪上·生态家”建筑的再生墙壁和外立面独特的节能设计

(3) 看点 3：“家”　在“青年公寓”，年轻的服装设计师走进自己的家，用手机启动家庭智能控制系统，轻松实现家庭生活、家庭办公和休闲娱乐三种不同功能的自由切换。“中年生活展区”围绕着“三代同堂”的生活旋律，融入了“智能管家”、“家庭环境照明系统”、“立体电视”、“电子娱乐”以及“机器人厨房”等先进技术。“乐龄生活”展区的“护理型机器人管家”、“健康护理床”、“护理型浴缸”、“家庭健康监测系统”和“远程医疗”等一项项超前技术，正默默营造着一个让健康永续的乐龄生活景象。

“沪上·生态家”建筑如图 9-36 所示。

图 9-36　“沪上·生态家”建筑

参 考 文 献

[1] 代学灵．珠化微珠整体式保温隔热建筑研究［D］．太原：太原理工大学，2010．
[2] 吴学等．用健康住宅践行绿色生活——我国健康住宅推选中存在的问题及前景展望［J］．建筑设计管理，2011，4．
[3] 葛丽影等．绿色健康住宅的设计特点［J］．价值工程，2010，27．
[4] 张莹等．浅议绿色生态住宅［J］．科技信息，2009，32．
[5] 何华．华南居住区绿地碳汇作用研究及其在全生命周期碳收支评价中的应用［D］．重庆：重庆大学，2010．
[6] 蔡良瑞．生土建筑研究［D］．北京：中央美术学院，2010．
[7] 林宪德．绿色建筑：生态·节能·减废·健康［M］．北京：中国建筑工业出版社，2007．
[8] ［英］布莱恩·爱德华兹．可持续性建筑［M］．周玉鹏，宋晔皓译．北京：中国建筑出版社，2003．
[9] 吴向阳，杨经文．可持续性建筑［M］．北京：中国建筑出版社，2007．
[10] 莫争春．可再生能源与零能耗建筑［J］．世界环境，2009，(4)：33-35．
[11] 刘涤宇．宅形确立过程中各要素作用方式探讨——《宅形与文化》读书笔记［J］．建筑学报，2008，(4)：100-101．
[12] 王金平．风土环境与建筑形态——晋西风土建筑形态分析［J］．建筑师，2003，(1)：60-70．
[13] 张振华，关菲凡．中国传统土作初探［J］．广东水利电力职业技术学院学报，2010，8(3)：10-14．
[14] 赵成，阿肯江·托呼提．生土建筑研究综述［J］．四川建筑，2010，30(1)：31-33．
[15] 王沛钦，郑山锁，柴俊等．走向生土建筑结构［J］．工业建筑，2008，28(3)：101-105．
[16] 王赟，张波．生土建筑在灾后重建中的应用研究［J］．世界地震工程，2009，25(3)：159-161．
[17] 西安建筑科技大学绿色建筑研究中心．绿色建筑［M］．北京：中国计划出版社，1999．
[18] 康慕谊．城市生态学与城市环境［M］．北京：中国计量出版社，1997．
[19] 刘贵利．城市生态规划理论与方法［M］．南京：东南大学出版社，2002．
[20] 刘瑞芳，赵安芳，庞春华．生态学［M］．北京：地震出版社，2007．
[21] 冉茂宇，刘煜．生态建筑［M］．武汉：华中科技大学出版社，2008．
[22] 王荣祥．生态建设论：中外城市生态建设比较分析［M］．南京：东南大学出版社，2004．
[23] 付祥钊．夏热冬冷地区建筑节能技术［M］．北京：中国建筑工业出版社，2002．
[24] 刘加平，杨柳．室内热环境设计［M］．北京：机械工业出版社，2005．
[25] 王长贵，郑瑞澄．新能源在建筑中的应用［M］．北京：中国电力出版社，2003．
[26] ［美］诺伯特·莱希纳．建筑师技术设计指南——采暖·降温·照明［M］．张立，周玉鹏等译．北京：中国建筑工业出版社，2004．
[27] 杨晚生．建筑环境学［M］．武汉：华中科技大学出版社，2009．
[28] 冉茂宇，刘煜．生态建筑［M］．武汉：华中科技大学出版社，2008．
[29] www. cngb. org. cn/绿色建筑评价标识网．
[30] 倪丽君等．Dymaxion——富勒生态设计思想的启示［J］．华中建筑，2009，1．
[31] 吕爱民．从富勒到福斯特看“少费用”生态思想的诞生［J］．华中建筑，2010，5．
[32] www. biospheres. com/experimentchrono1. html.
[33] en. wikipedia. org/wiki/Biosphere _ 2.
[34] en. wikipedia. org/wiki/Strawbale _ house.
[35] en. wikipedia. org/wiki/Autonomous _ building.
[36] 柴永斌．绿色建筑的政策环境［D］．上海：同济大学，2006．
[37] 孔祥娟等．绿色建筑和低能耗建筑设计实例精选［M］．北京：中国建筑工业出版社，2008．
[38] 仇保兴．推进绿色建筑加快资源节约型社会建设［J］．中国建筑金属结构，2005，10．
[39] 张泽勇，宫本东．速学综合布线系统施工［M］．北京：中国电力出版社，2009．
[40] 戴瑜兴．建筑智能化系统工程设计［M］．北京：中国建筑工业出版社，2005．
[41] 戴德新．西安地区绿色公共建筑综合评价研究［D］．西安：长安大学，2010．
[42] 杨倩苗．建筑产品的全生命周期环境影响定量评价［D］．天津：天津大学，2009．
[43] 柴宏祥．绿色建筑节水技术体系与全生命周期综合效益研究［D］．重庆：重庆大学，2008．
[44] 申琪玉．绿色建造理论与施工环境负荷评价研究［D］．上海：华中科技大学，2007．
[45] 支家强，赵靖，李楠．基于人工神经网络法的绿色建筑评价［J］．城市环境与城市生态，2010，(4)：44-47．
[46] 张丁丁．基于全寿命周期我国绿色住宅建筑评估体系的研究［D］．北京：北京交通大学，2010．
[47] 杨彩霞．基于全寿命周期的绿色建筑评估体系研究——以中新天津生态城为例［D］．北京：北京建筑工程学院，2011．
[48] 陈敬伟．绿色建筑的全寿命周期经济评价体系研究［D］．西安：西安建筑科技大学，2011．
[49] 燕艳．浙江省建筑全寿命周期能耗和 CO_2 排放评价研究［D］．浙江：浙江大学，2011．

[50] 赵喆．基于全寿命周期的绿色建筑经济评价体系 [D]. 北京：北京交通大学，2010.
[51] 范磊．既有建筑综合评价研究 [D]. 北京：北京交通大学，2007.
[52] 代志红．既有建筑综合评价研究 [D]. 武汉：武汉理工大学，2010.
[53] 洪锋．桩基础工程绿色施工评价指标体系的研究与应用 [D]. 昆明：昆明理工大学，2010.
[54] 徐鹏鹏．绿色施工评价体系研究 [D]. 重庆：重庆大学，2008.
[55] 吴淑和．绿色建筑生态足迹测算及其评价研究 [D]. 西安：西安建筑科技大学，2011.
[56] 颜哲．基于生态足迹的绿色建筑评估及实例分析 [J]. 建筑经济，2011，(3)：96-100.
[57] 李智芸，刘妍，袁永博．基于生态足迹的绿色建筑评估及实例分析 [J]. 山西建筑，2010，36 (2)：1-3.
[58] 代一帆，董靓．基于角色协同的参与性评估系统的设计 [J]. 建筑科学，2009，25 (8)：16-19.
[59] 陆宁，徐菲，赵磊．基于 ISM 模型的可持续建筑评价分析 [J]. 建筑节能，2010，38 (232)：29-32.
[60] 李冬．绿色建筑评估体系的设计导控机制研究 [D]. 山东：山东建筑大学，2010.
[61] 王奕伟．绿色建筑评估指标适用性之研究 [D]. 上海：同济大学，2007.
[62] 凌震亚．工业厂房绿色建筑评价体系研究 [D]. 北京：华北电力大学，2011.
[63] 王建廷．中新天津生态城绿色建筑评价标准解读 [J]. 建设科技，2010，6.
[64] 杨彩霞．基于全寿命周期的绿色建筑评估体系研究 [D]. 北京：北京建筑工程学院，2011.
[65] 翟宇．绿色建筑评价研究 [D]. 天津：天津大学，2010.
[66] 刘智勇．论生态住宅概念的纵深发展 [J]. 山西建筑，2004，16.
[67] 石超刚．基于可持续发展的绿色建筑评价体系研究 [D]. 长沙：湖南大学，2007.
[68] 杨秋波．国际工程承包中 LEED3.0 的应用及思考 [J]. 国际经济合作，2010，3.
[69] 孙继德．美国绿色建筑评估体系 LEED V3 引介 [J]. 建筑经济，2011，1.
[70] 张倩影．绿色建筑全生命周期评价研究 [D]. 天津：天津理工大学，2011.
[71] 李叶伟．多伦多绿色建筑发展经验及其启示 [D]. 北京：华北电力大学，2011.
[72] 胡芳芳．中英美绿色（可持续）建筑评价标准的比较 [D]. 北京：北京交通大学，2010.
[73] 李昕欣．我国铁路客运绿色评价体系研究 [D]. 北京：北京交通大学，2010.
[74] 刘玲霞．绿色住宅评价体系的国际比较研究 [D]. 大连：东北财经大学，2011.
[75] 张志勇．从生态设计的角度解读绿色建筑评估体系——以 CASBEE、LEED、GOBAS 为例 [J]. 重庆建筑大学学报，2006，4.
[76] 计永毅．可持续建筑的评价工具——CASBEE 及其应用分析 [J]. 建筑节能，2011，6.
[77] 赵建军．基于 CASBEE 的我国节能省地型住宅评价模型探讨 [J]. 建筑经济，2007，S1.
[78] 严静．关于绿色建筑评估体系中权重系统的研究 [J]. 建筑科学，2009，2.
[79] 孙佳媚．日本建筑物综合环境效率评价体系引介 [J]. 山东建筑大学学报，2007，1.
[80] 丁力扬．新陈代谢运动的历史再定位 评《丹下健三与新陈代谢运动现代日本城市乌托邦》[J]. 时代建筑，2011，1.
[81] 豫民．日本著名设计师——黑川纪章 [J]. 美与时代（上），2010，9.
[82] 李燕珠．黑川纪章 从“新陈代谢”到“共生”[J]. 房地产导刊，2010，6.
[83] 赵学锋．代智能化建筑的节能技术应用 [J]. 制造业自动化，2010，15.
[84] 刘智勇．论生态住宅概念的纵深发展 [J]. 山西建筑，2004，16.
[85] 李旋．浅谈建筑智能化技术在住宅小区的应用 [J]. 民营科技，2010，9.
[86] 袁心美．陕北地区中小城镇多层住宅的气候适应性设计策略研究 [D]. 西安：长安大学，2010.
[87] 王丽．建筑气候设计的程序化实现 [D]. 西安：西安建筑科技大学，2009.
[88] 杨玉兰．居住建筑节能评价与建筑能效标识研究 [D]. 重庆：重庆大学，2009.
[89] 张雍雍．基于城市热岛效应缓减定量模拟的效益评价研究 [D]. 杭州：浙江大学，2011.
[90] 李英俊．智能建筑主流技术及其应用探讨 [J]. 中小企业管理与科技（上旬刊），2010，12.
[91] 王娜．建筑智能化与可持续发展 [J]. 低压电器，2009，20.
[92] 赵济安．对现代建筑智能化技术可持续发展的探讨 [J]. 低压电器，2007，2.
[93] 胡胜．绿色建筑和中国国情 [J]. 长沙大学学报，2008，5.
[94] 秦佑国．中国国情下的绿色建筑 [J]. 建设科技，2006，12.
[95] 余峰，沈敏．绿色建筑现代观及其支持环境 [J]. 武汉理工大学学报，2010，21.
[96] 李传成，陈川．绿色铁路旅客站评价标准研究探讨 [J]. 武汉理工大学学报，2010，32 (21)：8-9.
[97] 金文新．绿色图书馆及其硬件设施建设 [J]. 图书情报工作，2010，17.
[98] 绿色建筑评价技术细则（试行）[S]. 建设部科学技术司，2007.
[99] 绿色建筑评价标准 [S]. 建设部科学技术司，2006.
[100] 李本强．图书馆节能与绿色建筑设计 [J]. 图书馆建筑，2010，12.

[101] [美] 弗瑞德 A 斯迪特主编．生态设计——建筑景观室内区域可持续设计与规划 [M]. 汪芳等译．北京：中国建筑工业出版社，2008.
[102] 骆雯，张斌．中国绿色建筑环境质量评价指标和体系的探讨 [J]. 制冷与空调，2010，10 (2)：10-15.
[103] 王清勤．澳大利亚绿色建筑情况简介 [J]. 南方建筑，2010，(5)：8-9.
[104] 李伟华，将国政，茅靳丰等．绿色建材与绿色建筑 [J]. 制冷与空调，2010，24 (5)：101-104.
[105] 李腾．BIM 在绿色建筑评估体系的室内环境应用中的可行性研究 [J]. 土木建筑工程信息技术，2010，2 (3)：20-23.
[106] 赵凤．国外绿色建筑评估体系给中国的启示 [J]. 华东科技，2010，(1)：40-42.
[107] 住房和城乡建设部科技发展促进中心．绿色建筑的人文理念 [M]. 北京：中国建筑工业出版社，2010.
[108] 宗敏．绿色建筑设计原理 [M]. 北京：中国建筑工业出版社，2010.
[109] 李百战．绿色建筑概论 [M]. 北京：化学工业出版社，2007.
[110] 住房和城乡建设部科技发展促进中心．绿色建筑评价技术指南 [M]. 北京：中国建筑工业出版社，2010.
[111] 周曦，李湛东．生态设计新论——对生态设计的反思和再认识 [M]. 南京：东南大学出版社，2003.
[112] 黄献明等著．生态设计之路 [M]. 北京：中国建筑工业出版社，2009.
[113] 孔祥娟等编著．绿色建筑和低能耗建筑设计实例精选 [M]. 北京：中国建筑工业出版社，2008.
[114] 郑洁，黄炜，赵声萍等编著．绿色建筑热湿环境及保障技术 [M]. 北京：化学工业出版社，2007.
[115] 刘宗群，黎明编著．绿色住宅绿化环境技术 [M]. 北京：化学工业出版社，2008.
[116] 中国建筑科学研究院编．绿色建筑在中国的实践：评价·示例·技术 [M]. 北京：中国建筑工业出版社，2007.
[117] 李海英，高建岭，王晓纯等．生态建筑节能技术与案例分析 [M]. 北京：中国电力出版社，2007.
[118] 马维娜．我国绿色建筑技术现状与发展策略 [J]. 建筑技术，2010，7.
[119] 付祥钊．夏热冬冷地区建筑节能技术 [M]. 北京：中国建筑工业出版社，2002.
[120] 刘加平，杨柳．室内热环境设计 [M]. 北京：机械工业出版社，2005.
[121] 王长贵，郑瑞澄．新能源在建筑中的应用 [M]. 北京：中国电力出版社，2003.
[122] [美] 诺伯特·莱希纳．建筑师技术设计指南——采暖·降温·照明 [M]. 张利等译．北京：中国建筑工业出版社，2004.
[123] 杨晚生．建筑环境学 [M]. 武汉：华中科技大学出版社，2009.
[124] 冉茂宇，刘煜．生态建筑 [M]. 武汉：华中科技大学出版社，2008.
[125] 康慕谊．城市生态学与城市环境 [M]. 北京：中国计量出版社，1997.
[126] 刘贵利．城市生态规划理论与方法 [M]. 南京：东南大学出版社，2002.
[127] 刘瑞芳，赵安芳，庞春华．生态学 [M]. 北京：地震出版社，2007.
[128] 王荣祥．生态建设论：中外城市生态建设比较分析 [M]. 南京：东南大学出版社，2004.
[129] 谢秉正．绿色智能建筑工程技术 [M]. 南京：东南大学出版社，2007.
[130] 刘先觉．生态建筑学 [M]. 北京：中国建筑工业出版社，2009.
[131] 王纪武．生态型村庄规划理论与方法 [M]. 杭州：浙江大学出版社，2011.